Mathematik

Band I

Auflage 2020/21

Hauptphase

GOS

SOFTFRUTTI verlag

Réolon

H. Heil / W. Olmscheid:
Mathematatik Band I,
Hauptphase GOS
ISBN 978-3-942896-20-7

Bezeichnungen

$\mathbb{N}$ = Menge der natürlichen Zahlen $= \{0, 1, 2, 3, \ldots\}$	$\mathbb{N}^* = \{1, 2, 3, \ldots\}$
$\mathbb{Z}$ = Menge der ganzen Zahlen $= \{0, 1, -1, 2, -2, \ldots\}$	$\mathbb{Z}^* = \mathbb{Z} \setminus \{0\}$
$\mathbb{Q}$ = Menge der rationalen Zahlen	$\mathbb{Q}^* = \mathbb{Q} \setminus \{0\}$
$\mathbb{R}$ = Menge der reellen Zahlen	$\mathbb{R}^* = \mathbb{R} \setminus \{0\}$
	$\mathbb{R}^+ =]0 ; +\infty[$
	$\mathbb{R}_0^+ = [0 ; +\infty[$

* Aufgabe mit erhöhtem Schwierigkeitsgrad oder Arbeitsaufwand

Der Einsatz eines elektronischen Hilfsmittels wird empfohlen.

PDF Adobe

Die Datei kann auf **www.softfrutti.de** unter **Materialien** geladen werden.

Zusätzlich kann eine **Merkhilfe** unter **Materialien** geladen werden.

Inhaltsverzeichnis

1

Grundlegende Funktionen und Ableitungen

1.1 Ganzrationale Funktionen

1.1.1 Der Begriff der ganzrationalen Funktion

Ein Term der Form

$$a_n x^n + a_{n-1} x^{n-1} + \ \dots \ + a_1 x + a_0 \text{ mit } a_0, a_1, \dots, a_n \in \mathbb{R} \ (a_n \neq 0,\ n \in \mathbb{N})$$

heißt **Polynom n-ten Grades in x** mit den Koeffizienten $a_0, a_1, \dots, a_{n-1}, a_n$.
Ein Polynom nullten Grades heißt **Konstante**.

Beispiel (Polynom)

a) $\frac{2}{3}x^3 - 2x + 5$ ist ein Polynom dritten Grades.

b) $4x + 15$ ist ein Polynom ersten Grades.

c) -4 ist ein Polynom nullten Grades.

Bereits in der Einführungsphase wurden Funktionen f betrachtet, deren Funktionsterm $f(x)$ als Polynom n-ten Grades geschrieben werden kann.

Ganzrationale Funktion
Seien $n \in \mathbb{N}$ und $a_0, a_1, \dots, a_{n-1}, a_n \in \mathbb{R}$ mit $a_n \neq 0$. Eine Funktion

$$f: \mathbb{R} \to \mathbb{R},\ x \mapsto a_n x^n + a_{n-1} x^{n-1} + \dots + a_1 x + a_0$$

heißt **ganzrationale Funktion n-ten Grades.**

Die **konstanten Funktionen** $x \mapsto a_0$ und $a_0 \neq 0$ sind ganzrationale Funktionen nullten Grades. Der **Nullfunktion** $x \mapsto 0$ ordnet man keinen Grad zu.

Beispiel (Ganzrationale Funktion)

a) $f: \mathbb{R} \to \mathbb{R},\ x \mapsto \frac{3}{4}x^3 + x - \frac{1}{2}$ ist eine ganzrationale Funktion dritten Grades.

b) $g: \mathbb{R} \to \mathbb{R},\ x \mapsto -x^{11} + \sqrt{7} \cdot x$ ist eine ganzrationale Funktion elften Grades.

c) $h: \mathbb{R}_0^+ \to \mathbb{R},\ x \mapsto -2x^3 + 7 \cdot \sqrt{x}$ ist keine ganzrationale Funktion.

1.1.2 Einfache Symmetrien von Funktionsgraphen

Symmetriebegriff

In der Klassenstufe 9 wurde bereits das Symmetrieverhalten von Potenzfunktionen angesprochen. Dabei wurden folgende **einfache Symmetrien** behandelt.

$f: \mathbb{R} \to \mathbb{R}, x \mapsto x^2$

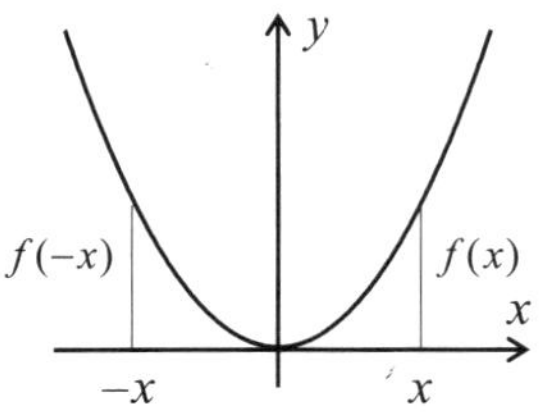

symmetrisch zur y-Achse

$f: \mathbb{R} \to \mathbb{R}, x \mapsto x^3$

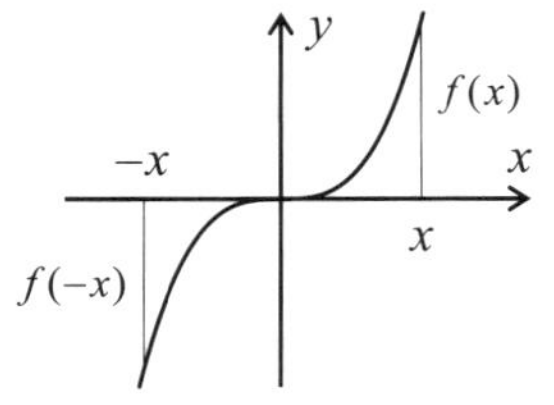

symmetrisch zum Ursprung

Allgemein legt man für beliebige Funktionen $f: D \to \mathbb{R}$ fest:

Symmetrie von Funktionsgraphen

Der Graph einer Funktion $f: D \to \mathbb{R}$ heißt

symmetrisch zur y-Achse, wenn	**symmetrisch zum Ursprung**, wenn
1) D eine zum Ursprung symmetrische Teilmenge von $\mathbb{R}$ ist	1) D eine zum Ursprung symmetrische Teilmenge von $\mathbb{R}$ ist
und	und
2) $f(-x) = f(x)$ für alle $x \in D$.	2) $f(-x) = -f(x)$ für alle $x \in D$.

Als Negation ergibt sich:

- Der Graph von $f: D \to \mathbb{R}$ ist *nicht symmetrisch zur y-Achse*,
  - wenn D nicht symmetrisch zum Ursprung ist oder
  - wenn es ein $x \in D$ mit $f(-x) \neq f(x)$ gibt.
- Der Graph von $f: D \to \mathbb{R}$ ist *nicht symmetrisch zum Ursprung*,
  - wenn D nicht symmetrisch zum Ursprung ist oder
  - wenn es ein $x \in D$ mit $f(-x) \neq -f(x)$ gibt.

Beispiel (Rechnerischer Nachweis der Symmetrieeigenschaft)

Wir betrachten die Funktion $f: \mathbb{R} \to \mathbb{R}, x \mapsto -3x^3 + 2x$.

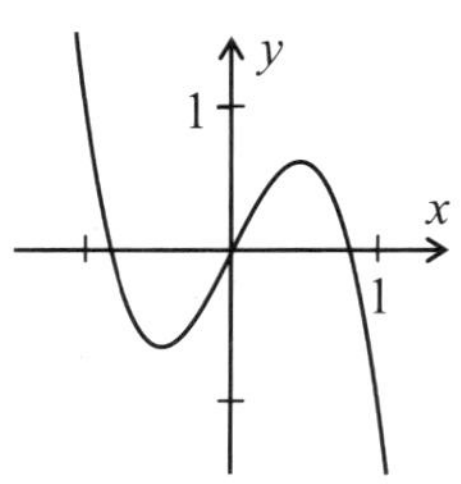

Die Definitionsmenge $\mathbb{R}$ ist symmetrisch zum Ursprung und für alle $x \in \mathbb{R}$ gilt:

$$f(-x) = -3 \cdot (-x)^3 + 2 \cdot (-x) = 3x^3 - 2x$$

$$= -(-3x^3 + 2x) = -f(x).$$

Der Funktionsgraph von f ist daher symmetrisch zum Ursprung.

Will man begründen, dass ein Funktionsgraph nicht symmetrisch ist, so genügt die Angabe eines Gegenbeispiels.

Beispiel (Widerlegen der Symmetrieeigenschaft)

Wir betrachten die Funktion $f: \mathbb{R} \to \mathbb{R}, x \mapsto -x^3 + x^2$.

Es gilt: $f(-1) = 2$ und $f(1) = 0$.

Dies bedeutet: $f(-1) \neq f(1)$ und $f(-1) \neq -f(1)$.

Der Funktionsgraph von f ist daher weder symmetrisch zur y-Achse noch zum Ursprung.

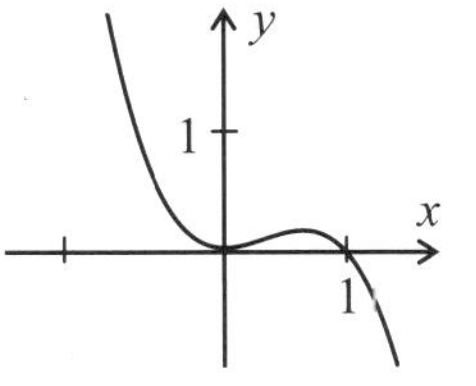

Symmetriekriterium für ganzrationale Funktionen

Bei ganzrationalen Funktionen lässt sich bereits durch einen Blick auf den Funktionsterm auf ein mögliches Symmetrieverhalten des Graphen schließen.

- Treten nur x-Potenzen mit geraden Exponenten und eventuell auch ein absolutes Glied a_0 auf, dann hat das Vorzeichen von x keinen Einfluss auf den Funktionswert. Es gilt stets $f(-x) = f(x)$.
- Treten dagegen nur x-Potenzen mit ungeraden Exponenten auf und ist $a_0 = 0$, so ist die Bedingung $f(-x) = -f(x)$ stets erfüllt.

Symmetriekriterium für ganzrationale Funktionen

Der Graph einer ganzrationalen Funktion

$f: \mathbb{R} \to \mathbb{R}, x \mapsto a_n x^n + a_{n-1} x^{n-1} + \ldots + a_1 x + a_0$ ist genau dann

- symmetrisch zur y-Achse, wenn ihr Funktionsterm nur x-Potenzen mit geraden Exponenten und eventuell auch ein absolutes Glied a_0 enthält,
- symmetrisch zum Ursprung, wenn ihr Funktionsterm nur x-Potenzen mit ungeraden Exponenten enthält und $a_0 = 0$ ist.

Treten in einem ganzrationalen Funktionsterm sowohl gerade als auch ungerade Exponenten auf, so liegt keine der einfachen Symmetrien vor.

Beispiel (Anwenden des Symmetriekriteriums)

a) $f: \mathbb{R} \to \mathbb{R}, x \mapsto -3x^4 + 2x^2 - 7$

Symmetrie zur y-Achse, da nur gerade Exponenten sowie ein absolutes Glied auftreten.

b) $f: \mathbb{R} \to \mathbb{R}, x \mapsto -2x^5 + x$

Symmetrie zum Ursprung, da nur ungerade Exponenten auftreten und kein absolutes Glied.

c) $f: \mathbb{R} \to \mathbb{R}, x \mapsto -5x^4 + 2x - 7$

Weder Symmetrie zur y-Achse noch zum Ursprung, da sowohl gerade als auch ungerade Exponenten auftreten.

Aufgaben

1. Entscheiden Sie anhand der Schaubilder, ob die Funktionsgraphen einfache Symmetrien aufweisen. Begründen Sie die Entscheidung.

a) 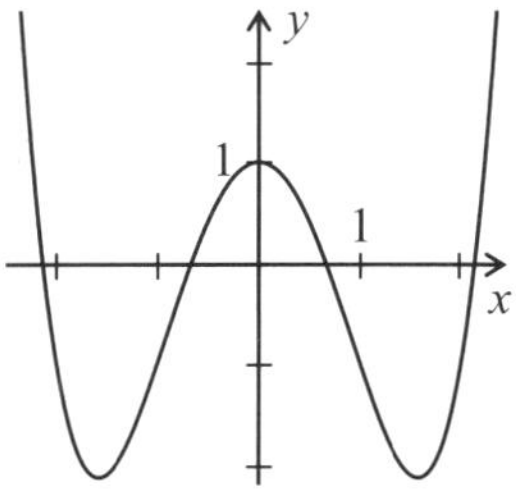

b) 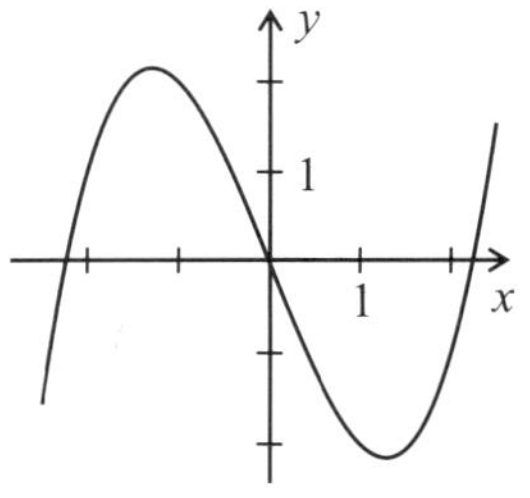

c) 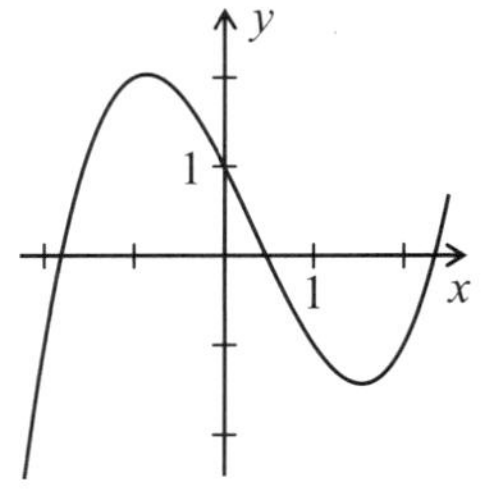

2. Entscheiden Sie anhand des Funktionsterms, ob der Graph der Funktion f symmetrisch ist. Geben Sie gegebenenfalls die Art der Symmetrie an. Führen Sie in a) und b) den Symmetrienachweis auch anhand der Definition.

a) $f(x)=x^4-3x^2+7$ b) $f(x)=x^5-7x$ c) $f(x)=x^3-4x^2+1$

d) $f(x)=1-x^4$ e) $f(x)=x^5-1$ f) $f(x)=x^5-6x^2-3$

3. Gegeben sind Funktionen mit den Gleichungen

$$f(x)=-x^4+3x^2+1 \quad , \quad g(x)=-x^3+3x^2 \quad \text{und} \quad h(x)=x^3-3x\,.$$

Ordnen Sie den Graphen die richtige Funktion zu.

a) 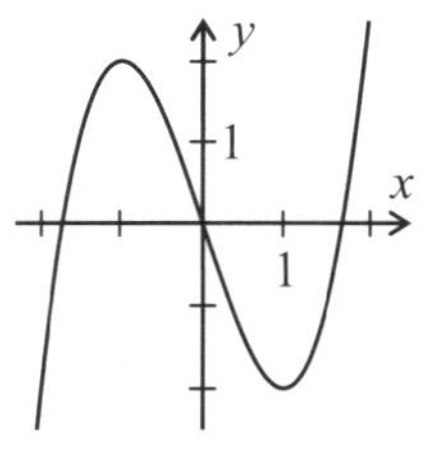

b) 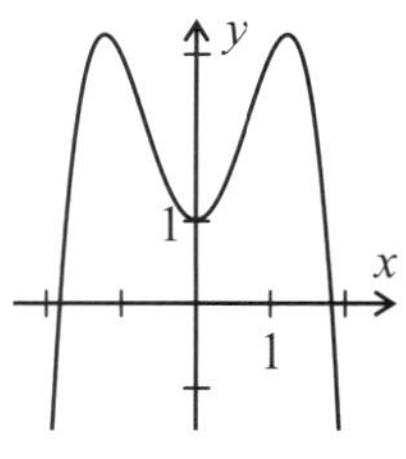

c) 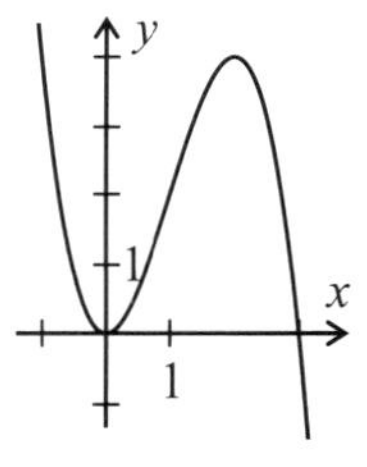

4. Begründen Sie, dass folgende Graphen keine einfache Symmetrie aufweisen. Lesen Sie dazu je ein passendes Gegenbeispiel aus dem Graphen ab.

a) 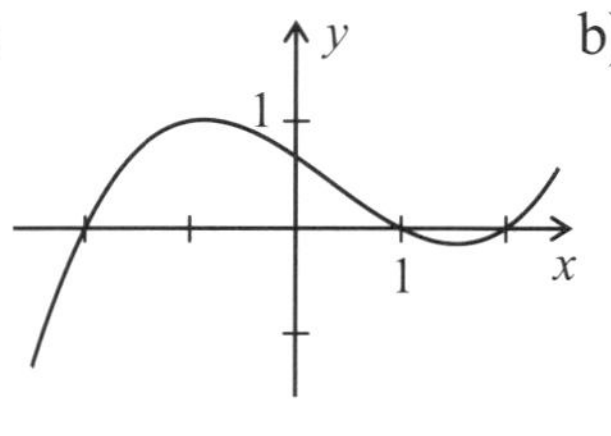

b) 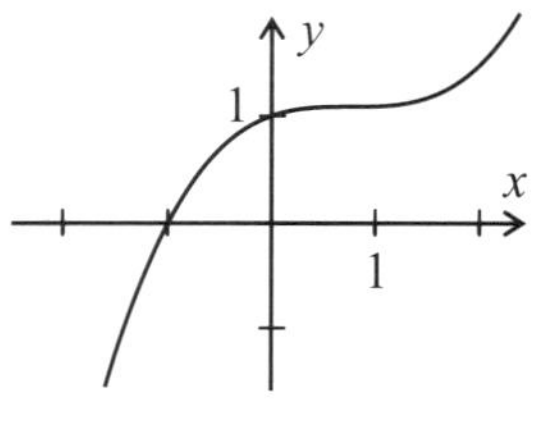

c) 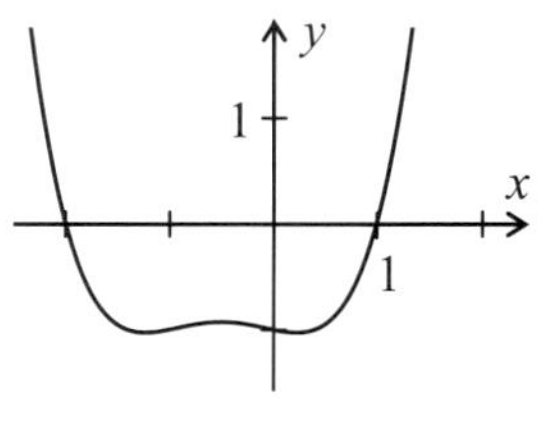

5. Der Graph einer ganzrationalen Funktion f sei symmetrisch zur y-Achse. Bestimmen Sie die Symmetrieeigenschaft der Graphen der folgenden Funktionen und weisen Sie diese rechnerisch nach.

a) $g(x)=x\cdot f(x)$ b) $h(x)=x^2-f(x)$

1.1.3 Uneigentliche Grenzwerte

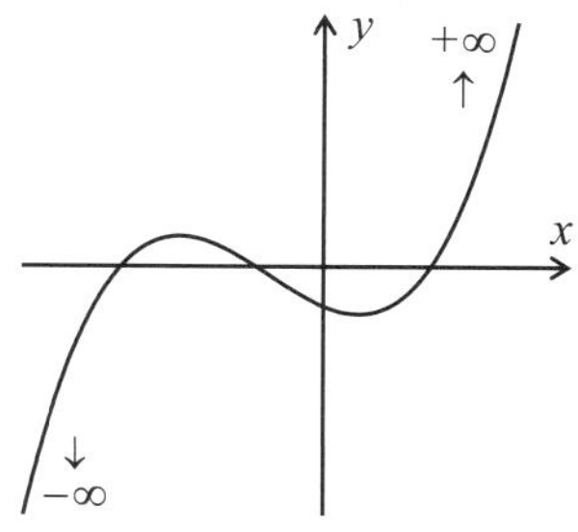

Bei der Untersuchung ganzrationaler Funktionen ist auch das Verhalten der Funktionswerte für $x \to -\infty$ und für $x \to +\infty$ von Interesse.

Bei dem nebenstehenden Funktionsgraphen wachsen die Funktionswerte für $x \to +\infty$ über alle Schranken, für $x \to -\infty$ fallen sie unter alle Schranken. Es ergibt sich also als Grenzwert keine feste reelle Zahl.

Es liegen keine Grenzwerte im eigentlichen Sinn vor, man spricht hier von **uneigentlichen Grenzwerten**. Für die Funktion in der Abbildung gilt:

$$\lim_{x \to -\infty} f(x) = -\infty \quad \text{und} \quad \lim_{x \to +\infty} f(x) = +\infty .$$

Wir suchen nach einer einfachen Möglichkeit, bei ganzrationalen Funktionen die uneigentlichen Grenzwerte anhand des Funktionsterms zu bestimmen. Hierzu betrachten wir als Sonderfälle zunächst die Potenzfunktionen.

Uneigentliche Grenzwerte bei Potenzfunktionen

In folgenden Abbildungen sind die Möglichkeiten für das Grenzwertverhalten von Potenzfunktionen mit positiven Exponenten wiedergegeben.

gerader Exponent		ungerader Exponent	
$f(x) = x^2$ $g(x) = x^4$	$f(x) = -x^2$ $g(x) = -x^4$	$f(x) = x^3$ $g(x) = x^5$	$f(x) = -x^3$ $g(x) = -x^5$
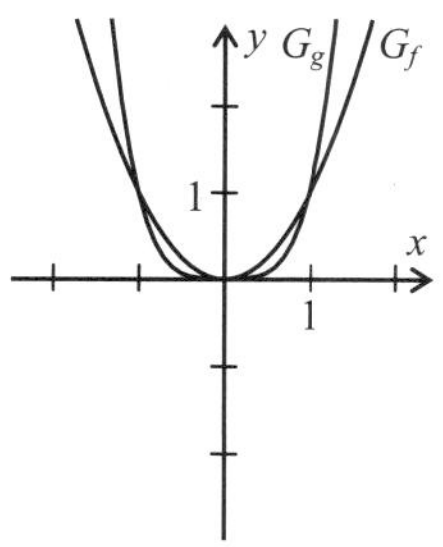	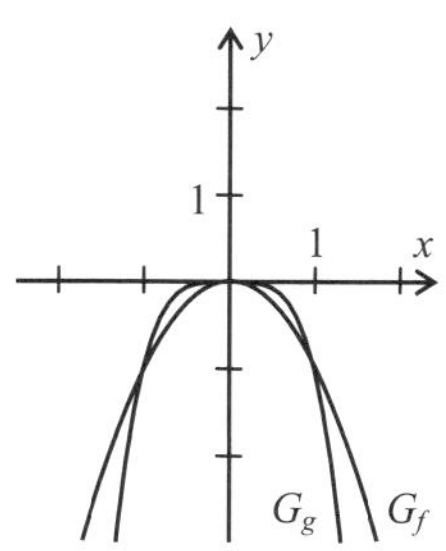	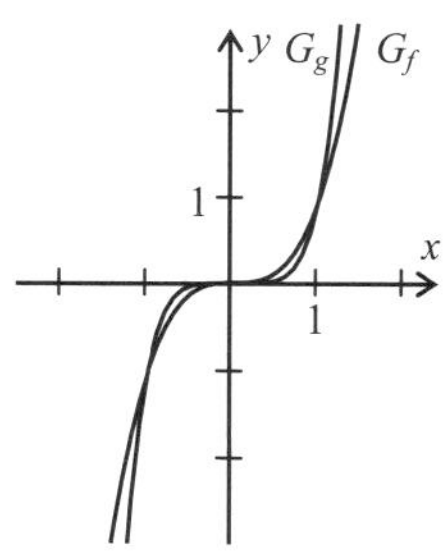	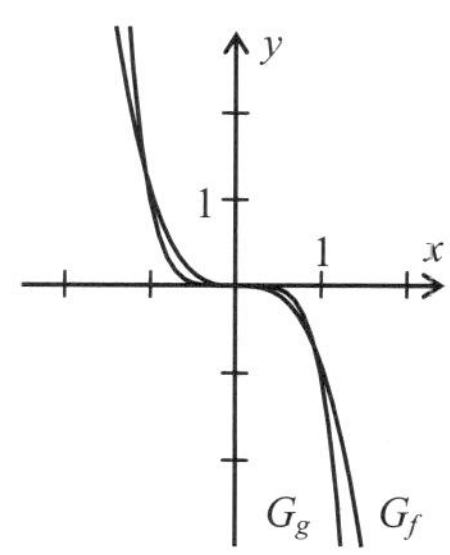
$\lim_{x \to -\infty} f(x) = \lim_{x \to -\infty} g(x) = +\infty$	$\lim_{x \to -\infty} f(x) = \lim_{x \to -\infty} g(x) = -\infty$	$\lim_{x \to -\infty} f(x) = \lim_{x \to -\infty} g(x) = -\infty$	$\lim_{x \to -\infty} f(x) = \lim_{x \to -\infty} g(x) = +\infty$
$\lim_{x \to +\infty} f(x) = \lim_{x \to +\infty} g(x) = +\infty$	$\lim_{x \to +\infty} f(x) = \lim_{x \to +\infty} g(x) = -\infty$	$\lim_{x \to +\infty} f(x) = \lim_{x \to +\infty} g(x) = +\infty$	$\lim_{x \to +\infty} f(x) = \lim_{x \to +\infty} g(x) = -\infty$

An den Graphen erkennt man, dass das Grenzwertverhalten davon abhängt, ob der Exponent der Potenzfunktion gerade oder ungerade ist. Ein zusätzliches Minuszeichen bewirkt eine Spiegelung des Graphen an der x-Achse. Dabei verändern sich auch die Grenzwerte für $x \to \pm\infty$.

Uneigentliche Grenzwerte bei ganzrationalen Funktionen

Die uneigentlichen Grenzwerte für $x \to \pm\infty$ einer ganzrationalen Funktion

$$f: \mathbb{R} \to \mathbb{R}, x \mapsto a_n x^n + a_{n-1} x^{n-1} + \ldots + a_1 x + a_0 \text{ mit } a_n \neq 0$$

lassen sich direkt am Funktionsterm ablesen. Eine allgemeine Regel kann durch die folgende Überlegung gewonnen werden.

Grenzwertbetrachtung bei ganzrationalen Funktionen für $x \to \pm\infty$

Wir klammern dazu im Funktionsterm die höchste Potenz x^n ($x \neq 0$) zusammen mit dem Koeffizienten $a_n \neq 0$ aus:

$$f(x) = a_n x^n + a_{n-1} x^{n-1} + a_{n-2} x^{n-2} + \ldots + a_1 x + a_0$$

$$= a_n x^n \cdot \left(\underbrace{1}_{\to 1} + \underbrace{\frac{a_{n-1}}{a_n} \cdot \frac{1}{x}}_{\to 0} + \underbrace{\frac{a_{n-2}}{a_n} \cdot \frac{1}{x^2}}_{\to 0} + \ldots + \underbrace{\frac{a_1}{a_n} \cdot \frac{1}{x^{n-1}}}_{\to 0} + \underbrace{\frac{a_0}{a_n} \cdot \frac{1}{x^n}}_{\to 0} \right) \quad \text{für } x \to \pm\infty$$

Der Klammerausdruck $\to 1$ für $x \to \pm\infty$.

Das Grenzwertverhalten von f für $x \to \pm\infty$ wird nur durch den Term $a_n x^n$ bestimmt. Es ergibt sich in beiden Fällen ein **uneigentlicher** Grenzwert.

Uneigentliche Grenzwerte ganzrationaler Funktionen für $x \to \pm\infty$

Eine ganzrationale Funktion

$$f: \mathbb{R} \to \mathbb{R}, x \mapsto a_n x^n + a_{n-1} x^{n-1} + \ldots + a_1 x + a_0 \text{ mit } a_n \neq 0$$

hat für $x \to \pm\infty$ dieselben uneigentlichen Grenzwerte wie die Potenzfunktion

$$p: \mathbb{R} \to \mathbb{R}, x \mapsto a_n x^n.$$

Es gilt also: $\lim\limits_{x \to \pm\infty} f(x) = \lim\limits_{x \to \pm\infty} a_n x^n$.

Kurz: Jede ganzrationale Funktion verhält sich für $x \to \pm\infty$ wie das Glied mit der höchsten x-Potenz.

Zur Bestimmung des Grenzwertverhaltens einer ganzrationalen Funktion im Unendlichen sind also nur die beiden folgenden Punkte zu beachten:

- die Grenzwerte $\lim\limits_{x \to -\infty} x^n$ und $\lim\limits_{x \to +\infty} x^n$ der höchsten Potenz der Variablen x

  und
- das Vorzeichen des zugehörigen Koeffizienten.

Die folgende Tabelle gibt einen systematischen Überblick über das Verhalten ganzrationaler Funktionen für $x \to \pm\infty$ in Abhängigkeit von n und a_n.

$n \in \mathbb{N}^*$ $a_n \in \mathbb{R}$	gerade $a_n > 0$	gerade $a_n < 0$	ungerade $a_n > 0$	ungerade $a_n < 0$
Beispiel	$f(x) = \frac{1}{2}x^4 - x^2$	$f(x) = -x^2 - x$	$f(x) = \frac{1}{4}x^5 - x$	$f(x) = -x^3 + x^2 + 1$
	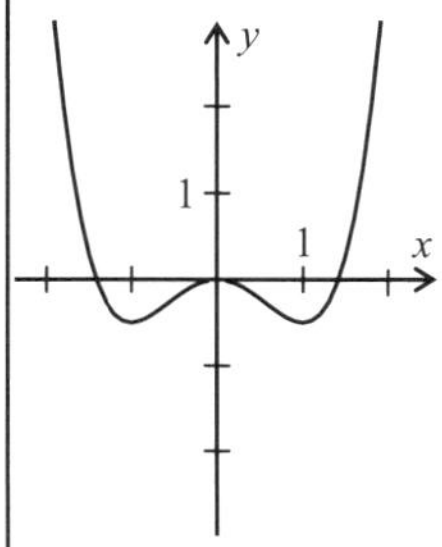	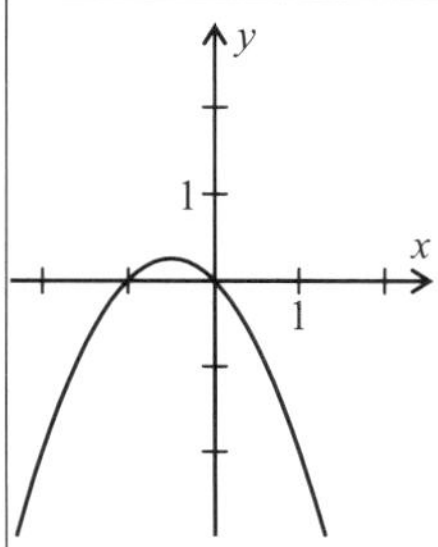	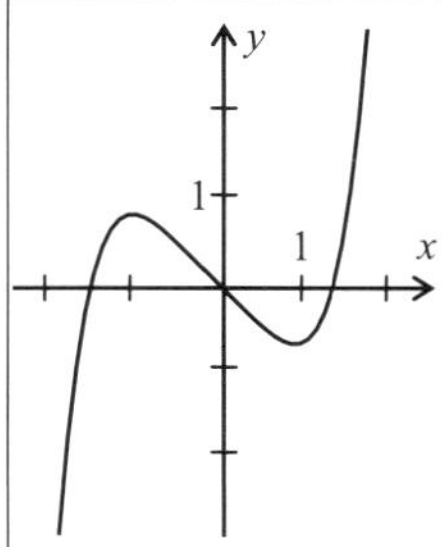	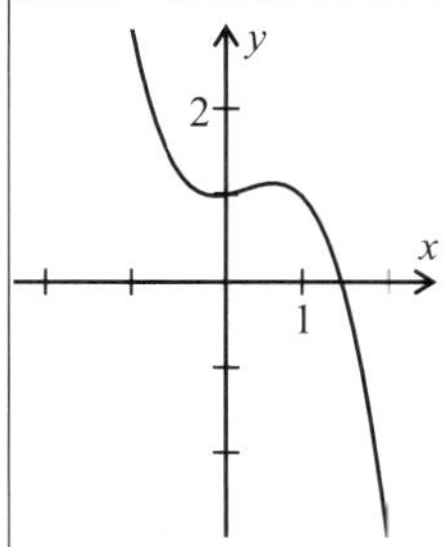
$\lim\limits_{x \to -\infty} f(x)$	$+\infty$	$-\infty$	$-\infty$	$+\infty$
$\lim\limits_{x \to +\infty} f(x)$	$+\infty$	$-\infty$	$+\infty$	$-\infty$
Verhalten wie	x^4	$-x^2$	x^5	$-x^3$

Beispiel (Grenzwerte ganzrationaler Funktionen für $x \to \pm\infty$)

Mithilfe der Grenzwerteregel für $x \to \pm\infty$ ergibt sich:

- $\lim\limits_{x \to \pm\infty} (\frac{1}{2}x^2 - 3x - 1) = \lim\limits_{x \to \pm\infty} (x^2) = +\infty$
- $\lim\limits_{x \to \pm\infty} (\frac{1}{2}x^3 + 2x^2 - x) = \lim\limits_{x \to \pm\infty} (x^3) = \pm\infty$
- $\lim\limits_{x \to \pm\infty} (-2x^4 + 3x^4 - 5) = \lim\limits_{x \to \pm\infty} (-x^4) = -\infty$
- $\lim\limits_{x \to \pm\infty} (-3x^5 + 2x^2 - 4x) = \lim\limits_{x \to \pm\infty} (-x^5) = \mp\infty$

Es gibt auch Funktionen, die für $x \to +\infty$ bzw. für $x \to -\infty$ keinen Grenzwert besitzen.

Beispiel (Funktionen, die für $x \to \pm\infty$ keine Grenzwerte besitzen)

Die Sinusfunktion ist ein Beispiel für eine solche Funktion.
Sie besitzt weder für $x \to -\infty$ noch für $x \to +\infty$ einen Grenzwert (auch keinen uneigentlichen).

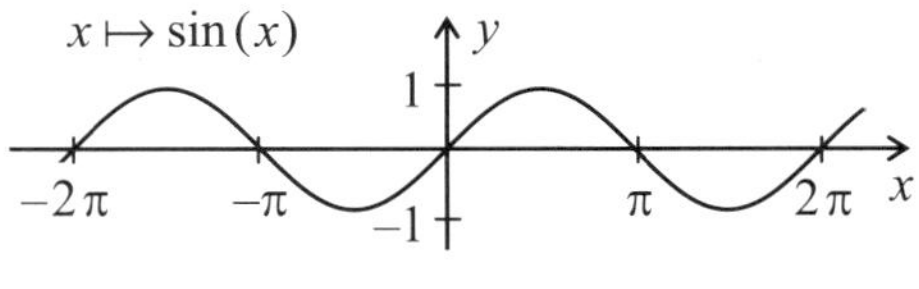

Ein weiteres Beispiel dieser Art ist die Kosinusfunktion.

Aufgaben

6. Lesen Sie an den Graphen die Nullstellen der ganzrationalen Funktion ab. Notieren Sie die Grenzwerte für $x \to -\infty$ und für $x \to +\infty$ in korrekter Schreibweise.

a)

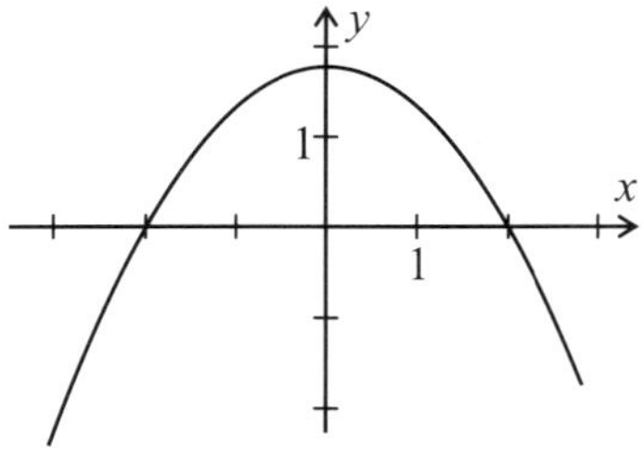

b)

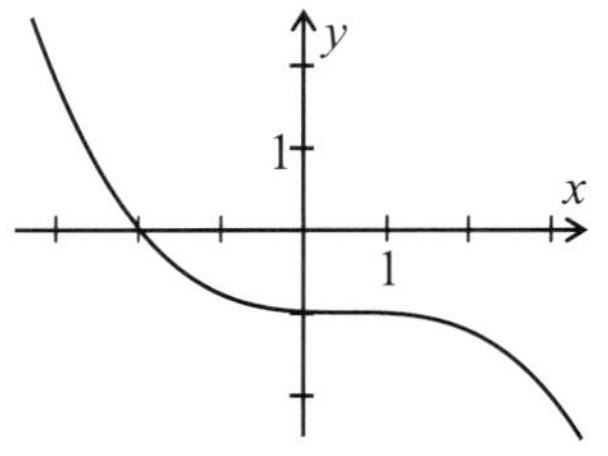

c)

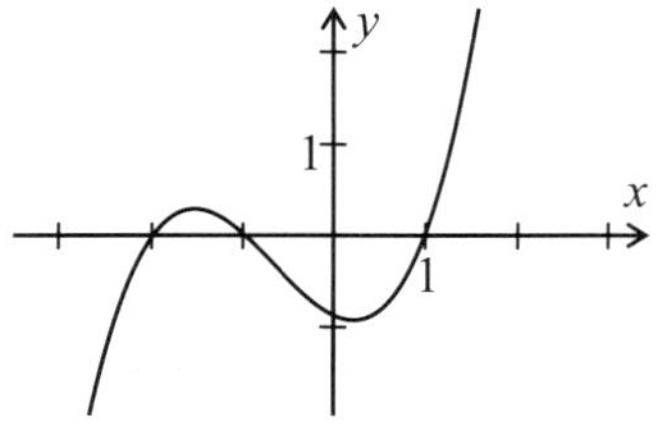

d)

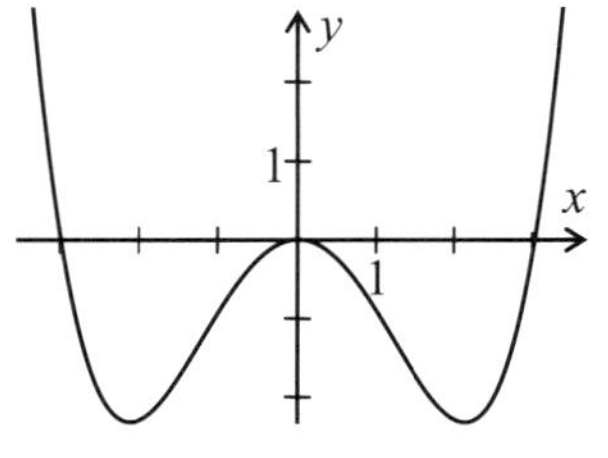

7. Geben Sie für die Funktionen das Glied $a_n x^n$ mit der höchsten x-Potenz an, welches das Grenzwertverhalten für $x \to \pm\infty$ bestimmt.

a) $f(x) = -3x^5 - x^2 - 6$

b) $f(x) = -\frac{1}{10}x^4 - 10x^3 + 4$

c) $f(x) = -3x^3 - 2x + x^5$

d) $f(x) = 5x^2 - \frac{1}{100}x^3 + 3x$

e) $f(x) = -2 \cdot (3x^3 - 5x)$

f) $f(x) = -3 \cdot (1 - 3x^4 + 5x^3)$

g) $f(x) = (x^3 + 1) \cdot (x - 1)$

h) $f(x) = -x^2 \cdot (10x - \frac{1}{2}x^3)$

8. Bestimmen Sie die uneigentlichen Grenzwerte der Funktion f für $x \to \pm\infty$.

a) $f(x) = 3x^3 - x + 5$

b) $f(x) = -2x^4 - x^2 + 5x$

c) $f(x) = -5x^2 - x$

d) $f(x) = 2x^5 - x^3 + 3x$

e) $f(x) = x^5 - 3x^2 - 4x$

f) $f(x) = -x^3 - 2x^2 + 7x$

Lassen Sie sich zur Kontrolle die Funktionsgraphen darstellen.

9. Geben Sie einen möglichen Term einer ganzrationalen Funktion f mit den folgenden Eigenschaften an:

a) Grad $n = 4$; Grenzwerte $\lim\limits_{x \to \pm\infty} f(x) = -\infty$; y-Achsenabschnitt –2

b) Grad $n = 3$; Grenzwerte $\lim\limits_{x \to \pm\infty} f(x) = \mp\infty$; G_f geht durch den Ursprung

10. Betrachtet werden Gleichungen von Funktionen in faktorisierter Form.
   - Lesen Sie anhand des Funktionsterms die Nullstellen ab.
   - Notieren Sie die Grenzwerte für $x \to -\infty$ und für $x \to +\infty$. Bestimmen Sie das Glied mit der höchsten Potenz ohne Rechnung.
   - Ordnen Sie den Funktionsgleichungen den zugehörigen der nachstehenden Graphen zu.
   - Bestimmen Sie zur Kontrolle den y-Achsenabschnitt.

①
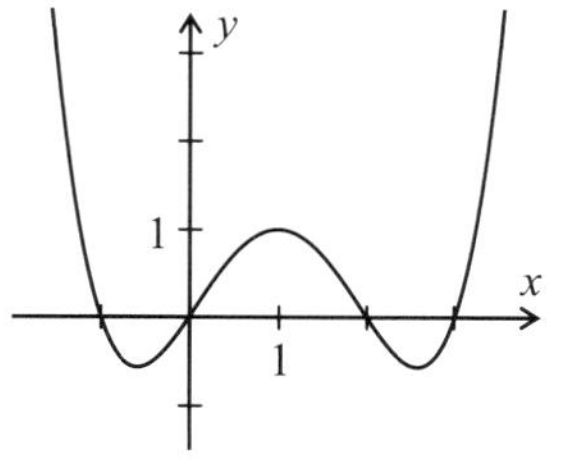

②
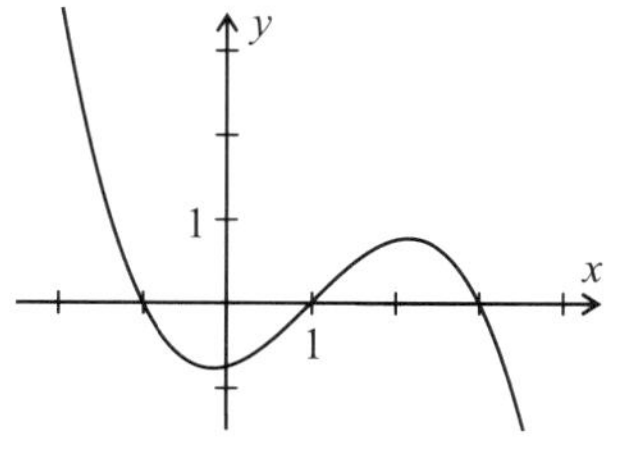

③
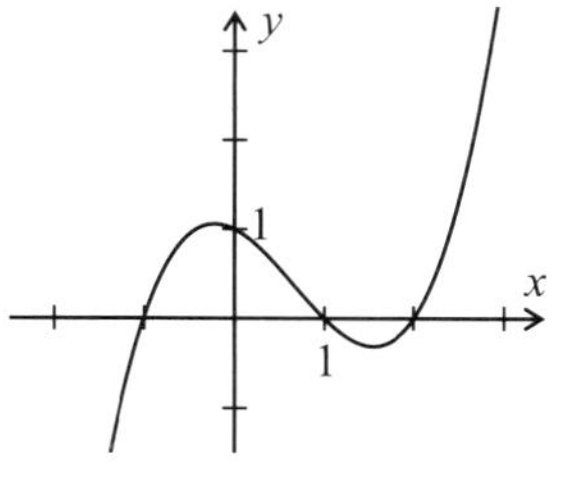

④
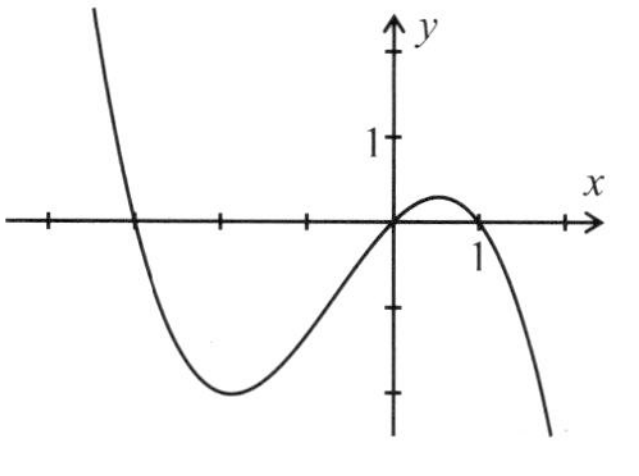

a) $f\colon x \mapsto -\frac{1}{3}x\cdot(x-1)\cdot(x+3)$ b) $g\colon x \mapsto \frac{1}{2}\cdot(x-1)\cdot(x+1)\cdot(x-2)$

c) $h\colon x \mapsto -\frac{1}{4}\cdot(x+1)\cdot(x-1)\cdot(x-3)$ d) $k\colon x \mapsto \frac{1}{4}x\cdot(x-2)\cdot(x+1)\cdot(x-3)$

11. Die Abbildungen zeigen auch die Graphen nichtganzrationaler Funktionen. Entscheiden Sie anhand der Schaubilder, ob für $x \to \pm\infty$ Grenzwerte existieren. Geben Sie diese gegebenenfalls an. Sind die Grenzwerte eigentlich oder uneigentlich?

a)
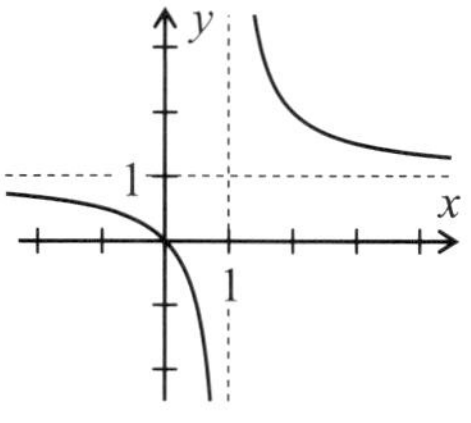

b)
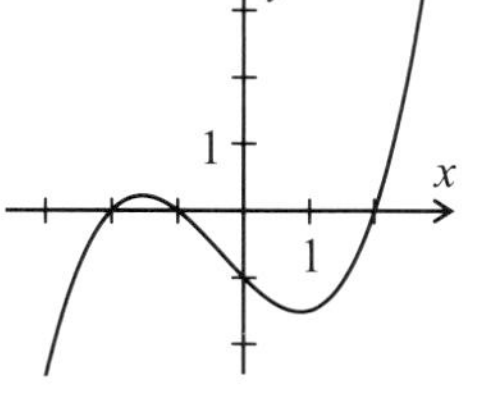

c)
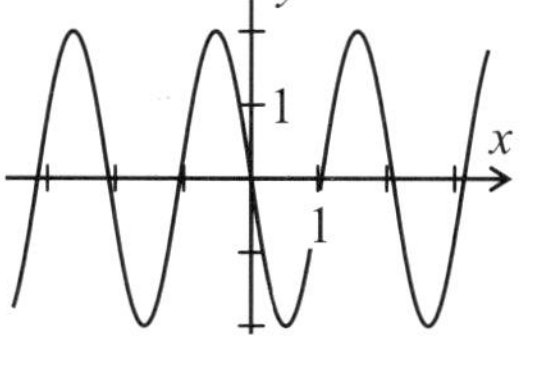

d)
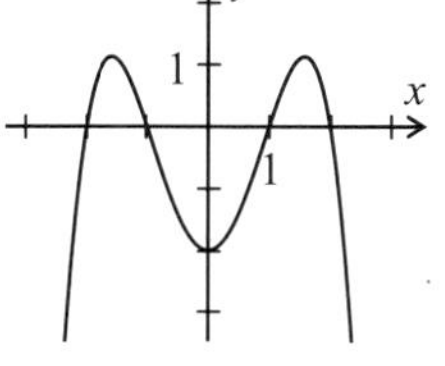

e)
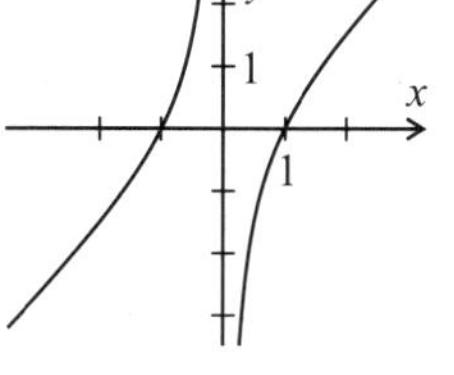

f)
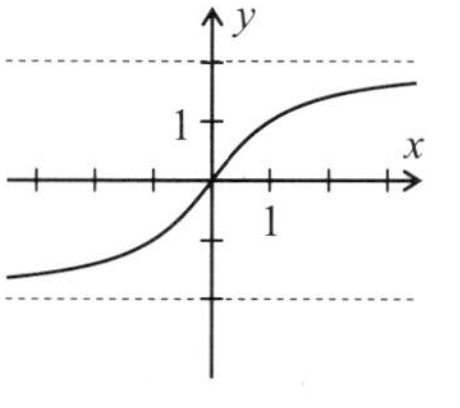

1.1.4 Wertemenge einer Funktion

Die **Wertemenge** W einer Funktion f ist eine Teilmenge der Zielmenge Z. Sie enthält nur die Werte der Zielmenge, die tatsächlich auch als Funktionswerte von f vorkommen.

Die nachstehende Abbildung veranschaulicht die Zusammenhänge.

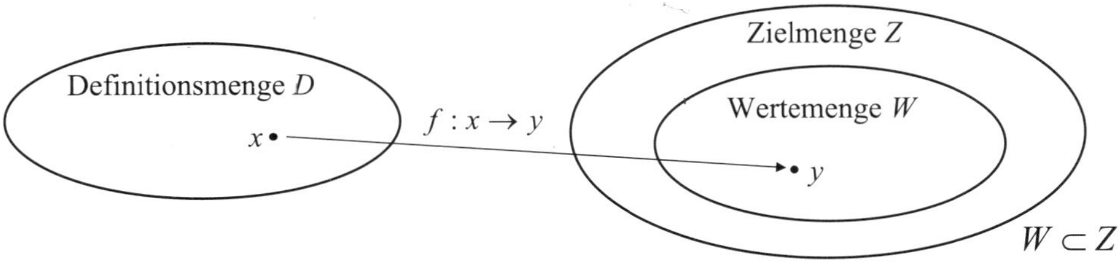

Im Gegensatz zur Definitions- und Zielmenge, die bei der Angabe einer Funktion vorgegeben sind, ist die Wertemenge im Allgemeinen nicht schon von vorneherein bekannt. Sie muss in der Regel extra bestimmt werden. Dies ist immer dann recht einfach, wenn der Graph der Funktion bekannt ist.

Beispiel (Graphische Bestimmung der Wertemenge)

- Die Zahl y_1 gehört zur Wertemenge von f, da die Parallele zur x-Achse durch den Punkt $Q_1(0 \mid y_1)$ den Graphen mindestens einmal, in diesem Fall sogar zweimal schneidet.
  Die zugehörigen x-Werte sind die x-Koordinaten der Schnittpunkte.
- Die Zahl y_2 gehört nicht zur Wertemenge von f, da die Parallele zur x-Achse durch den Punkt $Q_2(0 \mid y_2)$ den Funktionsgraphen nicht schneidet.

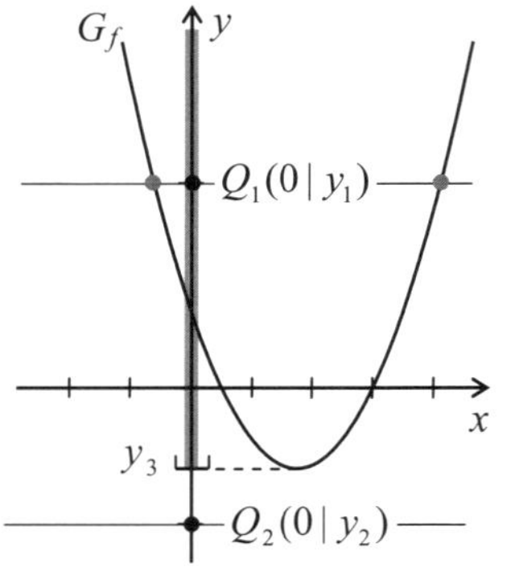

- Am Graphen erkennt man, dass es für jedes $y \in [\, y_3; +\infty[$ eine Parallele zur x-Achse durch den Punkt $Q(0 \mid y)$ gibt, die den Funktionsgraphen mindestens einmal schneidet.
  An der y-Achse lässt sich die Wertemenge $W_f = [\, y_3; +\infty[$ ablesen.

Zur graphischen Bestimmung der Wertemenge einer Funktion lässt sich das folgende Kriterium formulieren.

Graphische Bestimmung der Wertemenge

Am Graphen einer Funktion liest man die Wertemenge an der y-Achse ab.

Eine Zahl y gehört genau dann zur Wertemenge einer Funktion f, wenn die Parallele zur x-Achse durch den Punkt $Q(0 \mid y)$ den Graphen der Funktion mindestens einmal schneidet.

Aufgaben

12. Gegeben ist der Graph einer Funktion auf einer Menge D. Bestimmen Sie anhand der Graphen die zugehörige Wertemenge W.

a)
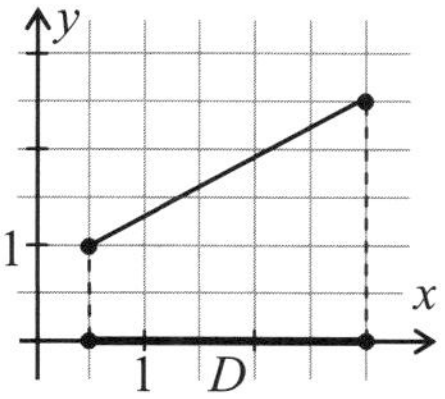

b)
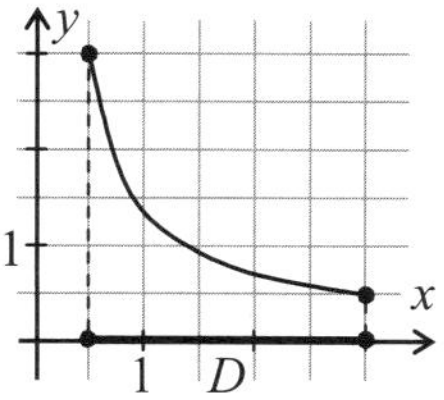

c)
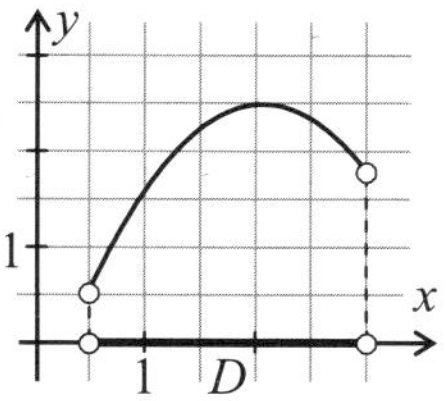

d)
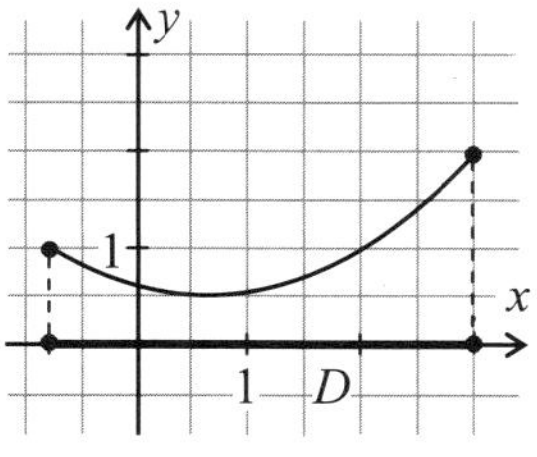

e)
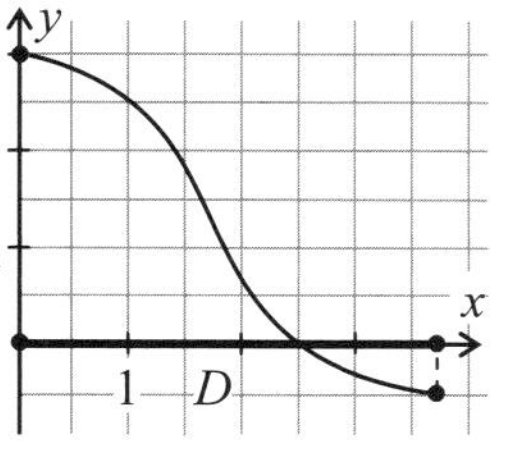

f)
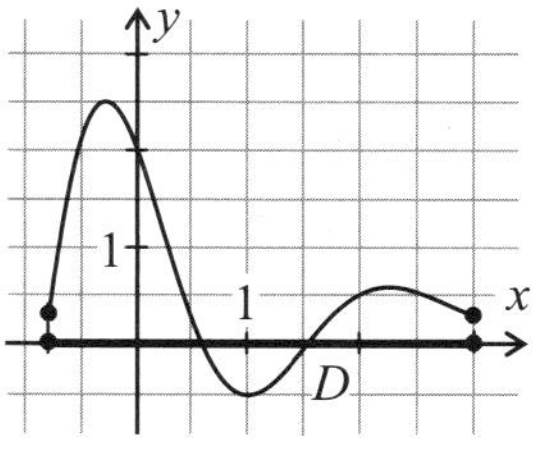

13. Lesen Sie aus dem Schaubild die Wertemenge der Funktion ab.

a)
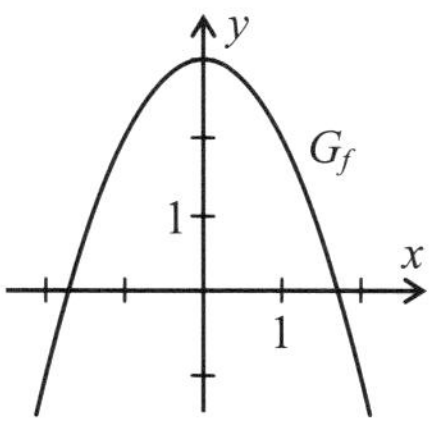

b)
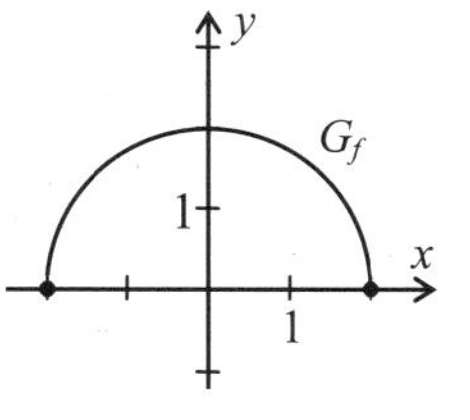

c)
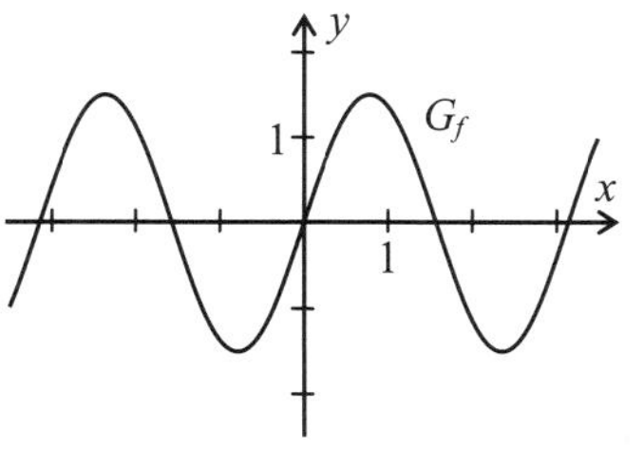

d)
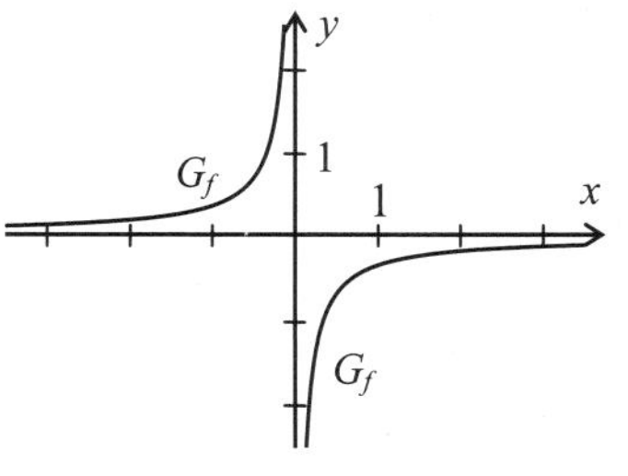

14. Geben Sie jeweils eine Gleichung einer in $\mathbb{R}$ definierten Funktion an, welche die angegebene Wertemenge W besitzt.

a) $W = \mathbb{R}$ b) $W =]-\infty\,;3]$ c) $W = [-3\,;3]$

15. Begründen Sie, dass jede ganzrationale Funktion dritten Grades die Wertemenge $W = \mathbb{R}$ besitzt.

1.1.5 Vielfachheit von Nullstellen

Ist x_0 eine Nullstelle einer ganzrationalen Funktion f, so tritt in der Faktorisierung des Funktionsterms der Linearfaktor $(x - x_0)$ auf, in manchen Fällen sogar mehrfach. Allgemein definiert man:

Vielfachheit einer Nullstelle
Sei f eine ganzrationale Funktion.
Die Zahl x_0 heißt ***k*-fache Nullstelle** von f, wenn f die Darstellung

$$f(x) = (x - x_0)^k \cdot g(x)$$

hat, wobei g eine ganzrationale Funktion mit $g(x_0) \neq 0$ ist und $k \in \mathbb{N}^*$.
Die Zahl k heißt **Vielfachheit** der Nullstelle.

Beispiel (Vielfachheit von Nullstellen)
Die ganzrationale Funktion $f: \mathbb{R} \to \mathbb{R}, x \mapsto (x+3)^2 \cdot (x-2)^3 \cdot (x-5)$ besitzt die Nullstellen –3, 2 und 5. Dabei ist

- $x = -3$ eine zweifache Nullstelle von f,
- $x = 2$ eine dreifache Nullstelle von f,
- $x = 5$ eine einfache Nullstelle von f.

Die Vielfachheit einer Nullstelle hat Auswirkungen auf den lokalen Verlauf des zugehörigen Funktionsgraphen.

Einfache Nullstellen

Für eine *einfache* Nullstelle x_0 gilt:

– Die Faktorisierung des Funktionsterms enthält den Linearfaktor $(x - x_0)^1$.
– x_0 ist Nullstelle mit Vorzeichenwechsel.
– G_f schneidet die x-Achse an der Stelle x_0.

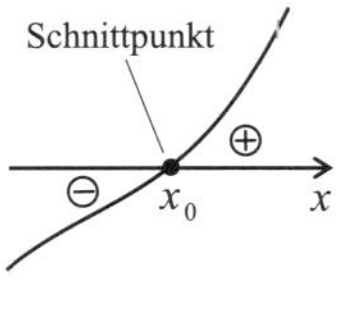

Vorzeichentabelle

x		x_0	
$f(x)$	–	0	+

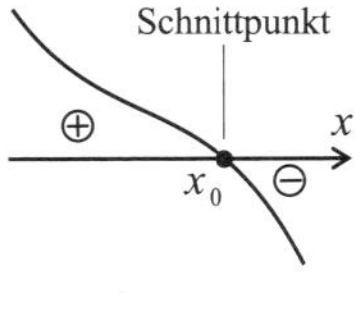

Vorzeichentabelle

x		x_0	
$f(x)$	+	0	–

Beispiel (Verlauf des Graphen bei einfachen Nullstellen)
Betrachtet wird $f(x) = x^3 - x^2 - 2x$.

- *Faktorisierung*: $f(x) = x \cdot (x^2 - x - 2)$
  $= x \cdot (x+1) \cdot (x-2)$
  $= (x-0) \cdot (x+1) \cdot (x-2)$
- *Nullstellen*: $x = 0$ einfach (Schnittstelle)
  $x = -1$ einfach (Schnittstelle)
  $x = 2$ einfach (Schnittstelle)

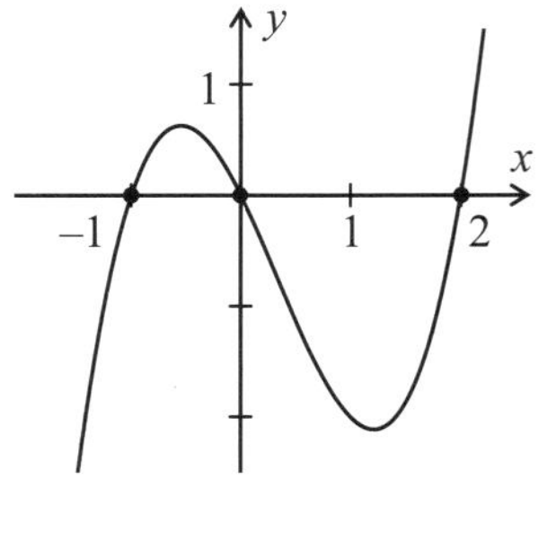

Doppelte Nullstellen

Für eine *doppelte* Nullstelle x_0 gilt:

- Die Faktorisierung des Funktionsterms enthält den Linearfaktor $(x - x_0)^2$.
- x_0 ist Nullstelle ohne Vorzeichenwechsel.
- G_f berührt die x-Achse an der Stelle x_0.

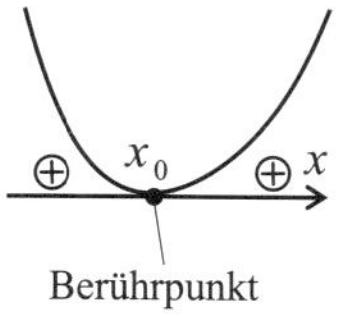

Vorzeichentabelle

x		x_0	
$f(x)$	+	0	+

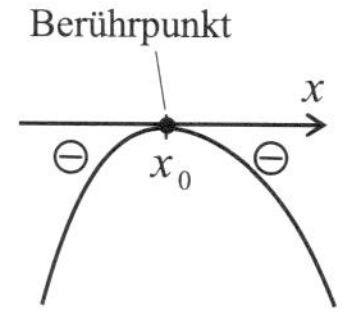

Vorzeichentabelle

x		x_0	
$f(x)$	–	0	–

Beispiel (Verlauf des Graphen bei doppelten Nullstellen)

Betrachtet wird $f(x) = x^4 + 4x^3 + 4x^2$.

- *Faktorisierung*: $f(x) = x^2 \cdot (x^2 + 4x + 4)$
  $= x^2 \cdot (x+2)^2$
  $= (x-0)^2 \cdot (x+2)^2$
- *Nullstellen*: $x = 0$ doppelt (Berührstelle)
  $x = -2$ doppelt (Berührstelle)

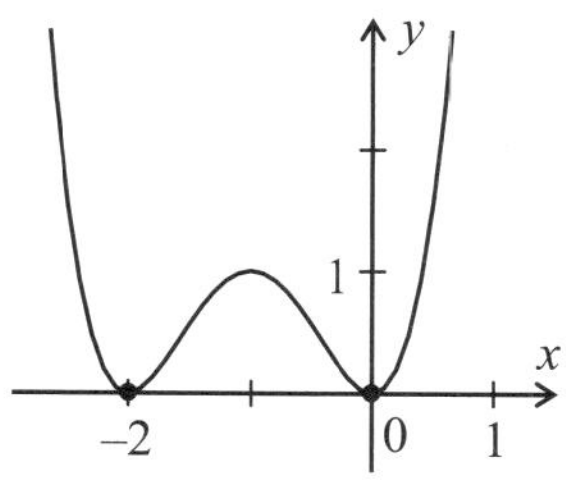

Dreifache Nullstellen

Für eine *dreifache* Nullstelle x_0 gilt:

- Die Faktorisierung des Funktionsterms enthält den Linearfaktor $(x - x_0)^3$.
- x_0 ist Nullstelle mit Vorzeichenwechsel.
- G_f hat in x_0 einen Sattelpunkt.

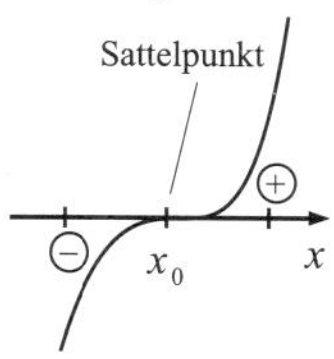

Vorzeichentabelle

x		x_0	
$f(x)$	–	0	+

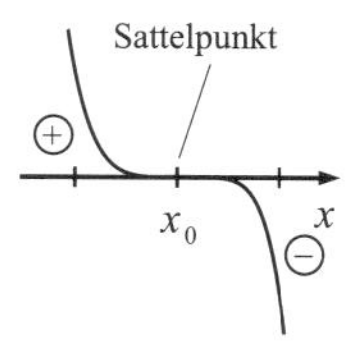

Vorzeichentabelle

x		x_0	
$f(x)$	+	0	–

Beispiel (Verlauf des Graphen bei dreifachen Nullstellen)

Betrachtet wird $f(x) = x^4 + 2x^3$.

- *Faktorisierung*: $f(x) = x^3 \cdot (x+2)$
- *Nullstellen*: $x = 0$ dreifach (Sattelstelle)
  $x = -2$ einfach (Schnittstelle)

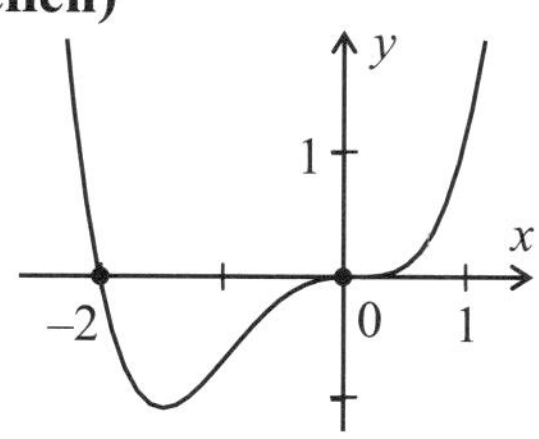

Entsprechend gibt es auch Funktionen mit vierfachen, fünffachen, sechsfachen usw. Nullstellen. Zusammenfassend gilt dabei:

- ungerade Vielfachheit einer Nullstelle → Vorzeichenwechsel,
- gerade Vielfachheit einer Nullstelle → kein Vorzeichenwechsel.

Skizzieren von Graphen mithilfe der Vielfachheit von Nullstellen

Berücksichtigt man beim Erstellen einer Vorzeichentabelle für eine ganzrationale Funktion f die Vielfachheit der auftretenden Nullstellen, so genügt es, das Vorzeichen von $f(x)$ in nur einem Teilintervall zu bestimmen.

Sind zusätzlich die Grenzwerte für $x \to \pm\infty$ bekannt, so kann man sich schnell in Form einer Skizze einen groben Überblick über den Verlauf des Graphen verschaffen.

Beispiel (Erstellen einer Vorzeichentabelle und Skizze des Graphen)

Betrachtet wird $f(x) = \frac{1}{8}x^3 \cdot (x+2)^2 \cdot (x-2)$.

- *Nullstellen*: $x = 0$ dreifach (Sattelstelle), mit Vorzeichenwechsel
  $x = -2$ doppelt (Berührstelle), ohne Vorzeichenwechsel
  $x = 2$ einfach (Schnittstelle), mit Vorzeichenwechsel

- *Vorzeichentabelle*

x	$-\infty$	-2		0	1	2	$+\infty$
$f(x)$	$+$	0 ohne VzW	$+$	0 mit VzW	$-$	0 mit VzW	$+$

Testwert: $f(1) = -\frac{9}{8} < 0$

Es genügt ein Vorzeichentest an nur einer einzigen Stelle, z.B. an der Stelle 1. Die Vorzeichen in den anderen Teilintervallen ergeben sich aus der Art der Nullstellen.

- *Grenzwerte für* $x \to \pm\infty$

Multipliziert man den Funktionsterm von $f(x)$ aus, so erhält man als Glied mit der höchsten Potenz den Term $\frac{1}{8}x^6$.

Es gilt daher: $\lim\limits_{x \to \pm\infty} f(x) = \lim\limits_{x \to \pm\infty} (\frac{1}{8}x^6) = +\infty$.

Statt eines Testwerts können auch die Grenzwerte zum Ausfüllen der obigen Vorzeichentabelle verwendet werden.

- *Skizze des Graphen*

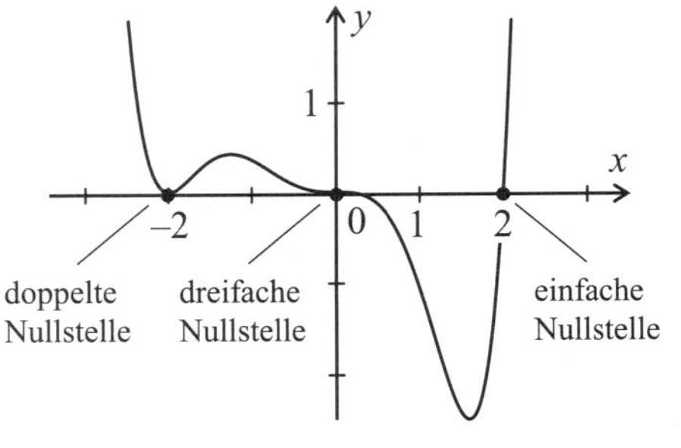

Eine Skizze gibt die Lage und die Art der Nullstellen sowie den Verlauf des Graphen für $x \to \pm\infty$ korrekt wieder. Die Lage der Extrem- und Wendepunkte wird ohne zusätzliche Untersuchungen in der Regel nicht exakt enthalten sein.

Aufgaben

16. Bestimmen Sie die Nullstellen der Funktion f mit ihren Vielfachheiten sowie den y-Achsenabschnitt. Charakterisieren Sie die Art der Nullstelle.

a) $f(x)=x^2\cdot(x+2)$ b) $f(x)=-(x+1)\cdot(x-1)^2$

c) $f(x)=x^3\cdot(x+2)$ d) $f(x)=-x^2\cdot(x-2{,}5)^2$

e) $f(x)=(x+2)\cdot(x+1)\cdot(x-1)^2$ f) $f(x)=(x+1)^3\cdot(x-1)^2$

17. Faktorisieren Sie den Funktionsterm der Funktion f vollständig und geben Sie die Nullstellen der Funktion zusammen mit ihrer Vielfachheit an.

a) $f(x)=x^2-9$ b) $f(x)=x^2-8x+16$

c) $f(x)=x^2-x-12$ d) $f(x)=2x^2-2x-12$

e) $f(x)=3x^2-12$ f) $f(x)=2x^2+8x+8$

g) $f(x)=x^3-4x$ h) $f(x)=x^4-6x^3+8x^2$

i) $f(x)=x^5-8x^4+16x^3$ j) $f(x)=-2x^4+50x^2$

k) $f(x)=-3x^4+18x^3-27x^2$ l) $f(x)=4x^5-12x^4-16x^3$

18. Formen Sie die Funktionsgleichung von f so um, dass sie soweit wie möglich faktorisiert ist. Geben Sie die Nullstellen von f zusammen mit ihrer Vielfachheit an.

a) $f(x)=(x^2-9)\cdot(x+3)$ b) $f(x)=(x^2-4x+4)\cdot(x-3)$

c) $f(x)=(x-1)\cdot(x^2-3x+2)$ d) $f(x)=(x^2-1)\cdot(x^3-x)$

e) $f(x)=(x^4-x^2)\cdot(x+1)$ f) $f(x)=(-x^3+x)\cdot(x^3-2x^2+x)$

19. Lesen Sie aus der Zeichnung die minimale Vielfachheit der Nullstellen ab.

a)

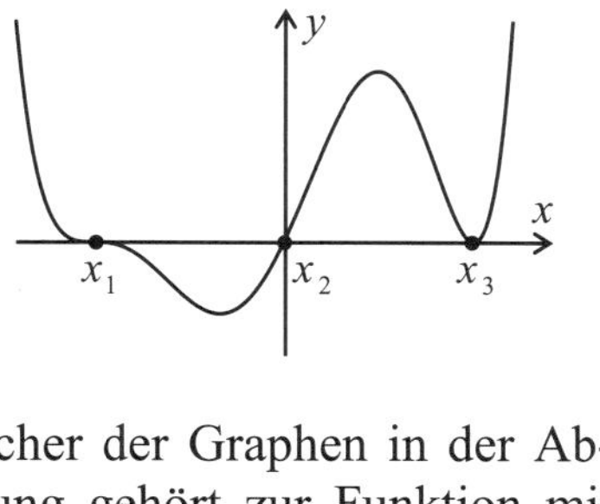

b)

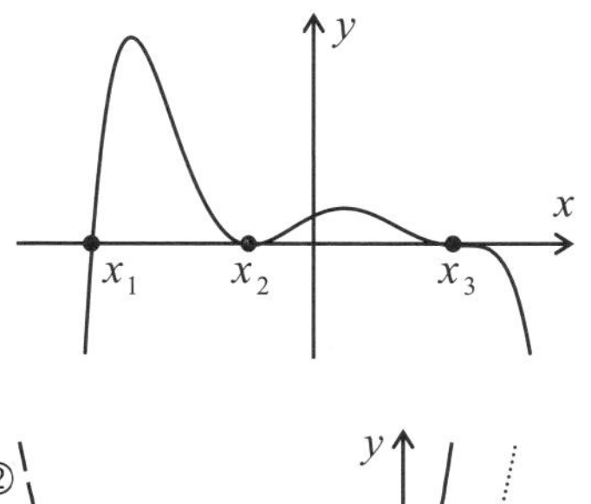

20. Welcher der Graphen in der Abbildung gehört zur Funktion mit der Gleichung

$$f(x)=-x\cdot(x+2)^2?$$

Geben Sie für Ihre Entscheidung eine Begründung an.

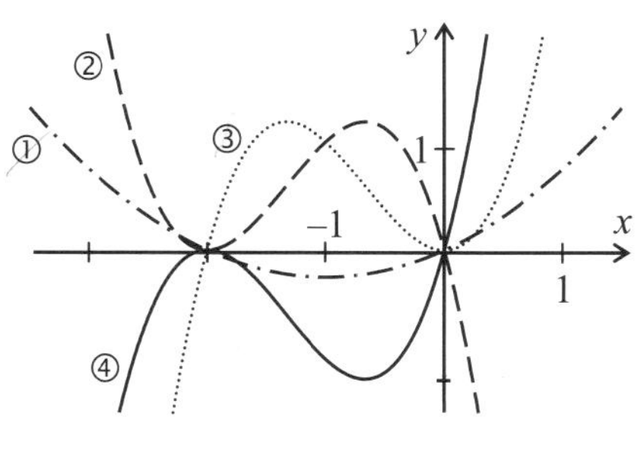

21. Betrachtet werden Gleichungen von Funktionen in faktorisierter Form.
- Bestimmen Sie anhand des Funktionsterms die Nullstellen einschließlich ihrer Vielfachheit.
- Notieren Sie die Grenzwerte für $x \to -\infty$ und für $x \to +\infty$.
- Ordnen Sie den Funktionen den zugehörigen der nachstehenden Graphen zu.
- Bestimmen Sie zur Kontrolle den y-Achsenabschnitt.

①
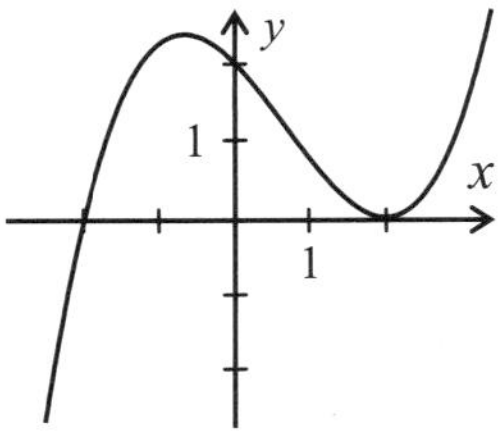

②
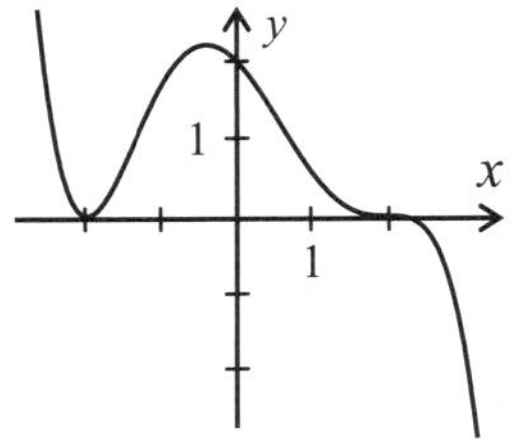

③
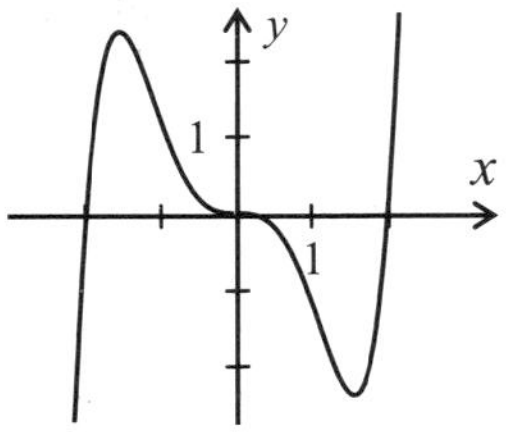

④
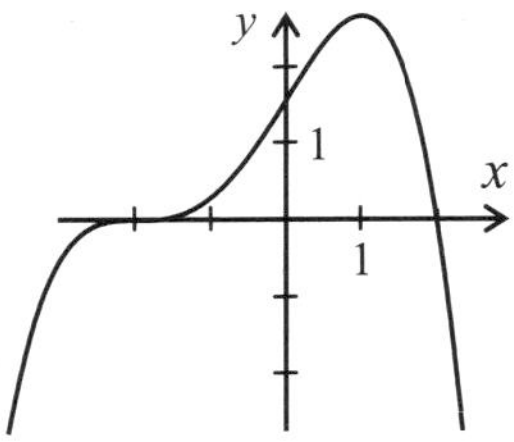

a) $f: x \mapsto \frac{1}{2}x^3 \cdot (x-2) \cdot (x+2)$
b) $g: x \mapsto \frac{1}{4} \cdot (x-2)^2 \cdot (x+2)$
c) $h: x \mapsto -\frac{1}{10} \cdot (x-2) \cdot (x+2)^3$
d) $k: x \mapsto -\frac{1}{16} \cdot (x-2)^3 \cdot (x+2)^2$

22. Geben Sie jeweils eine möglichst einfache ganzrationale Funktion f an, die folgende Eigenschaften besitzt:
a) f hat eine doppelte Nullstelle bei –2.
b) G_f hat in $(4 \mid 0)$ einen Sattelpunkt.
c) f hat einfache Nullstellen bei –2, 1 und 4.
d) f hat eine einfache Nullstelle bei –3 und eine doppelte bei 3.
e) G_f berührt bei 4 die x-Achse und schneidet sie bei –1,5.
f) G_f hat in $(-2 \mid 0)$ einen Sattelpunkt und berührt bei 5 die x-Achse.

23. Faktorisieren Sie den Funktionsterm der ganzrationalen Funktion f. Erstellen Sie eine Vorzeichentabelle, geben Sie die Grenzwerte für $x \to \pm\infty$ an und fertigen Sie mit diesen Informationen eine Skizze des Funktionsgraphen an.
a) $f(x) = x^3 - 9x$
b) $f(x) = -x^3 + 4x^2 - 4x$
c) $f(x) = x^3 + x^2 - 6x$
d) $f(x) = -x^4 - 3x^3$
e) $f(x) = -(x-2)^3 \cdot (x^2 + 2x + 1)$
f) $f(x) = x^4 - 6x^2 + 8$
g) $f(x) = (1-x)^3 \cdot (x^2 + 4x + 4)$
h) $f(x) = -\frac{1}{3}x^5 + x^4$

Arbeitsblätter 1.1.5

1.1.6 Approximation durch die Tangente (LK)

Die Begriffe Steigung eines Funktionsgraphen und Differenzierbarkeit wurden in der Einführungsphase über den Grenzwert des Differenzenquotienten erklärt(1).

Ein anderer Zugang zu diesen Themen geht von der Zielsetzung aus, eine Funktion in der Nähe eines Punktes des Graphen mithilfe einer linearen Funktion zu **approximieren**(2). Hierbei erweist sich die Tangente als die optimale Annäherung.

Die Tangente t an den Graphen einer Funktion in einem Punkt B kann man auch als diejenige Gerade interpretieren, die sich in der Nähe von B optimal an den Kurvenverlauf anpasst.
Damit ist gemeint, dass unter allen Geraden, die durch den Punkt B verlaufen, die Tangente t diejenige ist, die in der Nähe von B den Graphen G_f nicht schneidet.

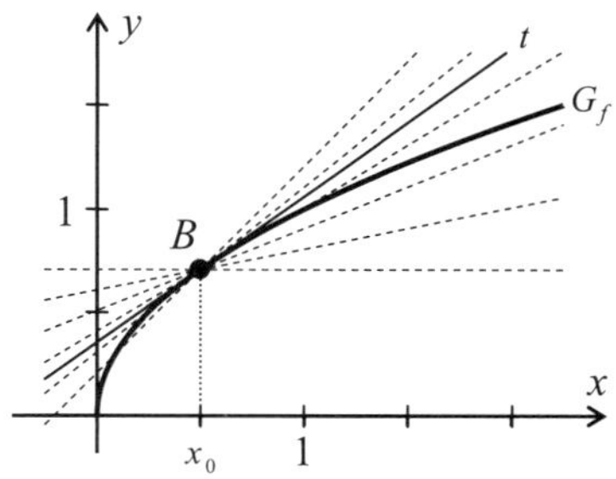

Betrachtung mit einem „Funktionenmikroskop“

Wir betrachten für die Quadratfunktion $f: x \mapsto x^2$ die Stelle $x_0 = 1$ und damit den Punkt $B(1|1)$ der Normalparabel.

Geraden g_m durch den Punkt B besitzen Gleichungen der Form (Punktsteigungsform)

$$g_m: y = m \cdot (x-1)+1.$$

Die Tangente t im Punkt B ist unter diesen Geraden diejenige mit der Steigung 2:

$$t: y = 2 \cdot (x-1)+1.$$

Offensichtlich liefert die Tangente in der Nähe des Punkts B eine bessere Approximation als jede der Geraden g_m $(m \neq 2)$.

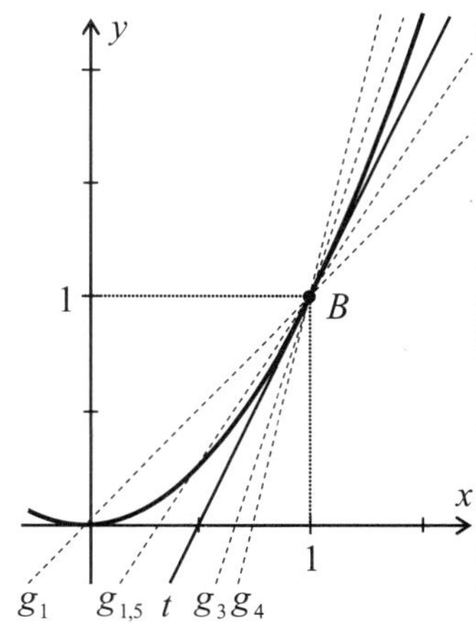

Moderne Funktionenplotter bieten die Möglichkeit, die Umgebung einer Stelle zu zoomen. Betrachtet man in dem Beispiel die Stelle $x_0 = 1$ unter einem solchen Mikroskop, so stellt man fest, dass der Funktionsgraph immer mehr geradlinig wird und in guter Näherung schließlich mit der Tangente übereinstimmt.

Bei Funktionen, wie z.B. $f(x) = |x^2 - 1|$, ist dies jedoch nicht der Fall. Beim Hereinzoomen, z.B. an der Nichtdifferenzierbarkeitsstelle 1, verschwindet der Knick nicht.

1.1.6

Anhand dieses und weiterer Beispiele lässt sich die Vermutung formulieren, dass die Tangente immer die beste lineare Näherung darstellt.

(1) Eine kurze Zusammenfassung kann im Anhang A3 nachgelesen werden.

(2) Approximation (Annäherung) ist die Bestimmung einer Ersatzfunktion (hier einer Geraden), die von einer Funktion f möglichst wenig abweicht.

1.1.7 Ableitung ganzrationaler Funktionen

Ableitung von Potenzfunktionen

Aus der Einführungsphase ist die Ableitungsregel für Potenzfunktionen bekannt.

Potenzregel für natürliche Exponenten

Die Potenzfunktionen $f: \mathbb{R} \to \mathbb{R}; x \mapsto x^n$ mit $n \in \mathbb{N}$ und $n \geq 2$ sind an jeder Stelle $x \in \mathbb{R}$ differenzierbar und es gilt dabei

$$f'(x) = n \cdot x^{n-1}.$$

Faktorregel

Häufig steht vor einem Funktionsterm, dessen Ableitung bekannt ist, ein Zahlenfaktor, wie z. B. bei $f(x) = -3x^4$. Für solche Fälle gilt die Faktorregel.

Faktorregel (FR)

Ist die Funktion $f: D \to \mathbb{R}$ an der Stelle $x \in D$ differenzierbar und ist $\alpha \in \mathbb{R}$, so ist auch die Funktion $\alpha \cdot f$ an der Stelle $x \in D$ differenzierbar und es gilt

$$\left(\alpha \cdot f(x)\right)' = \alpha \cdot f'(x).$$

Kurz: Ein konstanter Faktor bleibt beim Ableiten erhalten.

Beispiel (Anwenden der Faktorregel)

Für $f(x) = -3x^4$ gilt gemäß der Faktorregel:

$$f'(x) = (-3x^4)' \underset{\text{FR}}{=} (-3) \cdot (x^4)' = (-3) \cdot 4x^3 = -12x^3.$$

Summenregel

Für Summen (und auch Differenzen) von Funktionen gilt die Summenregel.

Summenregel (SR)

Sind die Funktionen $f: D \to \mathbb{R}$ und $g: D \to \mathbb{R}$ an der Stelle $x \in D$ differenzierbar, dann sind auch die Funktionen $f + g$ sowie $f - g$ an der Stelle $x \in D$ differenzierbar und es gilt

$$(f \pm g)'(x) = f'(x) \pm g'(x).$$

Kurz: Summen und Differenzen von Funktionen werden gliedweise abgeleitet.

Beispiel (Anwenden der Summenregel)

Für $f(x) = x^4 + x^3 + 2$ gilt nach der Summenregel:

$$f'(x) \underset{\text{SR}}{=} 4x^3 + 3x^2 + 0 = 4x^3 + 3x^2.$$

Ableitung ganzrationaler Funktionen

Mithilfe von Potenz-, Summen- und Faktorregel lassen sich die Ableitungen ganzrationaler Funktionen berechnen.

Ableitung ganzrationaler Funktionen

Eine ganzrationale Funktion

$$f: \mathbb{R} \to \mathbb{R}, x \mapsto a_n x^n + a_{n-1} x^{n-1} + \ldots + a_1 x + a_0$$

ist in ihrer gesamten Definitionsmenge $\mathbb{R}$ differenzierbar.
Für ihre Ableitung gilt

$$f'(x) = n \cdot a_n x^{n-1} + (n-1) \cdot a_{n-1} x^{n-2} + \ldots + a_1 .$$

Aufgaben

24. Leiten Sie unter Verwendung der Summen- und Faktorregel ab.

a) $f(x) = x^3 + x^2$ b) $f(x) = x^4 - x$ c) $f(x) = 8 + x^5$
d) $f(x) = 9 - 5x$ e) $f(x) = 3x^2 - 2x$ f) $f(x) = 5x^2 - 5$
g) $f(x) = \frac{1}{2}x^2 + 3x$ h) $f(x) = 2x^3 - \frac{1}{2}x^4$ i) $f(x) = \frac{1}{3}x^2 + 2x^5$
j) $f(x) = 4x^2 - 2x + 5$ k) $f(x) = 1 - x + x^4$ l) $f(x) = 2 - 3x^5 - 2x$

25. Leiten Sie ab. Formen Sie dazu zunächst den Funktionsterm geeignet um.

a) $f(x) = 0{,}5 \cdot (6 - x)$ b) $f(x) = x \cdot (2 - x)$
c) $f(x) = (1 - x)^2$ d) $f(x) = (x - 1)^2$
e) $f(x) = (x + 1) \cdot (x - 3)$ f) $f(x) = x \cdot (x + 2) \cdot (x - 2)$

26. Wo steckt der Fehler?

a) $f(x) = \frac{1}{4}x^4 - x^3 + 1$, $f'(x) = x^3 - x^2 + 1$
b) $f(x) = \frac{1}{3}x^3 + x - 1$, $f'(x) = x^2 + 1 - 1 = x^2$
c) $f(x) = x \cdot (\frac{1}{2}x^2 - x)$, $f'(x) = 1 \cdot (x + 1)$

27. Die Abbildung zeigt den Graphen von

$$f: x \mapsto \frac{1}{6}x^3 - \frac{3}{2}x^2 + \frac{5}{2}x + 5 .$$

Bestimmen Sie die Steigung von G_f in den markierten Punkten.

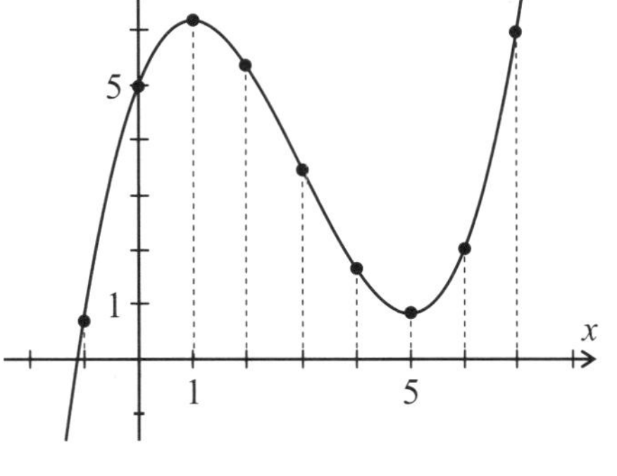

28. Berechnen Sie die Steigung von G_f an der Stelle x_0.

a) $f(x)=x^3+7x-5$; $x_0=3$ b) $f(x)=-\frac{1}{2}x^4-x^3+8x$; $x_0=-1$

c) $f(x)=2x^3-4x^2+2x-3$; $x_0=1$ d) $f(x)=-\frac{1}{5}x^5+x$; $x_0=-2$

29. An welchen Stellen hat

a) $f: x \mapsto 3x^2-4x+1$ die Ableitung 0?

b) $f: x \mapsto 2x^3+\frac{1}{2}x^2+x-5$ die Ableitung 2?

c) $f: x \mapsto 2x^3-3x^2$ die Ableitung 12?

d) $f: x \mapsto \frac{1}{3}x^3+x$ die Ableitung 0?

30. Ermitteln Sie eine Funktion f mit folgender Eigenschaft

a) $f'(x)=2x$ b) $f'(x)=x+5$ c) $f'(x)=3x^2-2x$

31. Gegeben sind die Funktionen $f: x \mapsto x^3-2$ und $g: x \mapsto \frac{3}{2}x^2+6x+1$.
Bestimmen Sie die Stellen, an denen die Graphen gleiche Steigung haben.

32. Die Abbildung rechts zeigt die Graphen einer Funktion g sowie der Funktion

$$f: x \mapsto \tfrac{1}{3}x^3-\tfrac{2}{3}x^2-\tfrac{5}{3}x+2.$$

Bestimmen Sie eine Gleichung von g.

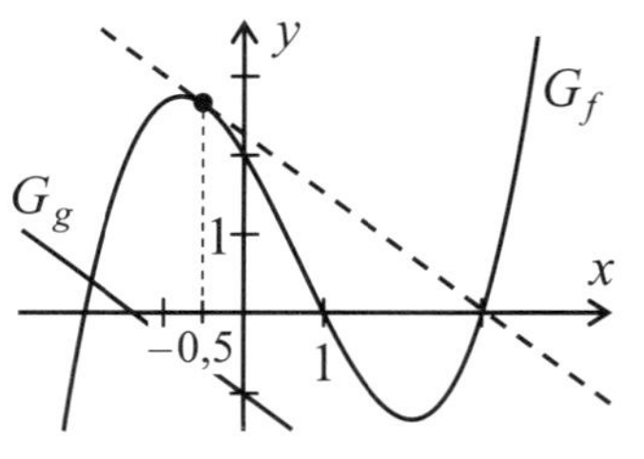

33. Das Volumen V einer Kugel und der Flächeninhalt A eines Kreises können als Funktion des Radius r aufgefasst werden:

$$V(r)=\tfrac{4}{3}\pi r^3 \quad \text{und} \quad A(r)=\pi r^2.$$

Bilden Sie die Ableitungen von V und A nach r. Was fällt Ihnen auf?

34. Leiten Sie ab. Die Variable a steht dabei für eine feste reelle Zahl.

a) $f(x)=ax^2-2x$ b) $f(x)=2ax^3-3x^3$

c) $f(x)=\frac{2x^3}{a}-3ax$; $a \neq 0$ d) $f(x)=(ax-1)^2$

35. Gegeben ist die Funktion $f_a: x \mapsto ax^2-3x+1$ mit $a \in \mathbb{R}$.
Bestimmen Sie den Wert des Parameters a so, dass der Graph von f_a

a) an der Stelle $x_0=-2$ die Steigung 5 besitzt,

b) an der Stelle $x_0=1$ eine waagerechte Tangente besitzt.

1.1.8 Zusammenhang zwischen den Graphen von Funktion und Ableitungsfunktion

Die Ableitung $f'(x)$ gibt anschaulich die Steigung des Funktionsgraphen G_f an der Stelle x an.
In den Abbildungen rechts sind der Funktionsgraph G_f sowie der Graph $G_{f'}$ der Ableitungsfunktion gezeichnet.
Aus dem Graphen von f' lässt sich die Steigung in Punkten von G_f ablesen:

- Zu P gehört die Steigung -3.
- Der Funktionsgraph ist fallend im Punkt P.
- Zu Q gehört die Steigung 1.
- Der Funktionsgraph ist wachsend im Punkt Q.

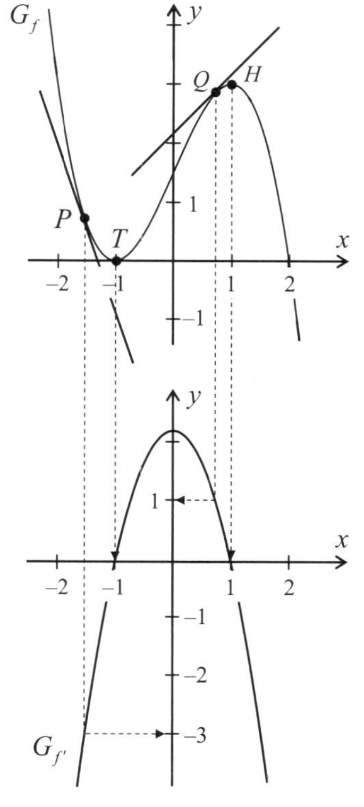

Die Punkte T und H sind für den Verlauf des Funktionsgraphen charakteristisch. In ihnen besitzt der Funktionsgraph die Steigung null.

- In T wechselt der Kurvenverlauf von fallend in wachsend.
- In H wechselt der Kurvenverlauf von wachsend in fallend.

Aufgaben

36. Die Abbildung rechts zeigt den Graphen einer quadratischen Funktion f.
    a) Bestimmen Sie aus der Abbildung eine Funktionsgleichung für f.
    b) Bestimmen Sie je eine Gleichung der unten abgebildeten Funktionen.
    Welche ist die Ableitungsfunktion von f?

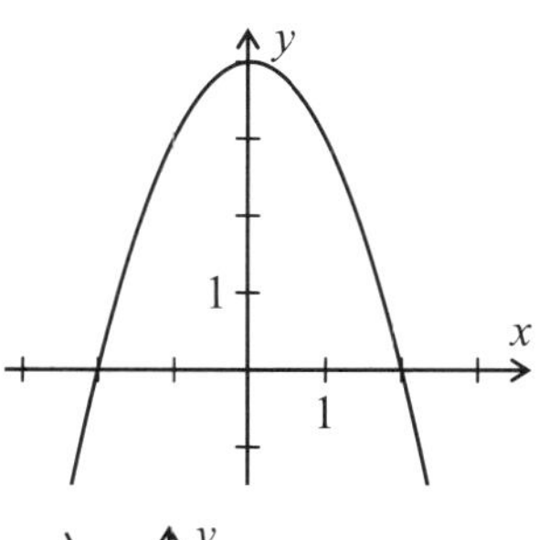

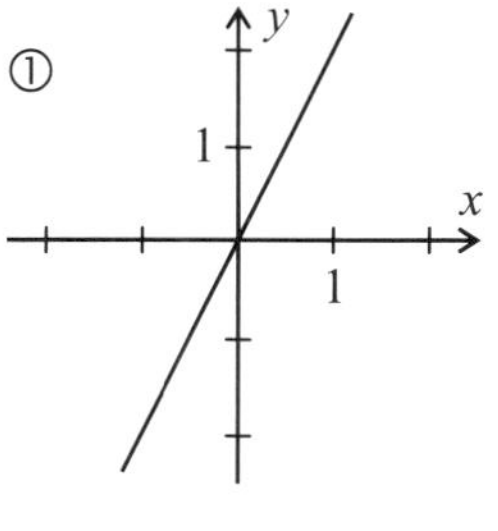

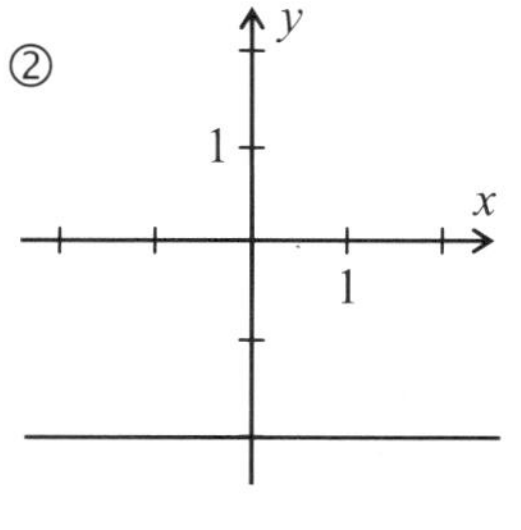

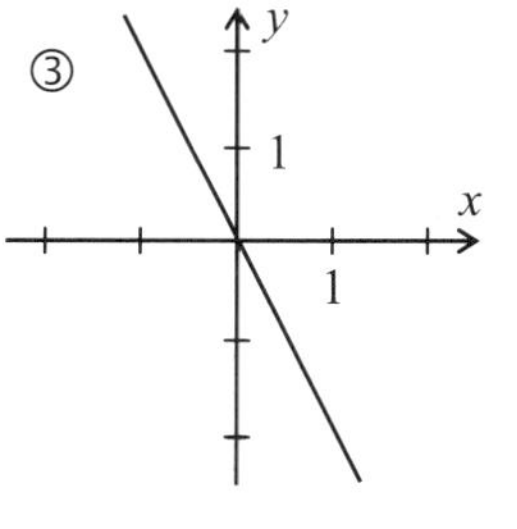

37. In der Abbildung rechts ist der Graph zu einer der drei Funktionen dargestellt:

$f(x) = x^3 - 3x$,

$g(x) = x^3 + 3x^2 - 1$,

$h(x) = 3x^2 - x^3$.

a) Begründen Sie, zu welcher dieser Funktionen der Graph gehört.

b) Skizzieren Sie den Graphen der Ableitungsfunktion der dargestellten Funktion.

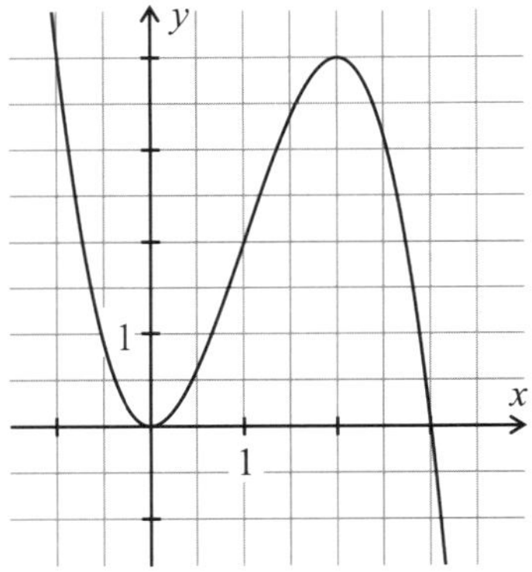

38. In der Abbildung ist über dem Intervall $I = [-3\,;\,3]$ der Graph der ersten Ableitung einer ganzrationalen Funktion f dargestellt.

Welche der Aussagen treffen für die Funktion f in dem Intervall I zu?
Begründen Sie Ihre Entscheidung.

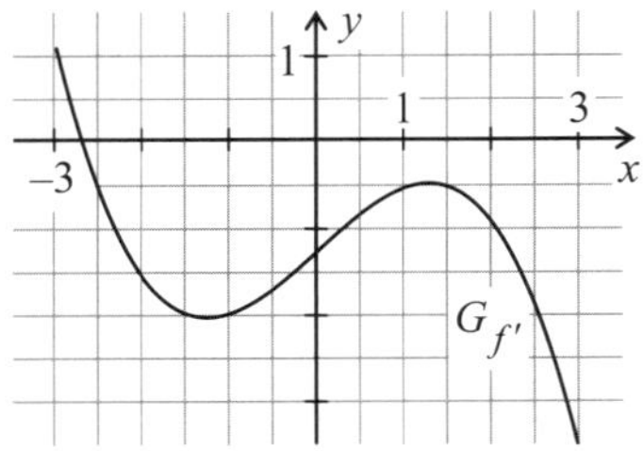

a) f ist streng monoton fallend in I.
b) G_f besitzt zwei Wendepunkte in I.
c) G_f besitzt zwei lokale Extrempunkte in I.
d) Der Graph G_f hat einen Tiefpunkt in I.
e) Der Grad von f ist mindestens vier.
f) Der Graph G_f ist in I sowohl rechts- als auch linksgekrümmt.
g) Es gilt: $f(-1{,}5) > f(1)$.

39. In den Abbildungen a) bis d) sind die Graphen von Funktionen dargestellt. Die Abbildungen ① bis ④ zeigen die Graphen der zugehörigen Ableitungsfunktionen, allerdings in falscher Reihenfolge.
Welche Graphen gehören zusammen?

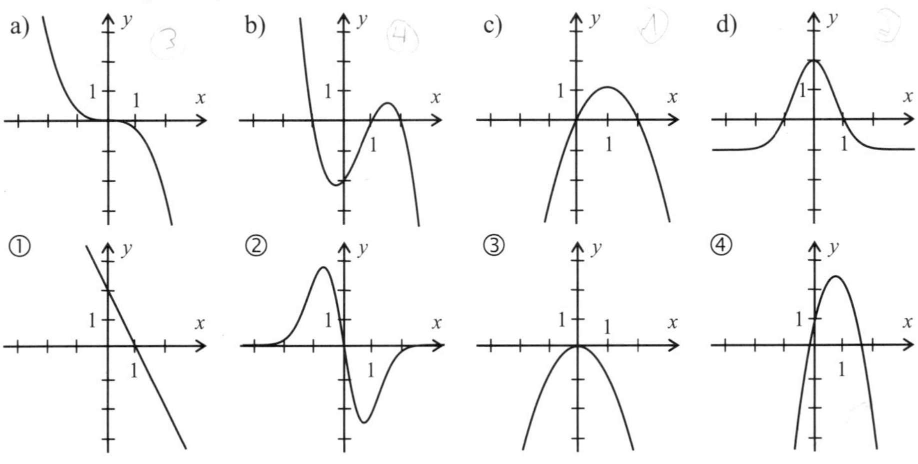

40. Die Abbildungen zeigen die Graphen einer Funktion f und der zugehörigen Ableitungsfunktion f'.

- Beschreiben Sie die Besonderheiten im Verlauf des Graphen von f in den gekennzeichneten Punkten.
- Geben Sie die Auswirkung auf die Ableitungsfunktion f' an.

a)

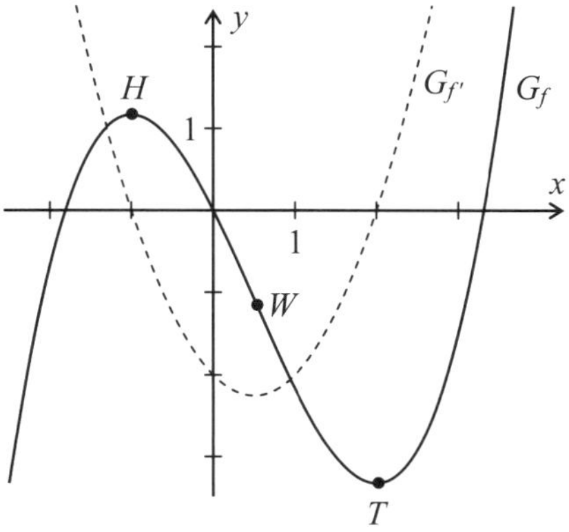

b)

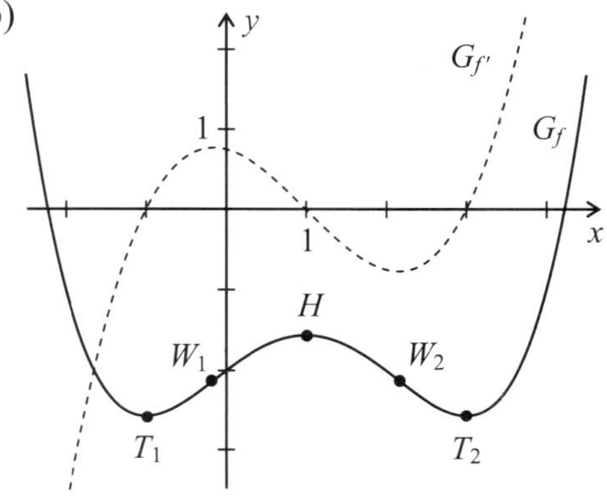

41. Gegeben ist der Graph einer Funktion. Skizzieren Sie den Graphen der Ableitungsfunktion.

a) Graph von f:

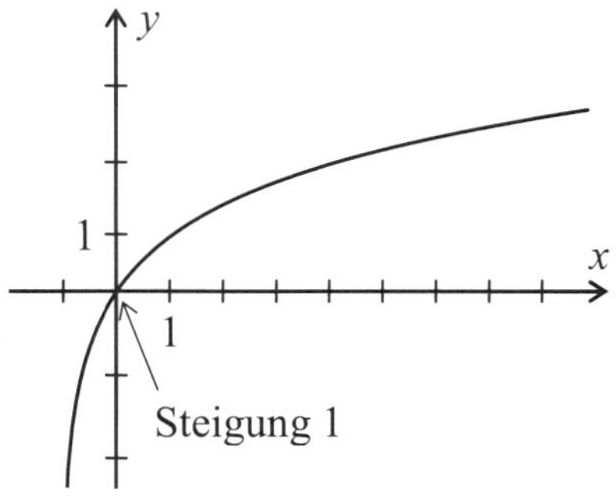

b) Graph von g:

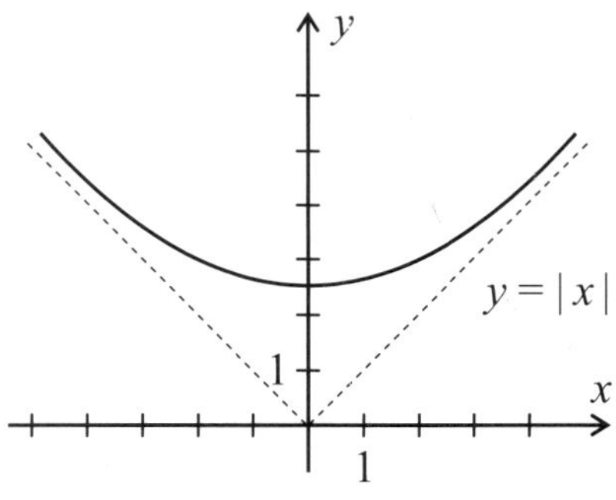

c) Graph von h:

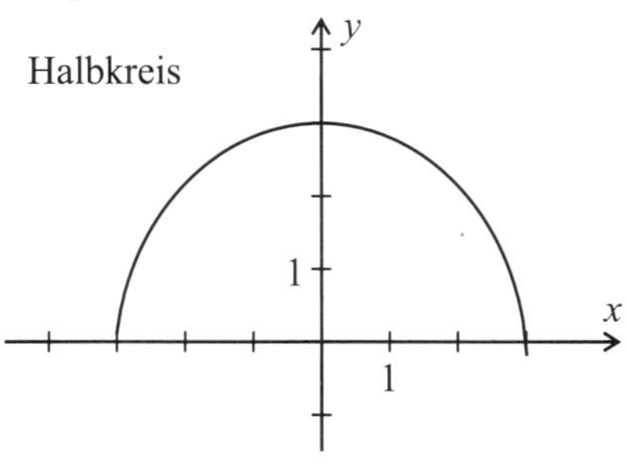

d) Graph von k:

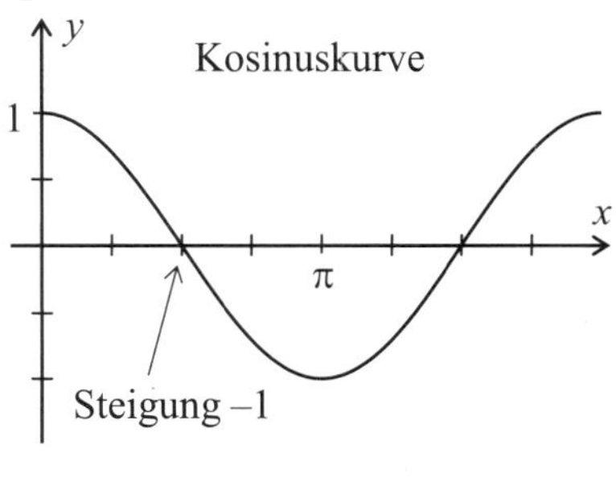

1.1.9 Deutung der Ableitung als lokale Änderungsrate

In Sachzusammenhängen wird die Ableitung einer Funktion zusammen mit der zugehörigen Einheit auch als **lokale Änderungsrate** gedeutet.

Die wichtigsten Begriffe sind in einer Übersicht einander gegenübergestellt.

Begriff im Sachzusammenhang	**Globale (mittlere) Änderungsrate**	**Lokale (momentane) Änderungsrate**
Bezug	Intervall $[x_0\,;x_1]$	Stelle x_0
Graph. Darstellung	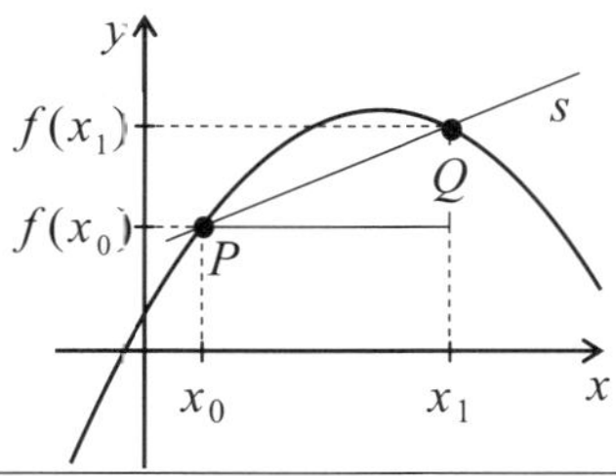	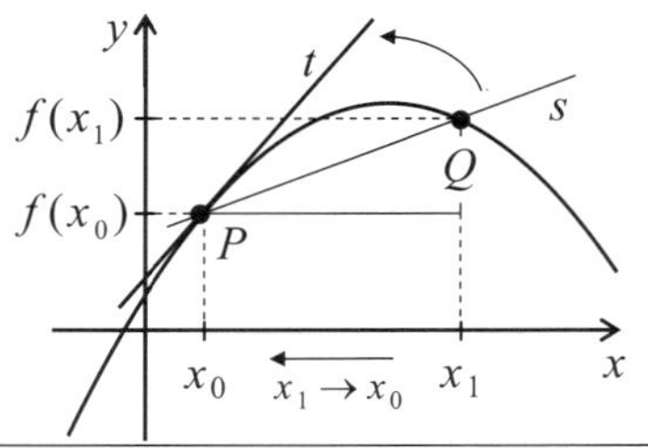
Berechnung	$\overline{m} = \frac{f(x_1)-f(x_0)}{x_1 - x_0}$	$f'(x_0) = \lim\limits_{x_1 \to x_0} \left(\frac{f(x_1)-f(x_0)}{x_1 - x_0} \right)$
Mathemat. Begriffe	Differenzenquotient Steigung der Sekante s	Ableitung, Differenzialquotient Steigung der Tangente t
Bedeutung	Angabe, wie schnell sich die Funktionswerte im Intervall $[x_0\,;x_1]$ ändern	Angabe, wie schnell sich der Funktionswert an der Stelle x_0 ändert

Beispiel (Pflanzenwachstum)

Bei der Beobachtung des Wachstums einer Pflanze entstand der folgende Funktionsgraph:

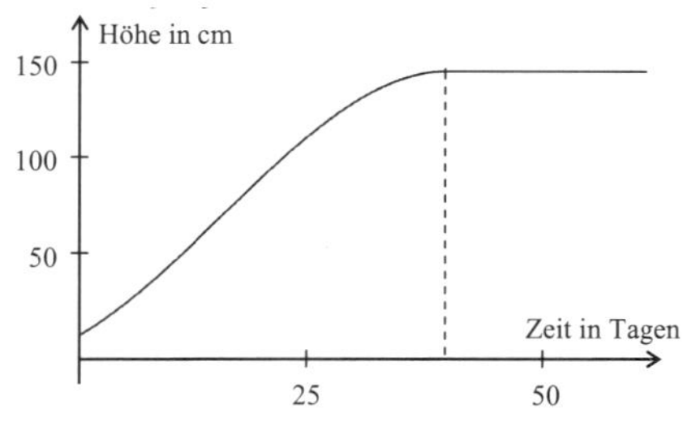

Für die Wachstumsphase wurde als Funktionsgleichung ermittelt:

$$h(t) = -\frac{1}{360}\cdot t^3 + \frac{2}{15}\cdot t^2 + \frac{8}{3}\cdot t + 5 \qquad (h \text{ in cm und } t \text{ in d}).$$

a) *Pflanzenhöhe nach 10 Tagen*

Zu berechnen ist der Funktionswert von h für die Zeit $t = 10$:

$$h(10) = -\frac{1}{360}\cdot 10^3 + \frac{2}{15}\cdot 10^2 + \frac{8}{3}\cdot 10 + 5 \approx 42{,}2\,.$$

Die Pflanze ist nach 10 Tagen auf eine Höhe von etwa 42,2 cm angewachsen.

b) *Globale (mittlere) Wachstumsgeschwindigkeit in den ersten zehn Tagen*
Gesucht ist die globale Änderungsrate im Zeitintervall $[0;10]$:

$$\frac{h(10)-h(0)}{10-0}=\frac{42{,}2-5}{10}=3{,}72 \quad (\text{in cm/d}).$$

Die Wachstumsgeschwindigkeit in den ersten 10 Tagen beträgt 3,72 cm / Tag.

c) *Globale (mittlere) Wachstumsgeschwindigkeit für den zehnten Tag*
Gesucht ist die globale Änderungsrate im Zeitintervall $[9;10]$:

$$\frac{h(10)-h(9)}{10-9}=\frac{42{,}2-37{,}8}{1}=4{,}4 \quad (\text{in cm/d}).$$

Die globale Wachstumsgeschwindigkeit für den 10. Tag beträgt 4,4 cm / Tag.

d) *Lokale (momentane) Wachstumsgeschwindigkeit am Ende des zehnten Tages*
Gesucht ist die lokale Änderungsrate zum Zeitpunkt $t = 10$.
Hierzu berechnen wir die Ableitung von h: $h'(t)=-\frac{1}{120}\cdot t^2+\frac{4}{15}\cdot t+\frac{8}{3}$.
Zu berechnen ist der Wert von h' für die Zeit $t=10$:

$$h'(10)=-\frac{1}{120}\cdot 10^2+\frac{4}{15}\cdot 10+\frac{8}{3}=4{,}50 \quad (\text{in cm/d}).$$

Für die lokale Wachstumsgeschwindigkeit am Ende des 10. Tages ergibt sich 4,50 cm / Tag.

Aufgaben

42. Berechnen Sie die globale Änderungsrate in dem angegebenen Intervall I sowie die lokale Änderungsrate in der Intervallmitte.

a) $f(x)=3x^2+1$; $I=[1;5]$ b) $f(x)=x^3-x$; $I=[0;5]$

43. Die Tabelle gibt für einen Sommertag die Messwerte für die Außentemperatur T zu bestimmten Zeitpunkten t an.

Uhrzeit t (in h)	8	10	12	14	16
Temperatur T (in °C)	18	25	30	34	36

Berechnen Sie die globale Änderungsrate jeweils für die Zeitintervalle [8 ; 12] sowie [14 ; 16].
Formulieren Sie die Ergebnisse auch in verbaler Form.

44. Betrachtet wird die quadratische Funktion mit der Gleichung $f(x) = ax^2$.
Für welchen Wert von a besitzt

a) die lokale Änderungsrate an der Stelle 3 den Wert 1?

b) die globale Änderungsrate in dem Intervall [1 ; 5] den Wert 3?

45. Betrachtet wird die kubische Funktion mit der Gleichung $f(x) = x^3$.
Für welchen Wert von a besitzt die globale Änderungsrate den Wert 16 in dem Intervall $[0 ; a]$?

46. Die Abbildung beschreibt das Wachstum einer Pflanze.

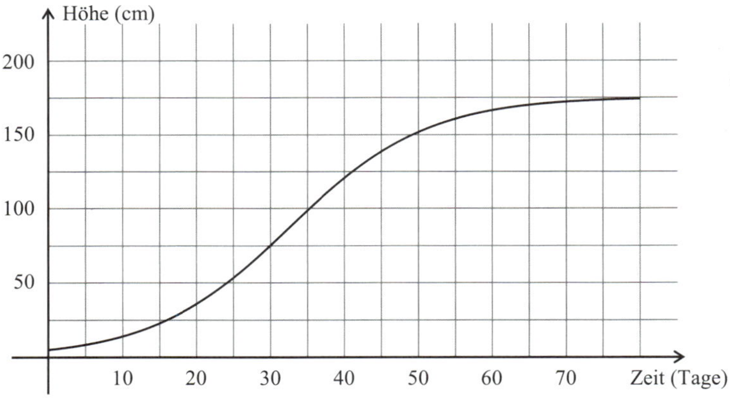

a) Bestimmen Sie anhand der Abbildung im Rahmen der Ablesegenauigkeit die globale Änderungsrate in dem Zeitintervall [30 Tage ; 40 Tage].

b) Bestimmen Sie graphisch die lokale Änderungsrate nach dem Ablauf von 35 Tagen.

47. Das Profil des berühmten Schlussanstiegs der Tour de France-Etappe in Richtung Alpe d'Huez ist in der Abbildung rechts zu sehen.

a) Was bedeutet die Angabe 8,1 %?
Wie ergibt sich diese Prozentangabe rechnerisch?

b) Überprüfen Sie die Prozentangabe für das steilste Teilstück des Anstiegs.

c) Weshalb lässt sich die absolut steilste Stelle nicht exakt angeben?

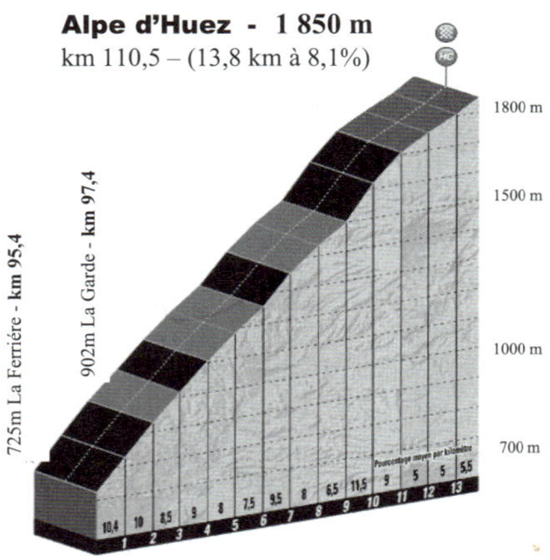

Hinweis: Eine vergrößerte Abbildung des Profils befindet sich in Anhang A5.

48. Der Wasserstand eines Stausees wird innerhalb der ersten sieben Apriltage näherungsweise durch folgende Funktion beschrieben:

$$h(t) = t^3 - 14t^2 + 47t + 43$$

(t: Zeit in Tagen, h: Höhe des Wasserstands in Meter).

a) Berechnen Sie die Höhe des Wasserstands zum Beginn des ersten Tages.
Hinweis: Es ist sinnvoll, sich einen Zeitstrahl zu zeichnen.

b) Berechnen Sie die globale Änderungsrate des Wasserstands zwischen dem Beginn des ersten Tages und dem Beginn des vierten Tages.

c) Berechnen Sie die Wasserstandsänderung in der Mitte des vierten Tages.

1.2 Extremstellen- und Wendestellenkriterien

1.2.1 Extremstellenkriterien

In der Einführungsphase wurden ganzrationale Funktionen bereits auf lokale Extremstellen hin untersucht.

Notwendige Bedingung

In einem Hoch- oder einem Tiefpunkt einer differenzierbaren Funktion verläuft die Tangente an den Funktionsgraphen waagerecht.
Die Steigung des Graphen an den entsprechenden Stellen hat den Wert null.
Punkte mit waagerechter Tangente sind die einzigen, die als lokale Hoch- oder Tiefpunkte infrage kommen.

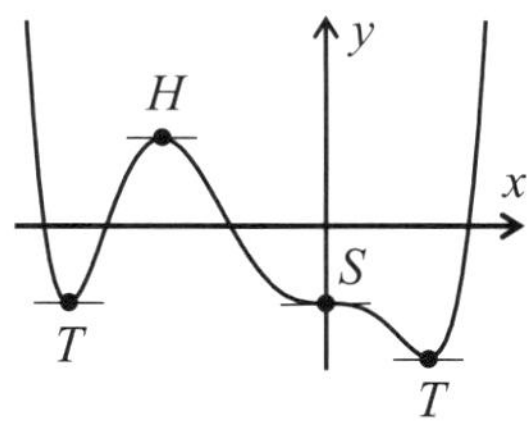

Notwendige Bedingung für lokale Extremstellen
Eine Funktion $f: D \to \mathbb{R}$ sei in einer Umgebung von x_0 differenzierbar.
Wenn x_0 lokale Extremstelle von f ist, dann gilt $f'(x_0) = 0$.

Offen bleibt dabei die Frage, ob eine solche Stelle tatsächlich eine Extremstelle ist und wie eine Unterscheidung zwischen einer Maximum- und einer Minimumstelle getroffen werden kann. Aus der Abbildung ist zu erkennen, dass eine Stelle mit waagerechter Tangente auch eine Sattelstelle sein kann.

Erstes Extremstellenkriterium: Vorzeichenwechsel von f'

Die Entscheidung, ob an einer Stelle mit einer waagerechten Tangente ein Hoch- oder Tiefpunkt vorliegt, kann man mithilfe des Vorzeichenverhaltens der ersten Ableitung treffen.

Erstes hinreichendes Kriterium für lokale Extremstellen
Sei f eine in einer Umgebung von x_0 differenzierbare Funktion.

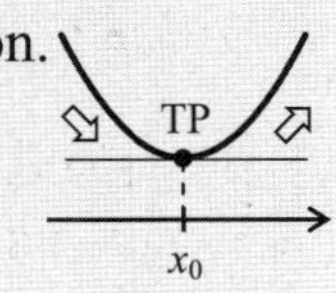

- Ist $f'(x_0) = 0$ und hat f' bei x_0 einen Vorzeichenwechsel von – nach +, so ist x_0 lokale Minimumstelle von f.

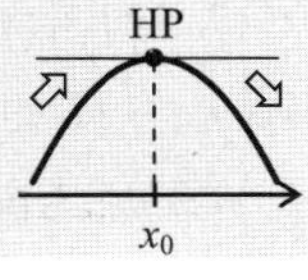

- Ist $f'(x_0) = 0$ und hat f' bei x_0 einen Vorzeichenwechsel von + nach –, so ist x_0 lokale Maximumstelle von f.

Tritt an einer Stelle x_0 mit $f'(x_0) = 0$ kein Vorzeichenwechsel von f' auf, so liegt bei x_0 ein Sattelpunkt vor.

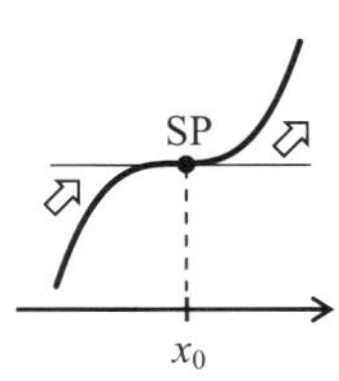

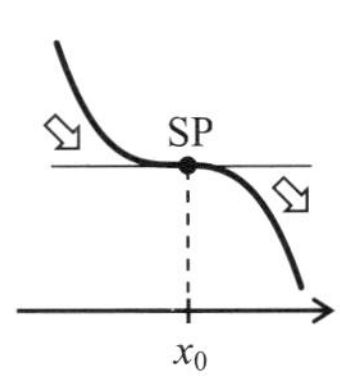

Zweites Extremstellenkriterium: Betrachtung der zweiten Ableitung f''

Es ist aber auch möglich, anhand der Krümmung eines Funktionsgraphen zu entscheiden, ob es sich bei einem Punkt mit einer waagerechten Tangente um einen Hoch- oder einen Tiefpunkt handelt.

Minimumstelle bei x_0

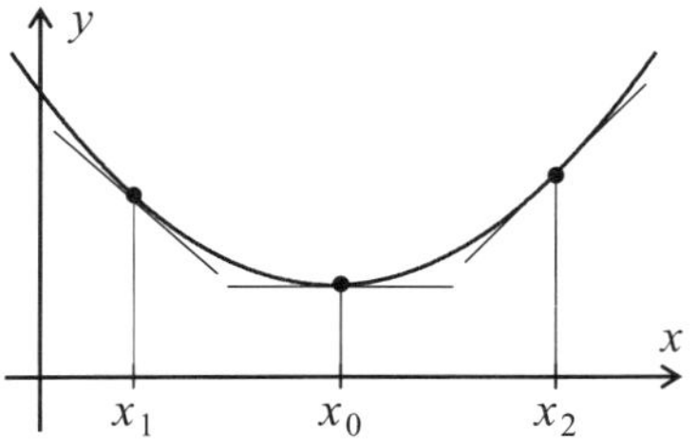

Linkskrümmung in x_0

Bedingung: $f''(x_0) > 0$

Die Steigung steigt von negativen Werten über 0 (bei x_0) zu positiven Werten.

Maximumstelle bei x_0

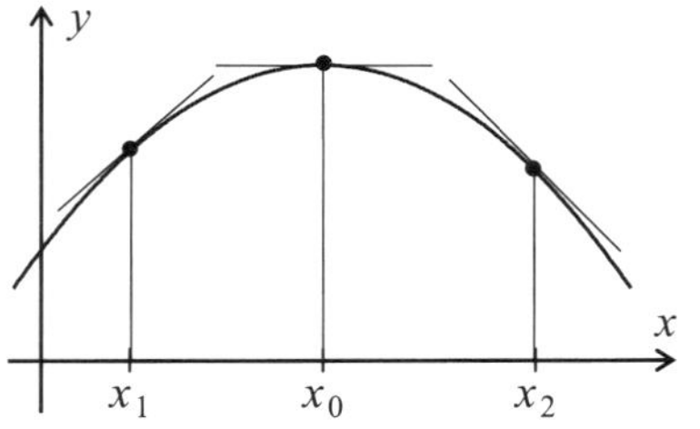

Rechtskrümmung in x_0

Bedingung: $f''(x_0) < 0$

Die Steigung fällt von positiven Werten über 0 (bei x_0) zu negativen Werten.

Dabei muss natürlich vorausgesetzt werden, dass die Funktion f an der Stelle x_0 zweimal differenzierbar ist.

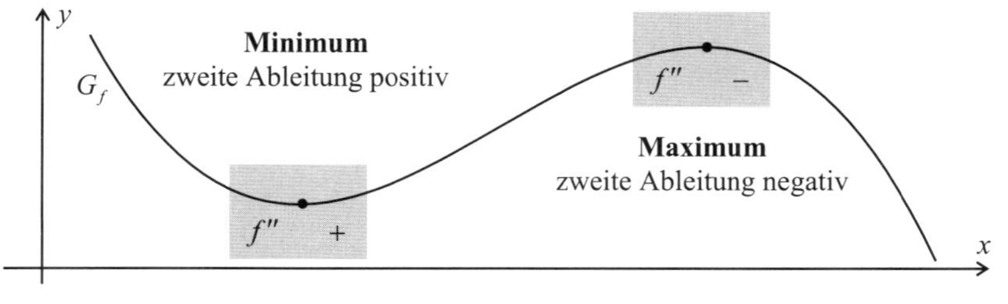

Zweites hinreichendes Kriterium für lokale Extremstellen

Sei f in einer Umgebung von x_0 zweimal differenzierbar.

- Ist $f'(x_0) = 0$ und $f''(x_0) > 0$, so ist x_0 lokale Minimumstelle von f.
- Ist $f'(x_0) = 0$ und $f''(x_0) < 0$, so ist x_0 lokale Maximumstelle von f.

Dieses zweite Kriterium ist allerdings nicht in allen Fällen anwendbar.

Beispiel (Einschränkung der Anwendbarkeit)

Für $f: \mathbb{R} \to \mathbb{R}, x \mapsto x^4$ ist $f'(x) = 4x^3$ und $f''(x) = 12x^2$.

Es gilt: $f'(0) = 0$ und auch $f''(0) = 0$.

Eine Entscheidung mit dem zweiten Extremstellenkriterium ist nicht möglich. Der Nachweis für den Tiefpunkt kann über den Vorzeichenwechsel von f' an der Stelle 0 geführt werden.

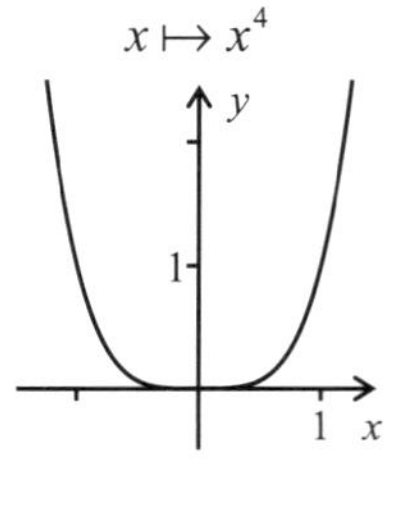

Beispiel (Vergleich der Extremstellenkriterien)

Wir bestimmen die Extrempunkte der Funktion

$$f: x \mapsto -x^3 - 6x^2 + 4$$

und vergleichen die Anwendung der beiden Extremstellenkriterien.

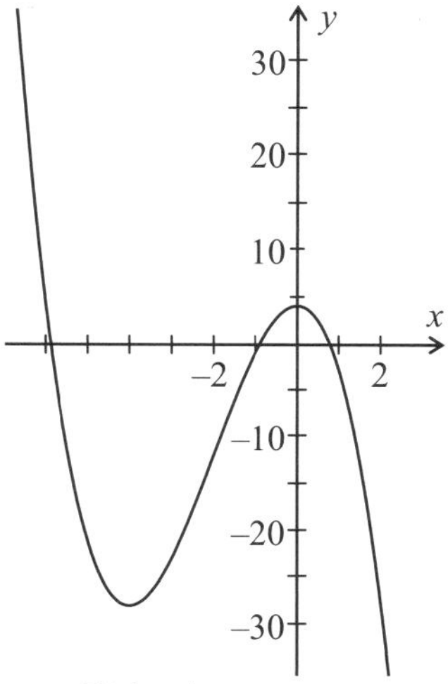

- *Ableitungen* $f'(x) = -3x^2 - 12x$

  $f''(x) = -6x - 12$

- *Notwendige Bedingung (Nullstellen von f')*

  $-3x^2 - 12x = 0$

  $\Leftrightarrow -3x \cdot (x+4) = 0$

  $\Leftrightarrow x = 0 \vee x = -4$ (beide mit VzW)

- *Hinreichende Bedingung*

Zweites Kriterium

Es gilt:

– $f''(-4) = 12 > 0$, also ist -4 lokale Minimumstelle von f.

– $f''(0) = -12 < 0$, also ist 0 lokale Maximumstelle von f.

Erstes Kriterium

Vorzeichentabelle für $f'(x)$

x	$-\infty$		-4		0	1	$+\infty$
$f'(x)$		$-$	0 mit VzW TP	$+$	0 mit VzW HP	$-$	

Testwert: $f'(1) = -15 < 0$

- *Angabe der Extrempunkte*

  Extremwerte: $f(-4) = 64 - 96 + 4 = -28$; $f(0) = 4$

  Tiefpunkt $T(-4 \mid -28)$, Hochpunkt $H(0 \mid 4)$

Das zweite Extremstellenkriterium ist bei ganzrationalen Funktionen gut anwendbar, da die zweite Ableitung leicht zu berechnen ist. Diese Vorgehensweise ist insbesondere auch dann günstig, wenn der Funktionsterm einen Parameter enthält.

Die Anwendung des ersten Extremstellenkriteriums bietet den Vorteil, dass dabei zusätzlich auch die Monotonieintervalle leicht ablesbar sind.

Aufgaben

1. Die Abbildung zeigt den Graphen der Funktion

   $$f: x \mapsto x^3 - 6x^2 + 9x.$$

   a) Lesen Sie aus der Abbildung die Extrempunkte von G_f ab.

   b) Bestätigen Sie die Lage der Extrempunkte mithilfe des zweiten Extremstellenkriteriums.

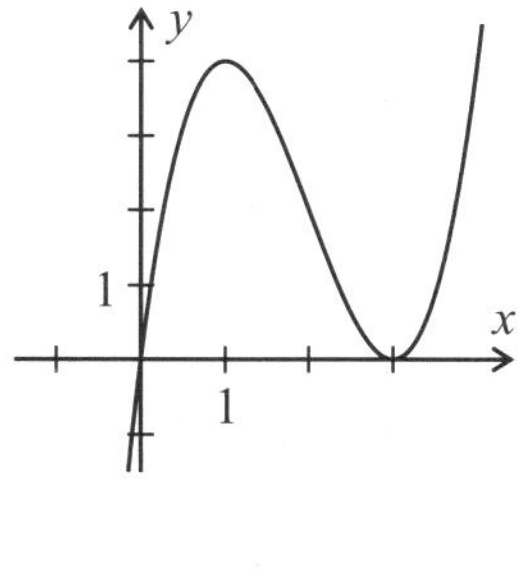

2. Bestimmen Sie die Hoch- und Tiefpunkte des Graphen von f mithilfe des zweiten Extremstellenkriteriums.

   a) $f: x \mapsto x^3 - 3x$ b) $f: x \mapsto -x^3 - 6x^2 + 1$

   c) $f: x \mapsto x^4 - 6x^2 + 5$ d) $f: x \mapsto x^3 - x^2 - x + 1$

3. Untersuchen Sie die folgenden Funktionen auf Nullstellen und Extrempunkte. Geben Sie die Grenzwerte für $x \to \pm\infty$ an und zeichnen Sie den Graphen.

   a) $f: x \mapsto x^3 - 4x$ b) $f: x \mapsto x^3 - \frac{3}{2}x^2$

4. Prüfen Sie die folgenden Funktionen anhand der Graphen auf die Existenz möglicher lokaler Extremstellen.
   Begründen Sie, dass ein rechnerischer Nachweis mithilfe des ersten, jedoch nicht mithilfe des zweiten Extremstellenkriteriums möglich ist.

   a) $f: x \mapsto -x^4$

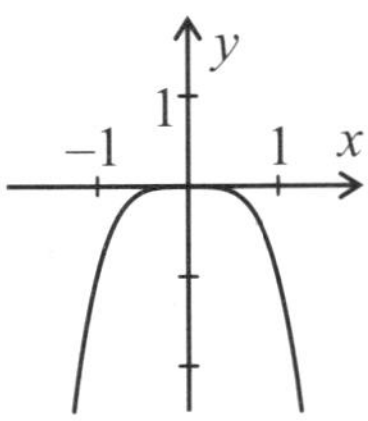

   b) $f: x \mapsto x^5 - 1$

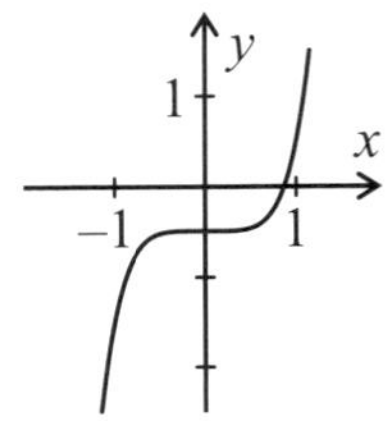

5. Weisen Sie mithilfe einer Rechnung nach, dass die Funktion f mit der Gleichung $f(x) = x^3 - 3x^2 + 6x - 3$ keine lokale Extremstelle besitzt.

6. Nennen Sie jeweils ein Beispiel für eine Funktion, die
   - kein lokales Extremum,
   - genau ein lokales Extremum,
   - genau zwei lokale Extrema

   besitzt. Skizzieren Sie jeweils den zugehörigen Graphen.

7. Begründen oder widerlegen Sie die folgenden Aussagen.

   a) Jede ganzrationale Funktion vom Grad 2 besitzt ein lokales Extremum.

   b) Jede ganzrationale Funktion dritten Grades besitzt ein lokales Extremum.

8. Prüfen Sie, ob folgende Aussage richtig ist:
   Ist $f'(x_0) = 0$ und $f''(x_0) = 0$, dann ist x_0 keine lokale Extremstelle von f.

9. Gegeben ist die Funktionenschar $f_a: x \mapsto x^3 - 3ax$ mit $a \in \mathbb{R}^*$.

   a) Begründen Sie, dass es für $a < 0$ keine Extrempunkte gibt.

   b) Bestimmen Sie für $a > 0$ die Extrempunkte.

10. Berechnen Sie für jede Funktion der Schar $f_a: x \mapsto x^3 - 3ax^2$ mit $a \in \mathbb{R}^+$ die Hoch- und Tiefpunkte.

1.2.2 Wendestellenkriterien

In der Einführungsphase wurden ganzrationale Funktionen bereits auf Wendepunkte untersucht.

Notwendige Bedingung

Wir betrachten eine zumindest zweimal differenzierbare Funktion f.

Den Wendepunkten der Funktion f entsprechen die Extrempunkte der Ableitungsfunktion f'.

Wendestellen zu suchen, bedeutet somit, die lokalen Extremstellen von f' zu bestimmen. Wir erhalten Kriterien für Wendestellen, indem wir die Extremstellenkriterien auf f' anwenden.

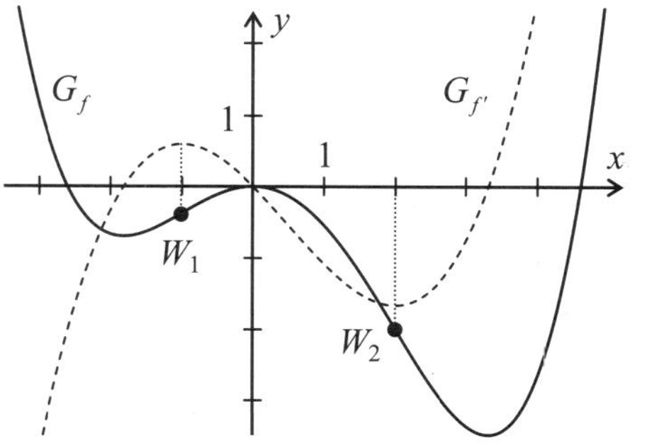

Notwendige Bedingung für Wendestellen
Eine Funktion $f: D \to \mathbb{R}$ sei in einer Umgebung von x_0 zweimal differenzierbar. Wenn x_0 Wendestelle von f ist, dann gilt $f''(x_0) = 0$.

Wie im Fall der Extremstellen ist dieses Kriterium nicht hinreichend. Es liefert lediglich die möglichen Wendestellen.

Erstes Wendestellenkriterium: Vorzeichenwechsel von f''

Die Entscheidung, ob an einer Stelle x_0 mit $f''(x_0) = 0$ tatsächlich ein Wendepunkt vorliegt, kann mithilfe des Vorzeichenverhaltens der zweiten Ableitung getroffen werden.

Erstes hinreichendes Kriterium für Wendestellen
Sei f eine in einer Umgebung von x_0 zweimal differenzierbare Funktion.
Ist $f''(x_0) = 0$ und hat f'' bei x_0 einen Vorzeichenwechsel, so ist x_0 eine Wendestelle.

Bei Wendestellen unterscheidet man nicht zwischen der Art der Krümmungsänderung. Daher ist die konkrete Angabe des Vorzeichenwechsels von f'', z.B. in Form einer Vorzeichentabelle, nicht unbedingt notwendig.

Bei der Betrachtung von Wendepunkten tritt vielfach folgende Deutung auf, welche vor allem in Anwendungssituationen bedeutsam ist:

Interpretation von Wendepunkten in Sachzusammenhängen

- Punkt mit dem (lokal betrachtet) **stärksten Anstieg** oder
- Punkt mit dem (lokal betrachtet) **stärksten Gefälle**.

Zweites Wendestellenkriterium: Betrachtung der dritten Ableitung f''' (LK)

Die Wendestellen einer Funktion f entsprechen den Extremstellen der Ableitungsfunktion f'. Daher lässt sich das zweite Extremstellenkriterium für f auf die Extremstellen von f' und damit auf die Wendestellen von f übertragen.

> **Zweites hinreichendes Kriterium für Wendestellen**
> Sei $f: D \to \mathbb{R}$ in einer Umgebung von x_0 dreimal differenzierbar.
> Gilt $f''(x_0) = 0$ und $f'''(x_0) \neq 0$, so ist x_0 eine Wendestelle von f.

Beispiel (Vergleich der Wendestellenkriterien)

Wir bestimmen die Wendepunkte der Funktion

$$f: x \mapsto \tfrac{1}{6}x^4 - x^2 + \tfrac{5}{6}x - 1.$$

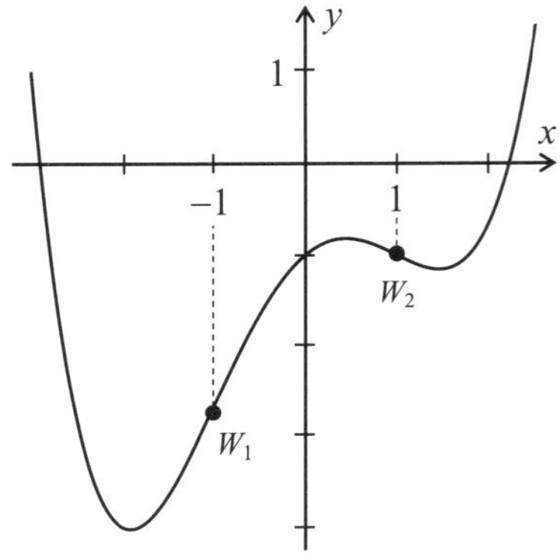

- *Ableitungen*

$$f'(x) = \tfrac{2}{3}x^3 - 2x + \tfrac{5}{6}$$
$$f''(x) = 2x^2 - 2$$
$$f'''(x) = 4x$$

- *Notwendige Bedingung (Nullstellen von f'')*

$$2x^2 - 2 = 0$$
$$\Leftrightarrow \quad 2\cdot(x^2 - 1) = 0$$
$$\Leftrightarrow \quad 2\cdot(x+1)\cdot(x-1) = 0$$
$$\Leftrightarrow \quad x = -1 \vee x = 1$$ (beide mit VzW)

- *Hinreichende Bedingung*

Zweites Kriterium

Es gilt:

– $f'''(-1) = -4 \neq 0$, also ist -1 eine Wendestelle von f.

– $f'''(1) = 4 \neq 0$, also ist 1 eine Wendestelle von f.

Erstes Kriterium

Vorzeichentabelle für $f''(x)$

x	$-\infty$		-1	0	1		$+\infty$
$f''(x)$		+	0 mit VzW WP	−	0 mit VzW WP	+	

Testwert: $f''(0) = -2 < 0$

Die Vorzeichentabelle für $f''(x)$ ist zur Wendestellenentscheidung nicht unbedingt erforderlich, sie liefert jedoch Informationen über den Krümmungsverlauf.

- *Angabe der Wendepunkte*

Funktionswerte: $f(-1) = \frac{1}{6} - 1 - \frac{5}{6} - 1 = -\frac{16}{6} = -\frac{8}{3}$; $f(1) = \frac{1}{6} - 1 + \frac{5}{6} - 1 = -1$

Wendepunkte $W_1(-1 \mid -\frac{8}{3})$ und $W_2(1 \mid -1)$

Das zweite Wendestellenkriterium ist allerdings nicht anwendbar, wenn an einer Stelle x_0 mit $f''(x_0) = 0$ zusätzlich auch $f'''(x_0) = 0$ gilt. In diesem Fall muss man auf das erste Kriterium zurückgreifen.

Beispiel (Einschränkung der Anwendbarkeit)

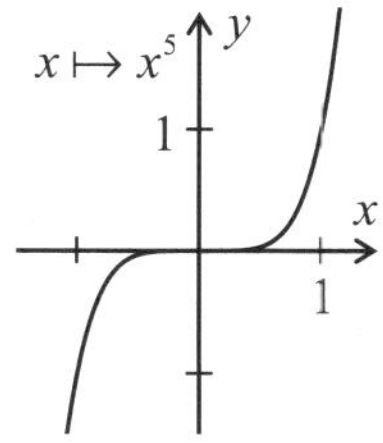

Für $f: \mathbb{R} \to \mathbb{R}, x \mapsto x^5$ erhält man die Ableitungen:

$$f'(x) = 5x^4 \text{ und } f''(x) = 20x^3 \text{ sowie } f'''(x) = 60x^2.$$

Es gilt: $f''(0) = 0$ und auch $f'''(0) = 0$.

Eine Entscheidung mit dem zweiten Wendestellenkriterium ist nicht möglich.

Die Begründung für einen Wendepunkt an der Stelle $x_0 = 0$ folgt in diesem Fall schon direkt aus der Tatsache, dass $x_0 = 0$ eine dreifache Nullstelle von f'' ist und somit ein Vorzeichenwechsel von f'' auftritt.

Aufgaben

11. Lesen Sie aus den Abbildungen den Wendepunkt von G_f ab. Bestätigen Sie Ihr Ergebnis durch eine Rechnung. Bestimmen Sie die Steigung im Wendepunkt.

a) $f: x \mapsto x^3 - 2x$ b) $f: x \mapsto \frac{1}{3}x^3 - \frac{3}{2}x^2 + x$ c) $f: x \mapsto x^3 + 3x^2 + 3x$

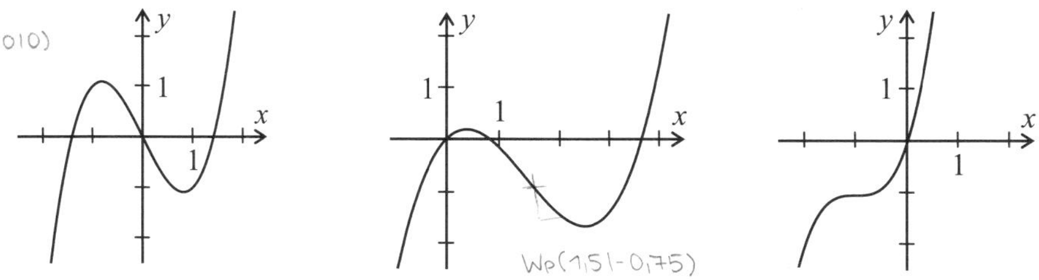

12. Bestimmen Sie die Wendepunkte des Graphen von $f: x \mapsto -x^4 - 2x^3 + 12x^2$.

13. Bestimmen Sie die Wendepunkte des Graphen von $f: x \mapsto \frac{3}{4}x^5 - 5x^3$.

Verwenden Sie das zweite Wendestellenkriterium.

14. Weisen Sie nach, dass der Graph der Funktion $f: x \mapsto \frac{1}{12}x^4 + \frac{1}{2}x^2 - 1$ keinen Wendepunkt besitzt.

15. Überprüfen Sie die Funktionenschar $f_a: x \mapsto \frac{1}{3}x^3 - \frac{3}{4}ax^2 + \frac{1}{2}a^2x$ mit $a \in \mathbb{R}$ auf die Existenz von Wendepunkten und geben Sie gegebenenfalls die Wendepunkte in Abhängigkeit von a an.

16. Beweisen Sie, dass die Funktionen der Schar $f_a: x \mapsto x^4 + 6ax^2$ mit $a \in \mathbb{R}^*$ nur dann Wendepunkte besitzen, wenn $a < 0$ gilt.

Begründen und Argumentieren

1 Die Abbildung zeigt den Graphen der Ableitung f' einer differenzierbaren Funktion f.

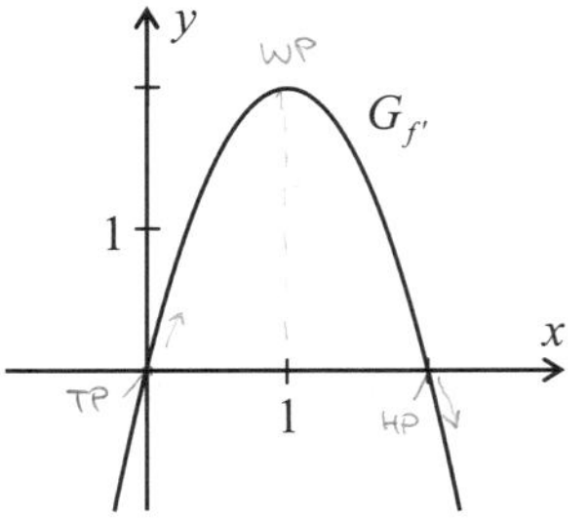

Begründen Sie anhand der Abbildung, dass der Graph der Funktion f folgende Punkte besitzt:

- einen Hochpunkt,
- einen Tiefpunkt und
- einen Wendepunkt mit positiver Steigung.

Skizzieren Sie einen möglichen Graphen von f in ein Koordinatensystem, das auch den bereits gezeichneten Graphen von f' enthält.

2 Für eine dreimal differenzierbare Funktion f gelten die Bedingungen

$$f(1)=2 \quad , \quad f'(1)=-1 \quad , \quad f''(1)=0 \quad \text{und} \quad f'''(1)\neq 0 .$$

- Beschreiben Sie die Bedeutung dieser Bedingungen für den Verlauf des Graphen von f.
- Skizzieren Sie einen möglichen Verlauf des Graphen in der Umgebung der Stelle 1.

3 Die Abbildung zeigt für eine zweimal differenzierbare Funktion $f:\mathbb{R}\to\mathbb{R}$ den Graphen der Ableitungsfunktion f'.

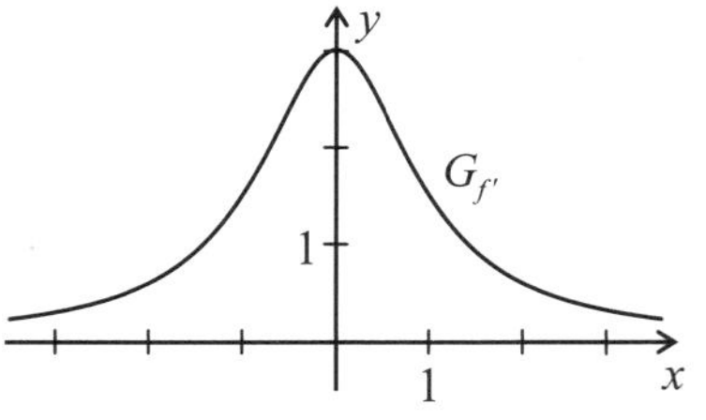

Entscheiden Sie, ob folgende Aussagen wahr, falsch oder unentscheidbar sind.
Begründen Sie Ihre Antwort.

① f ist streng monoton wachsend in $\mathbb{R}$.

② Der Graph von f besitzt einen Wendepunkt.

③ Der Graph von f besitzt einen Hochpunkt.

④ Es gilt $f(x)>0$ für $x\in\mathbb{R}$.

⑤ Der Graph von f ist symmetrisch zur y-Achse.

4 Formulieren Sie die folgenden umgangssprachlichen Aussagen für eine Stelle x einer Funktion f in mathematischer Sprechweise.

① Ein Zuwachs ist zu verzeichnen.

② Der Höhepunkt ist überschritten.

③ Das Tief ist überwunden.

④ Der Zuwachs geht zurück.

⑤ Die Talfahrt ist gebremst.

⑥ Der Aufschwung verliert an Dynamik.

1.3 Anwendungen von Steigung und Ableitung

1.3.1 Gleichung von Tangente und Normale

Tangentengleichung

Mithilfe der Ableitung f' einer differenzierbaren Funktion f kann man im Punkt $B(x_0|f(x_0))$ des Funktionsgraphen die Tangentensteigung bestimmen und damit die Gleichung der Tangente angeben.

Die Punktrichtungsgleichung einer Geraden lässt sich auf den Fall der Tangente übertragen:

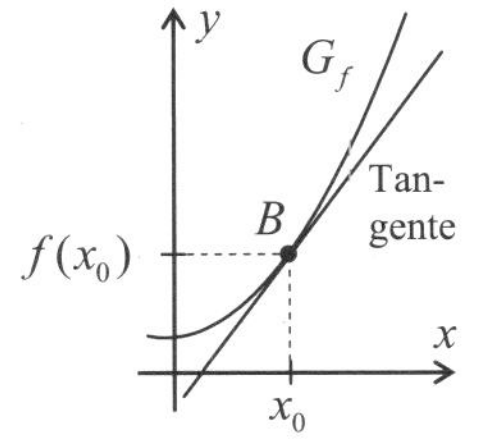

$$\begin{array}{ccccccc} y & = & m & \cdot & (x - x_0) & + & y_0 \\ & & \downarrow & & \downarrow & & \downarrow \\ & & f'(x_0) & & x_0 & & f(x_0) \end{array}$$

Allgemeine Tangentengleichung für einen Punkt eines Graphen

Es sei f an der Stelle x_0 differenzierbar. Die Tangente t an den Graphen von f im Berührpunkt $B(x_0|f(x_0))$ hat die Gleichung:

$$t: y = f'(x_0) \cdot (x - x_0) + f(x_0).$$

Beispiel (Tangente bei der Quadratfunktion)

Die Quadratfunktion $f: \mathbb{R} \to \mathbb{R}, x \mapsto x^2$ besitzt die Ableitungsfunktion $f': \mathbb{R} \to \mathbb{R}, x \mapsto 2x$.

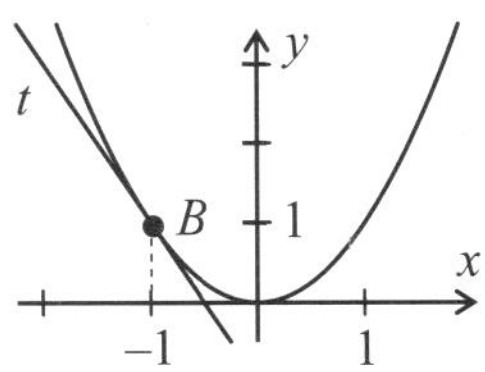

Für die Stelle $x_0 = -1$ ergibt sich:

$f'(-1) = 2 \cdot (-1) = -2$ und $f(-1) = (-1)^2 = 1$.

Die Tangente an der Stelle $x_0 = -1$ hat die Gleichung:

$y = f'(-1) \cdot (x - (-1)) + f(-1) = -2 \cdot (x + 1) + 1 = -2x - 1$, also $t: y = -2x - 1$.

Normalengleichung (LK)

Die Normale n in einem Punkt $B(x_0|f(x_0))$ eines Funktionsgraphen ist die zur Tangente t senkrechte Gerade durch den Punkt B. Zwischen Normalensteigung m_n und Tangentensteigung m_t besteht der Zusammenhang:

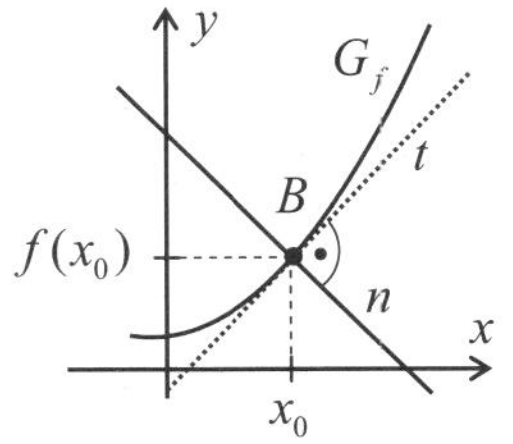

$$m_n \cdot m_t = -1 \Leftrightarrow m_n = -\frac{1}{m_t} = -\frac{1}{f'(x_0)}.$$

Damit ergibt sich aus der allgemeinen Tangentengleichung:

Allgemeine Normalengleichung für einen Punkt eines Graphen

Es sei f an der Stelle x_0 differenzierbar. Die Normale n an den Graphen von f im Punkt $B(x_0|f(x_0))$ hat die Gleichung:

$$n: y = -\frac{1}{f'(x)} \cdot (x - x_0) + f(x_0) \quad (\text{mit } f'(x_0) \neq 0).$$

Beispiel (Normale bei der Kubikfunktion)

Die Kubikfunktion $f: \mathbb{R} \to \mathbb{R}, x \mapsto x^3$ besitzt die Ableitungsfunktion $f': \mathbb{R} \to \mathbb{R}, x \mapsto 3x^2$.

Für die Stelle $x_0 = 1$ ergibt sich:

$f'(1) = 3 \cdot 1^2 = 3$ und $f(1) = 1^3 = 1$.

Die Normale an der Stelle $x_0 = 1$ hat die Gleichung:

$$n\colon y = -\frac{1}{f'(1)} \cdot (x-1) + f(1) = -\frac{1}{3} \cdot (x-1) + 1 = -\frac{1}{3}x + \frac{4}{3}.$$

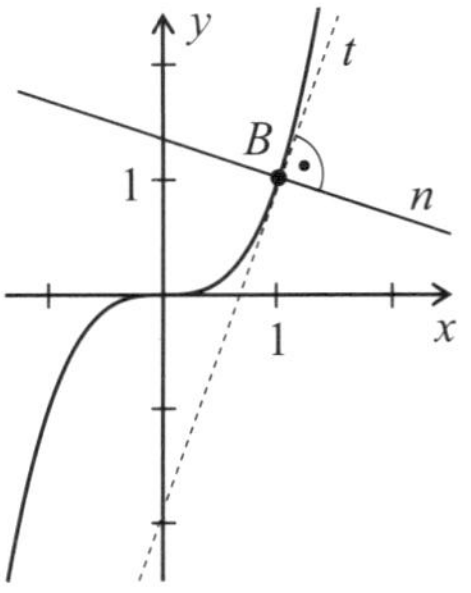

Aufgaben

1. Bestimmen Sie für die Funktion $f: x \mapsto x^4$ eine Gleichung der Tangente an den Graphen von f an der Stelle $x_0 = -2$.

2. Zeichnen Sie den Graphen der Funktion $f: x \mapsto x^2 - 2x$ und die Tangente an G_f für die Stelle $x_0 = 2$. Ermitteln Sie eine Gleichung für diese Tangente.

3. Gegeben ist die Funktion f mit der Gleichung $f(x) = x^3 - 2x^2 + 3$.
   Untersuchen Sie, welche der folgenden Geraden die Tangente an den Graphen von f an der Stelle $x_0 = 2$ ist.
   Kommt eine der Geraden als Normale an der Stelle $x_0 = 2$ infrage?
   a) $y = 4x + 3$ b) $y = -4x + 1$ c) $y = 4x - 5$ d) $y = -\frac{1}{4}x + \frac{7}{2}$

4. Bestimmen Sie für die Funktion $f: x \mapsto x^3$ eine Gleichung für die Tangenten, welche parallel zu der Geraden g: $y = 3x - 2$ verlaufen.

5. Gegeben ist die Funktion $f: x \mapsto -x^2 + 2x + 3$. An welcher Stelle schneidet die Tangente an G_f im Punkt $P(2 \mid f(2))$ die x-Achse?
   Fertigen Sie zunächst eine Zeichnung an.

6. Prüfen Sie für die Funktion $f: x \mapsto x^2 - 3x$, ob die Tangente an G_f im Punkt $P(2 \mid f(2))$ mit G_f einen weiteren Punkt gemeinsam hat. Zeichnen Sie zuerst.

7. Gegeben ist die Funktion $f: x \mapsto \frac{1}{3}x^3$.
   Bestimmen Sie eine Gleichung der Normalen an G_f an der Stelle $x_0 = -1$.
   Zeichnen Sie den Graphen samt Tangente und Normale.

8. Geben Sie für die Funktion $f: x \mapsto (x - x_0)^2$ eine Gleichung der Normalen an der Stelle x_0 an.

1.3.2 Tangentenprobleme (LK)

Tangente mit vorgegebener Steigung

Im letzten Abschnitt haben wir die Gleichung der Tangente in einem Punkt eines Funktionsgraphen bestimmt. Jetzt soll die Fragestellung abgeändert werden. Wir wollen Tangenten mit vorgegebener Steigung an einen Funktionsgraphen legen.

Beispiel (Tangente bei vorgegebener Steigung)

Betrachtet wird die Funktion $f: \mathbb{R} \to \mathbb{R},\ x \mapsto -\frac{1}{8}x^3 + 3$.

Gesucht sind die Tangenten an G_f mit der Steigung $m = -\frac{3}{2}$.

- *Bestimmung der Berührstellen*

  Wir bestimmen die Stellen x_0, an denen G_f die Steigung $m = -\frac{3}{2}$ besitzt.

  Es gilt: $f'(x) = -\frac{3}{8}x^2$. Damit ergibt sich:

  $f'(x_0) = -\frac{3}{2} \Leftrightarrow -\frac{3}{8}x_0^2 = -\frac{3}{2} \Leftrightarrow x_0^2 = 4 \Leftrightarrow x_0 = -2 \vee x_0 = 2.$

  Durch Einsetzen in die allgemeine Tangentengleichung lassen sich die Gleichungen der Tangenten erstellen.

- *Tangente für die Berührstelle* $x_0 = -2$

  Für die Stelle $x_0 = -2$ ergibt sich:

  $f'(-2) = -\frac{3}{2}$ und $f(-2) = 4$.

  Die Tangente hat die Gleichung:

  $y = f'(-2) \cdot (x - (-2)) + f(-2)$

  $= -\frac{3}{2} \cdot (x + 2) + 4 = -\frac{3}{2}x + 1,$

  also $t_1: y = -\frac{3}{2}x + 1$.

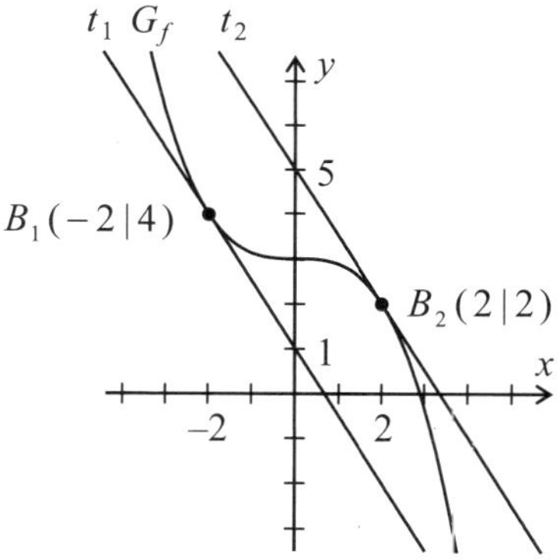

- *Tangente für die Berührstelle* $x_0 = 2$

  Für die Stelle $x_0 = 2$ ergibt sich:

  $f'(2) = -\frac{3}{2}$ und $f(2) = 2$.

  Die Tangente hat die Gleichung:

  $y = f'(2) \cdot (x - 2) + f(2) = -\frac{3}{2} \cdot (x - 2) + 2 = -\frac{3}{2}x + 5$, also $t_2: y = -\frac{3}{2}x + 5$.

Aufgaben

9. Bestimmen Sie für die Funktion $f: x \mapsto -x^3 + 1$ Gleichungen der Tangenten an den Graphen, welche die vorgegebene Steigung $m = -3$ haben.

10. Bestimmen Sie für die Funktion $f: x \mapsto x^3 - x + 2$ Gleichungen der Normalen an den Graphen, welche die vorgegebene Steigung $m = -0{,}5$ haben.

Tangente von außerhalb an einen Funktionsgraphen

Ein weiteres Problem besteht darin, die Gleichungen aller Tangenten zu bestimmen, die man von einem gegebenen Punkt $P(x\,|\,y)$ außerhalb des Funktionsgraphen an diesen legen kann.

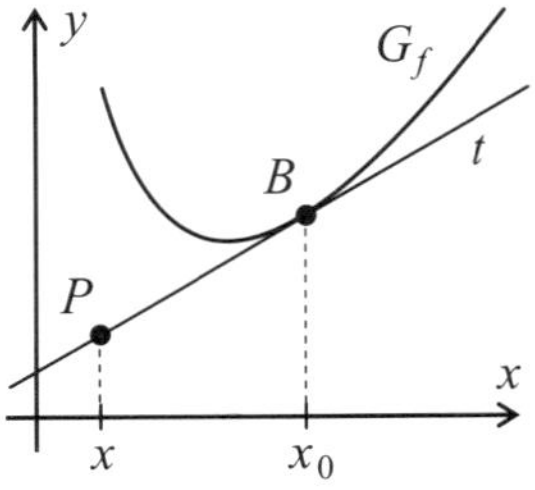

Gegeben ist in diesem Fall der Punkt $P(x\,|\,y)$.
Gesucht ist der Berührpunkt $B(x_0\,|\,f(x_0))$ und damit die Gleichung der zugehörigen Tangente t.

Die Lösung kann in folgenden Schritten erfolgen:

① *Allgemeine Tangentengleichung*
Mit dem unbekannten Berührpunkt $B(x_0\,|\,f(x_0))$ macht man den Ansatz:
$$t\colon y = f'(x_0)\cdot(x-x_0)+f(x_0).$$

② *Punktprobe für den Punkt $P(x\,|\,y)$*
Die gesuchte Tangente soll durch den Punkt $P(x\,|\,y)$ gehen, d.h. die Koordinaten von P müssen die Tangentengleichung erfüllen. Man erhält eine Bestimmungsgleichung für x_0 und zwar: $y = f'(x_0)\cdot(x-x_0)+f(x_0)$.

③ *Berechnung von x_0 und Angabe der Tangentengleichung*

Beispiel (Tangente von außerhalb an einen Funktionsgraphen)

Vom Punkt $P(0\,|\,-2)$ sollen Tangenten an den Graphen der Kubikfunktion mit der Gleichung $f(x)=x^3$ gelegt werden.

① *Allgemeine Tangentengleichung*
Wir machen den Ansatz
$$t\colon y = f'(x_0)\cdot(x-x_0)+f(x_0).$$
Mit $f'(x_0)=3x_0^2$ und $f(x_0)=x_0^3$ folgt
$$y = 3x_0^2\cdot(x-x_0)+x_0^3.$$

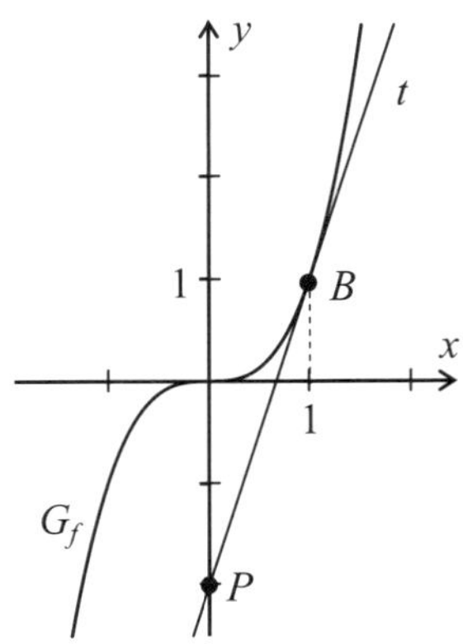

② *Punktprobe für den Punkt $P(0\,|\,-2)$*
Wir setzen in der Tangentengleichung -2 für y und 0 für x ein:
$$-2 = 3x_0^2\cdot(0-x_0)+x_0^3.$$

③ *Bestimmung von x_0 und Angabe der Tangentengleichung*
$$-2=-3x_0^3+x_0^3 \;\Leftrightarrow\; -2=-2x_0^3 \;\Leftrightarrow\; x_0^3=1 \;\Leftrightarrow\; x_0=1$$
Einsetzen in die allgemeine Tangentengleichung ergibt:
$$y = 3\cdot 1^2\cdot(x-1)+1^3 = 3x-2, \text{ also } t\colon y=3x-2.$$
Der Berührpunkt hat die Koordinaten $B(1\,|\,1)$.

Es kann auch vorkommen, dass es von einem Punkt P außerhalb eines Funktionsgraphen keine, zwei oder auch mehr als zwei Tangenten gibt. Entscheidend hierfür ist die Anzahl der Lösungen der Bestimmungsgleichung für x_0.

Aufgaben

11. Gegeben ist der Graph einer Funktion f. Vom Punkt P wird eine Gerade zum Punkt B gezeichnet. Um welche Art von Gerade bezüglich G_f handelt es sich? Bestimmen Sie eine Gleichung der gezeichneten Geraden.
Entnehmen Sie die benötigten Informationen aus der Zeichnung.

a) 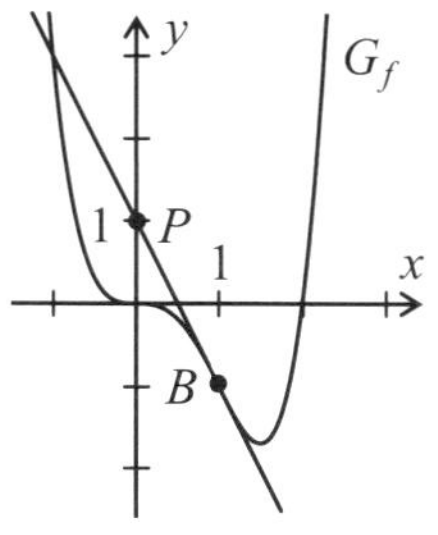

b) 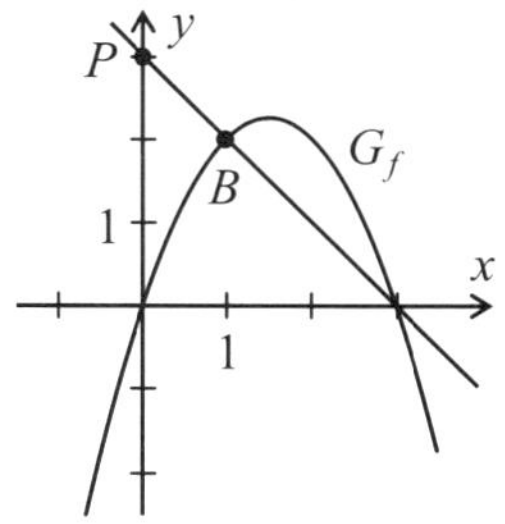

12. Gegeben ist die Funktion mit der Gleichung $f(x) = x^2 - 2x$.
Vom Punkt $P(\frac{3}{4} \mid -\frac{3}{2})$ sollen Tangenten an den Graphen von f gelegt werden. Ermitteln Sie die Tangentengleichungen. Fertigen Sie eine Skizze an.

13. Bestimmen Sie für die Funktion f mit $f(x) = 5 - x^2$ die Gleichungen der Normalen von G_f, welche durch den Punkt $P(0 \mid 0{,}5)$ verlaufen.

14. Gegeben ist die Funktion $f: x \mapsto -x^2 + 3x$.
   a) Zeichnen Sie den Graphen der Funktion f in ein Koordinatensystem.
   b) Skizzieren Sie die Normale an G_f durch den Punkt $P(0 \mid 3)$.
   c)* Bestimmen Sie eine Gleichung der Normalen.

15. Die Abbildung zeigt den Graphen von
$$f: x \mapsto \tfrac{1}{4}x^4 + \tfrac{1}{2}x^3 - \tfrac{3}{4}x^2 + 1.$$
   a) Legen Sie vom Koordinatenursprung die Tangente an G_f.
   Welche Besonderheit lässt sich vermuten?
   b) Bestimmen Sie anhand der Zeichnung die Berührpunkte und eine Gleichung der Tangente.
   c)* Bestätigen Sie die aus der Zeichnung gewonnenen Ergebnisse rechnerisch.

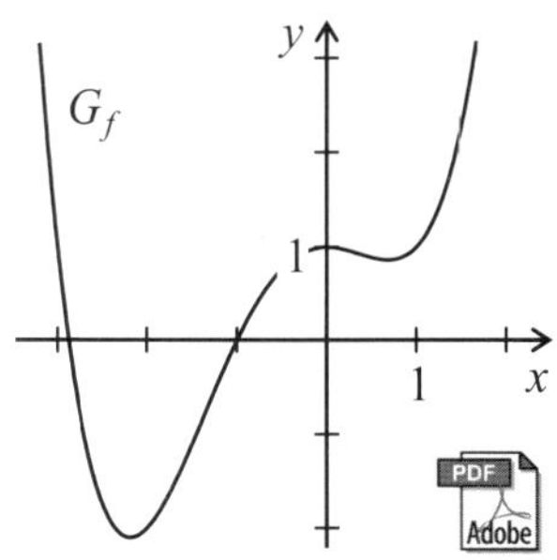

Arbeitsblatt 1.3.2

16. Gegeben ist die Funktion mit der Gleichung $f(x) = -x^2 + 4x + 1$.
Berechnen Sie die Punkte $P(0 \mid b)$ der y-Achse, von denen aus man keine, eine oder zwei Tangenten an den Graphen von f legen kann.

1.3.3 Steigungs- und Schnittwinkel bei Funktionsgraphen

Steigungswinkel

Die Steilheit einer Geraden mit der Gleichung $y = m\,x + n$ kann durch die Steigung m beschrieben werden. Als weitere Größe hierfür kann aber auch der Winkel dienen, den die Gerade mit der Waagerechten bildet.

Steigende Gerade

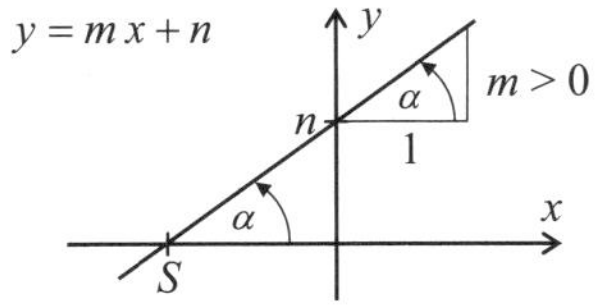

$0° < \alpha < 90°$

Fallende Gerade

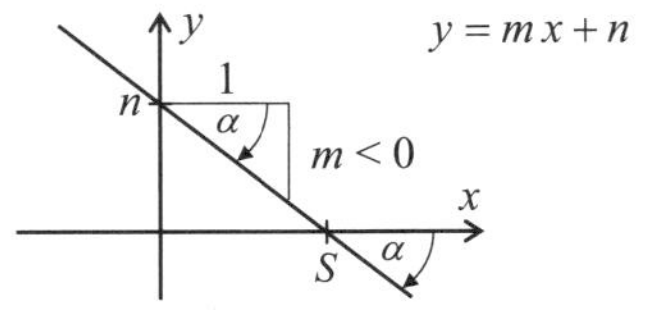

$-90° < \alpha < 0°$

Der orientierte Winkel $\sphericalangle\,\alpha$ mit $-90° < \alpha < 90°$, den eine Gerade mit der positiven x-Richtung bildet, heißt **Steigungswinkel** der Geraden.
Es gilt der Zusammenhang: $\tan(\alpha) = \frac{m}{1} = m$.

Der Begriff des Steigungswinkels lässt sich auch auf Funktionsgraphen übertragen. Dazu betrachtet man in einem Punkt des Graphen die zugehörige Tangente.

Positive Steigung

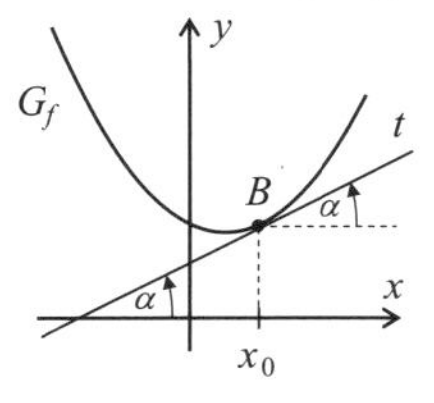

Negative Steigung

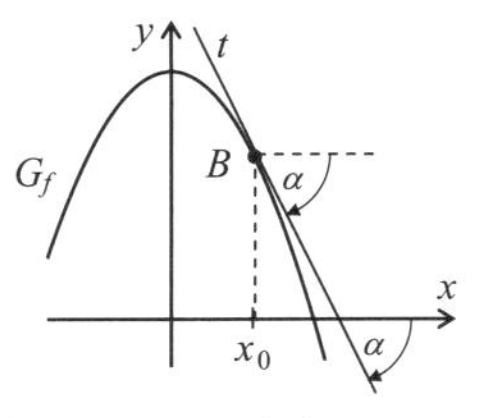

Im Fall von Funktionsgraphen gilt der Zusammenhang: $\tan(\alpha) = m = f'(x_0)$.

Steigungswinkel eines Funktionsgraphen
Für den Steigungswinkel $\sphericalangle\,\alpha$ eines Funktionsgraphen an einer Stelle x_0 gilt:

$$\tan(\alpha) = f'(x_0).$$

Beispiel (Berechnen des Steigungswinkels an einer Stelle x_0)
Betrachtet wird die Funktion f mit $f(x) = -x^2 + x$.
Als Ableitung ergibt sich: $f'(x) = -2x + 1$.
Für die Stelle $x_0 = 1$ folgt: $\tan(\alpha) = f'(1) = -1$.
Hieraus ergibt sich der Steigungswinkel $\alpha = -45°$.

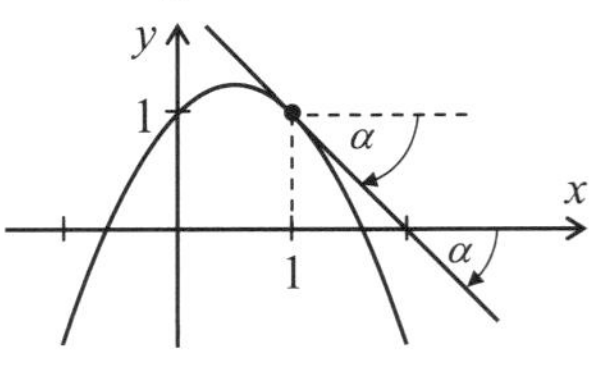

Aufgabe

17. Wo und unter welchem Winkel schneidet der Graph von f die x-Achse?
 a) $f(x) = -x^3 + 8$ b) $f(x) = x^4 + x$

Schnittwinkel mit den Koordinatenachsen [(LK)]

Schnittwinkel mit der x-Achse

Die Schnittwinkel eines Funktionsgraphen mit der x-Achse sind die Steigungswinkel an den Nullstellen.

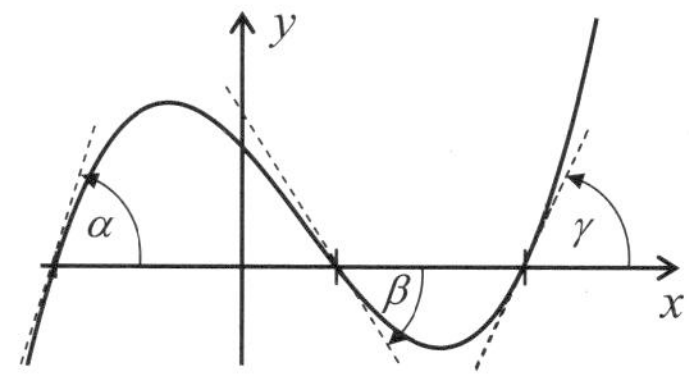

Schnittwinkel mit der y-Achse

Unter dem Schnittwinkel $\sphericalangle\beta$ eines Funktionsgraphen mit der y-Achse versteht man den kleineren der beiden Winkel, den die Tangente im y-Achsenabschnitt mit der y-Achse bildet. Seine Berechnung kann auf die Berechnung des Steigungswinkels $\sphericalangle\alpha$ an der Stelle 0 zurückgeführt werden.

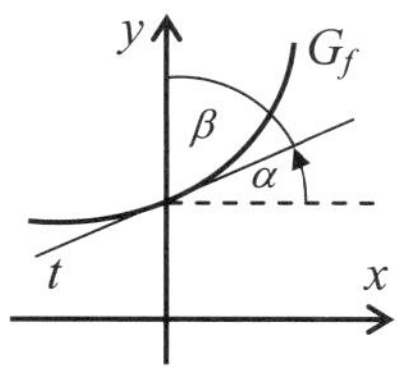

Für den Steigungswinkel mit $\alpha > 0$ gilt:
$\tan(\alpha) = f'(0)$.
Damit folgt:
$\beta = 90° - \alpha$.

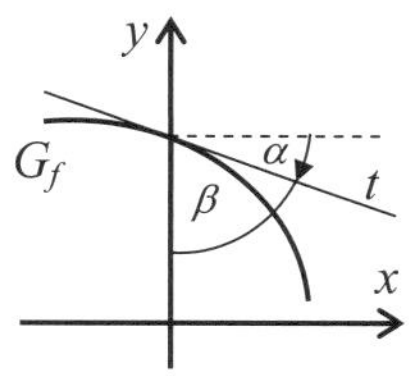

Für den Steigungswinkel mit $\alpha < 0$ gilt:
$\tan(\alpha) = f'(0)$.
Damit folgt:
$\beta = 90° - |\alpha|$.

Beide Fälle lassen sich zusammenfassen: $\beta = 90° - |\alpha|$ mit $\tan(\alpha) = f'(0)$

Beispiel (Berechnen der Schnittwinkel mit den Koordinatenachsen)

Betrachtet wird die Funktion mit der Gleichung $f(x) = \frac{1}{3}x^2 - \frac{1}{3}x - 2$.

Für die Ableitung gilt: $f'(x) = \frac{2}{3}x - \frac{1}{3}$.

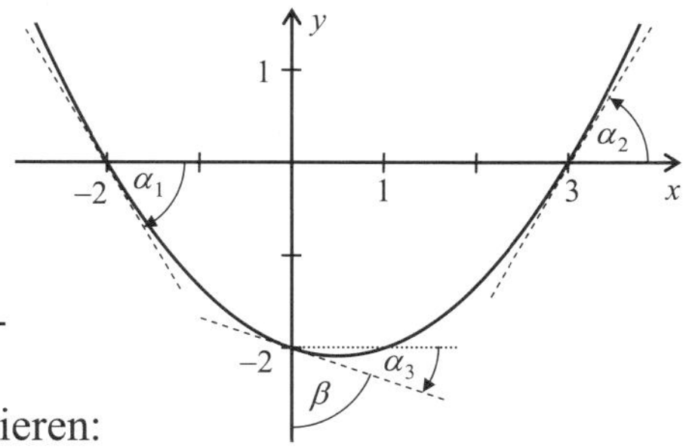

① *Schnittwinkel mit der x-Achse*

Zu berechnen sind zunächst die Nullstellen der Funktion f.
Der Funktionsterm lässt sich faktorisieren:

$$f(x) = \frac{1}{3}x^2 - \frac{1}{3}x - 2 = \frac{1}{3}(x^2 - x - 6) = \frac{1}{3}(x+2)\cdot(x-3).$$

Aus dieser Darstellung ergeben sich die Nullstellen $x_1 = -2$ und $x_2 = 3$.

- Schnittwinkel mit der x-Achse an der Stelle $x_1 = -2$:

  Es gilt $\tan(\alpha_1) = f'(-2) = \frac{2}{3}\cdot(-2) - \frac{1}{3} = -\frac{5}{3}$ und damit $\alpha_1 \approx -59{,}04°$.

- Schnittwinkel mit der x-Achse an der Stelle $x_2 = 3$:

  Es gilt $\tan(\alpha_2) = f'(3) = \frac{2}{3}\cdot(3) - \frac{1}{3} = \frac{5}{3}$ und damit $\alpha_2 \approx 59{,}04°$.

② *Schnittwinkel mit der y-Achse*

Es gilt $\tan(\alpha_3) = f'(0) = 0\cdot 3 - \frac{1}{3} = -\frac{1}{3}$ und damit $\alpha_3 \approx -18{,}43°$.

Für den Schnittwinkel folgt: $\beta = 90° - |\alpha_3| = 90° - 18{,}43° = 71{,}57°$.

Schnittwinkel zwischen Funktionsgraphen (LK)

Unter dem Schnittwinkel zweier Funktionsgraphen an einer Schnittstelle x_0 versteht man den Schnittwinkel $\sphericalangle\,\gamma$ ihrer Tangenten an dieser Stelle.

Dabei versteht man unter dem Schnittwinkel $\sphericalangle\,\gamma$ der Tangenten den kleineren der beiden Scheitelwinkel, den die Tangenten t_1 und t_2 miteinander bilden.

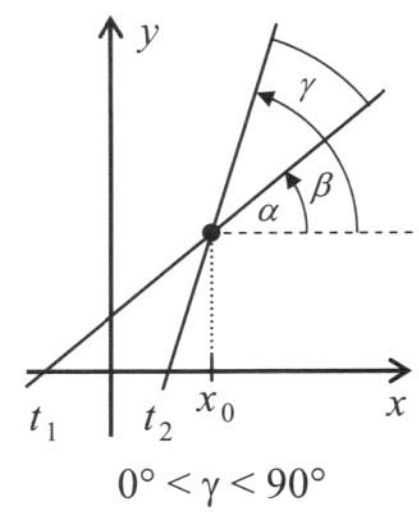

Berücksichtigt man die unterschiedlichen Fälle steigender oder fallender Geraden, so gilt:

$\gamma = |\beta - \alpha|$, wenn $|\beta - \alpha| < 90°$, bzw.

$\gamma = 180° - |\beta - \alpha|$, wenn $|\beta - \alpha| > 90°$.

Schnittwinkel zweier Funktionsgraphen

Seien G_f und G_g zwei Funktionsgraphen mit einer Schnittstelle x_0.
Gilt für die Steigungswinkel $\tan(\alpha) = f'(x_0)$ und $\tan(\beta) = g'(x_0)$, so gilt für den Schnittwinkel

$$\gamma = \text{Minimum}\{|\beta - \alpha|\ ;\ 180° - |\beta - \alpha|\}.$$

Mithilfe von Rechenregeln für den Tangens ergibt sich eine Formel, die die Berechnung des Schnittwinkels unmittelbar aus den Tangentensteigungen gestattet.

Formel für den Schnittwinkel zweier Funktionsgraphen

Seien G_f und G_g zwei Funktionsgraphen mit einer Schnittstelle x_0.
Sind $m_1 = f'(x_0)$ und $m_2 = g'(x_0)$ die Tangentensteigungen an der Stelle x_0, so gilt für den Schnittwinkel

$$\tan(\gamma) = \left|\frac{m_2 - m_1}{1 + m_2 \cdot m_1}\right| = \left|\frac{g'(x_0) - f'(x_0)}{1 + g'(x_0) \cdot f'(x_0)}\right| \quad (m_2 \neq m_1 \text{ und } m_2 \cdot m_1 \neq -1).$$

Beispiel (Berechnen des Schnittwinkels zweier Funktionsgraphen)

Betrachtet werden Funktionen mit den Gleichungen

$f(x) = x^2$ und $g(x) = -\frac{1}{2}x^2 + \frac{3}{2}$.

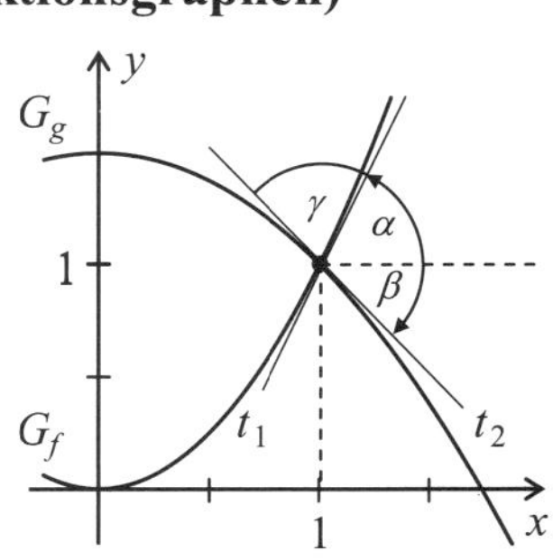

- *Ableitungen*: $f'(x) = 2x$ und $g'(x) = -x$
- *Steigungswinkel*
  Für die Schnittstelle $x_0 = 1$ ergibt sich:
  – $\tan(\alpha) = m_1 = f'(1) = 2$, also $\alpha = 63{,}43°$,
  – $\tan(\beta) = m_2 = g'(1) = -1$, also $\beta = -45°$.
- *Schnittwinkel über Steigungswinkel*
  $|\beta - \alpha| = |63{,}43° - (-45°)|$
  $= 108{,}43° > 90°$,
  also $\gamma = 180° - 108{,}43° = 71{,}57°$.
- *Schnittwinkel mithilfe der Formel*
  $\tan(\gamma) = \left|\frac{m_2 - m_1}{1 + m_2 \cdot m_1}\right| = \left|\frac{-1-2}{1+(-1)\cdot 2}\right| = 3$,
  also $\gamma = 71{,}57°$.

Sonderfälle: Berühren und senkrechtes Schneiden (LK)

In der Winkelformel wurden die beiden Sonderfälle $m_2 = m_1$ und $m_2 \cdot m_1 = -1$ ausgenommen. Ihnen kommt eine besondere geometrische Bedeutung zu.

Berühren

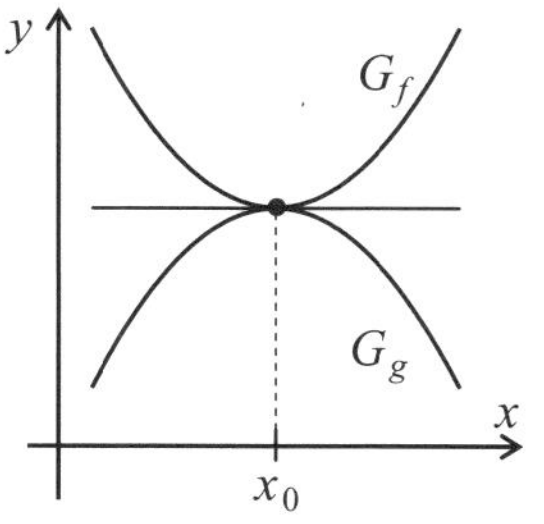

$m_2 = g'(x_0) = f'(x_0) = m_1$

Die Funktionsgraphen besitzen an der Stelle x_0 eine gemeinsame Tangente.

Senkrechtes Schneiden

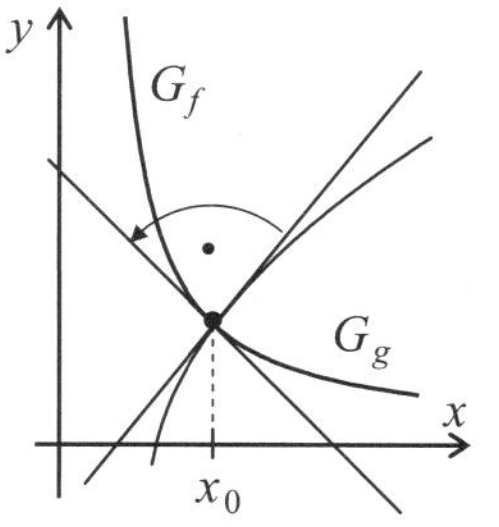

$m_2 \cdot m_1 = g'(x_0) \cdot f'(x_0) = -1$

Die Tangenten an der Stelle x_0 stehen senkrecht aufeinander.

Berühren und senkrechtes Schneiden von Funktionsgraphen

Die Graphen zweier Funktionen f und g

(1) **berühren** sich an der Stelle x_0, wenn gilt:

$$f(x_0) = g(x_0) \text{ und } f'(x_0) = g'(x_0),$$

(2) **schneiden sich rechtwinklig** an der Stelle x_0, wenn gilt:

$$f(x_0) = g(x_0) \text{ und } f'(x_0) \cdot g'(x_0) = -1.$$

Beispiel (Untersuchen auf Berühren oder senkrechtes Schneiden)

Gegeben sind die Parabeln mit den Gleichungen

$$f(x) = -x^2 + \tfrac{1}{4} \quad \text{und} \quad g(x) = \tfrac{1}{4}x^2 - 1.$$

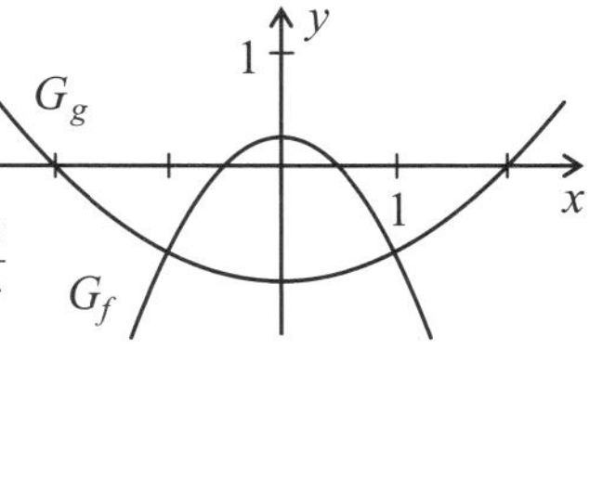

- *Berechnung der Schnittstellen*

  $$f(x) = g(x) \Leftrightarrow -x^2 + \tfrac{1}{4} = \tfrac{1}{4}x^2 - 1 \Leftrightarrow -\tfrac{5}{4}x^2 = -\tfrac{5}{4}$$

  $$\Leftrightarrow x^2 = 1 \Leftrightarrow x = -1 \vee x = 1$$

- *Ableitungen*

  $f'(x) = -2x$ mit $f'(-1) = 2$ und $f'(1) = -2$

  $g'(x) = \tfrac{1}{2}x$ mit $g'(-1) = -\tfrac{1}{2}$ und $g'(1) = \tfrac{1}{2}$

- *Senkrechtes Schneiden*

  Wegen $f'(-1) \cdot g'(-1) = f'(1) \cdot g'(1) = -1$, schneiden sich G_f und G_g in den beiden Schnittstellen jeweils senkrecht.

- *Berühren*

  Wegen $f'(-1) \neq g'(-1)$ und $f'(1) \neq g'(1)$, liegen keine Berührstellen vor.

Aufgaben

18. Wo und unter welchem Winkel schneidet der Graph die y-Achse? Fertigen Sie zuerst eine Skizze an.
    a) $f(x)=-x^2+2x-1$ b) $f(x)=(x+1)\cdot(x-2)$

19. Berechnen Sie die Winkel, die der Graph mit den Koordinatenachsen bildet. Fertigen Sie zuerst eine Skizze an.
    a) $f(x)=-x^2+1$ b) $f(x)=x^3-1$

20. Wo und unter welchem Winkel schneiden sich die Graphen von $f(x)=\frac{1}{3}x^2$ und $g(x)=-x^2+4x$?

21. Untersuchen Sie, ob sich die Graphen von f und g an der Stelle x_0 berühren oder senkrecht schneiden.
    a) $f(x)=x^2+3$; $g(x)=-x^2+4x+1$; $x_0=1$
    b) $f(x)=x^3+x^2-3$; $g(x)=x^2+4x$; $x_0=-1$

22. Die Abbildung zeigt die Graphen der Funktionen
    $f: x \mapsto x^3-x+1$ und
    $g: x \mapsto \frac{1}{8}\cdot(3x^3-5x^2-3x+13)$.
    a) Welcher Graph gehört zur Funktion f?
    b) Berechnen Sie die Koordinaten der gemeinsamen Punkte von G_f und G_g.
    c) In einem gemeinsamen Punkt können sich zwei Graphen berühren oder schneiden, insbesondere rechtwinklig.
    Prüfen Sie rechnerisch, welcher Fall im Punkt A bzw. im Punkt B jeweils vorliegt.

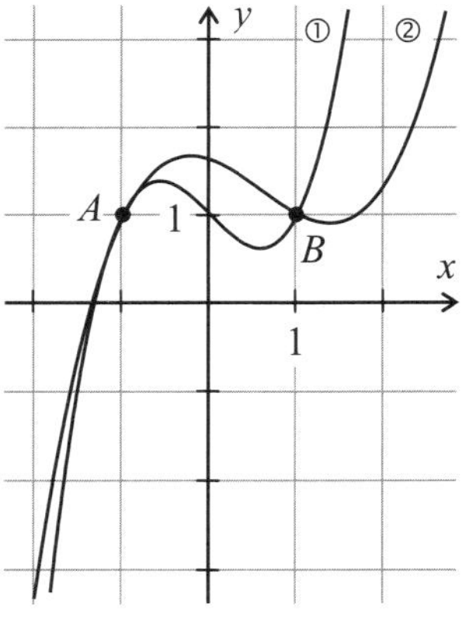

23. Die Abbildung zeigt den Graphen der Funktion
    $f: x \mapsto -\frac{1}{5}x^4+\frac{6}{5}x^2+1$.
    a) Bestimmen Sie eine Gleichung der Tangente von G_f an der Stelle 1.
    b)* Berechnen Sie, in welchem Punkt und unter welchem Winkel diese Tangente den Graphen von f schneidet.

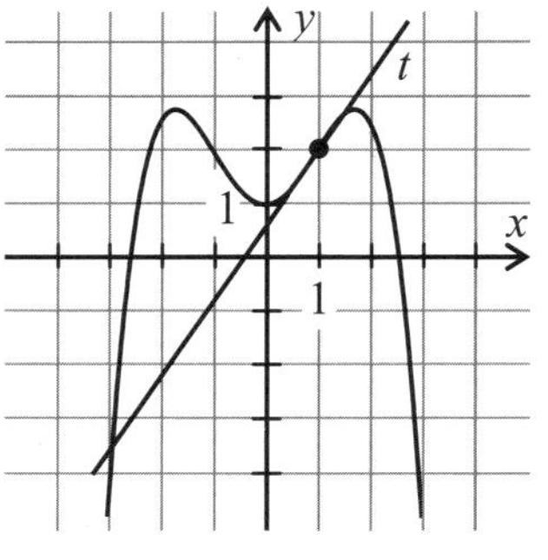

1.3.4 Untersuchung ganzrationaler Funktionen

Sind die Nullstellen und die Grenzwerte einer ganzrationalen Funktion für $x \to \pm\infty$ bekannt, so lässt sich bereits eine Skizze des Graphen anfertigen. Für eine Zeichnung des Graphen ist auch auf die Präzision in den Details zu achten.

Wir untersuchen als Beispiel die Funktion $f: \mathbb{R} \to \mathbb{R}, x \mapsto -\frac{1}{3}x^3 + x^2$.

❶ **Grenzwertverhalten für $x \to \pm\infty$**

Es ist die höchste Potenz x^3 samt Vorfaktor zu betrachten:

$\lim\limits_{x\to-\infty} f(x) = \lim\limits_{x\to-\infty}(-\frac{1}{3}x^3) = +\infty$ und $\lim\limits_{x\to+\infty} f(x) = \lim\limits_{x\to+\infty}(-\frac{1}{3}x^3) = -\infty$.

❷ **Nullstellen**

Wir faktorisieren den Funktionsterm:

$$f(x) = -\tfrac{1}{3}x^2 \cdot (x-3).$$

0 ist eine doppelte, 3 ist eine einfache Nullstelle.

Mithilfe dieser Informationen lässt sich der Graph der Funktion f schon recht genau skizzieren. Die Skizze liefert allerdings keine exakte Information über die Lage der Extrem- und Wendepunkte. Hierzu kann man, wie im Folgenden beschrieben, rechnerisch vorgehen.

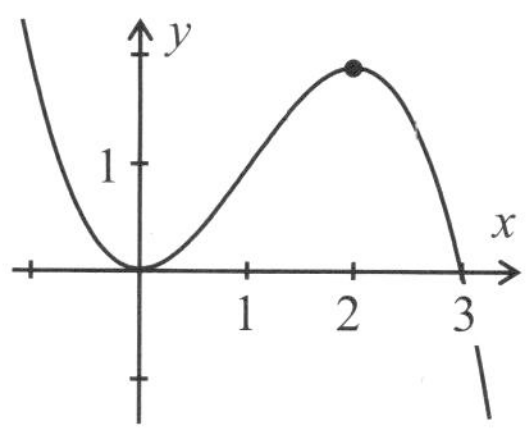

Skizze

Koordinaten der besonderen Punkte noch nicht bekannt

❸ **Untersuchung auf Extrempunkte und Monotonie**

Für die erste Ableitung ergibt sich: $f'(x) = -x^2 + 2x$.

- *Faktorisierung*: $f'(x) = -x \cdot (x-2)$
- *Notwendige Bedingung* (*Nullstellen von* f')
  $x = 0$ einfach (mit Vorzeichenwechsel)
  $x = 2$ einfach (mit Vorzeichenwechsel)
- *Hinreichende Bedingung*

Vorzeichentabelle für f'

x	$-\infty$	0	1	2	$+\infty$
$f'(x)$	$-$	0 VzW TP	$+$	0 VzW HP	$-$

Testwert: $f'(1) = 1 > 0$

Betrachtung von f''

Es gilt $f''(x) = -2x + 2$.

$f''(0) = 2 > 0$, Minimumstelle

$f''(2) = -2 < 0$, Maximumstelle

- *Angabe der Extrempunkte*
  Zusammen mit $f(0) = 0$ und $f(2) = \frac{4}{3}$ ergibt sich:
  G_f hat den Tiefpunkt $T(0\,|\,0)$ und den Hochpunkt $H(2\,|\,\frac{4}{3})$.
- *Angabe der Monotonieintervalle* (siehe Vorzeichentabelle)
  – f ist streng monoton wachsend in $[0;2]$.
  – f ist streng monoton fallend in $]-\infty;0]$ und in $[2;+\infty[$.

❹ Untersuchung auf Wendepunkte und Krümmung

Für die zweite Ableitung ergibt sich: $f''(x) = -2x + 2$.

- *Faktorisierung*: $f''(x) = -2 \cdot (x-1)$
- *Notwendige Bedingung (Nullstellen von f'')*
  $x = 1$ einfach (mit Vorzeichenwechsel)
- *Hinreichende Bedingung*

Vorzeichentabelle für f''

x	$-\infty$	0	1		$+\infty$
$f''(x)$		+	0 VzW WP	−	

Testwert: $f''(0) = 2 > 0$

Betrachtung von f'''

Es gilt $f'''(x) = -2$.

$f'''(1) = -2 \neq 0$, Wendestelle

- *Angabe der Wendepunkte*
  Zusammen mit $f(1) = \frac{2}{3}$ ergibt sich der Wendepunkt $W(1 \mid \frac{2}{3})$.
- *Angabe der Krümmungsintervalle* (siehe Vorzeichentabelle)
  - G_f ist linksgekrümmt in $]-\infty; 1]$.
  - G_f ist rechtsgekrümmt in $[1; +\infty[$.

❺ Symmetrie

Da im Funktionsterm sowohl ein gerader als auch ein ungerader Exponent vorkommt, besitzt der Graph keine einfache Symmetrie.

Aufgaben

24. Gegeben ist die quadratische Funktion $f: \mathbb{R} \to \mathbb{R}, x \mapsto -\frac{1}{4}x^2 + 2x - 1$.
    Bestimmen Sie den Scheitelpunkt der zugehörigen Parabel.

25. Bestätigen Sie rechnerisch für die in den Abbildungen dargestellten ganzrationalen Funktionen die Lage der Nullstellen sowie der Extrem- und Wendepunkte. Geben Sie zusätzlich die Monotonie- und Krümmungsintervalle an.

    a) $f: \mathbb{R} \to \mathbb{R}, x \mapsto x^3 - 3x^2 - x + 3$ b) $f: \mathbb{R} \to \mathbb{R}, x \mapsto \frac{1}{2}x^4 - 3x^2 + 4$

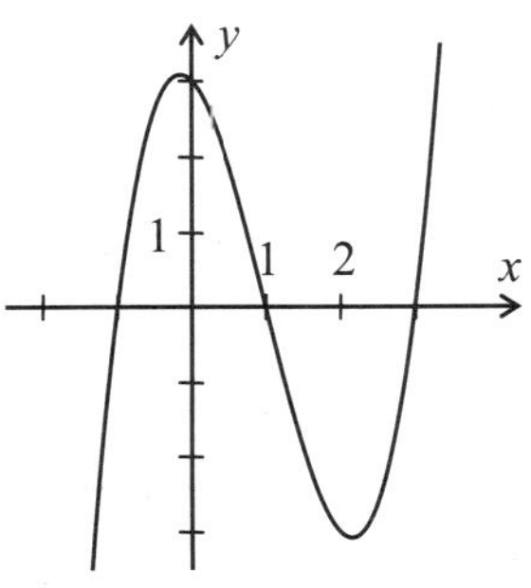

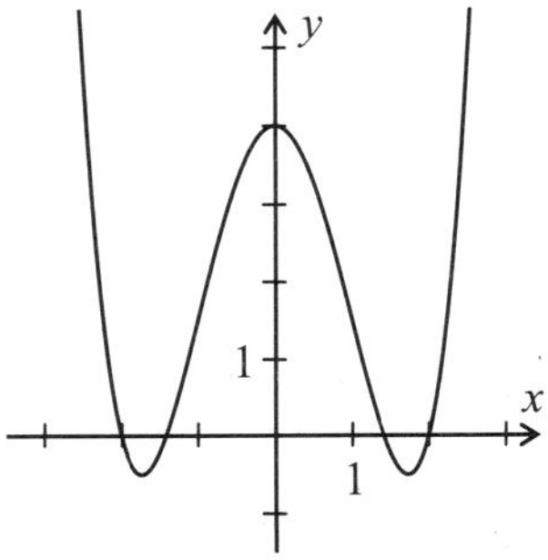

26. Gegeben ist die ganzrationale Funktion $f: \mathbb{R} \to \mathbb{R}, x \mapsto -\frac{1}{6}x^3 + 2x$.

a) Begründen Sie das Grenzwertverhalten und die Lage der Nullstellen.

b) Weisen Sie die Symmetrieeigenschaft des Graphen rechnerisch nach.

c) Bestimmen Sie rechnerisch die Extrem- und die Wendepunkte des Graphen.

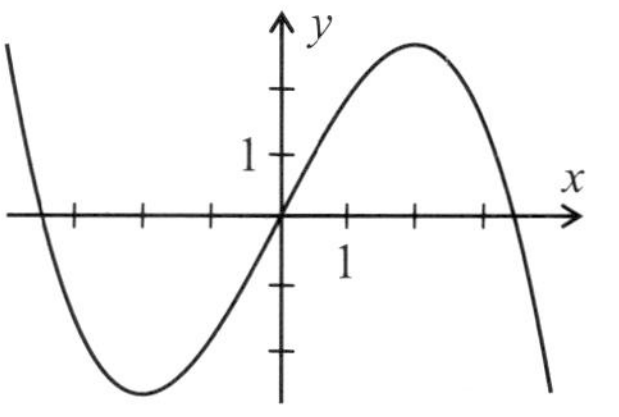

27. Gegeben ist die ganzrationale Funktion $f: \mathbb{R} \to \mathbb{R}, x \mapsto -x^3 + 3x$.

a) Bestimmen Sie die Nullstellen und die Grenzwerte für $x \to \pm\infty$. Fertigen Sie mithilfe dieser Informationen eine Skizze des Graphen an.

b) Bestimmen Sie ein maximales Intervall, in welchem

- die Funktion f streng monoton wachsend ist,
- G_f rechtsgekrümmt ist.

28. Welchen Grad besitzt die dargestellte ganzrationale Funktion mindestens? Begründen Sie Ihre Entscheidung.

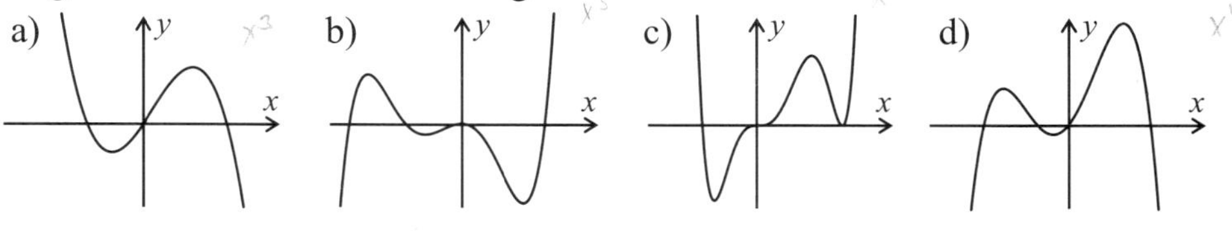

29. Skizzieren Sie einen möglichen Graphen von ganzrationalen Funktionen f und g mit den folgenden Eigenschaften:

a) G_f ist ein rechtsgekrümmter Funktionsgraph mit genau einer Extremstelle.

b) G_g ist der Graph einer streng monoton fallenden Funktion mit genau einer Nullstelle und genau einer Wendestelle.

30. Gegeben ist die Funktion $f: \mathbb{R} \to \mathbb{R}, x \mapsto \frac{1}{4}x^4 + \frac{1}{3}x^3 - x^2$.

a) Berechnen Sie die Nullstellen der Funktion f. Geben Sie auch die zugehörigen Vielfachheiten an.

b) Weisen Sie nach, dass eine Gleichung für die 1. Ableitung angegeben werden kann in der Form

$$f'(x) = x \cdot (x+2) \cdot (x-1) .$$

c) Ermitteln Sie Art und Koordinaten der lokalen Extrempunkte von G_f.

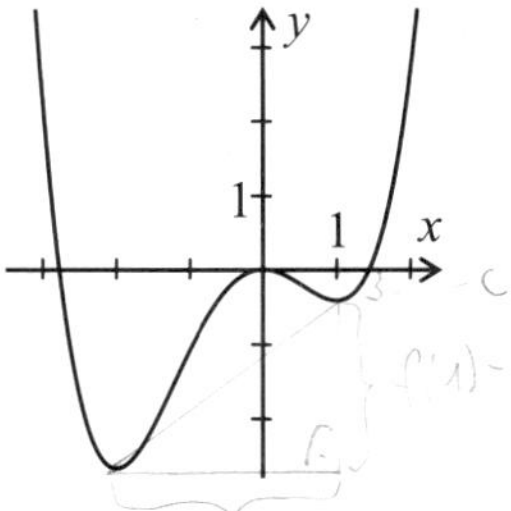

d) Welche Bedeutung hat der Term $\sqrt{(1-(-2))^2 + (f(1) - f(-2))^2}$?

e) Bestimmen Sie anhand des Graphen ein maximales Intervall I so an, dass $f'(x) > 0$ und $f''(x) < 0$ für alle $x \in I$ gilt. Begründen Sie Ihre Angabe.

f) Betrachtet werden Geraden mit der Gleichung $y = c$. Geben Sie alle $c \in \mathbb{R}$ an, für die es vier Schnittpunkte mit G_f gibt.

31. Gegeben ist die Funktion $f: \mathbb{R} \to \mathbb{R}, x \mapsto -x^3 + 3x^2$.

a) Rechnen Sie nach, dass $H(2 \mid f(2))$ Hochpunkt und $W(1 \mid f(1))$ Wendepunkt des Graphen ist.

b) Ermitteln Sie eine Gleichung für die Tangente t an G_f im Punkt W an. Geben Sie die Schnittpunkte von t mit den Koordinatenachsen an.

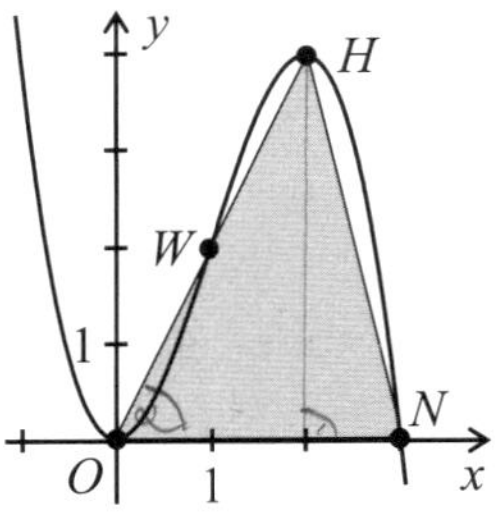

c) Betrachtet wird das Dreieck ΔOHN. Bestimmen Sie den Flächeninhalt des Dreiecks und die Länge der Seite $\overline{HN}$.

d) Bestimmen Sie das Maß des Winkels $\sphericalangle \alpha = \sphericalangle NOH$.

32. Gegeben sind zwei Funktionen

$$f: \mathbb{R} \to \mathbb{R}, x \mapsto \tfrac{3}{16}x^3 - \tfrac{9}{4}x$$

und $p: \mathbb{R} \to \mathbb{R}, x \mapsto -\tfrac{3}{4}x^2$.

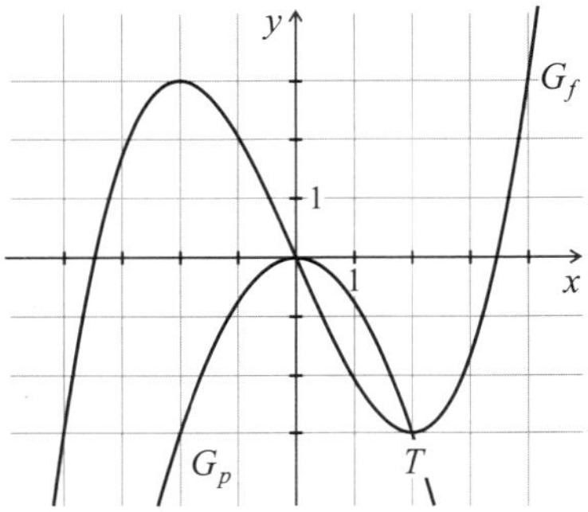

a) Untersuchen Sie den Graphen der Funktion f auf Schnittpunkte mit den Koordinatenachsen sowie auf Extrem- und Wendepunkte.

b) Berechnen Sie die gemeinsamen Punkte der Graphen von f und p.

c) Prüfen Sie, ob die erste Winkelhalbierende den Graphen von f schneidet. Geben Sie gegebenenfalls die Schnittstellen an.

d) Die Gerade g mit der Gleichung $y = m \cdot x$ schneidet den Graphen von f. Für welche Werte von m gibt es drei Schnittpunkte? Stellen Sie zunächst eine Vermutung anhand der Abbildung auf. Prüfen Sie dann rechnerisch.

33. Gegeben ist die Funktion $f: \mathbb{R} \to \mathbb{R}, x \mapsto \frac{1}{10}x^3 + \frac{1}{5}x^2 - \frac{3}{2}x$.

a) Lesen Sie aus der Zeichnung die Schnittpunkte mit der x-Achse sowie die Extrempunkte von G_f ab.
Bestätigen Sie Ihr Ergebnis rechnerisch.
Legen Sie dazu eine Vorzeichentabelle an.

b) Das Schaubild enthält weiter die Parabel

$$p: y = \frac{2}{15}x^2 + \frac{2}{3}x.$$

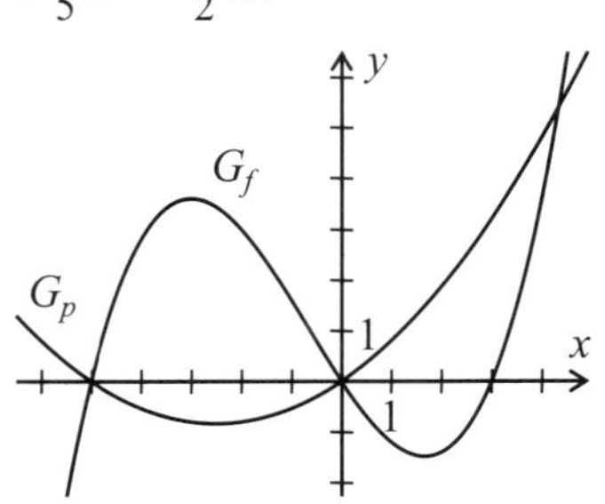

Lesen Sie ihre Schnittpunkte mit dem Graphen der Funktion f ab. Bestätigen Sie Ihr Ergebnis rechnerisch.

c) Für eine Funktion h gilt: $h'(x) = f(x)$ für alle $x \in \mathbb{R}$. Ermitteln Sie unter Verwendung der Ergebnisse aus a) die Extrem- und Wendestellen von h.

34. Gegeben ist die Funktion mit der Gleichung $f(x) = x^3 + ax - 3$.

Für welchen Wert von $a \in \mathbb{R}$ besitzt der Graph von f an der Stelle $x = -1$ eine waagerechte Tangente.

35. Gegeben ist die Funktion mit der Gleichung $f(x) = \frac{1}{3}x^3 - x^2 + ax - 5$.

Für welche Werte von $a \in \mathbb{R}$ besitzt der zugehörige Graph keine, eine oder zwei waagerechte Tangenten?

36. Gegeben ist die Funktion mit der Gleichung $f(x) = x^3 - 3x^2 + 2a$.

Für welchen Wert von $a \in \mathbb{R}$ besitzt der zugehörige Graph einen Wendepunkt, der auf der Geraden mit der Gleichung $y = 1$ liegt?

37. Konzentration eines Medikaments im Blut

Die Konzentration eines in Tablettenform verabreichten Medikaments im Blut eines Patienten wird durch die Funktion k beschrieben mit

$$k(t) = \frac{5}{432} \cdot (t^3 - 36t^2 + 324t)\,; \quad (0 \le t \le 18) \quad (t \text{ in Stunden; } k(t) \text{ in mg}/\ell).$$

Die Abbildung zeigt den Graphen von k.

a) Das Medikament ist wirksam, wenn die Konzentration im Blut mindestens $6\,\text{mg}/\ell$ beträgt. Lesen Sie aus der Zeichnung den Zeitraum ab, in dem das Medikament wirksam ist.
Eine Rechnung führt zu einer Gleichung, die nur näherungsweise lösbar ist.

b) Zu welchem Zeitpunkt ist das Medikament vollständig abgebaut?

c) Berechnen Sie, zu welchem Zeitpunkt die Konzentration ihren höchsten Wert erreicht und bestimmen Sie die maximale Konzentration.

d) Berechnen Sie die lokale Änderungsrate der Konzentration zu den Zeitpunkten 0, 2, 10 und 15. Welche Maßeinheit hat diese Änderungsrate?

e) Ermitteln Sie anhand des Graphen den Zeitpunkt, zu dem das Medikament am stärksten abgebaut wird. Bestätigen Sie Ihr Ergebnis durch Rechnung.

Abituraufgabenteile zu den Themen Ableitung und ganzrationale Funktionen

A1. Die Abbildungen I, II und III zeigen Graphen von ganzrationalen Funktionen höchstens vierten Grades.

Abbildung I

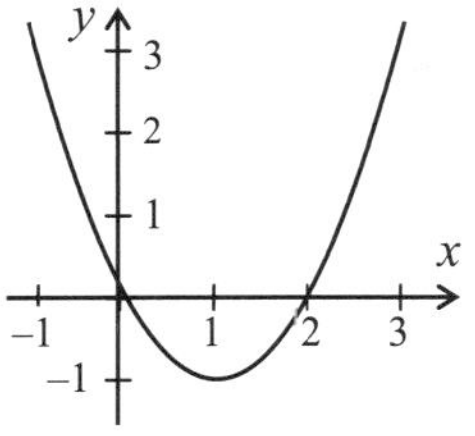

Abbildung II

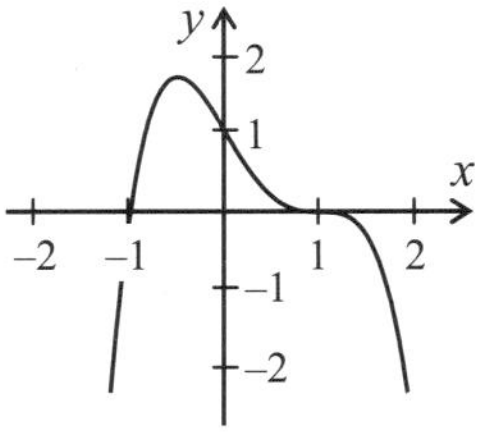

Abbildung III

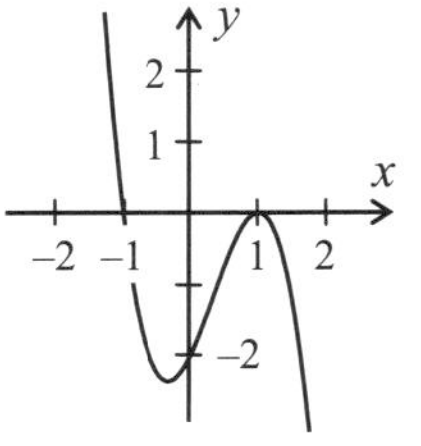

Begründen Sie in den folgenden Aufgabenteilen Ihre Auswahl jeweils mit einer Eigenschaft des Funktionsgraphen.

a) In welchen der Abbildungen gilt für die dargestellte Funktion $f'(0) < 0$?

b) In welchen der Abbildungen gilt für die dargestellte Funktion $f'(1) = 0$ und $f''(1) < 0$?

c) In welchen der Abbildungen gilt für die dargestellte Funktion $f'(1) = 0$ und f'' wechselt an der Stelle 1 das Vorzeichen?

(Saarland Gymnasium 2012, GK Haupttermin A1, Teil 3)

A2. Die Abbildung zeigt den Graphen einer ganzrationalen Funktion f.

a) Bestimmen Sie eine mögliche Funktionsgleichung für f.

b) Skizzieren Sie den Graphen der Ableitungsfunktion f' in ein eigenes Koordinatensystem.

(Saarland Gymnasium 2012, GK Nachtermin, A1, Teil 3)

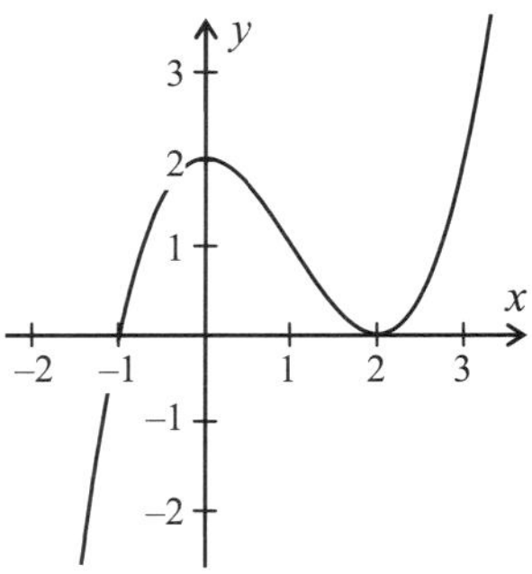

A3. Die Abbildung zeigt den Graphen der Funktion f mit

$f(x) = -0{,}5 \cdot x^3 + 4{,}5 \cdot x^2 - 12 \cdot x + 7{,}5 \;\; (x \in \mathbb{R})$.

a) Begründen Sie ohne Rechnung, dass die Gleichung

$$0 = -0{,}5 \cdot x^3 + 4{,}5 \cdot x^2 - 12 \cdot x + 7{,}5$$

nur genau eine Lösung hat.

b) Bestimmen Sie rechnerisch die Koordinaten des Wendepunktes des Graphen von f.

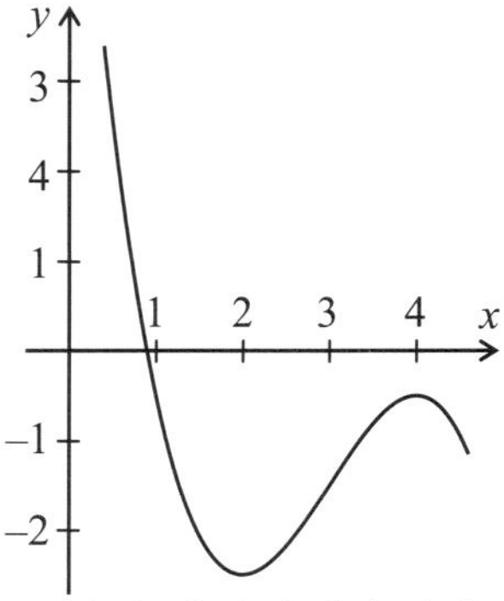

(Musteraufgabe zum länderübergreifenden Abitur 2014, Aufgabenpool 1, Analysis Aufgabe 1.1)

A4. Die Abbildung zeigt den Graphen der Ableitung f' einer ganzrationalen Funktion f.

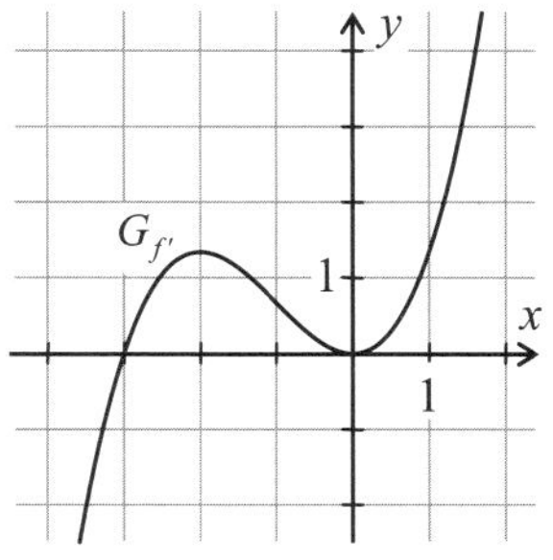

a) Prüfen Sie, ob folgende Aussagen wahr (w) oder falsch (f) sind. Begründen Sie Ihre Aussagen.
   1. Der Graph von f hat an der Stelle -3 einen Tiefpunkt.
   2. Die Funktion f hat an der Stelle -2 ein Maximum.
   3. Der Graph der Funktion f besitzt an der Stelle 0 einen Sattelpunkt.

b) Skizzieren Sie unter Berücksichtigung der Ergebnisse aus a) einen möglichen Graphen der Funktion f.

(Saarland Gymnasium 2011, GK Haupttermin A1, Teil 3)

A5. Das Schaubild zeigt den Graphen der Ableitungsfunktion f' einer Funktion f.

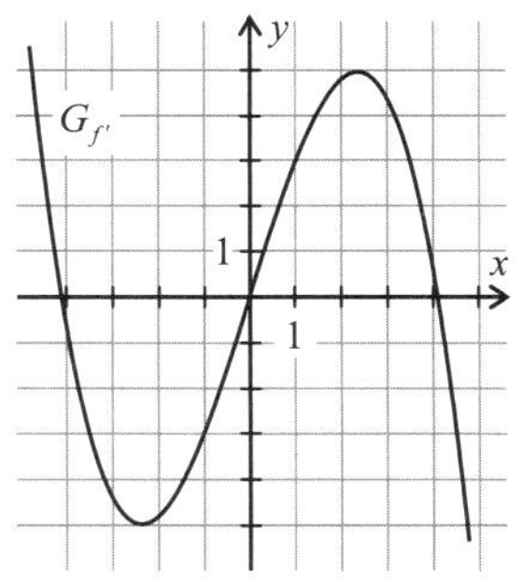

Entscheiden Sie, ob folgende Aussagen wahr oder falsch sind. Begründen Sie Ihre Entscheidung.

① Die Steigung von G_f ist an der Stelle $x = 1$ negativ.

② G_f besitzt zwei Wendepunkte.

③ An der Stelle $x = 0$ hat G_f einen Hochpunkt.

(Baden-Württemberg Berufliche Schulen 2011, Aufgabe 3, Nr. 3.1)

A6. Die Abbildung zeigt den Graphen der Ableitungsfunktion g' der Funktion $g: x \mapsto ax^3 + bx^2 + cx$ mit $D_g = \mathbb{R}$.

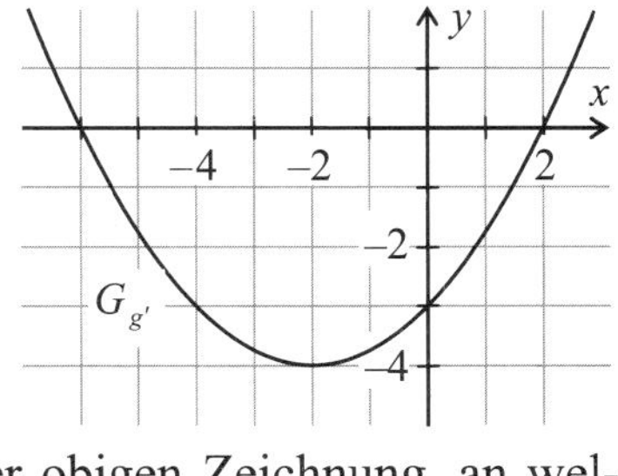

a) Berechnen Sie mithilfe der Zeichnung den Funktionsterm $g(x)$ der Funktion g.

b) Der Graph von g besitzt offensichtlich die Nullstelle $x = 0$.
   Begründen Sie ohne weitere Rechnung, dass es für $x > 0$ eine weitere Nullstelle von g geben muss.

c) Begründen Sie ohne Rechnung mithilfe der obigen Zeichnung, an welcher Stelle der Graph von g eine Wendestelle hat.

(Bayern 2008, FOS 12 Nichttechnik, Aufgabengruppe A, AI Nr. 3)

A7. Geben Sie jeweils den Term einer in $\mathbb{R}$ definierten Funktion an, die die angegebene Eigenschaft besitzt.

a) Der Graph der Funktion f hat den Hochpunkt $(0\,|\,5)$.

b) Die Funktion g ist an der Stelle $x = 5$ nicht differenzierbar.

(Bayern Gymnasium 2012, Analysis Aufgabengruppe I, Teil 1, Nr. 2)

A8. Gibt es eine ganzrationale Funktion vierten Grades, deren Graph drei Wendepunkte besitzt? Begründen Sie Ihre Antwort.
(Baden-Württemberg Gymnasium 2013, Pflichtteil Nr. 9)

A9. Die Abbildung zeigt den Graphen der Ableitungsfunktion f' einer Funktion f.

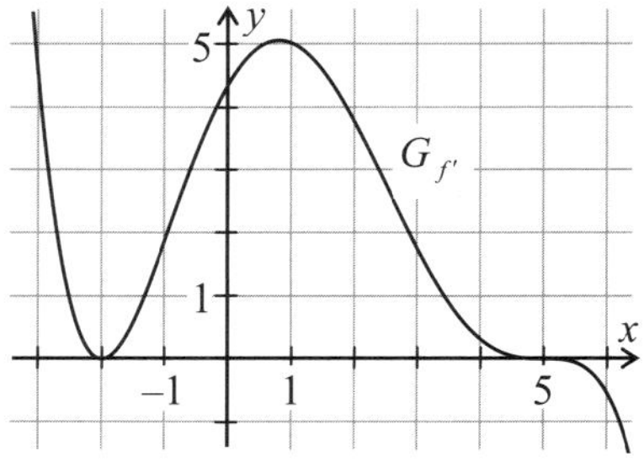

Geben Sie für jeden der folgenden Sätze an, ob er
- wahr,
- falsch oder
- nicht entscheidbar ist.

Begründen Sie jeweils Ihre Antwort.

① Der Graph von f hat bei $x = -2$ einen Tiefpunkt.

② Der Graph von f hat für $-3 \leq x \leq 6$ genau zwei Wendepunkte.

③ Der Graph von f verläuft im Schnittpunkt mit der y-Achse steiler als die erste Winkelhalbierende.

④ Es gilt: $f(0) > f(5)$.

(Baden-Württemberg Gymnasium 2006, Pflichtteil Aufgabe 5)

A10. Die Abbildung zeigt das Schaubild der Ableitungsfunktion f' einer Funktion f.

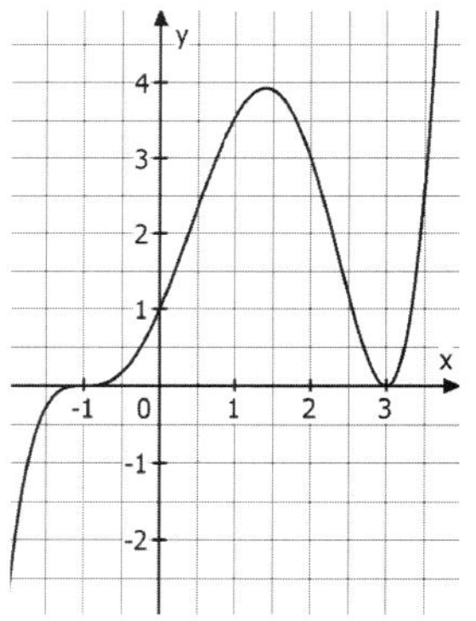

Geben Sie für jeden der folgenden Sätze an, ob er wahr, falsch oder nicht entscheidbar ist.
Begründen Sie jeweils Ihre Antwort.

① Der Graph von f besitzt bei $x = -1$ einen Tiefpunkt.

② Der Graph von f hat im Intervall $[-1\,;2]$ genau einen Wendepunkt.

③ Der Graph von f verläuft an der Stelle 1 steiler als die erste Winkelhalbierende.

④ f ist im Intervall $[-2\,;1]$ streng monoton wachsend.

⑤ Es gilt: $f(3) < f(1)$.

(Bayern 2012, FOS 12 Nichttechnik, Aufgabengruppe A, AI Nr. 5)

A11. Eine Funktion f hat folgende Eigenschaften:

(1) $f(2)=1$ (2) $f'(2)=0$ (3) $f''(4)=0$ und $f'''(4)\neq 0$

(4) Für $x\to+\infty$ und $x\to-\infty$ gilt: $f(x)\to 5$.

Beschreiben Sie für jede dieser vier Eigenschaften, welche Bedeutung sie für den Graphen von f hat. Skizzieren Sie einen möglichen Verlauf des Graphen.
(Baden-Württemberg Gymnasium 2013, Pflichtteil Nr. 9)

1.4 Grundfunktionen und weitere Ableitungsregeln

1.4.1 Potenzfunktionen

Potenzfunktionen mit nichtnegativen Exponenten

Funktionen mit Funktionsgleichungen der Form $f(x) = x^n$ mit $n \in \mathbb{N}^*$ bezeichnet man als **Potenzfunktionen**. Für $n \geq 2$ unterscheidet man im Hinblick auf die Form des Graphen folgende Fälle:

Gerade Exponenten

$f(x) = x^2, x^4, \ldots$

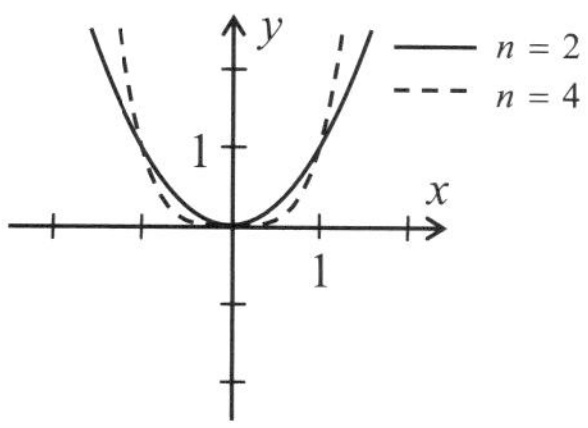

Eigenschaften
- Die Graphen haben U-Form.
- Definitionsmenge: $D_{max} = \mathbb{R}$
- Wertemenge: $\mathbb{R}_0^+$
- Symmetrie: zur y-Achse
- Berührstelle: für $x = 0$
(doppelte Nullstelle, ohne VzW)

Ungerade Exponenten

$f(x) = x^3, x^5, \ldots$

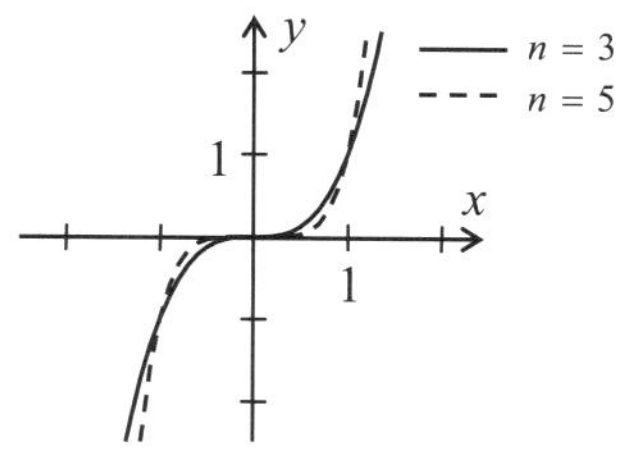

Eigenschaften
- Die Graphen haben S-Form.
- Definitionsmenge: $D_{max} = \mathbb{R}$
- Wertemenge: $\mathbb{R}$
- Symmetrie: zum Urspr.
- Sattelstelle: für $x = 0$
(dreifache Nullstelle, mit VzW)

Sonderfälle bilden die Exponenten $n = 1$ und $n = 0$:

$n = 1$: Es gilt $f(x) = x^1 = x$.
- Typ: lineare Funktion
- Graph: 1. Winkelhalbierende

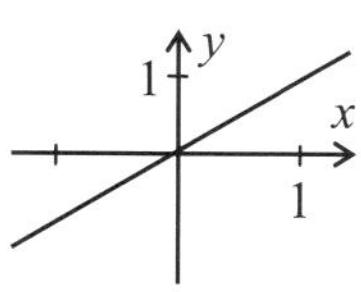

$n = 0$: Es gilt $f(x) = x^0 = 1$.
- Typ: konstante Funktion
- Graph: Parallele zur x-Achse

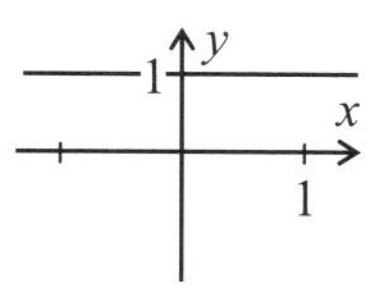

Für die Ableitung von Potenzfunktionen wurde in der Einführungsphase die Potenzregel für Exponenten $n \in \mathbb{N}^*$ hergeleitet.

Potenzregel für Exponenten aus $\mathbb{N}^*$

Die Potenzfunktion $f: x \mapsto x^n$ mit $n \in \mathbb{N}^*$ ist an jeder Stelle $x \in \mathbb{R}$ differenzierbar. Für ihre Ableitung gilt dabei:

$$f'(x) = n \cdot x^{n-1}.$$

Die Kehrwertfunktion

Die Kehrwertfunktion besitzt die Funktionsgleichung $f(x)=\frac{1}{x}$ mit $x \neq 0$.

Der Graph der Kehrwertfunktion ist eine Hyperbel.

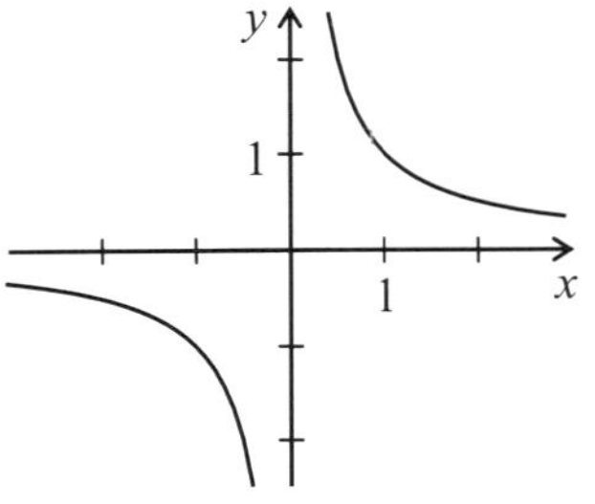

Eigenschaften

- Definitionsmenge: $D_{\max} = \mathbb{R}^*$
  Definitionslücke für $x = 0$
- Wertemenge: $W = \mathbb{R}^*$
- Nullstelle: keine
- Symmetrie: zum Ursprung

Für die Kehrwertfunktion gilt die Potenzschreibweise: $f(x)=\frac{1}{x}=x^{-1}$

Gemäß der Anschauung gibt es bei der Kehrwertfunktion für alle Werte $x \neq 0$ eine eindeutige Tangente. Wir berechnen die Ableitung der Kehrwertfunktion mithilfe der h-Methode (siehe dazu Anhang A 3.1).

Ableitung der Kehrwertfunktion an einer Stelle $x_0 \neq 0$

① *Differenzenquotient*

$$d(h)=\frac{f(x_0+h)-f(x_0)}{h}=\frac{\frac{1}{x_0+h}-\frac{1}{x_0}}{h}$$

Das Ziel besteht darin, den Term so umzuformen, dass man mit h kürzen kann. Dazu bringen wir den Zählerterm auf den Hauptnenner $(x_0+h)\cdot x_0$.

$$d(h)=\frac{\frac{x_0}{(x_0+h)\cdot x_0}-\frac{x_0+h}{(x_0+h)\cdot x_0}}{h}=\frac{\frac{-h}{(x_0+h)\cdot x_0}}{h}=\frac{-h}{(x_0+h)\cdot x_0}\cdot\frac{1}{h}=\frac{-1}{(x_0+h)\cdot x_0}$$

② *Grenzübergang*

$$\lim_{h\to 0}\left(d(h)\right)=\lim_{h\to 0}\frac{-1}{(x_0+h)\cdot x_0}=\frac{-1}{x_0\cdot x_0}=-\frac{1}{x_0^2}=f'(x_0)$$

Ableitung der Kehrwertfunktion

Die Kehrwertfunktion $f: x \mapsto \frac{1}{x}$ mit $D=\mathbb{R}^*$ ist in der Menge $D'=\mathbb{R}^*$ differenzierbar. Für ihre Ableitung gilt dabei:

$$f'(x)=-\frac{1}{x^2} \quad (x \neq 0).$$

Die obige Ableitungsregel kann als Erweiterung der Potenzregel interpretiert werden:

$$f'(x)=\left(\frac{1}{x}\right)'=\left(x^{-1}\right)' \underset{\text{Potenzregel}}{=} (-1)\cdot x^{-1-1}=-x^{-2}=-\frac{1}{x^2}.$$

Potenzfunktionen mit negativen Exponenten

Funktionen mit Funktionsgleichungen der Form $f(x)=x^{-n}=-\frac{1}{x^n}$ für $n \in \mathbb{N}^*$ bezeichnet man als Potenzfunktionen mit negativen Exponenten. Im Hinblick auf die Form des Graphen unterscheidet man folgende Fälle:

Gerade Exponenten

$f(x)=x^{-2}, x^{-4}, \ldots$

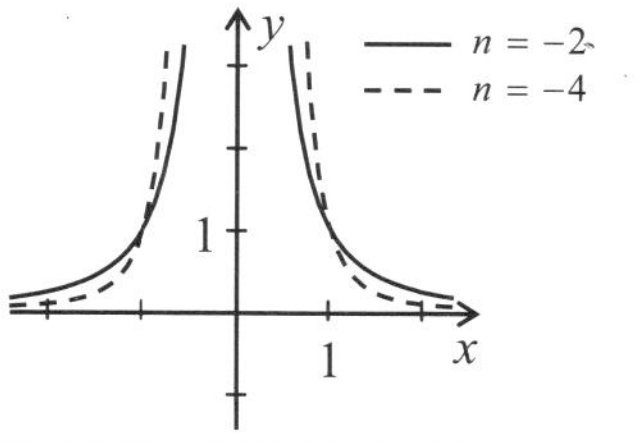

Eigenschaften

- Definitionsmenge: $D_{\max}=\mathbb{R}^*$
- Wertemenge: $\mathbb{R}^+$
- Symmetrie: zur y-Achse
- Polst. ohne VzW: für $x=0$ (Nullstelle mit geradzahliger Vielfachheit im Nenner)

Ungerade Exponenten

$f(x)=x^{-1}, x^{-3}, \ldots$

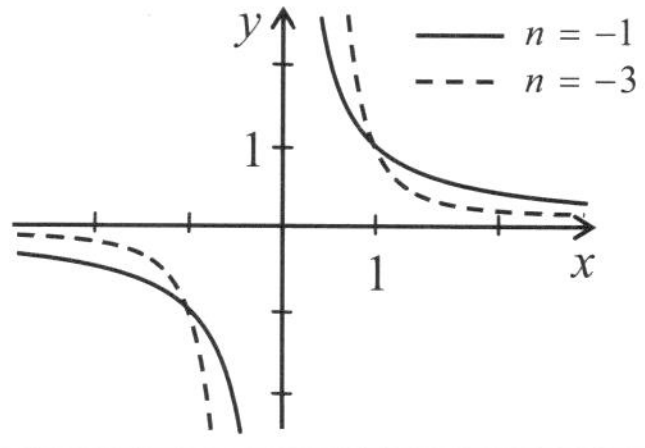

Eigenschaften

- Definitionsmenge: $D_{\max}=\mathbb{R}^*$
- Wertemenge: $\mathbb{R}^*$
- Symmetrie: zum Urspr.
- Polst. mit VzW: für $x=0$ (Nullstelle mit ungeradzahliger Vielfachheit im Nenner)

Man kann nachweisen(1), dass sich die Potenzregel auf Potenzfunktionen mit negativen Exponenten sinngemäß erweitern lässt:

Beweis 1.4.1

$$f'(x)=\left(\frac{1}{x^n}\right)'=\left(x^{-n}\right)' \underset{\text{Potenzregel}}{=} (-n)\cdot x^{-n-1}=-\frac{n}{x^{n+1}}\,.$$

Zusammenfassend gilt für ganzzahlige Exponenten die folgende Regel:

Potenzregel für ganzzahlige Exponenten

Die Potenzfunktionen $f: D_{\max} \to \mathbb{R}, x \mapsto x^z$ mit $z \in \mathbb{Z}$ sind für alle $x \in D_{\max}$ differenzierbar und es gilt dabei:

$$f'(x)=(x^z)'=z\cdot x^{z-1}.$$

Beispiel (Anwenden der Potenzregel für ganzzahlige Exponenten)

a) $\left(\frac{1}{x^5}\right)'=(x^{-5})'=-5\cdot x^{-6}=-\frac{5}{x^6}$

b) $\left(\frac{-3}{x^4}\right)'=(-3x^{-4})'=-3\cdot(x^{-4})'=(-3)\cdot(-4\cdot x^{-5})=\frac{12}{x^5}$

(1) Der Beweis stellt eine Mischung des Beweises der Potenzregel für natürliche Exponenten und des Beweises für die Ableitungsregel der Kehrwertfunktion dar.

Aufgaben

1. Geben Sie den Exponenten $n \in \{2\,;3\,;4\,;5\}$ der dargestellten Potenzfunktion $f: x \mapsto x^n$ an.

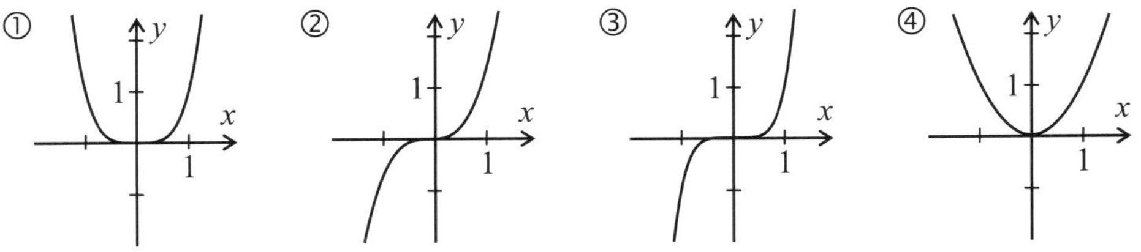

2. Geben Sie den Exponenten $n \in \{2\,;3\,;4\,;5\}$ der dargestellten Potenzfunktion $f: x \mapsto x^{-n}$ an.

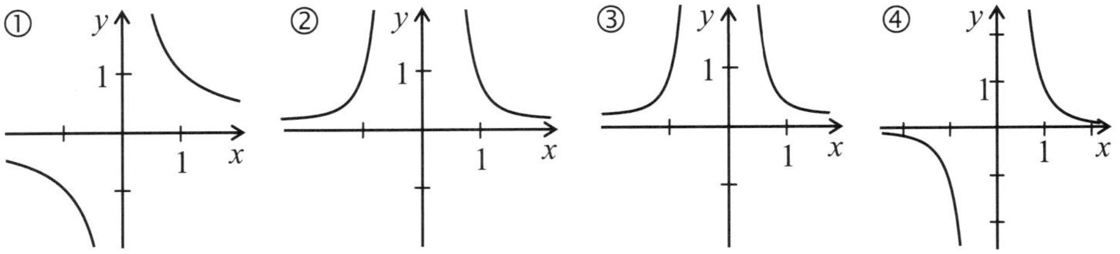

3. Betrachtet wird die Kehrwertfunktion $f: x \mapsto \frac{1}{x}$.

   Berechnen Sie für die Stelle 1,5 eine Gleichung der Tangente t an G_f.

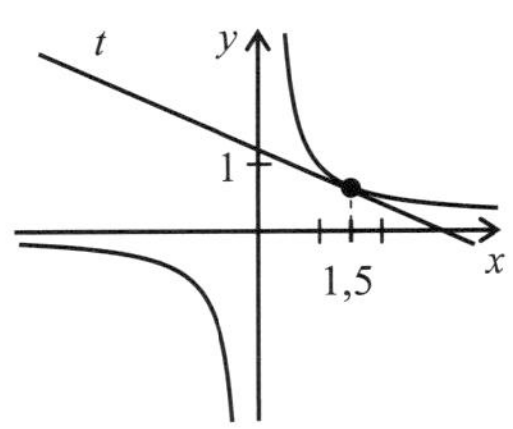

4. Für welche Stellen besitzt die Kehrwertfunktion Tangenten, die parallel zur 2. Winkelhalbierenden sind?
   Gibt es Stellen mit Tangenten parallel zur 1. Winkelhalbierenden?

5. Leiten Sie die Funktionen ab.

   a) $f(x) = \frac{1}{x^2}$ b) $f(x) = \frac{1}{x^3}$ c) $f(x) = \frac{1}{x^4}$

6. Leiten Sie die Funktionen zweimal ab.

   a) $f(x) = \frac{2}{3x^2}$ b) $f(x) = \frac{-3}{4x^3}$ c) $f(x) = \frac{-2}{3x^4}$

7. Berechnen Sie die Steigung der Funktion f in dem angegebenen Punkt P.

   a) $f(x) = \frac{1}{x^5}$; $P(2\,|\,\frac{1}{32})$ b) $f(x) = \frac{-3}{x^6}$; $P(-1\,|\,3)$

   c) $f(x) = x + \frac{1}{x^2}$; $P(1\,|\,2)$

8. Bestimmen Sie anhand der Graphen den Exponenten $z \in \mathbb{Z}$ mit $-2 \leq z \leq 5$ der dargestellten Potenzfunktion $f: x \mapsto x^z$.

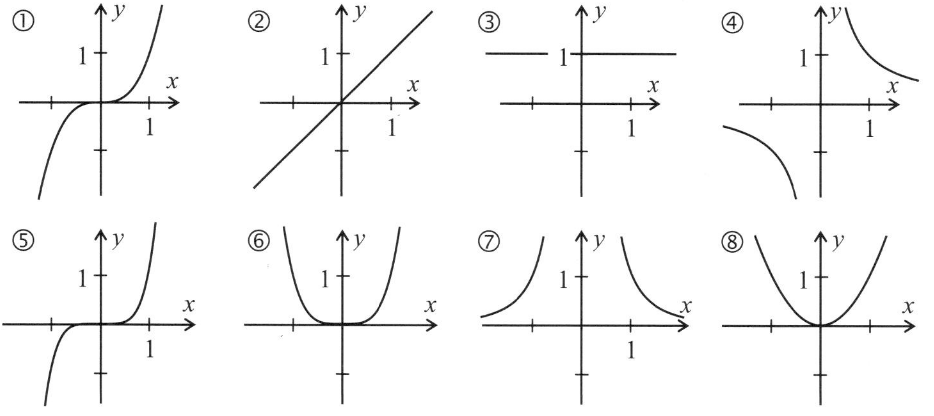

9. Die Abbildungen zeigen die Graphen verallgemeinerter Potenzfunktionen der Form $f: x \mapsto a x^z$ mit $z \in \{-2 ; -1 ; 0 ; 1 ; 2 ; 3\}$ und $a \in \mathbb{R}$.
Geben Sie den Exponenten z an und bestimmen mithilfe der Abbildung durch eine Punktprobe den Wert des Parameters a.

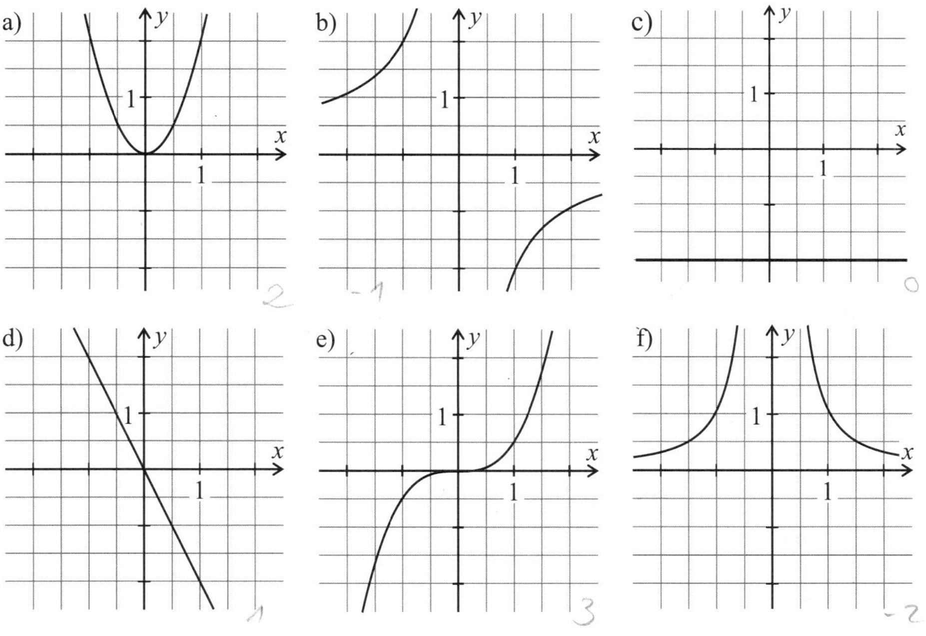

10. Betrachtet wird die Funktion mit der Gleichung $f(x) = \frac{a}{x^2}$.
Für welchen Wert von a besitzt der Graph an der Stelle $x = 2$ eine Tangente, die parallel zur 2. Winkelhalbierenden verläuft?

1.4.2 Die Wurzelfunktion

Die Funktion mit der Funktionsgleichung $f(x)=\sqrt{x}$ mit $x \geq 0$ bezeichnet man als **Wurzelfunktion**.

Der Graph der Wurzelfunktion ist eine an der ersten Winkelhalbierenden gespiegelte Parabelhälfte (Umkehrgraph zur Normalparabel).

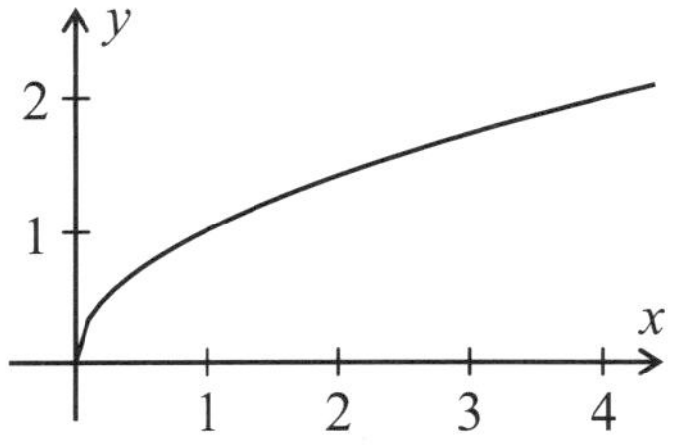

Eigenschaften

- Definitionsmenge: $D_{\max} = \mathbb{R}_0^+$
- Wertemenge: $W = \mathbb{R}_0^+$
- Nullstelle: $x = 0$

Der Term der Wurzelfunktion lässt sich auch in der Potenzschreibweise darstellen.
Es gilt: $f(x)=\sqrt{x}=x^{\frac{1}{2}}$

Für die Wurzelfunktion

$$f: x \mapsto \sqrt{x} \quad \text{mit} \quad D = \mathbb{R}_0^+$$

gibt es gemäß der Anschauung, zumindest für alle positiven x-Werte, eine eindeutige Tangente.

Wir berechnen die Ableitung der Wurzelfunktion mithilfe der h-Methode.

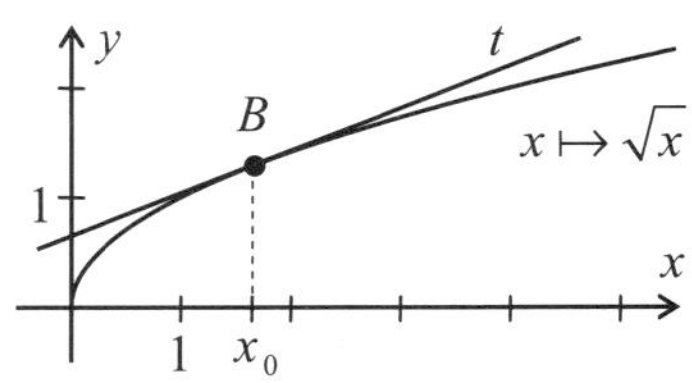

Ableitung der Wurzelfunktion an einer Stelle $x_0 > 0$

① *Differenzenquotient*

$$d(h)=\frac{f(x_0+h)-f(x_0)}{h}=\frac{\sqrt{x_0+h}-\sqrt{x_0}}{h}$$

Das Ziel besteht darin, den Term so umzuformen, dass man mit h kürzen kann. Dazu erweitern wir den Bruchterm mit $\sqrt{x_0+h}+\sqrt{x_0}$.

$$d(h)=\frac{\left(\sqrt{x_0+h}-\sqrt{x_0}\right)\cdot\left(\sqrt{x_0+h}+\sqrt{x_0}\right)}{h\cdot\left(\sqrt{x_0+h}+\sqrt{x_0}\right)}=\frac{(x_0+h)-x_0}{h\cdot\left(\sqrt{x_0+h}+\sqrt{x_0}\right)}$$

$$=\frac{h}{h\cdot\left(\sqrt{x_0+h}+\sqrt{x_0}\right)}=\frac{1}{\sqrt{x_0+h}+\sqrt{x_0}}$$

② *Grenzübergang*

$$\lim_{h\to 0}(d(h))=\lim_{h\to 0}\frac{1}{\sqrt{x_0+h}+\sqrt{x_0}}=\frac{1}{\sqrt{x_0}+\sqrt{x_0}}=\frac{1}{2\cdot\sqrt{x_0}}=f'(x_0)$$

Schon bei einem Blick auf den Ableitungsterm erkennt man, dass dieser für die Stelle 0 nicht definiert ist. Wir betrachten daher die Stelle 0 gesondert.

Ableitung der Wurzelfunktion an der Stelle $x_0 = 0$

① *Differenzenquotient*

$$d(h) = \frac{f(0+h)-f(0)}{h} = \frac{\sqrt{h}}{h} = \frac{1}{\sqrt{h}}$$

② *Grenzübergang*

$$\lim_{h\to 0}\left(d(h)\right) = \lim_{h\to 0}\frac{1}{\sqrt{h}} = +\infty$$

Für $h \to 0$ existiert kein Grenzwert. Der Term $\frac{1}{\sqrt{h}}$ wächst über alle Schranken, wenn man für h immer kleinere positive Zahlen einsetzt.

Die Wurzelfunktion besitzt an der Stelle $x_0 = 0$ keinen Ableitungswert. Sie ist dort zwar stetig, jedoch nicht differenzierbar.

Anschaulich lässt sich die Nichtdifferenzierbarkeit der Wurzelfunktion an der Stelle $x_0 = 0$ wie folgt beschreiben:

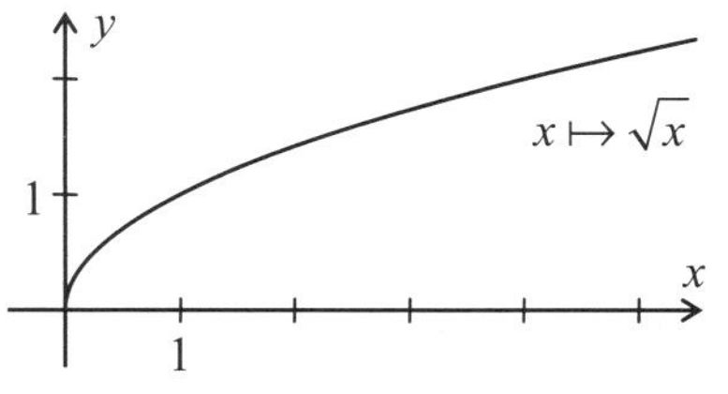

- Nähert man sich von rechts immer mehr der Stelle $x_0 = 0$, so wird der Funktionsgraph immer steiler.
- Die Kurve läuft schließlich senkrecht von oben in den Nullpunkt hinein.
- Sie hat für $x_0 = 0$ keinen endlichen Steigungswert.

Man sagt auch, dass der Graph der Wurzelfunktion im Ursprung eine *vertikale Tangente* (die y-Achse) besitzt.

Die Wurzelfunktion ist damit ein Beispiel für eine Funktion, deren Definitionsmenge $D = \mathbb{R}_0^+$ nicht mit der Differenzierbarkeitsmenge $D' = \mathbb{R}^+$ übereinstimmt.

Ableitung der Wurzelfunktion

Die Wurzelfunktion $f: x \mapsto \sqrt{x}$ mit $D = \mathbb{R}_0^+$ ist in der Menge $D' = \mathbb{R}^+$ differenzierbar. Für ihre Ableitung gilt dabei:

$$f'(x) = \frac{1}{2\cdot\sqrt{x}} \quad (x > 0)\,.$$

An der Stelle $x = 0$ ist die Wurzelfunktion nicht differenzierbar.

Diese Ableitungsregel lässt sich als Erweiterung der Potenzregel interpretieren:

$$f'(x) = \left(\sqrt{x}\right)' = \left(x^{\frac{1}{2}}\right)' \underset{\text{Potenzregel}}{=} \frac{1}{2}\cdot x^{\frac{1}{2}-1} = \frac{1}{2}\cdot x^{-\frac{1}{2}} = \frac{1}{2}\cdot\frac{1}{\sqrt{x}} = \frac{1}{2\cdot\sqrt{x}}\,.$$

Aufgaben

11. Berechnen Sie die Steigung der Wurzelfunktion an der Stelle $x_1 = 4$ sowie an der Stelle $x_2 = 9$.
Was lässt sich über die Steigung an der Stelle $x_3 = 0$ aussagen?

12. Gegeben ist die Wurzelfunktion
$f: \mathbb{R}_0^+ \to \mathbb{R}, x \mapsto \sqrt{x}$.
Bestimmen Sie eine Gleichung der Tangente an G_f an der Stelle 1.

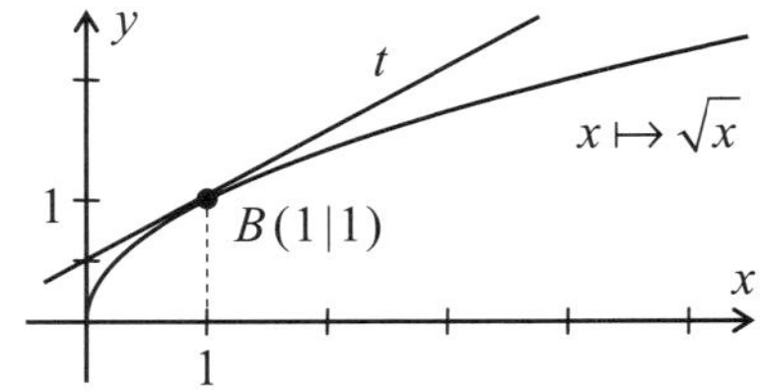

13. Untersuchen Sie, ob es eine Tangente an den Graphen der Wurzelfunktion mit der Steigung $\frac{1}{4}$ gibt.
Geben Sie gegebenenfalls die zugehörige Tangentengleichung an.

14. Ordnen Sie den Graphen die richtige Funktionsgleichung zu.

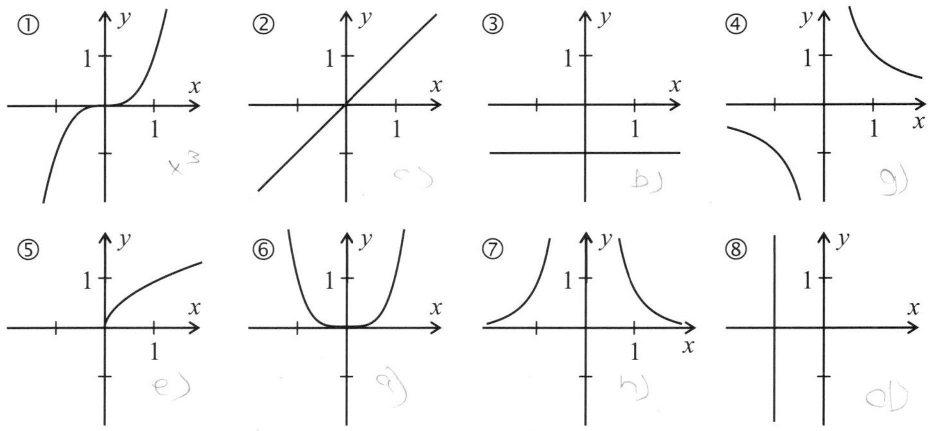

a) $y = x^4$ b) $y = -1$ c) $y = x$ d) $x = -1$

e) $y = \sqrt{x}$ f) $y = x^3$ g) $y = \frac{1}{x}$ h) $y = \frac{1}{x^2}$

15. Betrachtet wird die Funktion $f: \mathbb{R}_0^+ \to \mathbb{R}, x \mapsto \sqrt{a \cdot x}$ mit $a \geq 0$.

a) Begründen Sie, dass für die Ableitung gilt: $f'(x) = \sqrt{a} \cdot \frac{1}{2 \cdot \sqrt{x}}$.
Welche Ableitungsregel verwenden Sie?

b) Bestimmen Sie den Wert von a, für den die Tangente an den Graphen von f an der Stelle $x = 1$ senkrecht zur 2. Winkelhalbierenden verläuft.

1.4.3 Die Sinus- und die Kosinusfunktion

Die Sinusfunktion

Die Funktion mit der Gleichung $f(x) = \sin(x)$ wird als Sinusfunktion bezeichnet.

Es handelt sich um eine periodische Funktion mit

- der **Periode**[1] 2π und
- der **Amplitude**[2] 1.

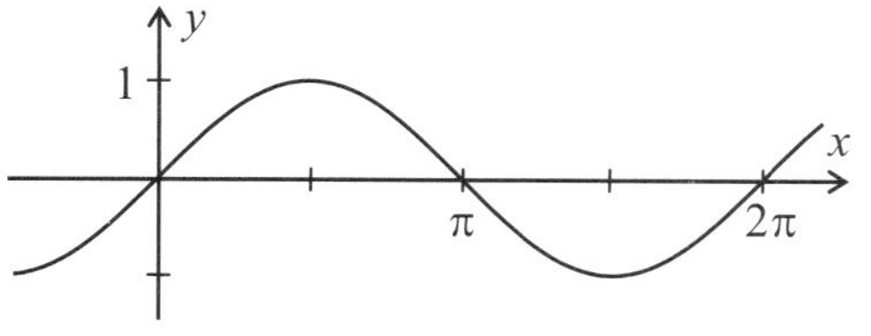

Eigenschaften

- Definitionsmenge: $D_{max} = \mathbb{R}$
- Wertemenge: $W = [-1\,;\,1]$
- Nullstellen: $x_k = \pi + k \cdot \pi$
- Symmetrie: zum Ursprung
- Periode: $p = 2\pi$

Hochpunkte an den Stellen: $x_0 = \frac{1}{2}\pi$, $x_1 = \frac{5}{2}\pi$, ... , $x_k = \frac{1}{2}\pi + 2k\pi$ mit $k \in \mathbb{Z}$

Tiefpunkte an den Stellen: $x_0 = \frac{3}{2}\pi$, $x_1 = \frac{7}{2}\pi$, ... , $x_k = \frac{3}{2}\pi + 2k\pi$ mit $k \in \mathbb{Z}$

Die Kosinusfunktion

Die Funktion mit der Gleichung $f(x) = \cos(x)$ heißt Kosinusfunktion.

Es handelt sich um eine periodische Funktion mit

- der **Periode** 2π und
- der **Amplitude** 1.

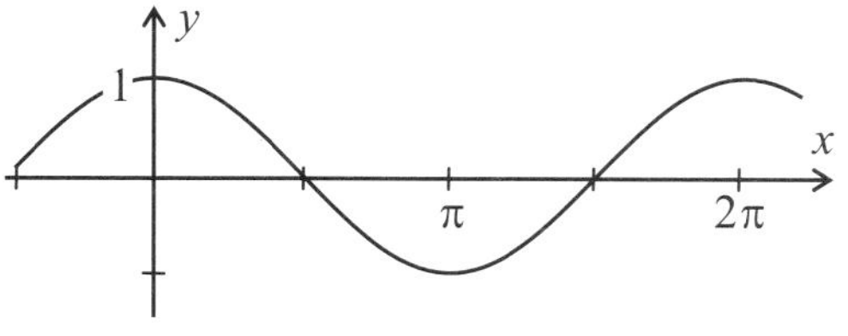

Eigenschaften

- Definitionsmenge: $D_{max} = \mathbb{R}$
- Wertemenge: $W = [-1\,;\,1]$
- Nullstellen: $x_k = \frac{1}{2}\pi + k \cdot \pi$
- Symmetrie: zur y-Achse
- Periode: $p = 2\pi$

Hochpunkte an den Stellen: $x_0 = 0$, $x_1 = 2\pi$, ... , $x_k = 2k\pi$ mit $k \in \mathbb{Z}$

Tiefpunkte an den Stellen: $x_0 = \pi$, $x_1 = 3\pi$, ... , $x_k = \pi + 2k\pi$ mit $k \in \mathbb{Z}$

---

(1) Unter der Periode einer periodischen Funktion versteht man die kleinste Zahl $k > 0$, für die $f(x) = f(x + k)$ gilt. Nach Durchlauf einer Periode wiederholt sich jeweils der Kurvenverlauf.

(2) Unter der Amplitude versteht man allgemein die maximale Abweichung von einer Nulllinie.

Ableitung von Sinus- und Kosinusfunktion

Für die Ableitung der Sinusfunktion an einer Stelle x_0 ist der Grenzwert des Differenzenquotienten zu bestimmen. Die zugehörigen Umformungsschritte sind allerdings nicht einfach.

Wir wollen daher Aussagen über die Ableitungen der Sinus- und der Kosinusfunktion durch eine anschauliche Betrachtung gewinnen.

Graphische Ableitung der Sinus- und der Kosinusfunktion

Die Steigungen des Graphen der Sinusfunktion stimmen an den eingezeichneten Stellen und an allen weiteren Stellen mit den Funktionswerten der Kosinusfunktion an den entsprechenden Stellen überein.

In gleicher Weise kann man erkennen, dass die Steigungen des Graphen der Kosinusfunktion an den eingezeichneten Stellen und an allen weiteren Stellen mit den Gegenzahlen der Funktionswerte der Sinusfunktion an den entsprechenden Stellen übereinstimmen.

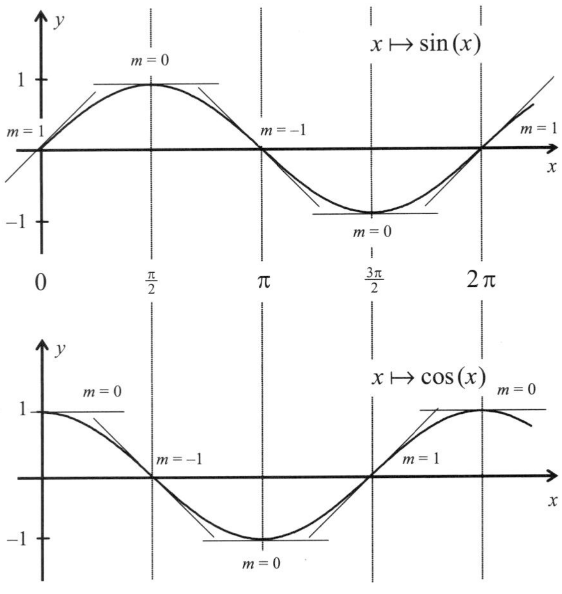

Aus diesen anschaulichen Betrachtungen ergibt sich (ohne Beweis):

Ableitung der Sinus- und Kosinusfunktion

Die trigonometrischen Funktionen sin und cos sind in $\mathbb{R}$ differenzierbar.
Für ihre Ableitungen gilt:

$$\sin'(x) = \cos(x) \quad \text{und} \quad \cos'(x) = -\sin(x).$$

Beispiel (Ableiten von Sinus- und Kosinusfunktionstermen)

a) $[\sin(x) - \cos(x)]' \underset{SR}{=} \cos(x) - (-\sin(x)) = \cos(x) + \sin(x)$

b) $[5 - 3\cdot\sin(x)]' \underset{SR}{=} 0 - [3\cdot\sin(x)]' \underset{FR}{=} -3\cdot[\sin(x)]' = -3\cdot\cos(x)$

c) $[x^3 - 5\cdot\cos(x)]' \underset{SR}{=} 3\cdot x^2 - [5\cdot\cos(x)]' \underset{FR}{=} 3x^2 - 5\cdot[\cos(x)]' = 3x^2 + 5\cdot\sin(x)$

Aufgaben

16. Berechnen Sie die Steigung der Sinuskurve an den Stellen $x_1 = \frac{\pi}{2}$ und $x_2 = \pi$ sowie die Steigung der Kosinuskurve an der Stelle $x_3 = \frac{3\pi}{4}$.

17. Leiten Sie unter Verwendung der Summen- und Faktorregel ab.
    a) $f(x) = 7x - \cos(x)$
    b) $f(x) = -\sin(x) + x^3$
    c) $f(x) = 4x^3 - 3\cdot\cos(x)$
    d) $f(x) = \frac{1}{4}x^4 - 2\cdot\cos(x)$
    e) $f(x) = 2\cdot\sin(x) - 3\cdot\cos(x)$
    f) $f(x) = \sqrt{x} - \frac{1}{2}\cdot\sin(x) + \pi$
    g) $f(x) = \frac{\sin(x)}{3} - \frac{2}{x}$
    h) $f(x) = \frac{3\cdot\cos(x)}{2} - \frac{4\cdot\sin(x)}{5}$

18. Welche Steigung besitzt der Graph der Kosinusfunktion an den Nullstellen im Intervall $[0;2\pi]$?
Gibt es Stellen, an denen die Tangenten an den Graphen eine noch größere bzw. kleinere Steigung besitzen? Begründen Sie Ihre Antwort.

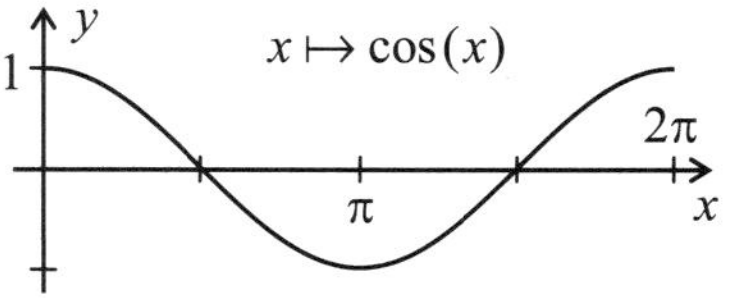

19. In welchen Punkten besitzt der Graph der Sinusfunktion $f:[0;2\pi] \to \mathbb{R}, x \mapsto \sin(x)$ die gleiche Steigung wie die
    a) x-Achse,
    b) erste Winkelhalbierende,
    c) zweite Winkelhalbierende,
    d) Gerade durch $O(0|0)$ und $P(1|2)$?

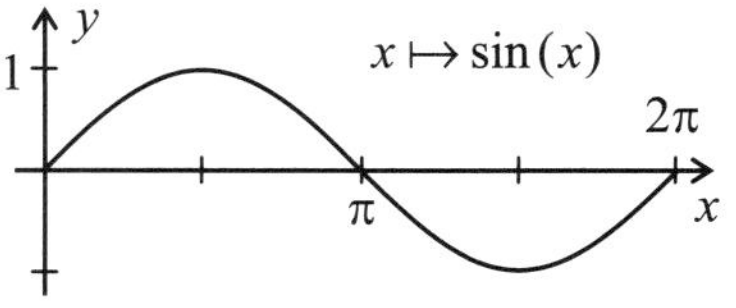

20. Prüfen Sie, ob der Graph der Kosinusfunktion $f:[0;2\pi] \to \mathbb{R}, x \mapsto \cos(x)$ Punkte besitzt, in denen die Tangente parallel verläuft zu der
    a) Geraden mit der Gleichung $y = 1$
    b) Geraden mit der Gleichung $y = -x$
    c) Ursprungsgeraden durch $P(2|2)$
    d) Ursprungsgeraden durch $Q(1|-2)$

21. Bestimmen Sie rechnerisch die Gleichung der Tangente an den Graphen der Funktion f in dem gegebenen Punkt P.
    a) $f(x) = \sin(x)$ in $P(\pi \mid f(\pi))$
    b) $f(x) = -\cos(x)$ in $P(\frac{\pi}{2} \mid f(\frac{\pi}{2}))$

1.4.4 Die Produktregel

Man könnte vermuten, dass sich Produkte von Funktionen faktorweise ableiten lassen, analog zu Summen und Differenzen. Folgende Vorbetrachtung widerlegt diese Vermutung:

- Für $f(x)=x^3$ wissen wir nach der Potenzregel, dass $f'(x)=3x^2$ ist.
- Schreibt man jedoch $f(x)=x\cdot x^2$ als Produkt und leitet faktorweise ab, so ergibt sich $1\cdot(2x)=2x$ als Ableitung und nicht $3x^2$.

Diese Vorbetrachtung zeigt, dass es für das Produkt von Funktionen keine entsprechende Ableitungsregel wie bei der Summe von Funktionen gibt. Sie liefert auch keinen Hinweis darauf, wie eine Regel in anderer Form aussehen könnte.

Ableitung der Produktfunktion $u\cdot v$ an einer Stelle x

① *Differenzenquotient*

Wir betrachten zwei Funktionen u und v, die an einer Stelle x differenzierbar sind, für die also folgende Grenzwerte existieren:

$$\lim_{h\to 0}\frac{u(x+h)-u(x)}{h}=u'(x) \quad\text{und}\quad \lim_{h\to 0}\frac{v(x+h)-v(x)}{h}=v'(x).$$

Zur Berechnung der Ableitung $(u\cdot v)'(x)$ soll der Grenzwert für $h\to 0$ des zugehörigen Differenzenquotienten

$$d(h)=\frac{(u\cdot v)(x+h)-(u\cdot v)(x)}{h}=\frac{u(x+h)\cdot v(x+h)-u(x)\cdot v(x)}{h}$$

auf die beiden gegebenen Grenzwerte zurückgeführt werden.

② *Umformung des Differenzenquotienten*

Hierzu muss der Term $u(x+h)\cdot v(x+h)-u(x)\cdot v(x)$ im Zähler des Differenzenquotienten umgeformt werden.

Dieser Term lässt sich als Differenz von Flächeninhalten interpretieren.

Bei dieser anschaulichen Betrachtung soll vorausgesetzt werden, dass die Funktionen u und v streng monoton wachsend sind und dabei nur positive Werte annehmen.

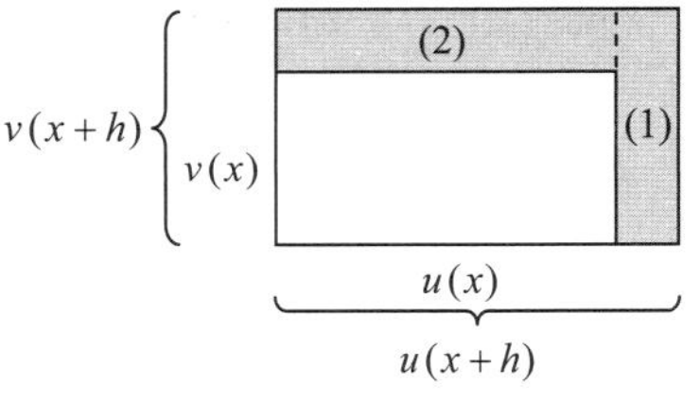

Gemäß der Abbildung ergibt sich:

$$u(x+h)\cdot v(x+h)-u(x)\cdot v(x)$$
$$=\underbrace{\big(u(x+h)-u(x)\big)\cdot v(x+h)}_{(1)}+\underbrace{u(x)\cdot\big(v(x+h)-v(x)\big)}_{(2)}.$$

Diese Umformung gilt allgemein. Multipliziert man die Klammern auf der rechten Seite der Gleichung aus, so erkennt man, dass der Term $u(x)\cdot v(x+h)$ einmal subtrahiert und dann wieder addiert wird.

Damit ergibt sich für den Differenzenquotienten:

$$\begin{aligned} d(h) &= \frac{(u\cdot v)(x+h)-(u\cdot v)(x)}{h} \\ &= \frac{\big(u(x+h)-u(x)\big)\cdot v(x+h)+u(x)\cdot\big(v(x+h)-v(x)\big)}{h} \\ &= \frac{\big(u(x+h)-u(x)\big)\cdot v(x+h)}{h}+\frac{u(x)\cdot\big(v(x+h)-v(x)\big)}{h} \\ &= \left(\frac{u(x+h)-u(x)}{h}\right)\cdot v\,(x+h)+u(x)\cdot\left(\frac{v(x+h)-v(x)}{h}\right) \end{aligned}$$

③ *Grenzübergang*

Es gilt:

- $\lim\limits_{h\to 0} v(x+h)=v(x)$, da v nach Voraussetzung in x differenzierbar und damit auch stetig ist.
- $\lim\limits_{h\to 0} u(x)=u(x)$, da $u(x)$ nicht von h abhängt.

Beweisalternative 1.4.2

Durch Grenzwertbildung ergibt sich dann:

$$\begin{aligned} &\lim_{h\to 0}\frac{(u\cdot v)(x+h)-(u\cdot v)(x)}{h} \\ &= \lim_{h\to 0}\frac{u(x+h)-u(x)}{h}\cdot\lim_{h\to 0}v(x+h)+\lim_{h\to 0}u(x)\cdot\lim_{h\to 0}\frac{v(x+h)-v(x)}{h} \\ &= u'(x)\cdot v(x)+u(x)\cdot v'(x) \end{aligned}$$

Für das Ableiten eines Produkts zweier Funktionen ist damit die folgende Regel nachgewiesen:

Produktregel (PR)

Sind die Funktionen u und v an der Stelle x differenzierbar, so ist auch das Produkt $u\cdot v$ an der Stelle x differenzierbar und es gilt:

$$(u\cdot v)'(x)=u'(x)\cdot v(x)+u(x)\cdot v'(x).$$

Beispiel (Anwenden der Produktregel)

a) $$\Big((1+x^3)\cdot(2-x^2)\Big)' = \underbrace{3x^2}_{u'(x)}\cdot\underbrace{(2-x^2)}_{v(x)}+\underbrace{(1+x^3)}_{u(x)}\cdot\underbrace{(-2x)}_{v'(x)}$$
$$= 6x^2-3x^4-2x-2x^4$$
$$= -5x^4+6x^2-2x$$

Merkregel:
$(u\cdot v)'=u'\cdot v+u\cdot v'$

b) $$\big(x\cdot\sin(x)\big)' = \underbrace{1}_{u'(x)}\cdot\underbrace{\sin(x)}_{v(x)}+\underbrace{x}_{u(x)}\cdot\underbrace{\cos(x)}_{v'(x)}=\sin(x)+x\cdot\cos(x)$$

Aufgaben

22. Leiten Sie ab.

a) $f(x)=(x-1)\cdot\sqrt{x}$ b) $f(x)=(x+1)\cdot\frac{1}{x}$ c) $f(x)=\frac{1}{x}\cdot\cos(x)$

d) $f(x)=x\cdot\cos(x)$ e) $f(x)=\sqrt{x}\cdot\sin(x)$ f) $f(x)=\sqrt{3}\cdot\cos(x)$

23. Leiten Sie ab.

a) $f(x)=\sin(x)\cdot x^3$ b) $f(x)=\frac{2}{x}\cdot\cos(x)$ c) $f(x)=\sin(x)\cdot\cos(x)$

24. Leiten Sie gemäß der Produktregel ab. Machen Sie anschließend die Probe, indem Sie den Funktionsterm zuerst ausmultiplizieren und dann ableiten.

a) $f(x)=(x-4)\cdot(x+2)$ b) $f(x)=(1-x)\cdot(5+2x)$

25. Bilden Sie die erste Ableitung.

a) $f(x)=(3x^2+2)\cdot(x^3-10x)$ b) $f(x)=(x+2)^2$

c) $f(x)=(2x-3)\cdot(x^2+4x)+4$ d) $f(x)=(x^2-2)^2$

26. Bilden Sie die Ableitung.

a) $f(x)=(x^2-2)\cdot(x^3+1)$ b) $f(x)=(1-x)\cdot(x^3+x-1)$

c) $f(x)=\sqrt{x}\cdot\frac{1}{x}$ d) $f(x)=\frac{1}{6}\cdot(1-x^2)\cdot(3+x^4)$

e) $f(x)=\frac{1}{2}x^2\cdot(1+\sqrt{x})$ f) $f(x)=\sin^2(x)$

27. Leiten Sie ab.

a) $f(x)=\frac{1}{x}\cdot\frac{1}{x}$ b) $f(x)=x^2\cdot\sqrt{x}$ c) $f(x)=(x-2)^2$

28. Leiten Sie ab.

a) $f(x)=x\cdot\sqrt{x}$ b) $f(x)=x^{\frac{5}{2}}\ (=\sqrt{x}\cdot x^2)$ c) $f(x)=\sqrt{x}+x^2\cdot\sqrt{x}$

29. Wo steckt der Fehler?

a) $f(x)=x^4\cdot\sin(x)$; $f'(x)=4x^3\cdot\cos(x)$

b) $f(x)=x\cdot\cos(x)$; $f'(x)=\cos(x)+x-\sin(x)$

c) $f(x)=x^2\cdot(x^3-1)$; $f'(x)=2x\cdot(x^3-1)-x^2\cdot 3x^2$

d) $f(x)=x^2\cdot\cos(x)$; $f'(x)=x^2\cdot(-\sin(x))+x^2\cdot\cos(x)$

e) $f(x)=\sqrt{x}\cdot\cos(x)$; $f'(x)=\frac{1}{2\cdot\sqrt{x}}\cdot\cos(x)+\sqrt{x}\cdot\sin(x)$

30. Bilden Sie die erste und die zweite Ableitung.
   a) $f(x) = x^2 \cdot \cos(x)$ b) $f(x) = (1-x) \cdot \sin(x)$

31. Untersuchen Sie, ob es Punkte des Funktionsgraphen gibt, in denen die Tangente waagerecht verläuft.
   a) $f(x) = (x^2+1) \cdot \frac{1}{x}$ b) $f(x) = x \cdot (\sqrt{x}+1)$

32. Betrachtet wird die Funktion f mit der Gleichung $f(x) = (x-1) \cdot \sqrt{x}$.
   a) Geben Sie die Definitionsmenge D und auch die Differenzierbarkeitsmenge D' an.
   b) Geben Sie die Nullstellen an.
   c) Zeigen Sie, dass für die 1. Ableitung gilt: $f'(x) = \frac{3x-1}{2\sqrt{x}}$.
   d) Bestimmen Sie die Stellen mit waagerechter Tangente.
   e) Bestimmen Sie die Steigung des Funktionsgraphen an der größeren Nullstelle.

33. Betrachtet wird die Funktion f mit der Gleichung $f(x) = x \cdot (x-3)^2$.
   Bestimmen Sie die Steigung der Tangenten in den Nullstellen.

34. Gegeben ist eine differenzierbare Funktion $f: \mathbb{R} \to \mathbb{R}$. Begründen Sie, dass auch die Funktion $g: \mathbb{R} \to \mathbb{R}$ mit $g(x) = x^2 \cdot f(x)$ differenzierbar ist und einen Graphen besitzt, der an der Stelle 0 eine waagerechte Tangente hat.

35.* Gegeben ist die Funktion $f: \mathbb{R} \to \mathbb{R}, x \mapsto (x+1) \cdot |x|$.
   a) An welchen Stellen garantiert die Produktregel die Differenzierbarkeit der Funktion f?
   b) Welche Aussage lässt sich über die Differenzierbarkeit an der Stelle 0 machen?
   Argumentieren Sie anschaulich anhand des abgebildeten Graphen.
   c) Geben Sie die Ableitungsfunktion $f': D' \to \mathbb{R}$ in der Differenzierbarkeitsmenge D' an.

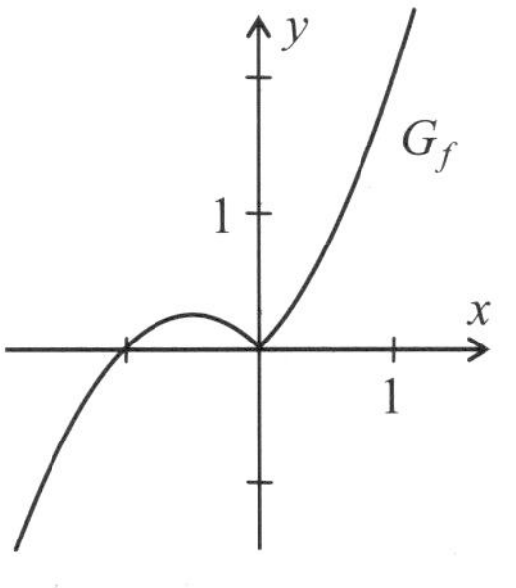

36.* Die Funktionen f, g und h seien an der Stelle x differenzierbar.
   Berechnen Sie $(f \cdot g \cdot h)'(x)$.

37.* Zeigen Sie anhand von Beispielen:
   Wenn u oder v an einer Stelle nicht differenzierbar sind, dann kann das Produkt $u \cdot v$ dort differenzierbar sein oder nicht.

1.4.5 Die Kettenregel

Die Funktion $f\colon x \mapsto (x^4 + 1)^7$ ist eine ganzrationale Funktion und deshalb an jeder Stelle differenzierbar. Trotzdem können wir ihre Ableitung nicht direkt bestimmen, da sie nicht in der Polynomform vorliegt und unsere bekannten Ableitungsregeln nicht anwendbar sind.

Verkettung von Funktionen

Zur Berechnung der Ableitung von $f(x) = (x^4 + 1)^7$ könnte man versuchen, den Funktionsterm auszumultiplizieren. Dies ist allerdings im vorliegenden Fall sehr mühsam.
Wünschenswert wäre vielmehr eine Ableitungsregel, die auf die Ableitung bekannter Grundfunktionen zurückgreift. Hierzu wollen wir den Aufbau des obigen Funktionsterms genauer analysieren.

Man bestimmt den Funktionswert dieser Funktion, indem man zuerst den Term $x^4 + 1$ und dann anschließend die 7. Potenz bildet:

$$x \xmapsto{\;h\;} x^4 + 1 \xmapsto{\;g\;} (x^4 + 1)^7$$

Man kann sich also die Funktion f aus den beiden Funktionen $h\colon x \mapsto x^4 + 1$ und $g\colon x \mapsto x^7$ zusammengesetzt denken, indem man die Zuordnungsvorschriften von h und g hintereinander ausführt.
Man schreibt dafür auch $f = g \circ h$ und liest: „f ist gleich g nach h".

Diese Art der Verknüpfung zweier Funktionen h und g zu einer einzigen Funktion f nennt man **Verkettung** (**Hintereinanderausführung**, **Komposition**) zweier Funktionen.

Die Verkettung zweier Funktionen h und g lässt sich wie folgt veranschaulichen:

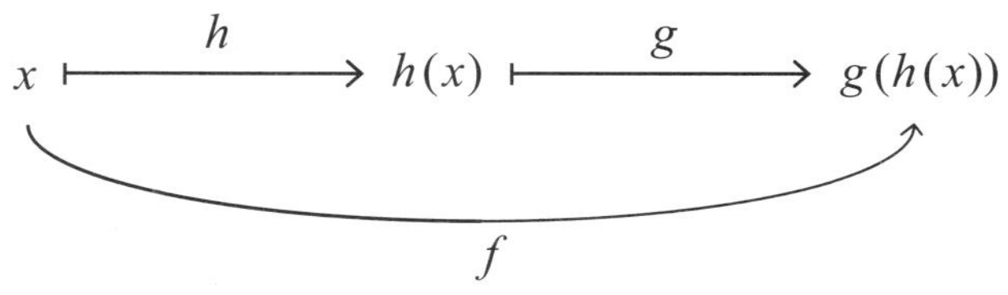

Man definiert allgemein:

Verkettung von Funktionen
Seien h und g Funktionen mit $W_h \subset D_g$. Die Funktion

$$g \circ h : D_h \to \mathbb{R} \text{ mit } (g \circ h)(x) = g(h(x))$$

heißt **Verkettung** (**Hintereinanderausführung**, **Komposition**) von h und g.

Bei der Verkettung $g \circ h$ heißt g **äußere Funktion** und h **innere Funktion**.

Beispiel (Verketten von Funktionen)

a) Die Funktion $f: D_f \to \mathbb{R}, x \mapsto \sin(x^2+1)$ lässt sich als Verkettung der folgenden Teilfunktionen deuten:

- innere Funktion: $h: x \mapsto x^2+1$ (quadratische Funktion)
- äußere Funktion: $g: x \mapsto \sin(x)$ (Sinusfunktion)

Es gilt: $f(x) = (g \circ h)(x) = g(h(x)) = g(x^2+1) = \sin(x^2+1)$.
An dem Funktionsterm von f erkennt man, dass $D_f = \mathbb{R}$ ist.

b) Die Funktion $f: D_f \to \mathbb{R}, x \mapsto \sqrt{x-1}$ lässt sich als Verkettung der folgenden Teilfunktionen deuten:

- innere Funktion: $h: x \mapsto x-1$ (lineare Funktion)
- äußere Funktion: $g: x \mapsto \sqrt{x}$ (Wurzelfunktion)

Es gilt: $f(x) = (g \circ h)(x) = g(h(x)) = g(x-1) = \sqrt{x-1}$.
An dem Funktionsterm von f erkennt man, dass gelten muss:

$x-1 \geq 0 \Leftrightarrow x \geq 1$.

Es ist also $D_f = [1; +\infty[$.

Aufgaben

38. Gegeben sind die Funktionen h und g mit $h(x) = x-1$ und $g(x) = \sqrt{x}$.
   a) Bilden Sie die Verkettungen $g \circ h$ und $h \circ g$. Geben Sie die zugehörigen maximalen Definitionsmengen an.
   b) Berechnen Sie $(g \circ h)(5)$, $(h \circ g)(5)$, $(g \circ h)(0)$ und $(h \circ g)(0)$.
   Welche Folgerung lässt sich bezüglich der Kommutativität ziehen?

39. Bilden Sie für die Funktionen h und g die Verkettungen $g \circ h$ und $h \circ g$.
   a) $h(x) = x-1$; $g(x) = 2+2x$
   b) $h(x) = x^2$; $g(x) = x-1$
   c) $h(x) = 2x^2$; $g(x) = 1+x^3$
   d) $h(x) = \sin(x)$; $g(x) = 2x-1$

40. Geben Sie zwei Funktionen $h: D_h \to \mathbb{R}$ und $g: D_g \to \mathbb{R}$ an, aus denen sich die Funktion f zusammensetzt.
   a) $f: \mathbb{R} \to \mathbb{R}, x \mapsto (x+1)^2$
   b) $f: \mathbb{R} \setminus \{3\} \to \mathbb{R}, x \mapsto \dfrac{1}{3x-9}$
   c) $f: \mathbb{R} \to \mathbb{R}, x \mapsto (ax+b)^n$, $n \in \mathbb{N}$
   d) $f: \mathbb{R} \to \mathbb{R}, x \mapsto \sqrt{x^2+a^2}$

Ableitung verketteter Funktionen

Wir versuchen, anhand eines Beispiels, eine Regel für die Ableitung verketteter Funktionen zu gewinnen. Anstelle der Funktion $x \mapsto (x^4+1)^7$ betrachten wir als einfacheres Beispiel die Funktion $f: x \mapsto (x^4+1)^2$, da sich in diesem Fall die Verkettung mit rechnerisch vertretbarem Aufwand auflösen lässt.

Die Funktion $f: x \mapsto (x^4+1)^2$ kann man sich als Verkettung folgender Teilfunktionen aufgebaut denken:

- innere Funktion: $h(x) = x^4 + 1$ mit $h'(x) = 4x^3$
- äußere Funktion: $g(x) = x^2$ mit $g'(x) = 2x$

Wir formen den Funktionsterm von f mithilfe der 1. binomischen Formel um:

$$f(x) = (x^4+1)^2 = (x^4)^2 + 2\cdot x^4 \cdot 1 + 1^2 = x^8 + 2x^4 + 1.$$

Nun können wir die Ableitung von f nach schon bekannten Regeln bilden:

$$f'(x) = 8x^7 + 8x^3.$$

Um eine Regel zu erkennen, formen wir den Ableitungsterm so um, dass dabei die Ableitungen der Teilfunktionen der Verkettung sichtbar werden:

$$f'(x) = 8x^3 \cdot (x^4+1) = \underbrace{2\cdot(x^4+1)}_{g'(h(x))} \cdot \underbrace{4x^3}_{h'(x)}.$$

Die Regel für das Ableiten verketteter Funktionen wird als **Kettenregel** bezeichnet (auf den Beweis dieser Regel soll verzichtet werden).

Kettenregel (KR)
Ist die Funktion h an einer Stelle x und die Funktion g an der Stelle $h(x)$ differenzierbar, so ist auch die Verkettung $g \circ h$ an der Stelle x differenzierbar und es gilt dabei:

$$(g \circ h)'(x) = g'(h(x)) \cdot h'(x).$$

Für $g \circ h$ ist g die **äußere** und h die **innere** Funktion. Die Kettenregel kann mit diesen Begriffen wie folgt verbal formuliert werden:

$$(g \circ h)'(x) \quad = \quad g'(h(x)) \quad \cdot \quad h'(x)$$

$(g \circ h)'(x)$ ↑	$g'(h(x))$ ↑	$h'(x)$ ↑
Ableitung der Gesamtfunktion	äußere Ableitung	innere Ableitung

Beim Differenzieren nach der Kettenregel geht man von „*außen nach innen*" vor.

Man kann sich daher die Kettenregel auch unter folgender Abkürzung merken:

„Äußere Ableitung mal innere Ableitung".

Beispiel (Anwenden der Kettenregel)

Wir greifen wieder die schon eingangs erwähnte Funktion mit der Gleichung $f(x)=(x^4+1)^7$ auf. Wir sind nun in der Lage, die Ableitung ohne Auflösung der Verkettung mithilfe der Kettenregel zu bilden:

- äußere Funktion: $g(x)=x^7$,
- innere Funktion: $h(x)=x^4+1$.

Für die Ableitung ergibt sich:

$$f'(x) = g'(h(x))\cdot h'(x) = \underbrace{7\cdot(x^4+1)^6}_{\text{äußere Ableitung}} \cdot \underbrace{4x^3}_{\text{innere Ableitung}} = 28x^3\cdot(x^4+1)^6.$$

Die Anwendung der Kettenregel ergibt als weiteren Vorteil, dass der Ableitungsterm bereits in faktorisierter Form vorliegt. Dies ist für weitere Anwendungen oftmals günstig.

Die Kettenregel findet auch Anwendung beim Ableiten trigonometrischer Funktionen und Wurzelfunktionen mit zusammengesetzten Argumenten. Im folgenden Beispiel wird die Anwendung der Kettenregel in Kurzform gezeigt.

Beispiel (Anwenden der Kettenregel in Kurzform)

a) Betrachtet wird $f(x)=\cos(x^3+1)$.

Nach der Kettenregel folgt für die Ableitung:

$$f'(x)=[-\sin(x^3+1)]\cdot(3x^2)$$
$$=-3x^2\cdot\sin(x^3+1)$$

$$f'(x) = -\sin(\underbrace{\square}_{x^3+1}) \cdot (\underbrace{\square}_{3x^2})$$

x^3+1: äußere Ableitung; $3x^2$: innere Ableitung "nachdifferenzieren"

b) Betrachtet wird $f(x)=\sqrt{2x^3+x}$.

Nach der Kettenregel folgt für die Ableitung:

$$f'(x)=\frac{1}{2\cdot\sqrt{2x^3+x}}\cdot(6x^2+1)=\frac{6x^2+1}{2\cdot\sqrt{2x^3+x}}$$

$$f'(x) = \frac{1}{2\cdot\sqrt{\square}} \cdot (\square)$$

$2x^3+x$: äußere Ableitung; $6x^2+1$: innere Ableitung "nachdifferenzieren"

Aufgaben

41. Leiten Sie mithilfe der Kettenregel ab.

a) $f(x)=(1-x)^6$ b) $f(x)=(3-2x)^3$ c) $f(x)=(x-2)^5$

d) $f(x)=(1-0{,}5x)^6$ e) $f(x)=(3-x)^3$ f) $f(x)=(5x+2)^4$

g) $f(x)=(2-x^2)^3$ h) $f(x)=(1-\frac{1}{3}x^3)^4$ i) $f(x)=(\frac{1}{2}-2x)^5$

42. Leiten Sie zunächst mithilfe der Kettenregel und dann ein zweites Mal ohne Verwendung der Kettenregel ab. Vergleichen Sie die Ergebnisse.

a) $f(x)=(5-2x)^2$ b) $f(x)=(x^4)^3$ c) $f(x)=(1-x)^3$

43. Verwenden Sie zum Ableiten die Kettenregel.

a) $f(x)=(\frac{1}{x}-1)^3$ b) $f(x)=(5-\frac{1}{x})^4$ c) $f(x)=(1+\sqrt{x})^3$

44. Wenden Sie die Kettenregel an.

a) $f(x)=\sin(2x)$ b) $f(x)=\cos(\frac{1}{3}x)$ c) $f(x)=\sin(\pi-x)$

d) $f(x)=\cos(\frac{\pi}{2}-x)$ e) $f(x)=\sin(\pi-\frac{1}{2}x)$ f) $f(x)=\frac{1}{2}\sin(3-2x)$

g) $f(x)=2\cos(2-\frac{x}{3})$ h) $f(x)=2\sin(\frac{x}{4}-3)$ i) $f(x)=-2\cos(x^2-x)$

45. Leiten Sie mithilfe der Kettenregel ab.

a) $f(x)=(\sin(x))^5$ b) $f(x)=1-(\cos(x))^5$ c) $f(x)=(1-\sin(x))^3$

46. Leiten Sie mithilfe der Kettenregel ab.

a) $f(x)=\sqrt{2-x}$ b) $f(x)=\sqrt{2-3x}$ c) $f(x)=\sqrt{x^2-\frac{1}{x}}$

47. Betrachtet wird die Funktion $f: D \to \mathbb{R}, x \mapsto \sqrt{1-x^2}$.

a) Bestimmen Sie die maximale Definitionsmenge D.
b) Bestimmen Sie die Nullstellen.
c) Weisen Sie nach, dass der Graph der Funktion f an der Stelle $x = 0$ einen Hochpunkt besitzt.
d) Zeichnen Sie den Graphen von f. Welche Art von Graph ergibt sich?

48. Leiten Sie ab. Die Variablen a und b stehen für feste reelle Zahlen.

a) $f(x)=(x-a)^4$ b) $f(x)=(a-x)^7$ c) $f(x)=(ax-b)^5$

d) $f(x)=(a^2-x^2)^3$ e) $f(x)=(x^2-ax+b)^2$ f) $f(x)=\sqrt{ax}$

g) $f(x)=2\cdot\sqrt{a-bx}$ h) $f(x)=\sqrt{a+x^2}$ i) $f(x)=\sqrt{x^2+2ax+b}$

49.* Bei der Ableitung der folgenden Funktionen muss die Kettenregel mehrfach angewendet werden.

a) $f(x)=1+(\sin(\pi-x))^3$ b) $f(x)=(\cos(2x-\pi))^2$

c) $f(x)=\sqrt{1-\sin(2x)}$ d) $f(x)=\sqrt{x+\cos(\pi-x)}$

50.* Gegeben ist die Funktion f mit der Gleichung $f(x)=\sqrt{1+x^2}$. Berechnen Sie den Schnittpunkt der Tangenten an G_f an den Stellen -1 und 1.

1.4.6 Potenzregel für rationale Exponenten

Es stellt sich die Frage, ob sich die Potenzregel auf gebrochene Exponenten erweitern lässt. Unterstellt man die Gültigkeit dieser Regel, so kommt man am Beispiel der Wurzelfunktion zu einem bekannten Ergebnis:

$$(\sqrt{x})' = (x^{\frac{1}{2}})' \underset{\text{Potenzregel}}{=} \frac{1}{2} \cdot x^{-\frac{1}{2}} = \frac{1}{2} \cdot \frac{1}{x^{\frac{1}{2}}} = \frac{1}{2} \cdot \frac{1}{\sqrt{x}} = \frac{1}{2 \cdot \sqrt{x}}$$

Unter Verwendung der Kettenregel kann man nachweisen, dass sich die Potenzregel sinngemäß auch auf beliebige rationale Exponenten erweitern lässt.

Beweis 1.4.6

Potenzregel für rationale Exponenten

Die Potenzfunktionen $f: D_{\max} \to \mathbb{R}, x \mapsto x^r$ mit $r \in \mathbb{Q}$ sind für alle $x \in D_{\max}$ differenzierbar und es gilt dabei:

$$f'(x) = (x^r)' = r \cdot x^{r-1} .$$

Beispiel (Anwenden der Potenzregel für rationale Exponenten)

a) $$\left(\sqrt[3]{x^5}\right)' = \left(x^{\frac{5}{3}}\right)' = \frac{5}{3} \cdot x^{\frac{5}{3}-1} = \frac{5}{3} \cdot x^{\frac{2}{3}} = \frac{5}{3} \cdot \sqrt[3]{x^2}$$

b) $$\left(\frac{1}{\sqrt[4]{(x-2)^3}}\right)' = \left((x-2)^{-\frac{3}{4}}\right)' = -\frac{3}{4} \cdot (x-2)^{-\frac{3}{4}-1} = -\frac{3}{4} \cdot (x-2)^{-\frac{7}{4}} = -\frac{3}{4} \cdot \frac{1}{\sqrt[4]{(x-2)^7}}$$

Aufgaben

51. Leiten Sie die Funktionen ab. Geben Sie das Ergebnis auch in der Wurzelschreibweise an.

a) $f(x) = \sqrt[4]{x^7}$ b) $f(x) = \sqrt[4]{x^3}$ c) $f(x) = \sqrt[5]{x-1}$

52. Leiten Sie die Funktionen ab. Vereinfachen Sie zunächst den Funktionsterm, falls dies möglich ist.

a) $f(x) = \sqrt[3]{\frac{1}{x}}$ b) $f(x) = 3x^2 \cdot \sqrt[5]{x^3}$ c) $f(x) = \frac{x^2}{\sqrt[4]{x}}$

53. Leiten Sie ab.

a) $f(x) = \sqrt[3]{\sqrt{x}}$ b) $f(x) = (2x-1)^{-\frac{1}{3}}$ c) $f(x) = -x \cdot \sqrt[4]{3x}$

Begründen und Argumentieren

1 Sind die folgenden Ableitungen korrekt? Nennen Sie und verbessern Sie gegebenenfalls die Fehler.

a) $f(x)=3x$; $f'(x)=3$ b) $f(x)=x$; $f'(x)=0$

c) $f(x)=3\cdot\cos(x)$; $f'(x)=3\cdot\sin(x)$ d) $f(x)=4x^3$; $f'(x)=12x^3$

e) $f(x)=\frac{1}{x^2}$; $f'(x)=-\frac{1}{2x}$ f) $f(x)=2\cdot\sqrt{x}$; $f'(x)=\frac{1}{\sqrt{x}}$

2 Welche der Ableitungsregeln
(A) Summenregel (B) Produktregel (C) Potenzregel (D) Kettenregel
verwenden Sie zum Ableiten der Funktionen?
Bilden Sie anschließend die Ableitungsterme.

a) $f(x)=x+\sin(x)$ b) $f(x)=x\cdot\cos(x)$

c) $f(x)=x^6$ d) $f(x)=\sin(x^2)$

e) $f(x)=\sqrt{x^2+1}$ f) $f(x)=\sqrt{x^3}$

g) $f(x)=\sin(2x)-x^2$ h) $f(x)=\sin(x)+\pi^2$

3 Die erste Ableitung von $f(x)=(3-5x)^2$ lässt sich auf verschiedene Arten bilden. Welche Regel wurde im Folgenden jeweils angewandt? Welche Vorgehensweise erscheint Ihnen am einfachsten?

a) $f(x)=9-30x+25x^2$; $f'(x)=-30+50x$

b) $f(x)=(3-5x)\cdot(3-5x)$; $f'(x)=-5\cdot(3-5x)+(3-5x)\cdot(-5)=-30+50x$

c) $f(x)=(3-5x)^2$; $f'(x)=2\cdot(3-5x)\cdot(-5)=-30+50x$

4 Von zwei Funktionen f und g sind die Gleichungen der Tangenten an die Graphen an der Stelle 2 gegeben:

Funktion f: Tangente $t_f: y=4x-4$,

Funktion g: Tangente $t_g: y=-8x+11$.

Welche Gleichung hat an der Stelle 2 die Tangente t_{f+g} an den Graphen der Summenfunktion $f+g$?

5 Die Abbildung zeigt die Graphen G_f und G_g der Funktionen f und g.

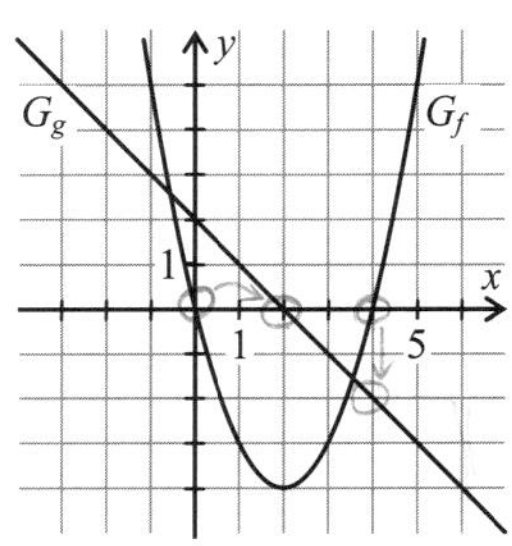

a) Bestimmen Sie $f(g(3))$ sowie einen Wert für x so, dass $f(g(x))=0$ ist.

b) Gegeben ist die Funktion h mit
$$h(x)=f(x)\cdot g(x).$$
Bestimmen Sie $h'(2)$.

(Entnommen aus: BW 2014, Pflichtteil, Aufgabe 5)

1.5 Parallelverschiebung und Streckung des Graphen einer Grundfunktion

1.5.1 Parallelverschiebung

Der Graph einer Funktion kann verschoben werden, indem die zugehörige Funktionsvorschrift geeignet verändert wird.

Parallelverschiebung in y-Richtung

Wir betrachten zunächst Parallelverschiebungen in y-Richtung und fragen nach einer Gleichung des verschobenen Graphen.

Die in **y-Richtung** verschobene Normalparabel ergibt sich, indem man zu jedem y-Wert eines Punkts des Graphen die Zahl 1,5 addiert.

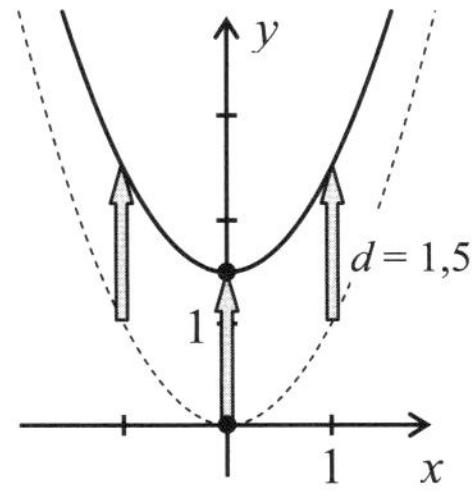

1.5.1a

Die zugehörige quadratische Funktion hat daher eine Gleichung der Form $y = x^2 + 1{,}5$.

- Allgemein bedeutet dies, dass man zu einer neuen Funktion g übergeht, für die gilt:

  $$g: x \mapsto f(x) + d \quad \text{mit } d \in \mathbb{R}\,.$$

  Man addiert eine reelle Zahl d zum Funktionsterm.
- Hierbei sind folgende Unterscheidungen wesentlich:
  - $d > 0$: Verschiebung in positive y-Richtung (nach oben),
  - $d < 0$: Verschiebung in negative y-Richtung (nach unten).

Der verschobene Graph hat die gleiche Form wie der Ausgangsgraph.

> **Parallelverschiebung in y-Richtung**
> Für eine Funktion f entsteht der Graph zu $x \mapsto f(x) + d$ mit $d \in \mathbb{R}$ aus dem Graphen von f durch Verschiebung um d in y-Richtung.

Beispiel (Parallelverschieben in y-Richtung)

Der Graph zu $f(x) = x^3$ wird um 2 Einheiten in negative y-Richtung verschoben.

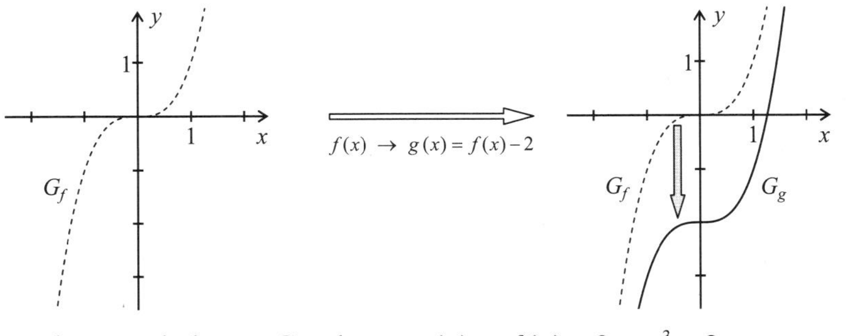

Gleichung des verschobenen Graphen: $g(x) = f(x) - 2 = x^3 - 2$.

Parallelverschiebung in x-Richtung

Man kann Graphen auch in x-Richtung parallel verschieben.

Die in **x-Richtung** verschobene Normalparabel besitzt ihren Scheitel an der Stelle 1,5. Dies ist eine doppelte Nullstelle.

Die zugehörige quadratische Funktion hat somit eine Gleichung der Form $y = (x - 1{,}5)^2$.

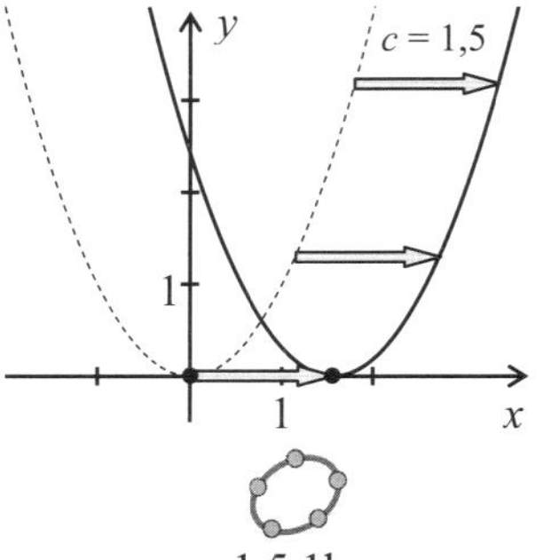

1.5.1b

- Allgemein bedeutet dies, dass man zu einer neuen Funktion g übergeht, für die gilt:

  $$g: x \mapsto f(x-c) \quad \text{mit } c \in \mathbb{R}\,.$$

  Dabei ersetzt man im Funktionsterm die Variable x durch den Term $x - c$.
- Hierbei sind folgende Unterscheidungen wesentlich:
  - $c > 0$: Verschiebung in positive x-Richtung (nach rechts),
  - $c < 0$: Verschiebung in negative x-Richtung (nach links).

Der verschobene Graph hat die gleiche Form wie der Ausgangsgraph.

Parallelverschiebung in x-Richtung
Für eine Funktion f entsteht der Graph zu $x \mapsto f(x-c)$ mit $c \in \mathbb{R}$ aus dem Graphen von f durch Verschiebung um c in x-Richtung.

Beispiel (Parallelverschieben in x-Richtung)

Der Graph zu $f(x) = x^3$ wird um 2 Einheiten in negative x-Richtung verschoben.

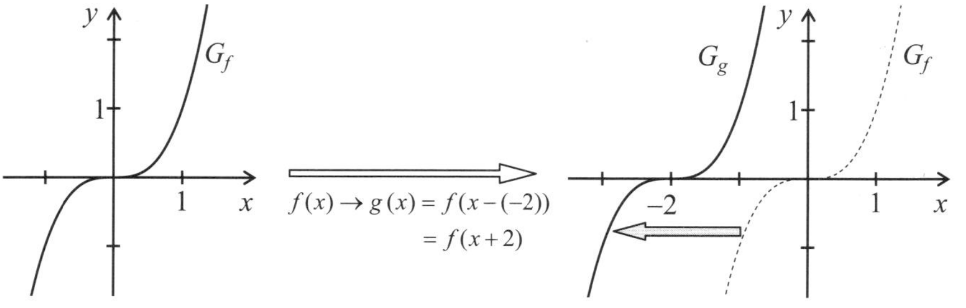

Gleichung des verschobenen Graphen: $g(x) = f(x-(-2)) = f(x+2) = (x+2)^3$.

Betrachtet man den Term der Funktion zum verschobenen Graphen, so fällt auf, dass die Verschiebungen in x-Richtung *„gegen die Intuition"* erfolgen:

	im Beispiel
• Eine Verschiebung in **positive** x-Richtung erreicht man durch den Übergang von x zu $x - c$ mit $\boldsymbol{c > 0}$.	$f(x) = x^3 \;\rightarrow\; g(x) = (x-2)^3$
• Eine Verschiebung in **negative** x-Richtung erreicht man durch den Übergang von x zu $x - c$ mit $\boldsymbol{c < 0}$.	$f(x) = x^3 \;\rightarrow\; g(x) = (x-(-2))^3 = (x+2)^3$

Aufgaben

1. Der abgebildete Graph G_g ist aus dem Graphen einer Grundfunktion f durch eine Verschiebung entstanden.
   - Geben Sie die Grundfunktion f an. (Exponenten $-2 \le z \le 3$ bei Potenzfunktionen)
   - Bestimmen Sie anhand der Abbildung eine Gleichung von g und geben Sie die Art der Verschiebung an.

a) 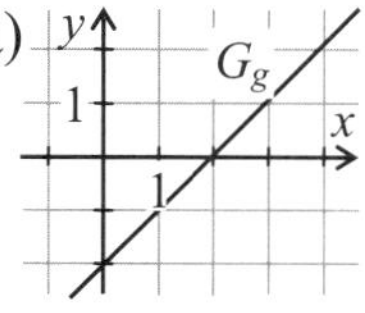

b) 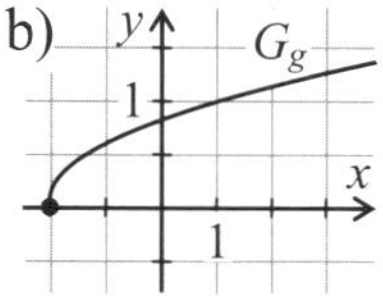

c) 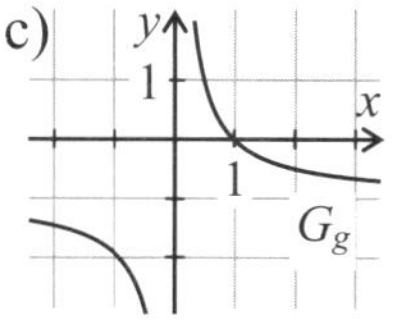

d) 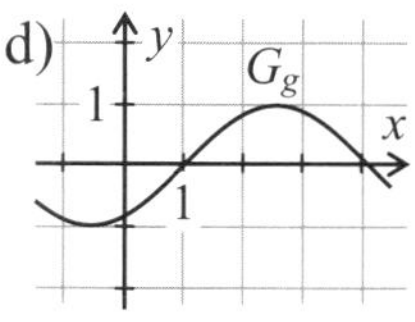

e) 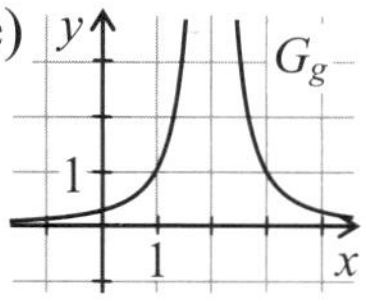

f) 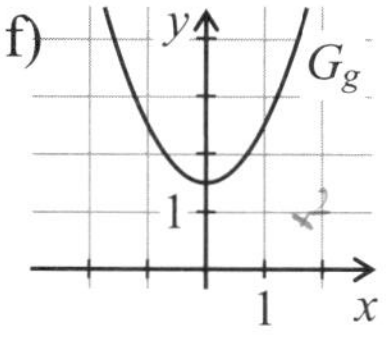

g) 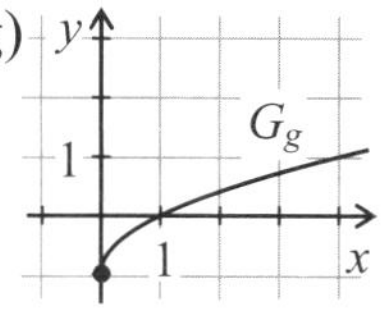

h) 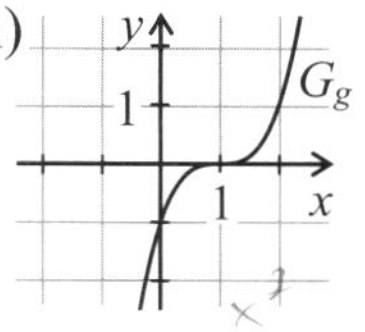

2. Geben Sie für die Grundfunktion f eine Gleichung der Funktion g an, deren Graph durch die angegebenen Verschiebungen entsteht. Skizzieren Sie die Graphen von f und g in ein gemeinsames Koordinatensystem.

   a) $f(x) = \frac{1}{x^2}$ um 2 in negative x-Richtung und 1 in positive y-Richtung

   b) $f(x) = \sqrt{x}$ um 1 in positive x-Richtung und 2 in negative y-Richtung

   c) $f(x) = \sin(x)$ um 1 in negative x-Richtung und 1 in positive y-Richtung

3. Der abgebildete Graph G_g ist aus dem Graphen einer Grundfunktion f durch Verschiebungen entstanden.
   - Geben Sie die Grundfunktion f an. (Exponenten $-2 \le z \le 3$ bei Potenzfunktionen)
   - Bestimmen Sie anhand der Abbildung eine Gleichung von g und geben Sie die Art der Verschiebung an.

a) 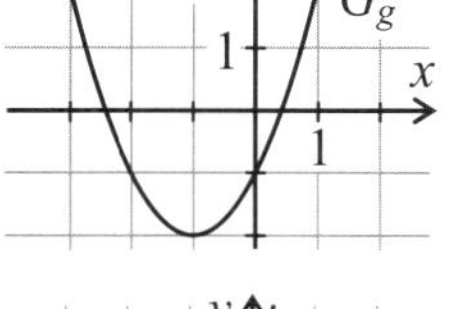

b) 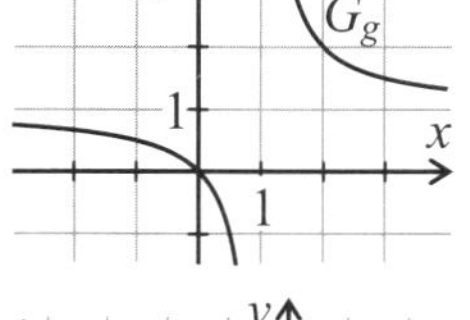

c) 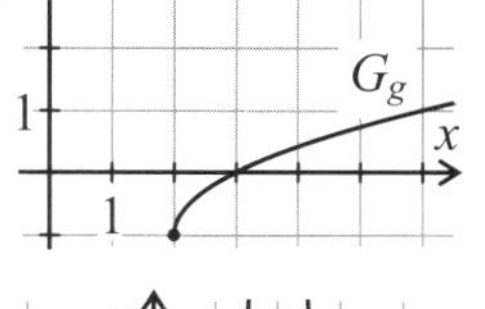

d) 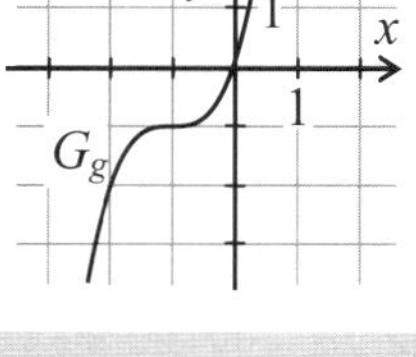

e) 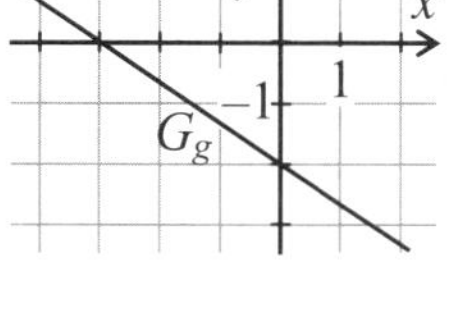

f) 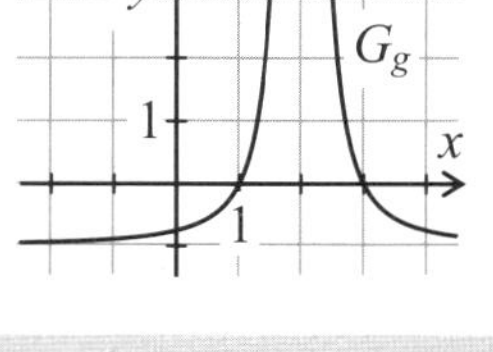

1.5.2 Streckung

Streckung in y-Richtung

Wir betrachten zunächst die Streckung von Graphen in y-Richtung.

Eine Streckung der Normalparabel um den Faktor 2 in **y-Richtung** bedeutet, dass sich an jeder Stelle der Funktionswert verdoppelt.
Die zugehörige quadratische Funktion hat daher eine Gleichung der Form $y = 2x^2$.

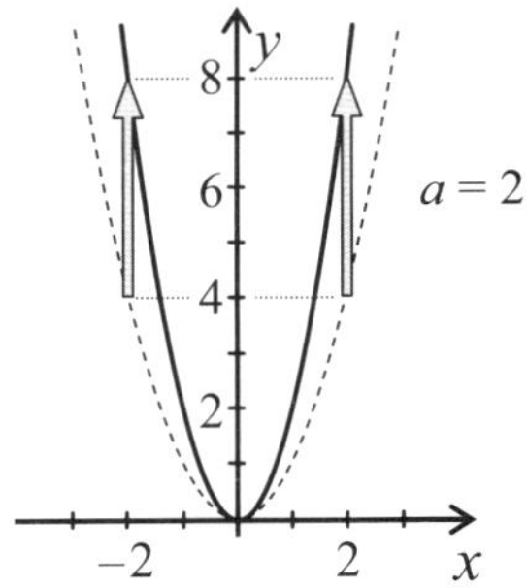

- Allgemein bedeutet dies, dass man zu einer neuen Funktion g übergeht, für die gilt:

  $$g: x \mapsto a \cdot f(x) \quad \text{mit } a \in \mathbb{R}^*.$$

  Man multipliziert den Funktionsterm mit einer reellen Zahl a (1).

1.5.2a

- Hierbei sind folgende Unterscheidungen wesentlich:
  - $0 < a < 1$: **Stauchung** in y-Richtung: Der Graph verläuft flacher.
  - $a > 1$: **Dehnung** in y-Richtung: Der Graph verläuft steiler.

  Für negative Werte $a < 0$ wird der Graph zusätzlich an der x-Achse gespiegelt.

Durch die Streckung in y-Richtung erfolgt eine Formänderung des Graphen.

Streckung in y-Richtung
Für eine Funktion f entsteht der Graph zu $x \mapsto a \cdot f(x)$ mit $a \in \mathbb{R}^*$ aus dem Graphen von f durch Strecken um den Faktor a in y-Richtung.
Ist $a < 0$, so erfolgt zusätzlich eine Spiegelung an der x-Achse.

Beispiel (Strecken in y-Richtung)

Der Graph zu $f(x) = x^3$ wird in y-Richtung gestreckt.

$a > 0$		$a < 0$	
$a \geq 1$	$0 < a < 1$	$-1 < a < 0$	$a \leq -1$
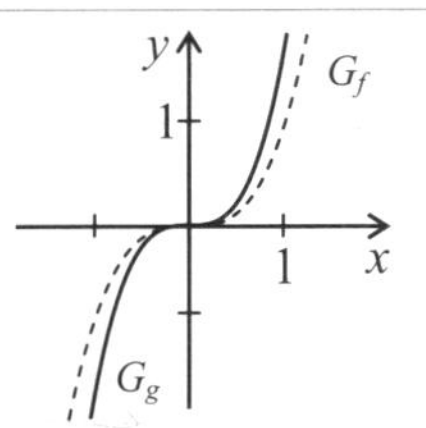	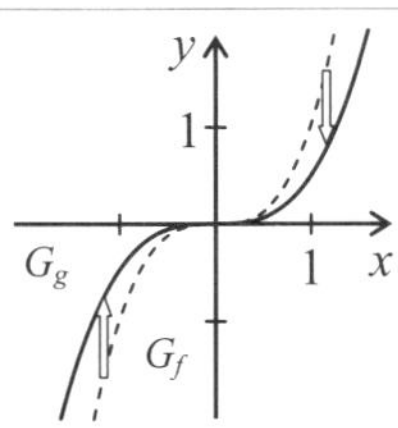	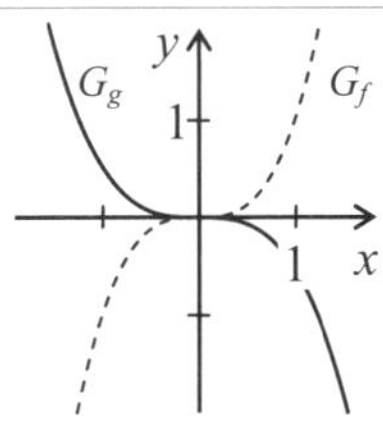	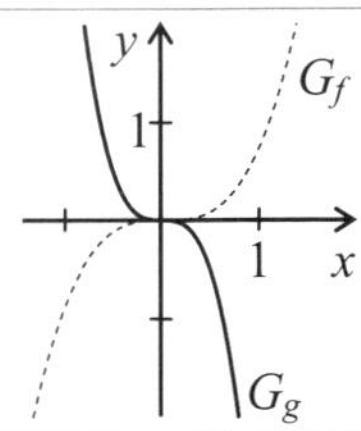
$g(x) = 2x^3$	$g(x) = \frac{1}{2}x^3$	$g(x) = -\frac{1}{2}x^3$	$g(x) = -2x^3$
Dehnung (in y-Richtung)	Stauchung (in y-Richtung)	Stauchung und Spiegelung an x-Achse	Dehnung und Spiegelung an x-Achse
Verlauf steiler	Verlauf flacher	Verlauf flacher	Verlauf steiler

(1) Der Faktor a wird als **Streckfaktor** oder auch als **Formfaktor** bezeichnet.

Streckung in x-Richtung

Wie wir gesehen haben, bewirkt die Transformation $x \mapsto x-c$ die Verschiebung eines Funktionsgraphen um c in x-Richtung. Dabei wird im Funktionsterm die Variable x jeweils durch den Summenterm $x-c$ ersetzt.
Wir untersuchen jetzt, welche Auswirkung die Transformation $x \mapsto b \cdot x$ bewirkt, bei der im Funktionsterm jede Variable x durch den Produktterm $b \cdot x$ ersetzt wird.

Wir betrachten dazu als Beispiel die ganzrationale Funktion f mit der Gleichung $f(x)=x^3-x$.

1.5.2b

$g(x)=(2\cdot x)^3-(2\cdot x)$

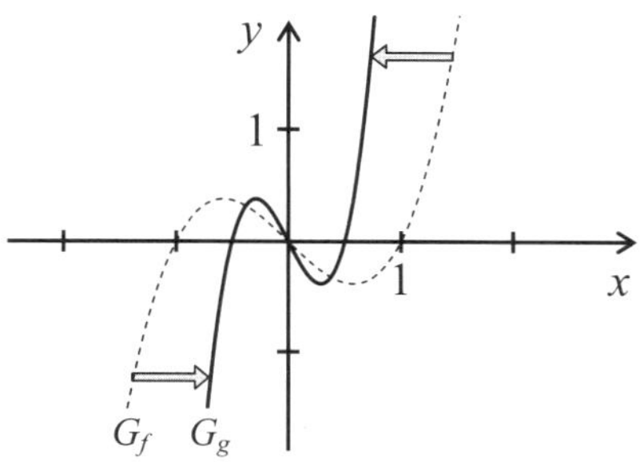

G_g entsteht durch **Stauchung** in x-Richtung.

Jeder Punkt von G_g ist **halb** so weit von der y-Achse entfernt wie sein entsprechender Punkt von G_f.

Man spricht von einer Streckung in x-Richtung um den Faktor $\frac{1}{2}$.

$g(x)=(0{,}5\cdot x)^3-(0{,}5\cdot x)$

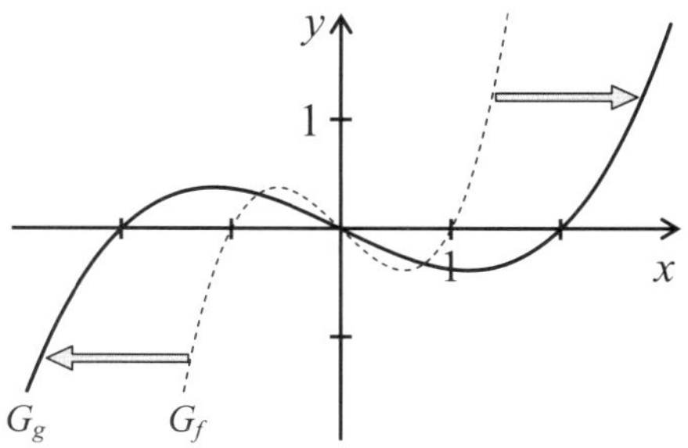

G_g entsteht durch **Dehnung** in x-Richtung.

Jeder Punkt von G_g ist **doppelt** so weit von der y-Achse entfernt wie sein entsprechender Punkt von G_f.

Man spricht von einer Streckung in x-Richtung um den Faktor 2.

Die Betrachtung aus dem Beispiel lässt sich wie folgt verallgemeinern.

- Man geht zu einer neuen Funktion g über, für die gilt:
  $g: x \mapsto f(b\cdot x)$ mit $a \in \mathbb{R}^*$.
  Jede Variable x im Funktionsterm wird mit dem Faktor b multipliziert.
- Hierbei sind folgende Unterscheidungen wesentlich:
  - $0<b<1$: **Dehnung** in x-Richtung um den Faktor $\frac{1}{b}>1$.
    Der Graph verläuft breiter im Vergleich zum Ausgangsgraphen.
  - $b>1$: **Stauchung** in x-Richtung um den Faktor $\frac{1}{b}<1$.
    Der Graph verläuft enger im Vergleich zum Ausgangsgraphen.

  Für $b<0$ wird der Graph zusätzlich an der y-Achse gespiegelt.

Durch die Streckung in x-Richtung erfolgt eine Formänderung des Graphen.

Allgemein gilt:

Streckung in x-Richtung

Für eine Funktion f entsteht der Graph zu $x \mapsto f(b \cdot x)$ mit $b \in \mathbb{R}^*$ aus dem Graphen von f durch Strecken um den Faktor $\frac{1}{b}$ in x-Richtung.

Ist $b < 0$, so erfolgt zusätzlich eine Spiegelung an der y-Achse.

Beispiel (Strecken in x-Richtung)

Der Graph zu $f(x) = x^2 - x$ wird in x-Richtung gestreckt.

$b > 0$		$b < 0$	
$b \geq 1$	$0 < b < 1$	$-1 < b < 0$	$b \leq -1$

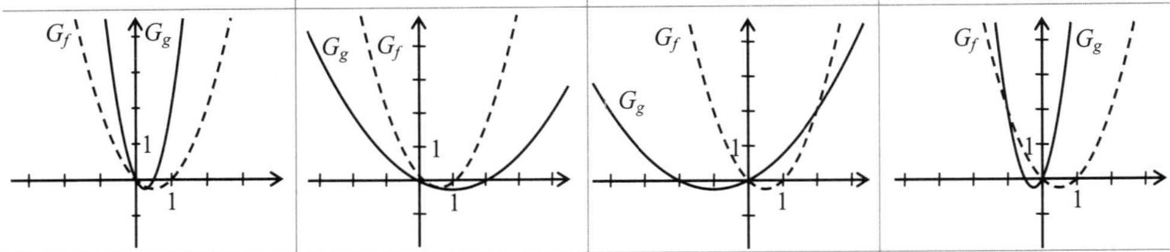

$g(x) = (2x)^2 - (2x)$	$g(x) = (\frac{1}{2}x)^2 - (\frac{1}{2}x)$	$g(x) = (-\frac{1}{2}x)^2 - (-\frac{1}{2}x)$	$g(x) = (-2x)^2 - (-2x)$
Stauchung (in x-Richtung)	Dehnung (in x-Richtung)	Dehnung und Spiegelung an y-Achse	Stauchung und Spiegelung an y-Achse

Aufgaben

4. Die Abbildung rechts zeigt den Graphen einer Funktion f.
Betrachtet werden Funktionen, die aus f durch die folgenden Transformationen entstehen:
① $g(x) = f(x) - 2$,
② $h(x) = f(x-2)$,
③ $k(x) = f(2x)$.
Ordnen Sie den folgenden Graphen die zutreffende Funktion g, h oder k zu.

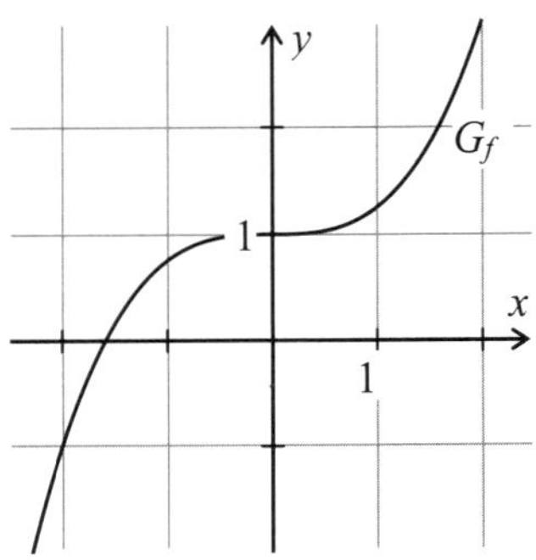

A

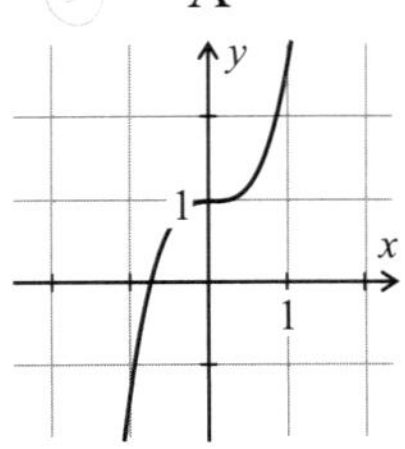

B

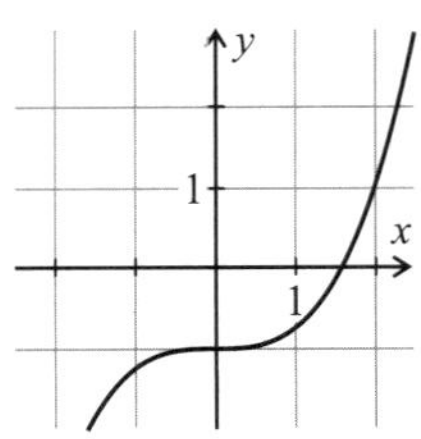

C

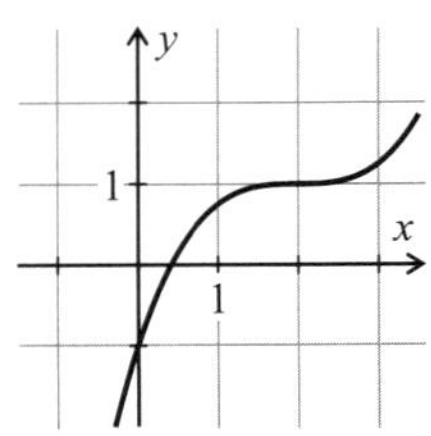

5. Der abgebildete Graph G_g ist aus dem Graphen einer Grundfunktion f durch eine Streckung entstanden.
   - Geben Sie die Grundfunktion f an. (Exponenten $-2 \leq z \leq 3$ bei Potenzfunktionen)
   - Bestimmen Sie anhand der Abbildung eine Gleichung von g und geben Sie die Art der Streckung an.

a) 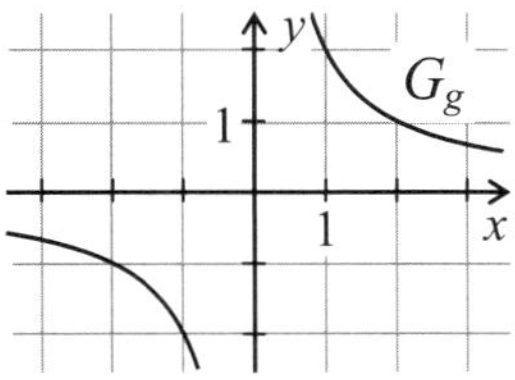

b) 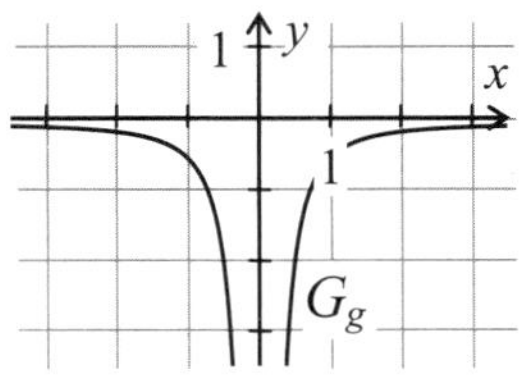

c) 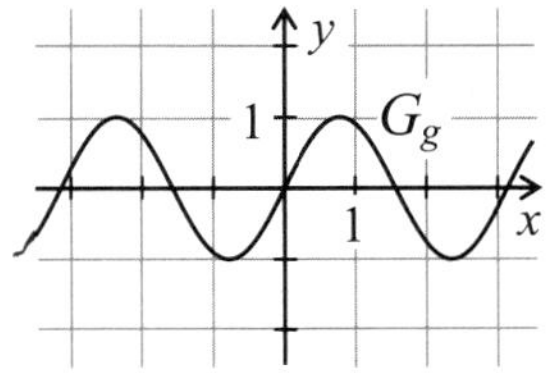

d) 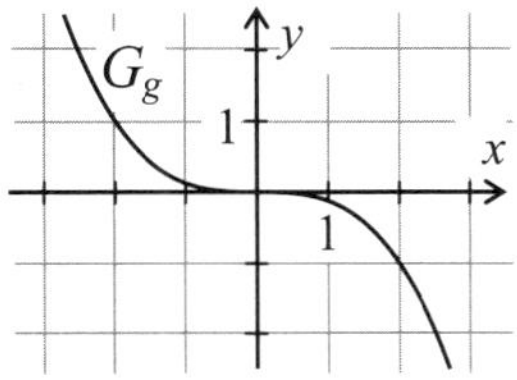

e) 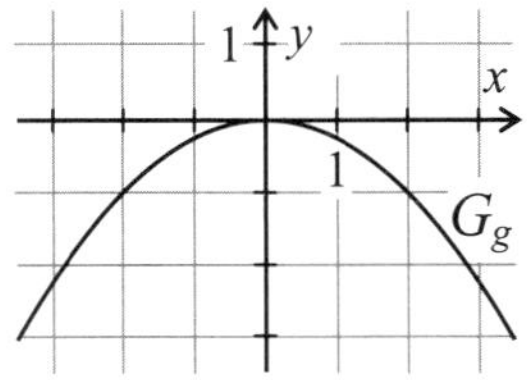

f) 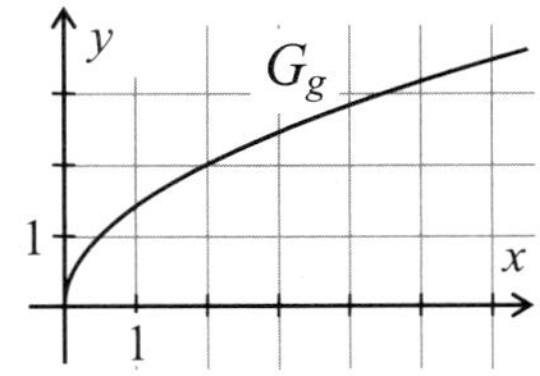

6. Der Graph der Funktion f mit $f(x) = -x^2 + x$ wird gespiegelt. Geben Sie für den gespiegelten Graphen eine Funktionsgleichung an, wenn die Spiegelung an der x-Achse bzw. an der y-Achse erfolgt.

7. Ordnen Sie den Graphen die richtige Funktionsgleichung zu.

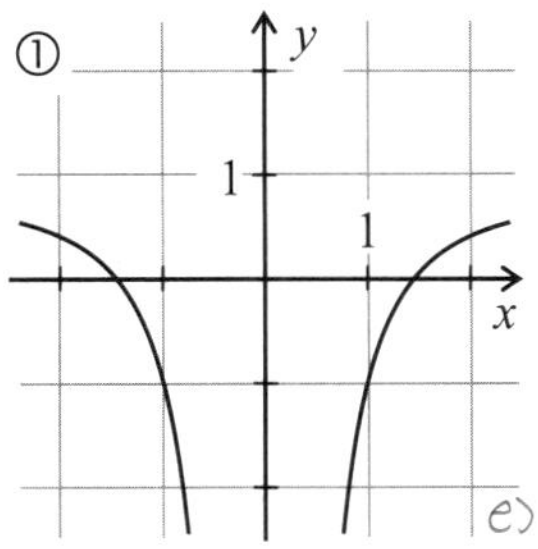

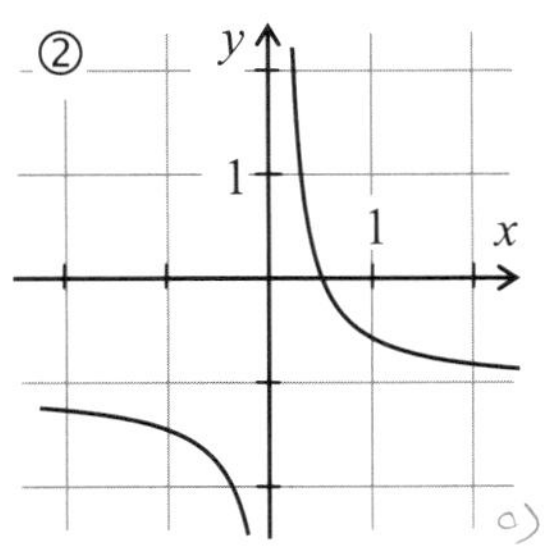

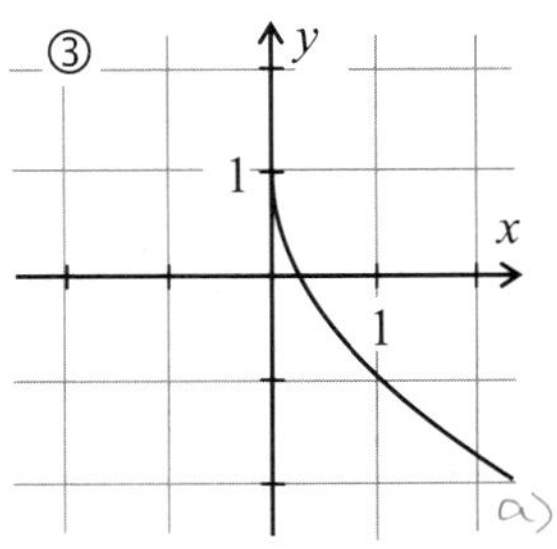

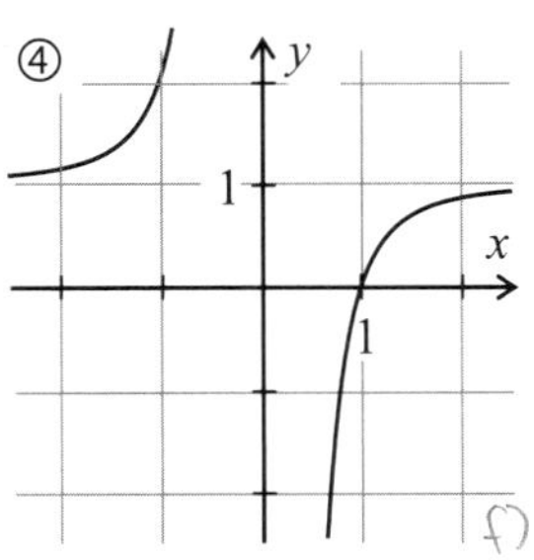

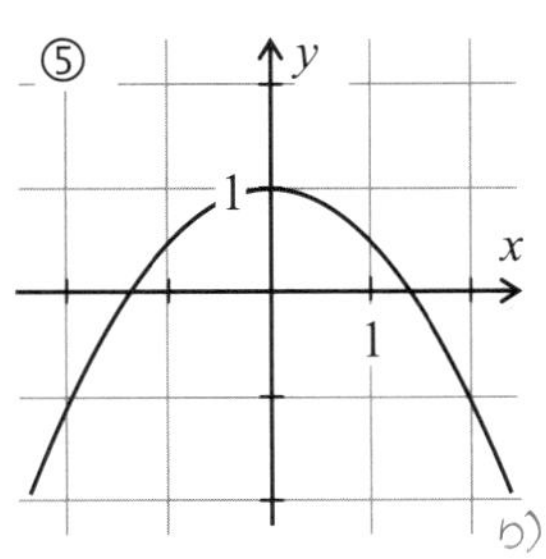

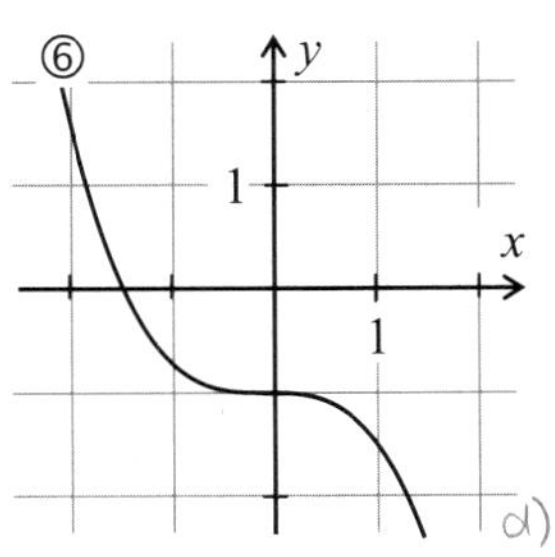

a) $y = 1 - 2 \cdot \sqrt{x}$ ③ b) $y = -\frac{1}{2}x^2 + 1$ ⑤ c) $y = \frac{0{,}5}{x} - 1$ ②

d) $y = -\frac{1}{3}x^3 - 1$ ⑥ e) $y = -\frac{2}{x^2} + 1$ ① f) $y = -\frac{1}{x^3} + 1$ ④

8. Die Abbildung rechts zeigt den Graphen der ganzrationalen Funktion f mit $f(x) = x^4 - x^2$.

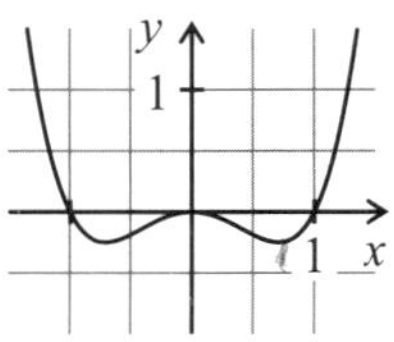

Die nachstehenden Graphen sind durch Transformationen des Graphen G_f entstanden.

- Ordnen Sie jedem Graphen die korrekte Gleichung zu.
- Beschreiben Sie für jeden Graphen die durchgeführten Transformationen in einer möglichen Reihenfolge.

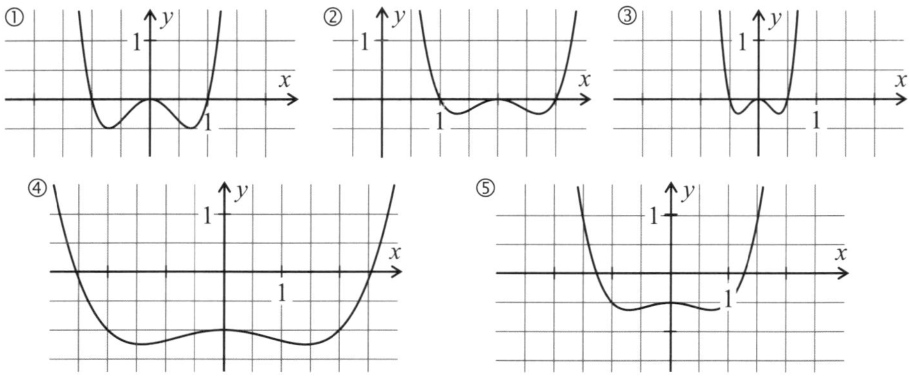

Funktionsgleichungen: A: $g(x) = 16x^4 - 4x^2$ B: $h(x) = \frac{1}{16}x^4 - \frac{1}{4}x^2 - 1$

C: $i(x) = 2x^4 - 2x^2$ D: $j(x) = (x-2)^4 - (x-2)^2$

E: $k(x) = \frac{1}{2}x^4 - \frac{1}{2}x^2 - \frac{1}{2}$

9. Geben Sie zu f eine Gleichung der Funktion g an, deren Graph aus f durch die Streckung und die Verschiebungen wie angegeben entsteht.

a) Funktion f mit $f(x) = x^2$
   - Dehnung um den Faktor 2 in y-Richtung und
   - Verschiebung um 2 in negativer x-Richtung und dann um 5 in positiver y-Richtung

b) Funktion f mit $f(x) = \sqrt{x}$
   - Stauchung um den Faktor 0,25 in y-Richtung und
   - Verschiebung um 2 in positiver x-Richtung und dann um 1 in negativer y-Richtung

c) Funktion f mit $f(x) = \frac{1}{x^2}$
   - Stauchung um den Faktor $\frac{1}{3}$ in y-Richtung und
   - Verschiebung um 1 in negativer x-Richtung und dann um 3 in positiver y-Richtung

1.5.3 Die allgemeine Sinusfunktion

In Abschnitt 1.4.3 wurde die Sinusfunktion als eine der Grundfunktionen betrachtet. Es ist üblich eine Verallgemeinerung in nachstehender Form vorzunehmen.

Allgemeine Sinusfunktion

Die Funktion $f: \mathbb{R} \to \mathbb{R}, x \mapsto a \cdot \sin(bx+c)+d$ mit $a \in \mathbb{R}^*$, $b \in \mathbb{R}^+$ sowie $c, d \in \mathbb{R}$ heißt **allgemeine Sinusfunktion**.

Bedeutung der Parameter

Wir greifen zunächst die Parameter a und d auf. Die Bedeutung dieser Parameter ist nach den Betrachtungen des letzten Abschnitts unmittelbar ersichtlich.

① *Verschiebung in y-Richtung* → Parameter d

Der Graph der allgemeinen Sinusfunktion ist gegenüber der Sinuskurve um d in y-Richtung verschoben.

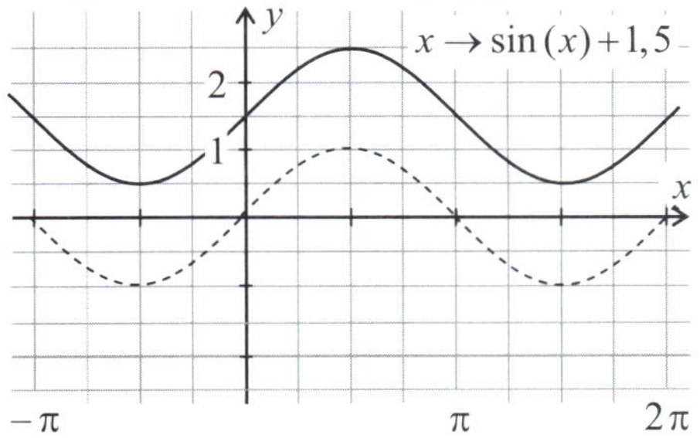

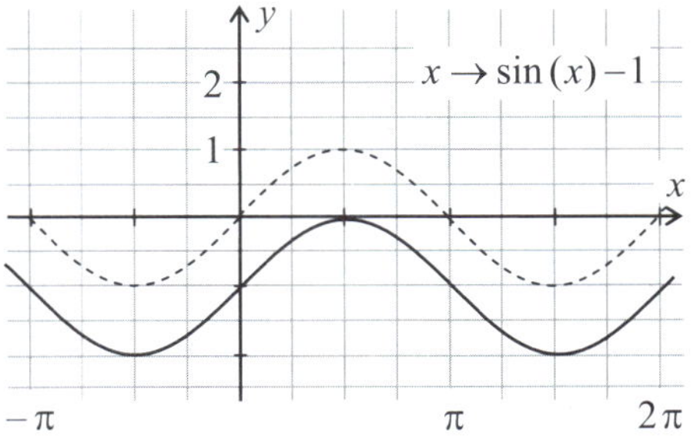

- Periode und Amplitude bleiben unverändert.
- Wertemenge, Existenz und Lage der Nullstellen ändern sich.

② *Streckung in y-Richtung* → Parameter a

Der Graph der allgemeinen Sinusfunktion ist gegenüber der Sinuskurve um a in y-Richtung gestreckt.

Die Zahl $|a|$ ist die *Amplitude*.

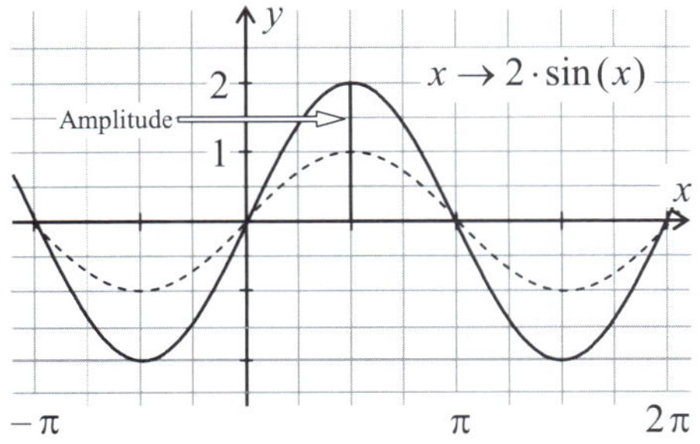

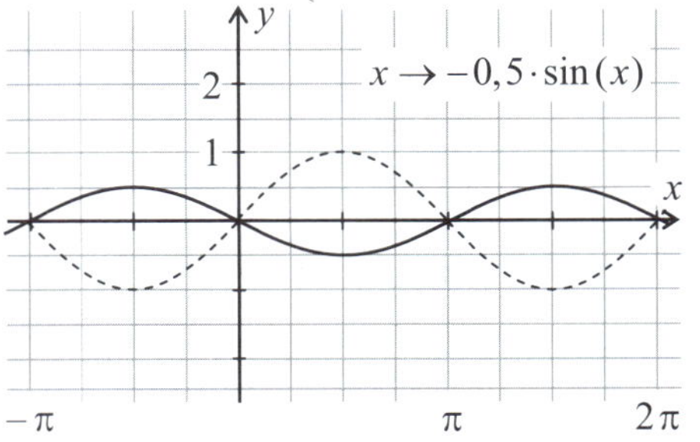

- Periode sowie Existenz und Lage der Nullstellen bleiben unverändert.
- Wertemenge und Amplitude ändern sich.

Die Bedeutung der Parameter b und c ist für die von uns gewählte Darstellungsform der allgemeinen Sinusfunktion nicht offensichtlich. Zur Klärung formen wir die Funktionsgleichung durch Ausklammern des Faktors b um:

$$f(x)=a\cdot\sin(bx+c)+d=a\cdot\sin[b\cdot(x+\tfrac{c}{b})]+d=a\cdot\sin[b\cdot(x-(-\tfrac{c}{b}))]+d$$

Anhand der letzten Gleichung lassen sich weitere Transformationen ablesen.

③ *Verschiebung in x-Richtung* → Parameter b und c

Der Graph der allgemeinen Sinusfunktion ist gegenüber der Sinuskurve um $-\frac{c}{b}$ in x-Richtung verschoben.

Die Zahl $-\frac{c}{b}$ heißt **Gangunterschied** oder **Phasenverschiebung**.

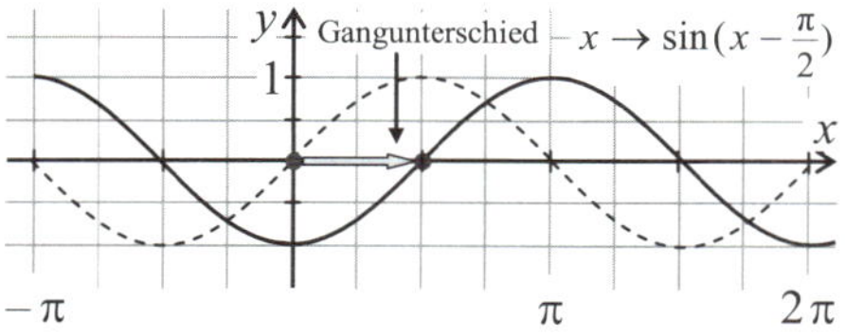

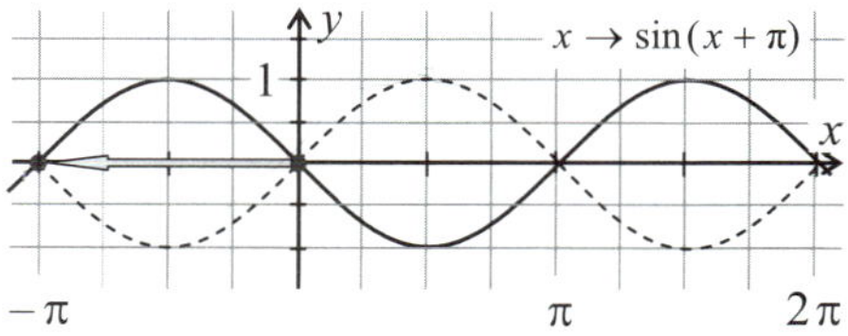

- Amplitude, Periode und Wertemenge bleiben unverändert.
- Lage der Nullstellen ändert sich, sofern der Gangunterschied kein Vielfaches von π ist.

④ *Streckung in x-Richtung* → Parameter b

Der Graph der allgemeinen Sinusfunktion ist gegenüber der Sinuskurve um $\frac{1}{b}$ in x-Richtung gestreckt.

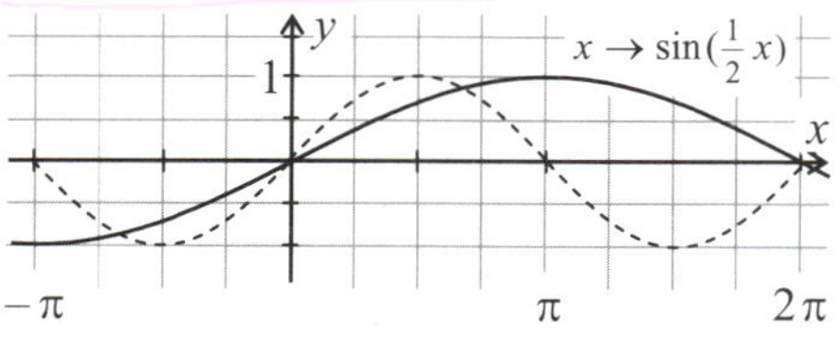

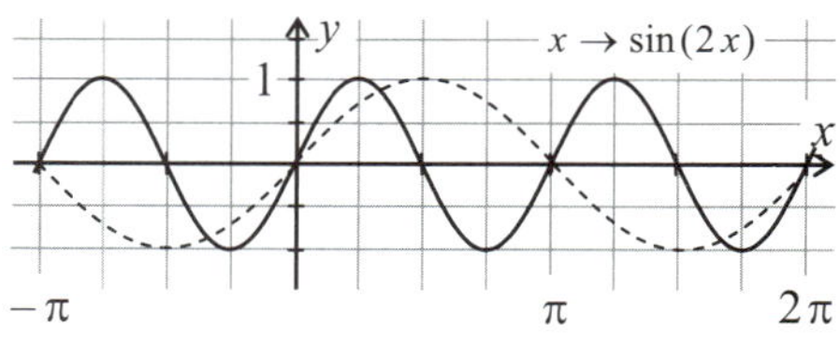

- Amplitude und Wertemenge bleiben unverändert.
- Lage der Nullstellen und Periode ändern sich. Dabei gilt:
  - $b>1$: **Stauchung**: Die Periode wird kleiner,
  - $0<b<1$: **Dehnung**: Die Periode wird größer.

Für die Periode gilt: $p=\frac{1}{b}\cdot 2\pi=\frac{2\pi}{b}$.

Die Grafik zeigt die Bedeutung der Parameter noch einmal im Überblick:

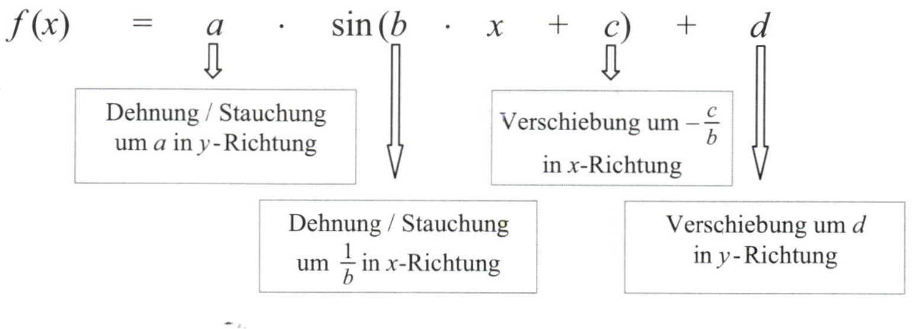

Zeichnen von Graphen allgemeiner Sinusfunktionen

Ein Verfahren zum Zeichnen des Graphen allgemeiner Sinusfunktionen soll am Beispiel von $f(x) = -2 \cdot \sin(2x + \frac{\pi}{2}) + 1$ erläutert werden.

1. Schritt: Anpassung des Koordinatensystems an die gegebene Funktion

Wir markieren eine „neue x-Achse" (hier um $d = 1$ nach oben verschoben) und zeichnen dazu Parallelen im Abstand der Amplitude (hier im Abstand $|a| = 2$).

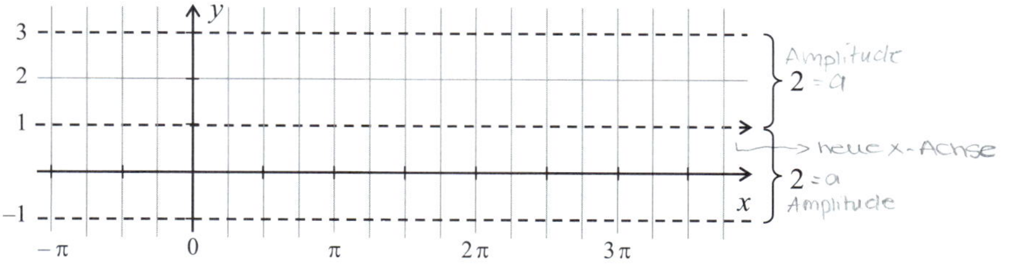

2. Schritt: Berücksichtigung der Verschiebung in x-Richtung

Die Verschiebung in x-Richtung berechnet sich zu: $x_0 = -\frac{c}{b} = -\frac{\pi}{2} : 2 = -\frac{\pi}{4}$.

Durch die Verschiebung erhalten wir eine erste Nullstelle und markieren sie.

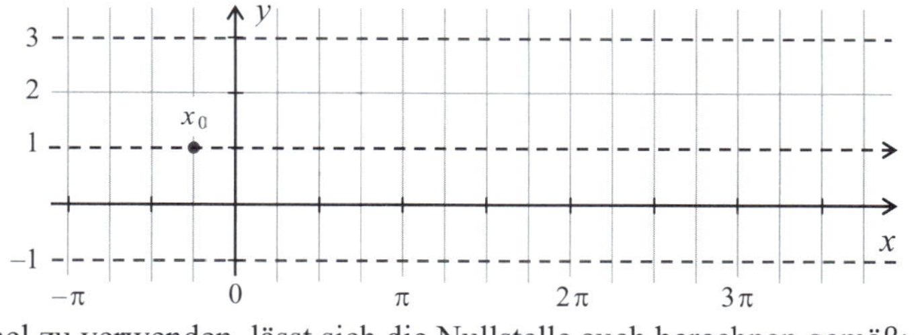

Statt die Formel zu verwenden, lässt sich die Nullstelle auch berechnen gemäß:

$$(2x + \tfrac{\pi}{2}) = 0 \Leftrightarrow 2x = -\tfrac{\pi}{2} \Leftrightarrow x = -\tfrac{\pi}{4}.$$

3. Schritt: Berücksichtigung der veränderten Periode

Die Periode berechnet sich zu: $p = \frac{2\pi}{b} = \frac{2\pi}{2} = \pi$

Die nächst größere Nullstelle x_1 nach x_0 erhalten wir, indem wir zu x_0 eine halbe Periode addieren: $x_1 = -\frac{\pi}{4} + \frac{1}{2}\pi = -\frac{\pi}{4} + \frac{\pi}{2} = \frac{\pi}{4}$

Wegen $a = -2 < 0$ liegt in der Mitte zwischen x_0 und x_1 ein Tiefpunkt. Hiermit lässt sich ein Halbbogen der gesuchten Sinuskurve zeichnen.

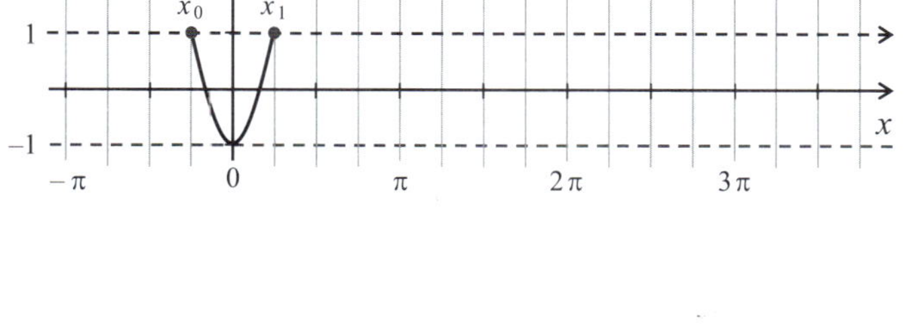

4. Schritt: Vervollständigen des Graphen

Der zweite Halbbogen verläuft spiegelbildlich zu der „neuen x-Achse“. Entsprechendes Fortsetzen ergibt den Graphen der gegebenen Funktion.

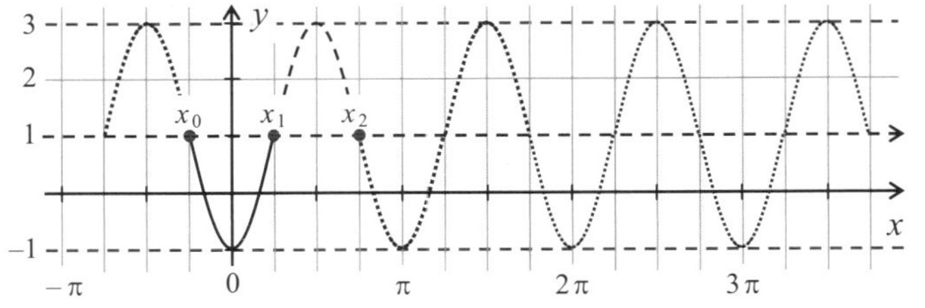

Beispiel (Graph einer Sinusfunktion ohne Verschiebung in y-Richtung)

Gezeichnet werden soll der Graph der Funktion $f(x)=\frac{3}{2}\cdot\sin(\frac{4}{3}x+\frac{\pi}{3})$.

Wir bestimmen die charakteristischen Daten zum Zeichnen.

- Amplitude: $|a|=1{,}5$ (keine Spiegelung wegen $a=1{,}5>0$)
- x-Verschiebung: $x_0=-\frac{c}{b}=-\frac{\pi}{3}:\frac{4}{3}=-\frac{\pi}{3}\cdot\frac{3}{4}=-\frac{\pi}{4}$
- Periode: $p=2\pi:b=2\pi:\frac{4}{3}=2\pi\cdot\frac{3}{4}=\frac{3}{2}\cdot\pi$; $\frac{1}{2}p=\frac{3}{4}\pi$

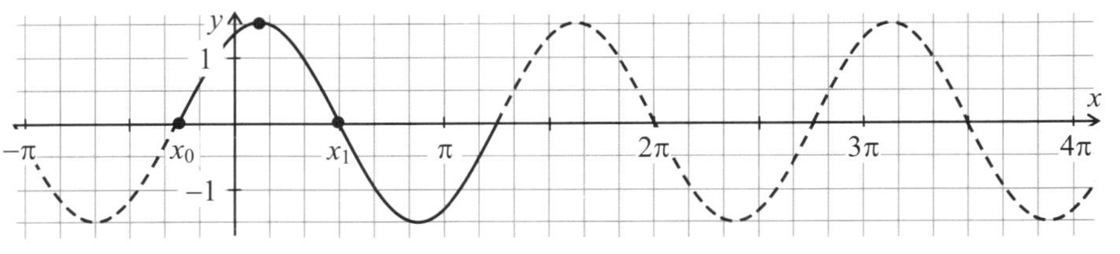

Beispiel (Graph einer Sinusfunktion mit Verschiebung in y-Richtung)

Gezeichnet werden soll der Graph der Funktion $f(x)=0{,}5\cdot\sin(\frac{3}{4}x-\frac{\pi}{4})-1{,}5$.

Wir bestimmen die charakteristischen Daten zum Zeichnen.

- Neue x-Achse: $y=-1{,}5$ (wegen $d=-1{,}5$)
- Amplitude: $|a|=0{,}5$ (keine Spiegelung wegen $a=0{,}5>0$)
- x-Verschiebung: $x_0=-\frac{c}{b}=-(-\frac{\pi}{4}):\frac{3}{4}=\frac{\pi}{4}\cdot\frac{4}{3}=\frac{\pi}{3}$
- Periode: $p=2\pi:b=2\pi:\frac{3}{4}=2\pi\cdot\frac{4}{3}=\frac{8}{3}\cdot\pi$; $\frac{1}{2}p=\frac{4}{3}\pi$

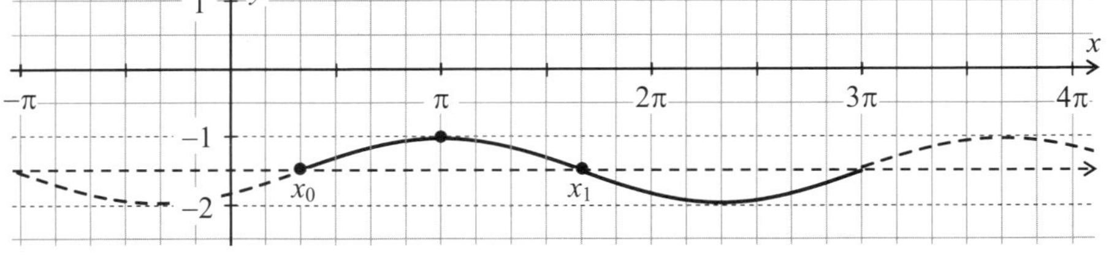

Ablesen der Gleichung allgemeiner Sinusfunktionen am Graphen

In vielen Fällen stellt sich die Aufgabe, aus einem gegebenen Graphen eine Gleichung einer allgemeinen Sinusfunktion abzulesen.
Wir verdeutlichen die Vorgehensweise am Beispiel des folgenden Graphen.

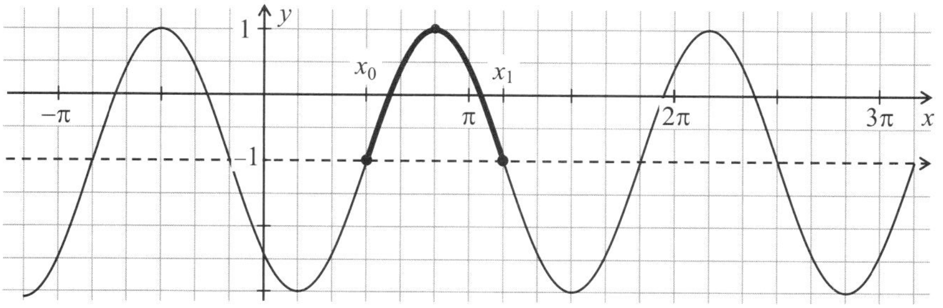

Wir zeichnen in der Mitte zwischen einem Hoch- und einem Tiefpunkt eine „neue x-Achse“. Hierdurch werden folgende Informationen unmittelbar ablesbar.

- Verschiebung in y-Richtung: $d = -1$
- Amplitude: $|a| = 2$

Wir wählen einen Halbbogen mit einem Hochpunkt aus und heben ihn in der Abbildung zur besseren Übersicht hervor. Damit ergeben sich weitere Informationen.

- Streckung in y-Richtung: $a = 2$ (Halbbogen mit Hochpunkt gewählt)
- Verschiebung in x-Richtung: $x_0 = \frac{\pi}{2}$
- Halbe Periode: $\frac{1}{2}p = \frac{2}{3}\pi$ (und damit $p = \frac{4}{3}\pi$ als Periode)

Mithilfe dieser abgelesenen Werte lassen sich die Parameter b und c berechnen.

- $b = \frac{2\pi}{p} = 2\pi \cdot \frac{1}{p} = 2\pi \cdot \frac{3}{4\pi} = \frac{3}{2}$; $c = -b \cdot x_0 = -\frac{3}{2} \cdot \frac{\pi}{2} = -\frac{3}{4}\pi$

Damit ergibt sich die Funktionsgleichung: $f(x) = 2 \cdot \sin\left(\frac{3}{2} \cdot x - \frac{3}{4}\pi\right) - 1$ ·

Beispiel (Graph einer Sinusfunktion mit Verschiebung in y-Richtung)

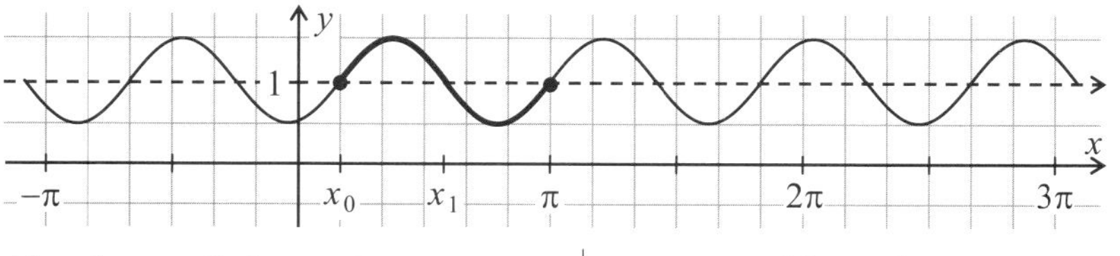

Abgelesene Informationen	Umrechnungen
• $d = 1$ • $a = 0{,}5$ • $x_0 = \frac{1}{6}\pi$	• $b = 2\pi \cdot \frac{1}{p} = 2\pi \cdot \frac{6}{5\pi} = \frac{12}{5}$
• $p = \frac{5}{6}\pi$ bzw. $\frac{1}{2}p = \frac{5}{12}\pi$	• $c = -b \cdot x_0 = -\frac{12}{5} \cdot \frac{1}{6}\pi = -\frac{2}{5}\pi$

Funktionsgleichung: $f(x) = 0{,}5 \cdot \sin\left(\frac{12}{5}x - \frac{2}{5}\pi\right) + 1$

Aufgaben

10. Bestimmen Sie die Amplitude, die Periode und die Verschiebungen der allgemeinen Sinusfunktion.

a) $f(x) = \sin(\frac{4}{3}x + \pi)$
b) $f(x) = \sin(\frac{1}{3}x - \frac{2}{3}\pi) + 2$

c) $f(x) = \frac{3}{2} \cdot \sin(\frac{3}{4}x - \frac{3}{4}) - 2$
d) $f(x) = \frac{4}{5} \cdot \sin(4x + 5)$

e) $f(x) = \frac{7}{4} \cdot \sin(\pi x - \frac{\pi}{2}) - \pi$
f) $f(x) = 3 \cdot \sin(\frac{\pi}{3}x + \frac{2}{3}\pi)$

11. Zeichnen Sie die Graphen der allgemeinen Sinusfunktionen.

a) $f(x) = 0{,}75 \cdot \sin(\frac{4}{3}x + \frac{1}{3}\pi)$
b) $f(x) = 2 \cdot \sin(\frac{4}{3}x - \frac{2}{3}\pi)$

c) $f(x) = 2{,}5 \cdot \sin(3x + \frac{3}{2}\pi) - 1$
d) $f(x) = -1{,}5 \cdot \sin(2x - \frac{\pi}{2}) + 1$

Arbeitsblatt 1.5.3 A 11

12. Die Skizze zeigt die Graphen allgemeiner Sinusfunktionen *f*, *g*, *h* und *i*. Lesen Sie die Amplitude, die Verschiebung und die Periode ab. Geben Sie einen Funktionsterm in der Form $y = a \cdot \sin(bx + c) + d$ an.

a)
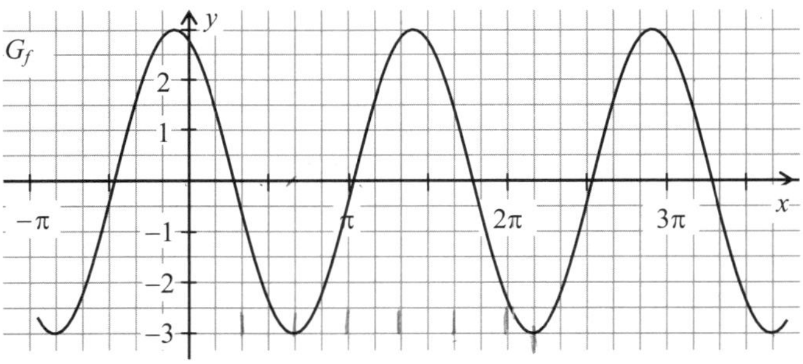

b)
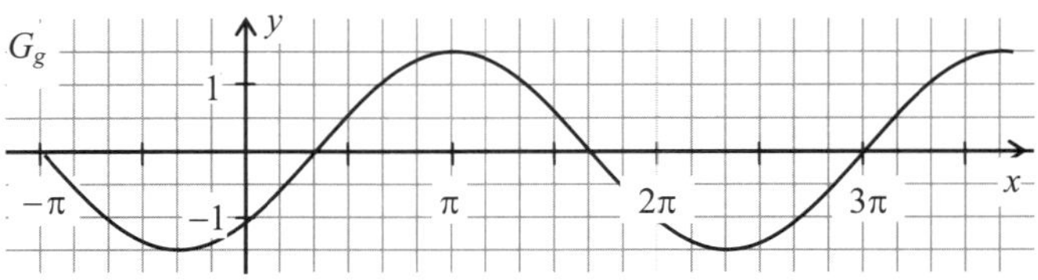

c)
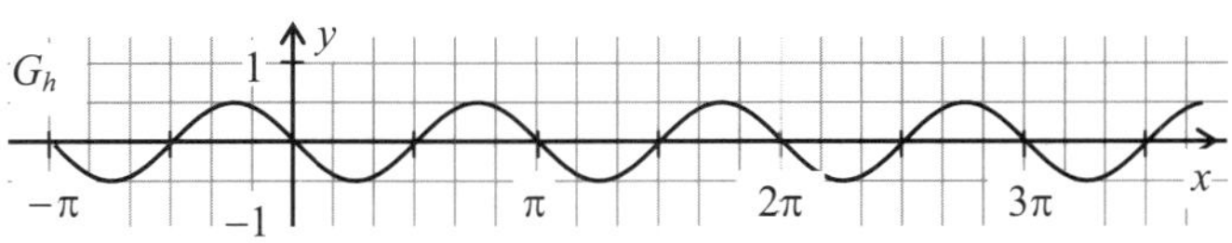

d)
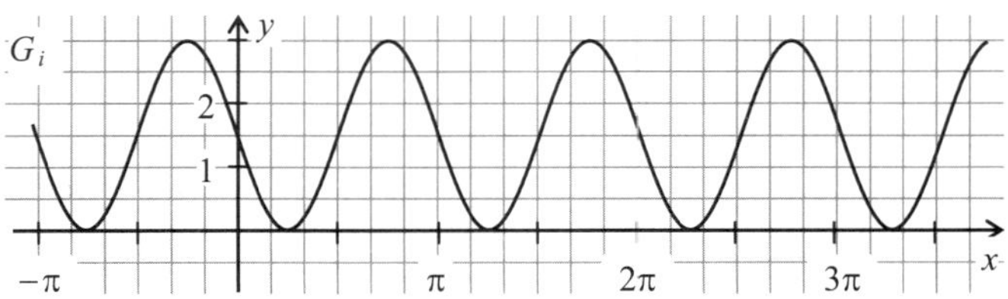

13. Bestimmen Sie eine Gleichung einer allgemeinen Sinusfunktion mit den folgenden Eigenschaften: Sie besitzt die Amplitude $|a|$ und die Periode p. Ihr Graph verläuft durch den Punkt P.

	a)	b)	c)
Amplitude $\|a\|$	5	4	2,1
Periode p	3π	1	$\frac{8}{3}\pi$
Punkt P	$P(-\frac{\pi}{2} \mid 0)$	$P(1 \mid 2)$	$P(2 \mid -1)$

14. Der Graph G_f einer allgemeinen Sinusfunktion besitzt die benachbarten Hochpunkte $H_1(\frac{1}{2}\pi \mid 2)$ und $H_2(\frac{9}{2}\pi \mid 2)$. Sie besitzt die Amplitude 2,5.
    a) Geben Sie die Koordinaten des Tiefpunkts an, der zwischen H_1 und H_2 liegt, sowie die Koordinaten eines Wendepunkts.
    b) Bestimmen Sie eine Funktionsgleichung für die Funktion f.

15. In einem meteorologischen Modell geht man davon aus, dass die Außentemperatur (in °C) in einer bestimmten Stadt in den nächsten 24 Stunden beschrieben werden kann durch die Funktion

$$T(t) = 8 \cdot \sin(\tfrac{\pi}{12} \cdot t - \tfrac{\pi}{2}) + 6 \quad (t \geq 0 \text{ in Stunden}).$$

Der Zeitpunkt $t = 0$ der Temperaturbetrachtung liegt um 6:00 Uhr.
    a) Welche Temperatur ergibt sich nach diesem Modell um 6:00 Uhr, welche um 16:00 Uhr?
    b) Welche Tageshöchst- und Tagestiefsttemperatur ist nach diesem Modell in den nächsten 24 Stunden zu erwarten?
    Geben Sie die zugehörigen Uhrzeiten an.
    c) Ermitteln Sie die Uhrzeit, für die die stärkste Temperaturzunahme zu verzeichnen ist.

16. Der Temperaturverlauf während eines Sommertages soll durch eine allgemeine Sinusfunktion beschrieben werden. Der Beginn der Zeitmessung soll auf 0 Uhr festgelegt werden.
Die höchste Temperatur wird mit 32°C um 14 Uhr, die tiefste Temperatur mit 12°C um 2 Uhr nachts gemessen.
Bestimmen Sie eine passende Funktionsgleichung.

17.* Der Graph einer allgemeinen Sinusfunktion $f: x \mapsto a \cdot \sin(x - c)$ besitzt den Punkt $H(\frac{5}{6}\pi \mid 4)$ als Hochpunkt.
Bestimmen Sie die Parameter a und c.
Zeichnen Sie mit einer Kurvensoftware den Graphen der Funktion.

1.5.4 Besondere Symmetrien

Achsensymmetrie bei quadratischen Funktionen

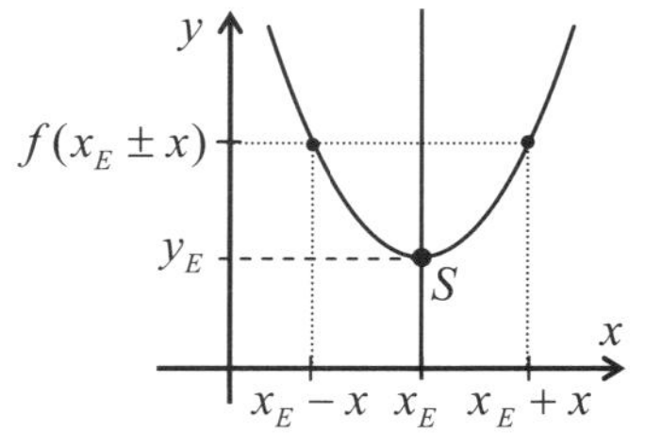

Jede quadratische Funktion

$$f: x \mapsto ax^2 + bx + c$$

mit $a, b, c \in \mathbb{R}$ und $a \neq 0$ besitzt genau einen Extrempunkt, nämlich den Scheitel $S(x_E \mid y_E)$[1].

Offensichtlich ist die Parabel achsensymmetrisch zur vertikalen Achse durch den Scheitel S.

Anschaulich bedeutet dies:

- Geht man von der Extremstelle x_E gleich weit nach links und nach rechts, so ergeben sich Stellen, deren Funktionswerte übereinstimmen.
- In mathematischer Schreibweise heißt das:

$$f(x_E - x) = f(x_E + x) \text{ für alle } x \in \mathbb{R}\,^{(2)}.$$

Beweis 1.5.4a

Achsensymmetrie bei quadratischen Funktionen
Jede quadratische Funktion $f: \mathbb{R} \to \mathbb{R}, x \mapsto ax^2 + bx + c$ mit $a \in \mathbb{R}^*$ und $b, c \in \mathbb{R}$ ist achsensymmetrisch zu der Parallelen zur y-Achse durch den Scheitel $S(x_E \mid y_E)$.
Es gilt $f(x_E - x) = f(x_E + x)$ für alle $x \in \mathbb{R}$.

Aufgaben

18. Begründen Sie ohne schriftliche Rechnung, dass jede quadratische Funktion genau einen Extrempunkt besitzt.

19. Gegeben ist die quadratische Funktion mit der Gleichung $f(x) = \frac{1}{3}(x+3)^2 - 3$.
    a) Geben Sie eine Gleichung der Symmetrieachse an.
    b) Bestimmen Sie die Funktionswerte an den Stellen $x = 0$ und $x = -6$.

20. Gegeben ist die quadratische Funktion mit der Gleichung $f(x) = \frac{1}{2}x^2 - 2x + 1$.
    a) Bestimmen Sie mithilfe der Differenzialrechnung den Scheitel der zugehörigen Parabel.
    b) Geben Sie eine Gleichung der Symmetrieachse an.
    c) Bestimmen Sie zum Punkt $P(5 \mid f(5))$ den Spiegelpunkt P^* bezüglich der Symmetrieachse.

---

(1) Eine Begründung wird dem Leser als Übungsaufgabe gestellt.
(2) Für $x_E = 0$ ergibt sich mit $f(0-x) = f(0+x)$ die bekannte Bedingung für die Symmetrie zur y-Achse.

Punktsymmetrie zum Wendepunkt bei kubischen Funktionen

Jede kubische Funktion

$$f: \mathbb{R} \to \mathbb{R}, x \mapsto ax^3 + bx^2 + cx + d$$

mit $a, b, c, d \in \mathbb{R}$ und $a \neq 0$ besitzt genau einen Wendepunkt $W(x_W \mid y_W)$ (1).

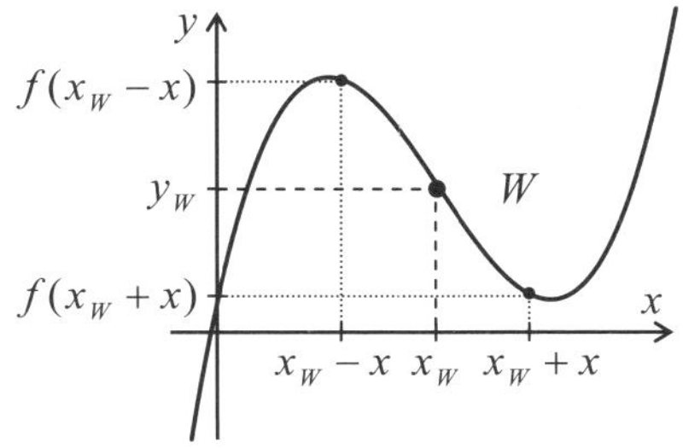

Aus der Abbildung kann man erkennen, dass die kubische Parabel punktsymmetrisch zum Wendepunkt W ist.

Anschaulich bedeutet dies:

- Geht man von der Wendestelle x_W gleich weit nach links und rechts, so liegt y_W in der Mitte zwischen den Funktionswerten $f(x_W - x)$ und $f(x_W + x)$.
- In mathematischer Schreibweise heißt das für alle $x \in \mathbb{R}$ (2):

$$y_W = \frac{1}{2} \cdot (f(x_W - x) + f(x_W + x)) \Leftrightarrow f(x_W - x) + f(x_W + x) = 2 \cdot y_W.$$

Beweis 1.5.4 b

Punktsymmetrie zum Wendepunkt bei kubischen Funktionen

Jede kubische Funktion $f: \mathbb{R} \to \mathbb{R}, x \mapsto ax^3 + bx^2 + cx + d$ mit $a \in \mathbb{R}^*$ und $b, c, d \in \mathbb{R}$ ist symmetrisch zu ihrem Wendepunkt $W(x_W \mid y_W)$.

Es gilt $f(x_W - x) + f(x_W + x) = 2 \cdot y_W$ für alle $x \in \mathbb{R}$.

Aufgaben

21. Begründen Sie ohne schriftliche Rechnung, dass jede ganzrationale Funktion vom Grad 3 genau einen Wendepunkt besitzt.

22. Gegeben ist die Funktion mit der Gleichung $f(x) = \frac{1}{12}x^3 - \frac{1}{2}x^2 + 3$.

    a) Begründen Sie durch eine Rechnung, dass $x = 2$ Wendestelle des Graphen von f ist.

    b) In der Abbildung ist eine Fläche A dunkel gekennzeichnet.
    Begründen Sie, dass für das Maß dieser Fläche gilt:

    $$\mu(A) = 4 \cdot f(2).$$

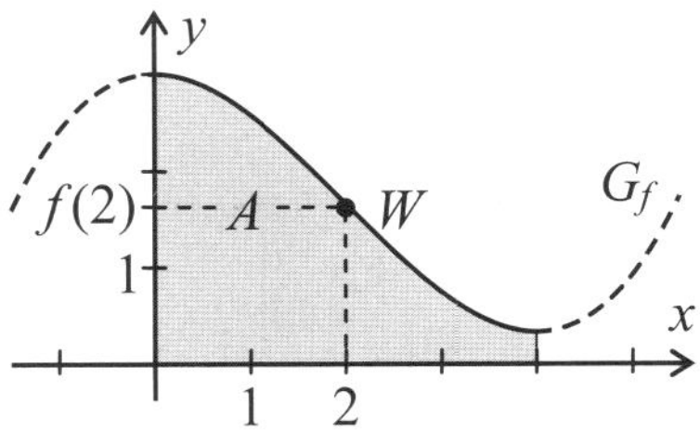

(1) Eine Begründung soll wieder dem Leser als Übungsaufgabe überlassen werden.

(2) Wählt man $x_W = y_W = 0$, so ergibt sich die bekannte Bedingung für die Symmetrie zum Ursprung:
$0 = \frac{1}{2} \cdot (f(0-x) + f(0+x)) \Leftrightarrow f(0-x) + f(0+x) = 0 \Leftrightarrow f(0+x) = -f(0-x) \Leftrightarrow f(x) = -f(-x)$.

1.6 Umkehrfunktionen

Umkehrung einer Funktion

Funktionen gehören zu den wichtigsten mathematischen Objekten. Nicht nur innerhalb der Mathematik, sondern auch in Anwendungssituationen spielen sie eine unverzichtbare Rolle. Dabei treten folgende Begriffe auf.

- Funktionsbegriff: Eine Funktion f ordnet **jedem** x-Wert der Definitionsmenge D_f **genau** einen y-Wert zu.
- Funktionsgleichung: Die Zuordnung wird üblicherweise beschrieben durch eine Funktionsgleichung $y = f(x)$.
- Funktionsgraph: Die Darstellung von Punkten $(x \mid f(x))$ in einem Koordinatensystem heißt **Graph** G_f der Funktion.
- Wertemenge: Die Menge aller y-Werte, die durch die Zuordnung entstehen, heißt **Wertemenge** $\boldsymbol{W_f}$ der Funktion.

Beispiel (Darstellung der Zuordnung bei Funktionen)

Funktionsgleichung: $y = 1{,}5x$

Definitionsmenge: $D_f = \mathbb{R}$

Graph ①

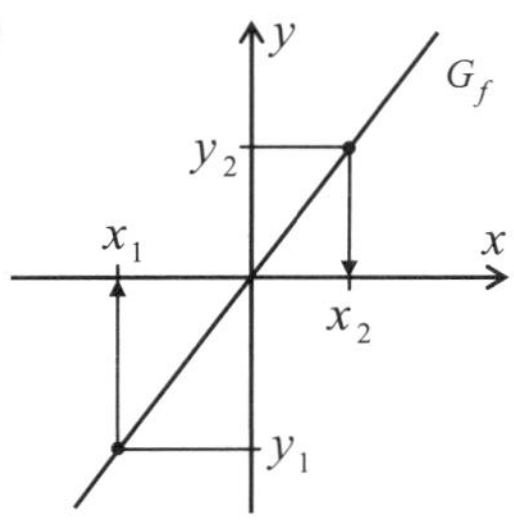

Wertemenge: $W_f = \mathbb{R}$

Funktionsgleichung: $y = x^2$

Definitionsmenge: $D_f = \mathbb{R}$

Graph ②

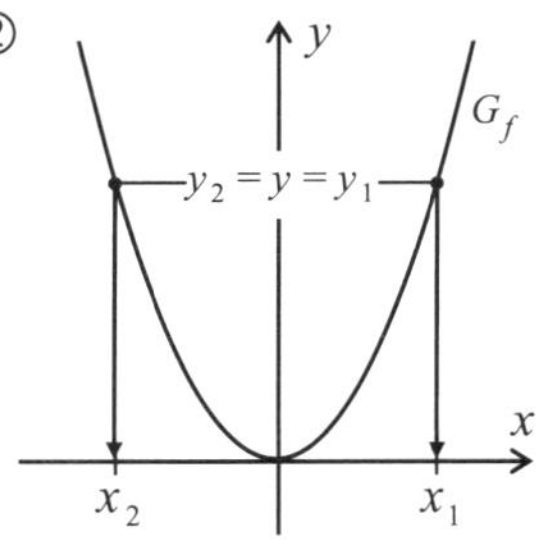

Wertemenge: $W_f = \mathbb{R}_0^+$

Die **Umkehrung** einer Funktion $f: x \mapsto y$ entsteht dadurch, dass man die Zuordnungsrichtung in $y \mapsto x$ umkehrt. In der Darstellung der Funktionsgraphen bedeutet dies, dass alle Zuordnungspfeile umgekehrt werden.

Hierbei gibt es zwei Möglichkeiten:

- Die umgekehrte Zuordnung ist wieder eine Funktion. → Graph ① Jedem y-Wert der Wertemenge W_f wird **genau ein** x-Wert zugeordnet.
- Die umgekehrte Zuordnung ist keine Funktion. → Graph ② Es gibt y-Werte der Wertemenge W_f, denen **mehr als ein** x-Wert zugeordnet ist.

Umkehrfunktion

Eine Funktion $f: x \mapsto y$ heißt **umkehrbar**, wenn die umgekehrte Zuordnung $f^{-1}: y \mapsto x$ wieder eine Funktion ist (lies: f oben -1).

In diesem Fall wird f^{-1} als **Umkehrfunktion** zur Funktion f bezeichnet.

Kriterium für die Umkehrbarkeit einer Funktion

Die Frage der Umkehrbarkeit einer Funktion lässt sich anschaulich anhand des Graphen beantworten.

Die in der Abbildung dargestellte Funktion $f: D \to W$ ist umkehrbar, denn es gibt zu jedem $y \in W$ einen eindeutig bestimmten Wert $x \in D$ mit $y = f(x)$. Die Wertemenge W ist auf der y-Achse markiert.

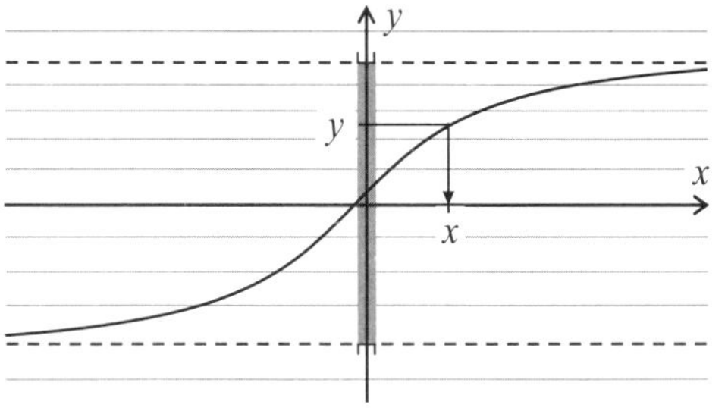

Anschaulich lässt sich die Umkehrbarkeit daran erkennen, dass der Graph von f von jeder Parallelen zur x-Achse höchstens einmal geschnitten wird.

Dies ist sicher immer dann der Fall, wenn die Funktion f streng monoton wachsend oder streng monoton fallend ist.

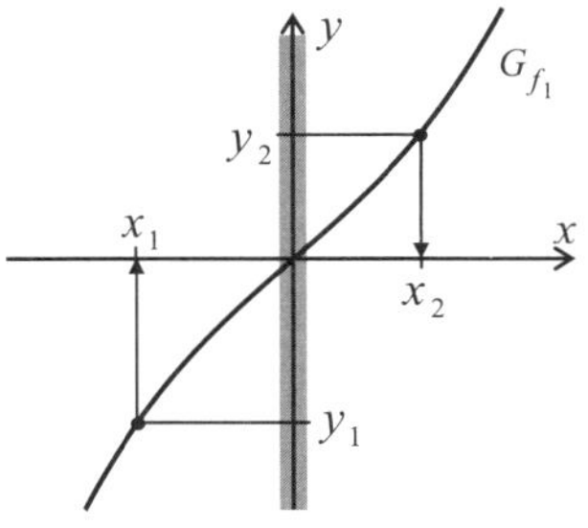

f_1 ist streng monoton wachsend.

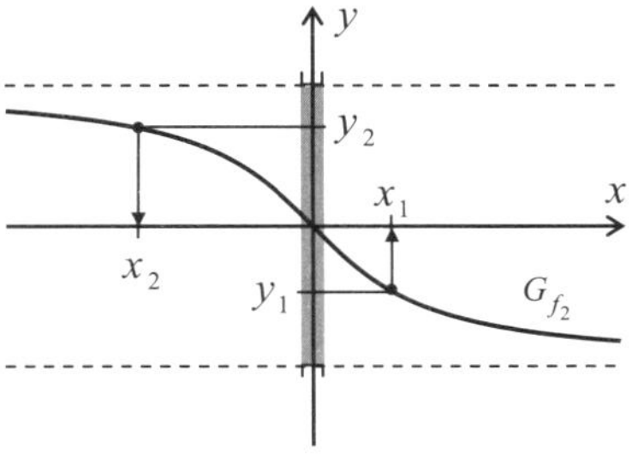

f_2 ist streng monoton fallend.

Aufgrund der strengen Monotonie kann es nicht vorkommen, dass verschiedenen x-Werten derselbe y-Wert zugeordnet ist.

Kriterium für die Umkehrbarkeit

Ist $f: D \to W$ eine streng monotone Funktion, so ist f in W umkehrbar.

Dieses Kriterium ist vor allem für differenzierbare Funktionen vorteilhaft, da wir differenzierbare Funktionen mit den Mitteln der Differenzialrechnung auf Monotonie untersuchen können.

Beispiel (Nachweis der Umkehrbarkeit)

Gegeben ist die Funktion $f: \mathbb{R} \to W$; $x \mapsto \frac{1}{3}x^3 + x + 1$.

Für die Wertemenge gilt $W = \mathbb{R}$ [(1)].

Es gilt: $f'(x) = x^2 + 1 > 0$ für alle $x \in \mathbb{R}$.

Dies bedeutet, dass die Funktion f in der Definitionsmenge $\mathbb{R}$ streng monoton wachsend und damit umkehrbar ist.

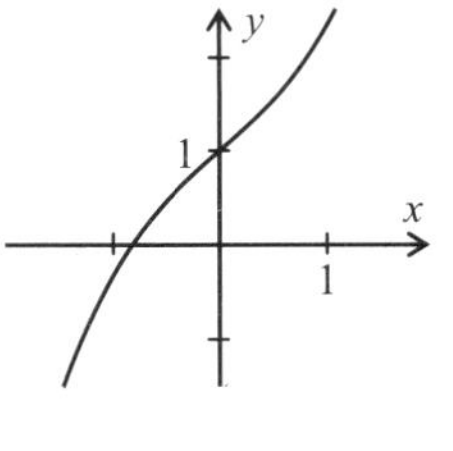

[(1)] Eine ausführliche Beschreibung zur rechnerischen Bestimmung von Wertemengen ist im Anhang 4 zu finden.

Graph der Umkehrfunktion

Die linke Abbildung zeigt den Graphen einer umkehrbaren Funktion $f: D_f \to W_f$, die rechte enthält zusätzlich den Graphen der Umkehrfunktion $f^{-1}: D_{f^{-1}} \to W_{f^{-1}}$.

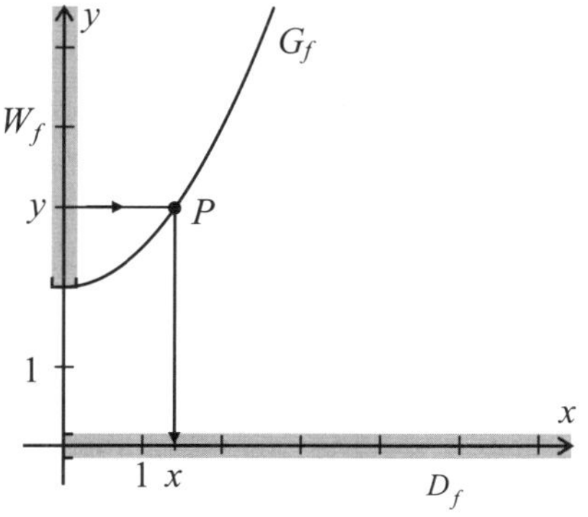

Durch $y \mapsto x$ ist bereits ein Abbildungspfeil der Umkehrfunktion f^{-1} dargestellt.

Die Umkehrfunktion f^{-1} ordnet jedem Funktionswert $y \in W_f$ den zugehörigen Wert $x \in D_f$ zu.

- Die Wertemenge W_f wird zur Definitionsmenge $D_{f^{-1}}$ von f^{-1}.
- Die Definitionsmenge D_f wird zur Wertemenge $W_{f^{-1}}$ von f^{-1}.

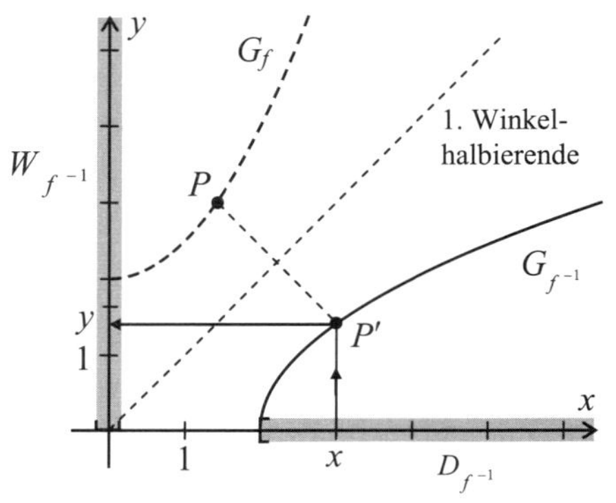

Es ist üblich, die Graphen von Funktion und Umkehrung unterscheidbar in demselben Koordinatensystem darzustellen.

Dazu vertauscht man bei der Umkehrung die Rolle der Variablen x und y, um die „normale" Zuordnungsrichtung $x \mapsto y$ (zuerst x, dann y) wieder herzustellen.

Dieser Tausch der Namen der Variablen hat folgende Auswirkungen:

- Der Graph von f^{-1} entsteht aus dem Graphen von f durch Spiegelung an der 1. Winkelhalbierenden.
- Die Definitionsmenge $D_{f^{-1}}$ liegt nun wie üblich auf der x-Achse.
- Die Wertemenge $W_{f^{-1}}$ liegt nun auf der y-Achse.

Graph der Umkehrfunktion

Man erhält den Graphen der Umkehrfunktion durch Spiegelung des Graphen der Funktion an der 1. Winkelhalbierenden.

Die Spiegelung an der 1. Winkelhalbierenden bedeutet das Vertauschen der x- und y-Koordinaten der Punkte des Graphen.

Funktionsgleichung der Umkehrfunktion

Um eine Gleichung der Umkehrfunktion f^{-1} zu bestimmen, wählt man folgende Vorgehensweise:

Man löst die Gleichung $y = f(x)$ zuerst nach x auf und vertauscht dann die Namen der Variablen.

Beispiel (Umkehrfunktion zu einer linearen Funktion)

Wir betrachten die Funktion mit der Gleichung

$f: y = -2x + 5$.

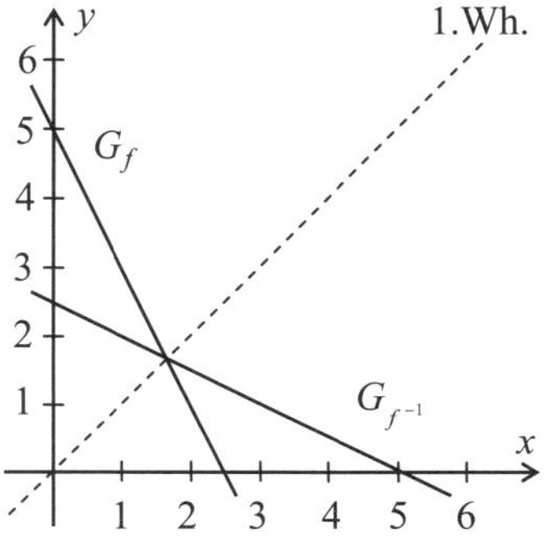

Die Funktion f ist streng monoton fallend über der Definitionsmenge $D_f = \mathbb{R}$ und somit umkehrbar. Die Wertemenge ist $W_f = \mathbb{R}$.

Funktionsgleichung von f^{-1}:

Die Gleichung von f wird nach x aufgelöst.

$$y = -2x + 5 \Leftrightarrow 2x = -y + 5$$

$$\Leftrightarrow x = -\frac{1}{2}y + \frac{5}{2}$$

Durch Vertauschen der Namen der Variablen ergibt sich:

$f^{-1}: y = -\frac{1}{2}x + \frac{5}{2}$ mit $D_{f^{-1}} = W_f = \mathbb{R}$ und $W_{f^{-1}} = D_f = \mathbb{R}$.

Beispiel (Umkehrfunktion zu einer quadratischen Funktion)

Wir betrachten die Funktion mit der Gleichung

$f: y = (x-1)^2 + 2$.

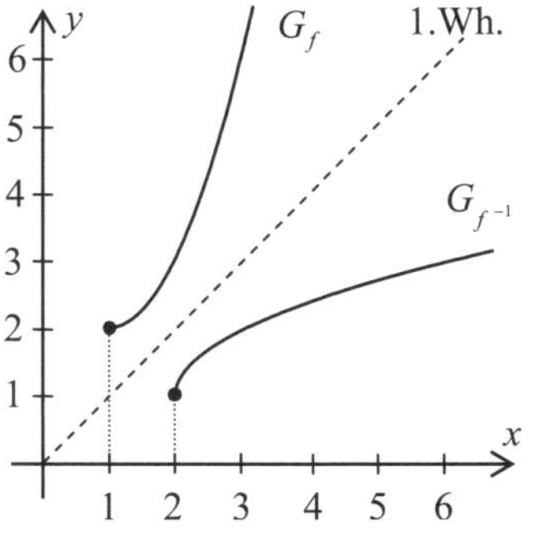

Die Funktion f ist streng monoton wachsend über der Definitionsmenge $D_f = [1\,; +\infty[$ und somit umkehrbar. Die Wertemenge ist $W_f = [2\,; +\infty[$.

Funktionsgleichung von f^{-1}:

Die Gleichung von f wird nach x aufgelöst.

$$y = (x-1)^2 + 2$$

$$\Leftrightarrow (x-1)^2 = y - 2$$

$$\Leftrightarrow x - 1 = \sqrt{y-2}$$ Wegen $y \in W_f = [2\,; +\infty[$ ist $\sqrt{y-2}$ definiert.

$$\Leftrightarrow x = 1 + \sqrt{y-2}$$ Wegen $x \in D_f = [1\,; +\infty[$ entfällt die 2. Lösung.

Durch Vertauschen der Namen der Variablen ergibt sich:

$f^{-1}: y = 1 + \sqrt{x-2}$ mit $D_{f^{-1}} = W_f = [2\,; +\infty[$ und $W_{f^{-1}} = D_f = [1\,; +\infty[$.

Prinzipiell kann man auch in der Gleichung $y = f(x)$ zuerst die Namen der Variablen vertauschen, gleich $D_{f^{-1}}$ und $W_{f^{-1}}$ bestimmen und dann die Gleichung nach y auflösen.

Aufgaben

Umkehrbarkeit

1. Entscheiden Sie anhand der Graphen, ob die zugehörige Funktion eine Umkehrfunktion besitzt. Lesen Sie zusätzlich die Wertemenge ab.

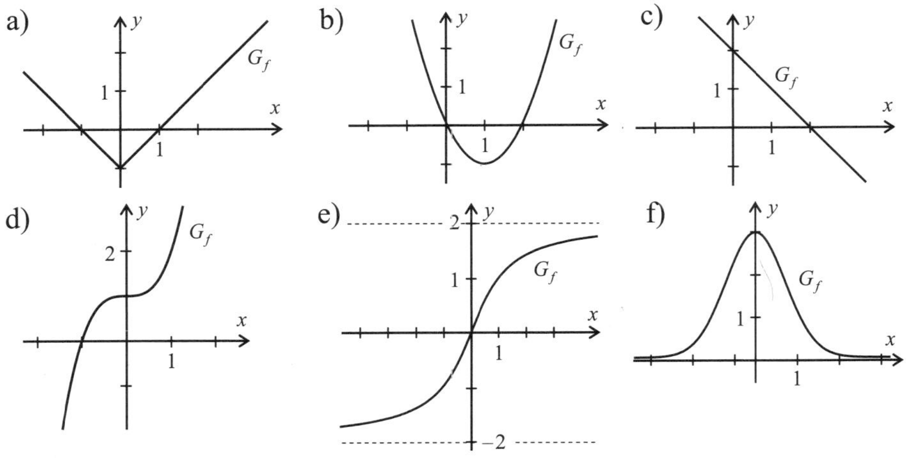

2. Zeichnen Sie den Graphen der Funktion f. Begründen Sie anhand des Graphen, dass f eine Umkehrfunktion besitzt. Weisen Sie die Umkehrbarkeit auch rechnerisch nach.

   a) $f: \mathbb{R} \to \mathbb{R},\, x \mapsto \frac{1}{2}x - 1$ b) $f: \mathbb{R}_0^+ \to \mathbb{R},\, x \mapsto -\sqrt{x} + 4$

3. Gegeben ist die Funktion $f: \mathbb{R} \to \mathbb{R},\, x \mapsto (x-1)^2 - 1$.

   In den folgenden Abbildungen ist der Graph von f für verschiedene Definitionsmengen D_f gezeichnet. Lesen Sie D_f aus der Zeichnung ab und entscheiden Sie, ob die dargestellte Funktion umkehrbar ist.

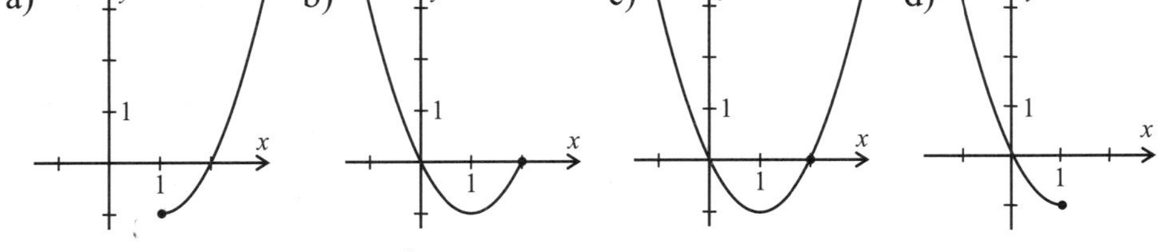

4. Die Abbildung zeigt den Graphen der Kehrwertfunktion

$$f: \mathbb{R}\setminus\{0\} \to \mathbb{R},\, x \mapsto \frac{1}{x}.$$

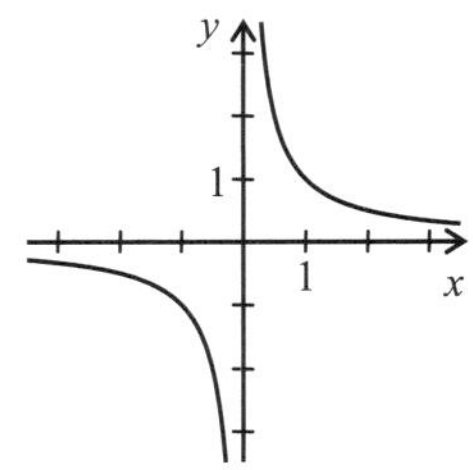

   a) Geben Sie die Wertemenge der Funktion f an.

   b) Begründen Sie, dass die Funktion f umkehrbar ist.

   c) Erläutern Sie folgende Aussage:

   „Die strenge Monotonie ist für die Existenz einer Umkehrfunktion zwar hinreichend, aber keinesfalls notwendig.“

Bestimmung der Umkehrfunktion

5. Die Abbildung zeigt den Graphen einer quadratischen Funktion f.

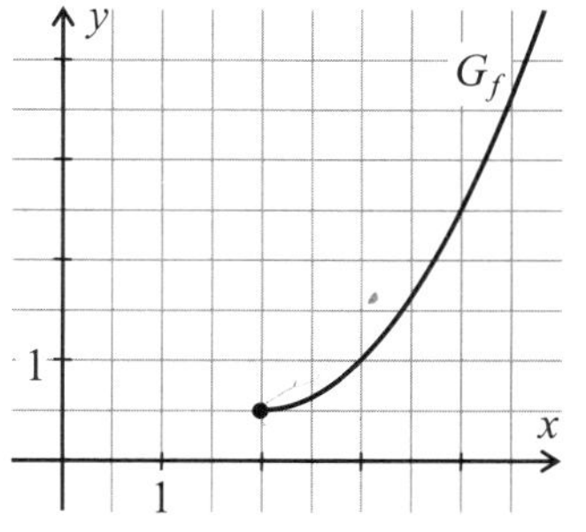

a) Begründen Sie, dass eine Funktionsgleichung von f gegeben ist durch

$$f(x)=\frac{1}{2}\cdot(x-2)^2+\frac{1}{2}.$$

Geben Sie die Definitionsmenge D_f sowie die Wertemenge W_f an.

b) Begründen Sie (auch rechnerisch), dass f umkehrbar ist.

c) Übernehmen Sie den Graphen G_f in ein eigenes Koordinatensystem und konstruieren Sie den Graphen der Umkehrfunktion f^{-1}.

d) Bestimmen Sie rechnerisch eine Funktionsgleichung von f^{-1}. Geben Sie auch die Definitionsmenge $D_{f^{-1}}$ und die Wertemenge $W_{f^{-1}}$ an.

6. Die Abbildung zeigt den Graphen der Funktion

$$f: D \to \mathbb{R}, x \mapsto -\sqrt{x-1}+1.$$

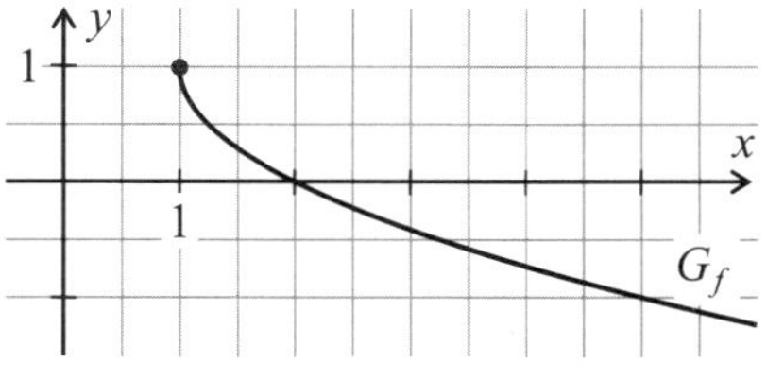

a) Geben Sie die Definitionsmenge D_f sowie die Wertemenge W_f an. Begründen Sie, dass f umkehrbar ist.

b) Übernehmen Sie den Graphen G_f in ein eigenes Koordinatensystem und konstruieren Sie den Graphen der Umkehrfunktion f^{-1}. Lesen Sie aus der Zeichnung eine Gleichung von f^{-1} ab.

c) Bestätigen Sie Ihre abgelesene Gleichung von f^{-1} durch eine Rechnung. Geben Sie auch die Definitionsmenge $D_{f^{-1}}$ und die Wertemenge $W_{f^{-1}}$ an.

7. Folgende Funktionen besitzen Umkehrfunktionen. Zeichnen Sie die Graphen von Funktion und Umkehrfunktion in dasselbe Koordinatensystem. Berechnen Sie den Funktionsterm der Umkehrfunktion.

a) $f:[-1;+\infty[\to \mathbb{R}, x \mapsto (x+1)^2$ b) $f:\mathbb{R}\setminus\{0\}\to \mathbb{R}, x \mapsto 1+\frac{1}{x}$

8. Für die Umrechnung von Temperaturangaben gelten folgende Vorschriften:

- von *Kelvin* in *Fahrenheit*: $f: x \mapsto 1{,}8x-459{,}67$
- von *Celsius* in *Fahrenheit*: $g: x \mapsto 1{,}8x+32$

Wie lauten die Umrechnungsvorschriften, wenn man umgekehrt Temperaturangaben von *Fahrenheit* in *Kelvin* bzw. in *Celsius* umrechnen will?

1.7 Funktionen mit Parametern

1.7.1 Charakteristische Punkte

Begriff der Funktionenschar

Der Funktionsterm von $f_a(x) = ax^2$ enthält neben der Variablen x noch eine weitere Variable a, die man als **Parameter**[(1)] oder **Formvariable** bezeichnet. Zu jedem möglichen Wert von a gehört eine eigene Funktion. Die Menge dieser Funktionen nennt man **Funktionenschar**, die Menge ihrer Graphen **Kurvenschar**.

Ein Beispiel für eine solche Funktionenschar ist

$$f_a\colon \mathbb{R} \to \mathbb{R}, x \mapsto -x^3 + 6ax^2 \text{ mit } a \in \mathbb{R}^+.$$

Die Abbildung zeigt die Graphen verschiedener Funktionen der Schar für ausgewählte Werte des Parameters a.

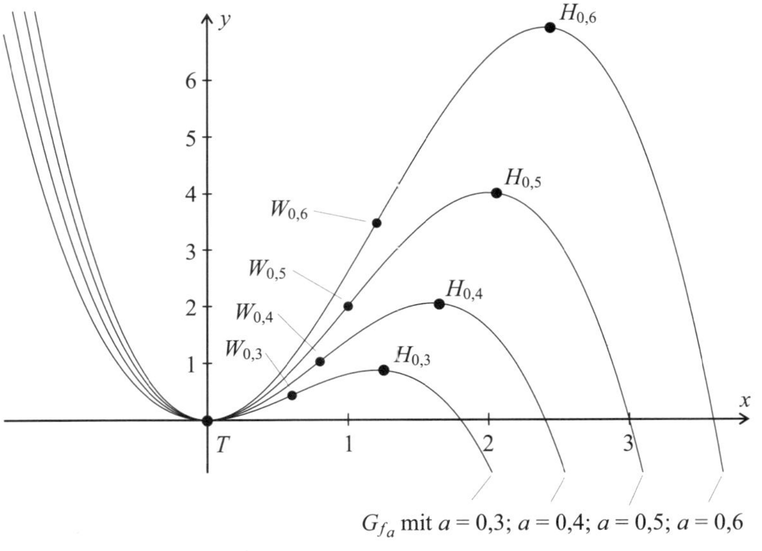

Aus der Abbildung lassen sich folgende gemeinsame Eigenschaften der einzelnen Graphen der Funktionenschar ablesen.

- Alle Funktionen der Schar besitzen neben der gemeinsamen Nullstelle 0 eine weitere Nullstelle.
- Alle Graphen der Schar besitzen einen Hochpunkt sowie den gemeinsamen Tiefpunkt $T(0\,|\,0)$.
- Jeder Graph der Schar besitzt einen Wendepunkt.

Im Folgenden sind typische Fragestellungen im Zusammenhang mit Funktionenscharen anhand von Beispielen zusammengestellt.

---

(1) Parameter, para (griech), neben; metron (griech.), Maß. Als Parameter wird in der Mathematik eine Variable bezeichnet, die gemeinsam mit anderen Variablen auftritt, aber von anderer Qualität ist. Man spricht auch davon, dass ein Parameter beliebig, aber fest ist. Er unterscheidet sich damit von einer Konstanten dadurch, dass der Parameter nur für einen gerade betrachteten Fall konstant ist.

Bestimmung einer Scharfunktion (bzw. des Parameters) aufgrund einer vorgegebenen Eigenschaft

Durch die Vorgabe einer Bedingung kann aus den Funktionen einer Schar eine bestimmte Funktion ausgewählt werden.

Beispiel (Berechnen des Parameters mithilfe eines Funktionswerts)

Gegeben ist die Funktionenschar $f_a: x \mapsto x^3 - ax^2$ *mit* $a \in \mathbb{R}$.

Wir bestimmen $a \in \mathbb{R}$ *so, dass der Punkt* $P(1 \mid 2)$ *auf dem Graphen liegt.*

Ein Punktprobe mit den Koordinaten des Punkts P in der Gleichung von f_a ergibt:

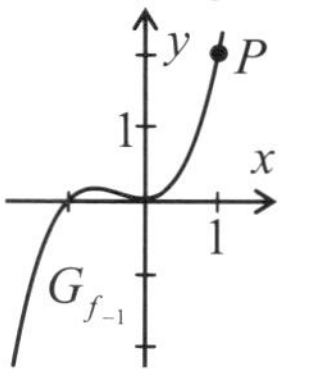

$$f_a(1) = 2 \Leftrightarrow 1^2 - a \cdot 1 = 2 \Leftrightarrow -a \cdot 1 = 1 \Leftrightarrow a = -1.$$

Die gesuchte Scharfunktion ist $f_{-1}: x \mapsto x^3 + x^2$.

Beispiel (Berechnen des Parameters mithilfe eines Steigungswerts)

Gegeben ist die Funktionenschar $f_a: x \mapsto \frac{1}{3}x^3 - 3ax + 1$ *mit* $a \in \mathbb{R}$.

Wir bestimmen $a \in \mathbb{R}$ *so, dass der Graph an der Stelle 1 die Steigung −2 hat.*

Berechnung der Ableitung:

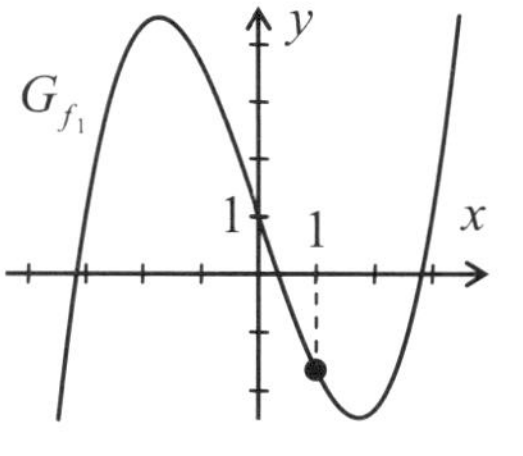

$$f_a'(x) = x^2 - 3a$$

Bedingung:

$$f_a'(1) = -2 \Leftrightarrow 1^2 - 3a = -2 \Leftrightarrow -3a = -3 \Leftrightarrow a = 1$$

Die gesuchte Scharfunktion ist $f_1: x \mapsto \frac{1}{3}x^3 - 3x + 1$.

Aufgaben

1. Betrachtet wird die Funktionenschar $f_a: x \mapsto ax^2 - 2ax + 1$ mit $a \in \mathbb{R}^*$.
   a) Welche Art von Graph besitzen die Funktionen der Schar?
   b) Bestimmen Sie a so, dass der Punkt $P(-1 \mid -2)$ auf dem Graphen liegt.

2. Betrachtet wird die Funktionenschar $f_a: x \mapsto x^4 - 2ax^2 + 8a$ mit $a \in \mathbb{R}$.
   Bestimmen Sie a so, dass die Tangente in $P(-1 \mid f_a(-1))$ die Steigung 2 hat.

3. Betrachtet wird die Funktionenschar $f_a: x \mapsto \frac{1}{2}x^3 - ax^2 + 1{,}5$ mit $a \in \mathbb{R}$.
   Die Graphen ①, ② und ③ in der Abbildung gehören jeweils zu einem der Werte $a = -1{,}5$, $a = 0$ und $a = 1$.
   - Ordnen Sie jedem dieser Parameterwerte den zugehörigen Graphen zu.
   - Begründen Sie Ihre Entscheidung.

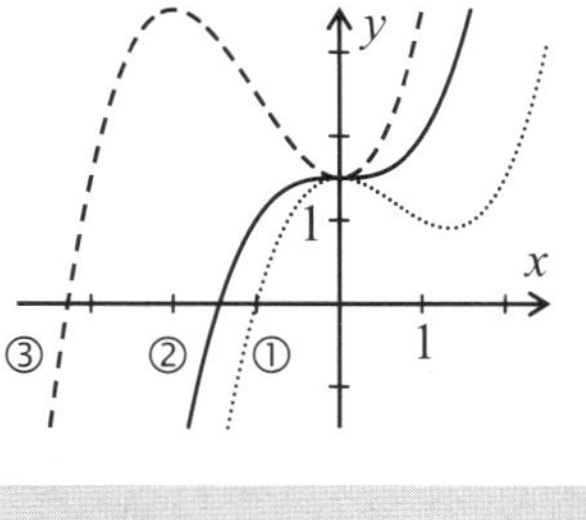

Nullstellen in Abhängigkeit vom Parameter

Bei Scharfunktionen kann die Anzahl der Nullstellen in Abhängigkeit vom Parameter variieren.

Beispiel (Bestimmen der Nullstellen einer Funktionenschar)

Gegeben ist die Funktionenschar $f_a: x \mapsto x^3 - ax$ *mit* $a \in \mathbb{R}$.
Wir bestimmen abhängig von a die Anzahl und Vielfachheit der Nullstellen.

Bedingung für das Auftreten von Nullstellen:

$$f_a(x) = 0 \Leftrightarrow x^3 - ax = 0 \Leftrightarrow x \cdot (x^2 - a) = 0$$

$$\Leftrightarrow x = 0 \vee x^2 - a = 0$$

Für den quadratischen Term ergibt sich:

$$x^2 = a \Leftrightarrow \begin{cases} x = -\sqrt{a} \vee x = \sqrt{a} & \text{für } a > 0 \\ x = 0 & \text{für } a = 0 \\ \text{unerfüllbar} & \text{für } a < 0 \end{cases}$$

Zusammengefasst bedeutet dies für die Anzahl und die Art der Nullstellen:

- $a > 0$: drei Nullstellen (alle einfach),
- $a > 0$: Nullstelle 0 (dreifach),
- $a < 0$: Nullstelle 0 (einfach).

Die Abbildungen zeigen für die einzelnen Fälle jeweils einen typischen Graphen.

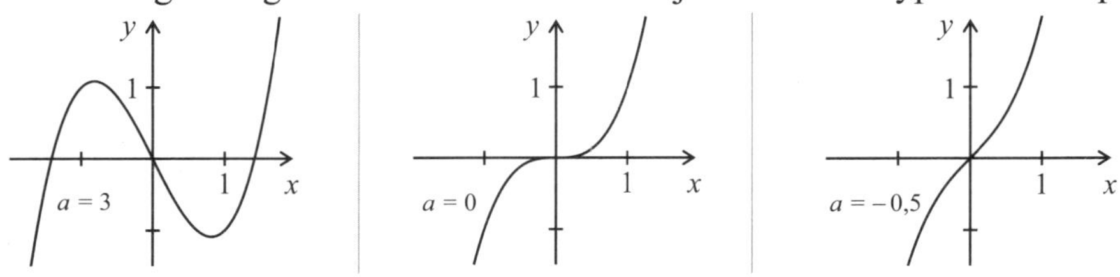

Aufgaben

4. Gegeben ist die Funktionenschar $f_a: x \mapsto x^3 + ax$ mit $a \in \mathbb{R}$.
   a) Welche Funktion der Schar hat an der Stelle $x = -2$ die Steigung -1?
   b) Welche Funktionen der Schar besitzen genau eine Nullstelle?

5. Gegeben ist die Funktionenschar $f_a: x \mapsto -\frac{1}{2}x^4 - 2ax^2$ mit $a \in \mathbb{R}$.
   a) Bestimmen Sie in Abhängigkeit von a die Nullstellen von f_a.
   b) Ordnen Sie den Parametern $a = -1$, $a = 0$ und $a = 1$ den zutreffenden der folgenden Graphen zu.

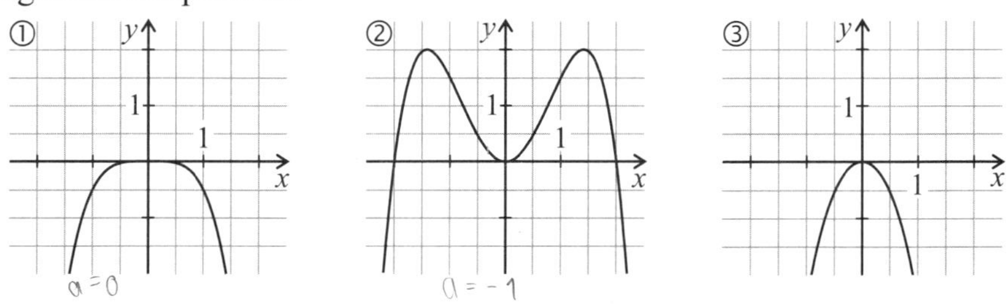

Extrempunkte in Abhängigkeit vom Parameter

Wir berechnen bei einer Scharfunktion die Extrempunkte in Abhängigkeit vom gegebenen Parameter.

Beispiel (Berechnen des Extrempunkts einer Funktionenschar)

Gegeben ist die Funktionenschar $f_a: x \mapsto \frac{1}{4}x^4 + \frac{2}{3}a\,x^3$ *mit* $a \in \mathbb{R}^*$.

Wir bestimmen für eine beliebige Funktion der Schar den Extrempunkt und weisen die Art des Extremums nach.

Ableitungen	$f_a'(x) = x^3 + 2a\,x^2$ und $f_a''(x) = 3x^2 + 4a\,x$
Notwendige Bedingung	$f_a'(x) = 0 \Leftrightarrow x^2 \cdot (x + 2a) = 0 \Leftrightarrow x^2 = 0 \vee x = -2a$ (doppelt) (einfach)
Hinreichende Bedingung	Aus der doppelten Nullstelle (ohne VzW) $x = 0$ von f_a' ergibt sich unabhängig von a der Sattelpunkt $S(0\,\|\,0)$. Die einfache Nullstelle (mit VzW) $x = -2a$ kann einen Hoch- oder Tiefpunkt ergeben. Wir betrachten die 2. Ableitung: $f_a''(-2a) = 3 \cdot (-2a)^2 + 4a \cdot (-2a) = 12a^2 - 8a^2 = 4a^2 > 0$.
Angabe des Extremums	Funktionswert $f_a(-2a) = \frac{1}{4} \cdot (-2a)^4 + \frac{2}{3}a \cdot (-2a)^3 = 4a^4 - \frac{16}{3}a^4 = -\frac{4}{3}a^4$ Für $a > 0$ und $a < 0$ ergibt sich der Tiefpunkt $T(-2a\,\|\,-\frac{4}{3}a^4)$.
Graphen für $a = 1$ und $a = -1$	(siehe Graphen)

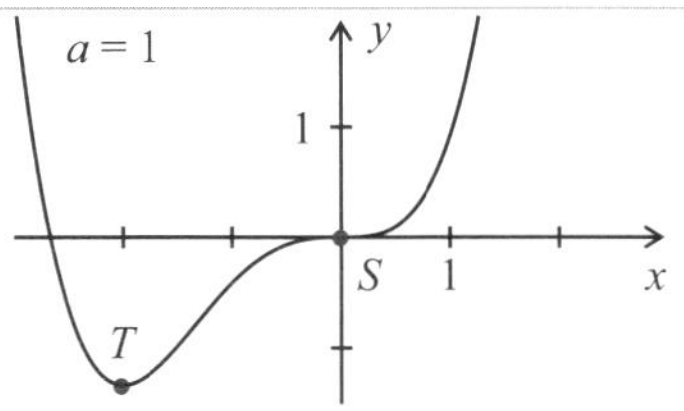

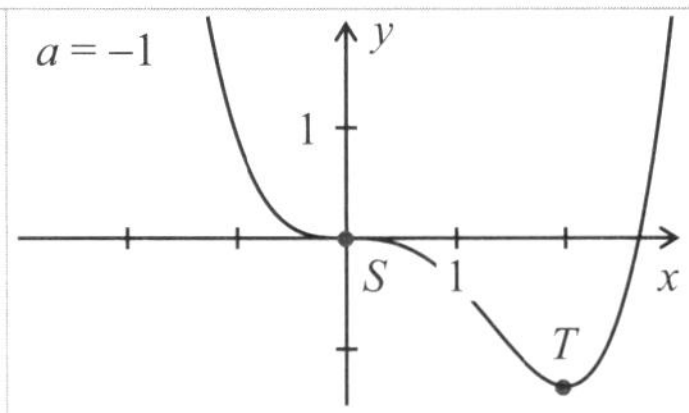

Aufgaben

6. Betrachtet wird die Funktionenschar $f_a: x \mapsto a\,x^2 - 2a\,x + 1$ mit $a \in \mathbb{R}^*$.
   a) Zeigen Sie, dass der Graph von f_a den Extrempunkt $E(1\,|\,1 - a)$ besitzt.
   b) Geben Sie ohne weitere Rechnung die Art des Extremums an.

7. Gegeben ist die Funktionenschar $f_a: x \mapsto x^3 - a\,x^2$ mit $a \in \mathbb{R}^*$.
   a) Berechnen Sie die Nullstellen der Funktionen der Schar.
   b)* Zeigen Sie, dass jede Kurve der Schar zwei Extrempunkte besitzt. Geben Sie die Extrempunkte und ihre Art in Abhängigkeit von a an.
   c)* Prüfen Sie, ob es einen Wert von a so gibt, dass beide Extrempunkte auf der ersten Winkelhalbierenden liegen.

Wendepunkte in Abhängigkeit vom Parameter

Wir berechnen bei einer Scharfunktion den Wendepunkt abhängig vom Parameter.

Beispiel (Berechnen des Wendepunkts einer Funktionenschar)

Gegeben ist die Funktionenschar $f_a: x \mapsto x^3 - \frac{3}{2}ax^2$ *mit* $a \in \mathbb{R}^*$.

Wir bestimmen für eine beliebige Funktion der Schar den Wendepunkt.

Ableitungen	$f_a'(x) = 3x^2 - 3ax$ und $f_a''(x) = 6x - 3a$
Notwendige Bedingung	$f_a''(x) = 0 \Leftrightarrow 6x - 3a = 0 \Leftrightarrow 6 \cdot (x - \frac{1}{2}a) = 0 \Leftrightarrow x = \frac{1}{2}a$ einfach, mit VzW
Hinreichende Bedingung	An der Stelle $\frac{1}{2}a$ liegt ein Vorzeichenwechsel von f_a'' vor. Es handelt sich somit um eine Wendestelle.
Angabe des Wendepunkts	Funktionswert: $f_a(\frac{1}{2}a) = (\frac{1}{2}a)^3 - \frac{3}{2}a \cdot (\frac{1}{2}a)^2 = \frac{1}{8}a^3 - \frac{3}{8}a^3 = -\frac{1}{4}a^3$ Damit ergibt sich der Wendepunkt $W(\frac{1}{2}a \mid -\frac{1}{4}a^3)$.

Aufgaben

8. Gegeben ist die Funktionenschar $f_a: x \mapsto -x^3 + 3ax^2$ mit $a \in \mathbb{R}$.
   a) Skizzieren Sie den Graphen für $a = 1$.
   b) Bestimmen Sie für jede Scharkurve den Wendepunkt.

9. Gegeben ist die Funktionenschar $f_a: x \mapsto \frac{1}{4}x^4 - \frac{1}{4}ax^2$ mit $a \in \mathbb{R}^*$.
   a) Für welchen Wert von a hat der zugehörige Graph an der Stelle $x = 1$ einen Wendepunkt?
   b) Berechnen Sie für diesen Parameterwert auch die Koordinaten des zweiten Wendepunkts.

10. Gegeben ist die Funktionenschar $f_a: x \mapsto \frac{1}{6}x^3 - \frac{1}{2}ax^2 + 2$ mit $a \in \mathbb{R}^*$.
    Untersuchen Sie, ob der Punkt $W(1 \mid \frac{5}{3})$ Wendepunkt eines Graphen der Funktionen f_a ist.

11. Gegeben ist die Funktionenschar $f_a: x \mapsto \frac{1}{12}ax^3 - \frac{1}{4}x^2$ mit $a \in \mathbb{R}^*$.
    a) Begründen Sie, dass jeder Graph der Schar genau einen Wendepunkt hat. Geben Sie die Koordinaten des Wendepunkts in Abhängigkeit von a an.
    b) Gibt es Werte des Parameters a, für die der Wendepunkt auf einer Koordinatenachse liegt?

Gemeinsame Eigenschaften aller Funktionen einer Schar

Bei der Funktionenschar in der Abbildung besitzen alle Graphen der Schar zwei gemeinsame Punkte.
Zur Untersuchung auf gemeinsame Punkte **aller** Funktionen einer Schar macht man den Ansatz:

$$f_{a_1}(x) = f_{a_2}(x) \quad \text{mit} \quad a_1 \neq a_2 \quad \text{oder} \quad a_1 - a_2 \neq 0.$$

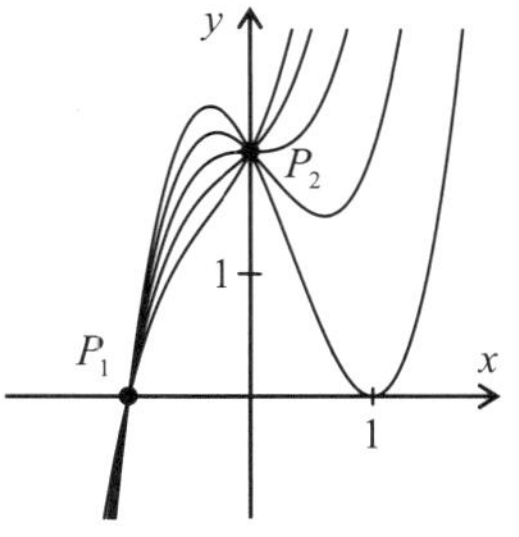

Ein gemeinsamer Punkt aller Scharfunktionen liegt vor, wenn sich eine Schnittstelle x errechnen lässt, die unabhängig von den Parametern a_1 und a_2 ist.

Beispiel (Untersuchen aller Scharfunktionen auf gemeinsame Punkte)
Die Funktionenschar $f_a:\ x \mapsto 2x^3 - ax^2 - ax + 2$ *mit* $a \in \mathbb{R}$ *soll auf gemeinsame Punkte untersucht werden.*
Wir betrachten verschiedene Funktionen. Für $a_1 \neq a_2$ machen wir den Ansatz:

$$\begin{aligned}
f_{a_1}(x) = f_{a_2}(x) &\Leftrightarrow 2x^3 - a_1x^2 - a_1x + 2 = 2x^3 - a_2x^2 - a_2x + 2 \\
&\Leftrightarrow a_2x^2 - a_1x^2 + a_2x - a_1x = 0 \\
&\Leftrightarrow (a_2 - a_1)\cdot x^2 + (a_2 - a_1)\cdot x = 0 \\
&\Leftrightarrow (a_2 - a_1)\cdot(x^2 + x) = 0 \\
&\Leftrightarrow (a_2 - a_1)\cdot(x+1)\cdot x = 0 \qquad |:(a_2 - a_1) \neq 0, \text{da } a_1 \neq a_2 \\
&\Leftrightarrow (x+1)\cdot x = 0 \\
&\Leftrightarrow x = -1 \vee x = 0 \qquad \text{(unabhängig von } a_1 \text{ und } a_2\text{)}
\end{aligned}$$

Hieraus ergeben sich $P_1(-1\,|\,0)$ und $P_2(0\,|\,2)$ als gemeinsame Punkte aller Graphen der Schar (vgl. auch Abbildung oben).

Aufgaben

12. Betrachtet wird die Funktionenschar $f_a: x \mapsto \frac{1}{4}ax^4 - \frac{1}{2}ax^2 - x$ mit $a \in \mathbb{R}$.
    Weisen Sie nach, dass alle Graphen der Schar f_a an der Stelle $x = 0$ dieselbe Steigung besitzen.

13. Gegeben ist die Funktionenschar $f_a: x \mapsto -\frac{1}{4}x^4 - 3ax^3 - a^2$ mit $a \in \mathbb{R}$.
    Untersuchen Sie das Grenzwertverhalten der Funktionen f_a für $x \to \pm\infty$.

14. Gegeben ist die Funktionenschar $f_a: x \mapsto \frac{1}{6}x^3 - x^2 - \frac{1}{6}ax + \frac{1}{2}a^2$ mit $a \in \mathbb{R}$.
    Zeigen Sie, dass alle Graphen der Schar dieselbe Wendestelle besitzen.

15. Gegeben ist die Funktionenschar $f_a: x \mapsto x^4 - ax^3 + 8a$ mit $a \in \mathbb{R}^*$.
    Prüfen Sie, ob es einen Punkt gibt, der zu allen Kurven der Schar gehört.

Vermischte Aufgaben

16. Gegeben ist die Funktionenschar $f_a: x \mapsto \frac{1}{4}x^4 - \frac{1}{2}(a+1)x^3 + \frac{3}{2}ax^2$ mit $a \in \mathbb{R}$. Zeigen Sie, dass jeder Graph der Schar zwei Wendepunkte besitzt, von denen einer zu allen Graphen der Schar gehört.

17. Die Graphen von Funktionen einer Schar f_a sollen auf einfache Symmetrien untersucht werden.
    a) Begründen Sie, dass alle Graphen der Schar $f_a: x \mapsto 2x^3 + ax^2 + a^2x$ mit $a \in \mathbb{R}^*$ weder symmetrisch zur y-Achse noch symmetrisch zum Ursprung sind.
    b) Betrachtet wird die Funktionenschar $f_a: x \mapsto ax^3 + (a-1)x^2$ mit $a \in \mathbb{R}$. Bestimmen Sie die Werte des Parameters a, für die der Graph von f_a eine einfache Symmetrie besitzt.

18. Gegeben ist die Funktionenschar $f_a: x \mapsto x^3 - ax$ mit $a \in \mathbb{R}$.
    a) Welche Funktionen der Schar sind streng monoton in $\mathbb{R}$?
    b) Ermitteln Sie für die übrigen Funktionen die Monotonieintervalle.

19. Gegeben ist die Funktionenschar $f_a: x \mapsto \frac{1}{3}a^2x^3 - x + a$ mit $a \in \mathbb{R}^+$.
    a) Zeigen Sie, dass sich die erste Ableitung von f_a darstellen lässt in der Form $f_a'(x) = (ax-1)(ax+1)$.
    b) Begründen Sie, dass jeder Graph von f_a genau zwei Extrempunkte besitzt.
    c) Bestimmen Sie denjenigen Wert des Parameters a, für den die Extremstellen den Abstand 2 besitzen.

20. Betrachtet wird die Funktionenschar $f_a: x \mapsto a(x^3 - x^2 - x + 1)$ mit $a > 0$.
    a) Bestimmen Sie für $a = 1$ die Nullstellen, Extremwerte und Grenzwerte für $x \to \pm\infty$. Skizzieren Sie mit diesen Angaben den Graphen.
    b) Berechnen Sie für f_a eine Gleichung der Tangente im Wendepunkt.
    c) Wie verändern sich die Lage des Wendepunkts und der Verlauf der Wendetangente für $a > 1$, wenn a wächst? Begründen Sie Ihre Antwort.

21. Gegeben ist die Funktionenschar $f_a: x \mapsto -\frac{1}{2}(x+1)^2(x-a)$ mit $a \in \mathbb{R}$.
    a) Beschreiben Sie den Verlauf der Funktionsgraphen in Abhängigkeit von a. Erstellen Sie zu jedem Fall jeweils eine Skizze.
    b) Für welche Werte von a liegt der Hochpunkt auf der x-Achse? Begründen Sie Ihre Antwort ohne zu rechnen.
    c) Für welchen Wert von a liegt der Wendepunkt auf der y-Achse?

22. Gegeben ist die Funktionenschar $f_a : x \mapsto -ax^2 - 2ax - 3$ mit $a \in \mathbb{R}^*$.

Untersuchen Sie, ob der Punkt $H(-1 \mid -1)$ Hochpunkt eines Schargraphen ist.

23. Gegeben ist die Funktionenschar $f_a : x \mapsto \frac{1}{a}x^2 - \frac{2}{a}x - a$ mit $a \in \mathbb{R}^*$.

a) Begründen Sie, dass $x = 1$ Extremstelle für jede Funktion der Schar ist.

b) Entscheiden Sie in Abhängigkeit von a, ob es sich bei $x = 1$ um eine Maximum- oder eine Minimumstelle handelt.

24. Gegeben ist die Funktionenschar $f_a : x \mapsto \frac{1}{3a}x^3 - ax^2 - x$ mit $a \in \mathbb{R}^*$.

Berechnen Sie die Werte von a, für die die Tangente an den Graphen von f_a im Punkt $P(1 \mid f_a(1))$ parallel zur zweiten Winkelhalbierenden ist.

25. Gegeben ist die Funktionenschar $f_a : x \mapsto \frac{1}{2}ax(x+4)$ mit $a \in \mathbb{R}^+$.

a) Begründen Sie ohne Differenzialrechnung, dass $x = -2$ Minimumstelle für jede Funktion der Schar ist.

b) Begründen Sie, dass der Punkt $T_a(-2 \mid -2a)$ Tiefpunkt des Graphen von f_a ist.

c) Berechnen Sie den Abstand der Tiefpunkte T_a und T_{a+1} der Graphen von f_a und f_{a+1}.

26. Gegeben ist die Funktionenschar $f_a : x \mapsto \frac{1}{4a}x^4 - 2x$ mit $a \neq 0$.

a) Geben Sie die Grenzwerte von f_a für $x \to \pm\infty$ an.

b) Berechnen Sie die Nullstellen von f_a einschließlich ihrer Vielfachheiten.

c) Weisen Sie rechnerisch nach, dass alle Graphen der Schar im Ursprung dieselbe Tangente besitzen.

d) Bestimmen Sie die lokalen Extremstellen in Abhängigkeit von a und geben Sie die Art und die Koordinaten der Extrempunkte an.

e) Begründen Sie, dass kein Graph der Schar einen Wendepunkt besitzt.

f) Zeichnen Sie anhand der vorliegenden Informationen die Graphen der Scharfunktionen f_{-4} und f_4.

27.* Gegeben ist die Funktionenschar $f_a : D_{\max} \to \mathbb{R},\ x \mapsto \frac{4}{x} + ax$ mit $a \in \mathbb{R}^*$.

Bestimmen Sie in Abhängigkeit von a die Stellen, an denen der Graph von f_a eine waagerechte Tangente besitzt.

28.* Gegeben ist die Funktionenschar $f_a : D_{\max} \to \mathbb{R},\ x \mapsto \frac{1}{x^2} - \frac{3a}{x}$ mit $a \in \mathbb{R}^*$.

Bestimmen Sie in Abhängigkeit von a die Stellen, an denen der Graph von f_a eine Wendestelle besitzt.

Begründen und Argumentieren

1 Betrachtet wird die Funktionenschar $f_a\colon x \mapsto -\frac{1}{3}x^3 + ax - a + \frac{1}{2}$ mit $a \in \mathbb{R}$.

Die in der Abbildung dargestellten Graphen ①, ② und ③ gehören jeweils zu einem der Parameterwerte $a = -1$, $a = 0$ und $a = 1$.

Entscheiden Sie begründet, welcher Wert zu welchem Graphen gehört.

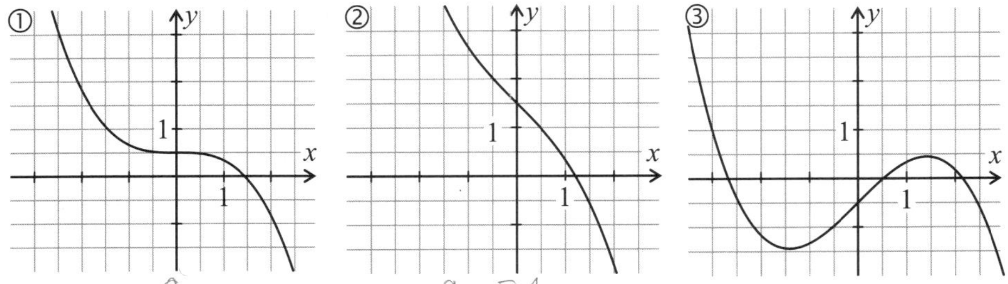

2 Gegeben ist die Funktionenschar $f_a\colon x \mapsto \frac{3}{4}x^4 - ax^3 - x^2 + 2ax$ mit $a \in \mathbb{R}$.

In der Abbildung sind die Graphen zu den Parameterwerten $a = -2$, $a = -1$ und $a = 0$ dargestellt. Entscheiden Sie begründet, zu welchem Parameterwert die abgebildeten Graphen gehören.

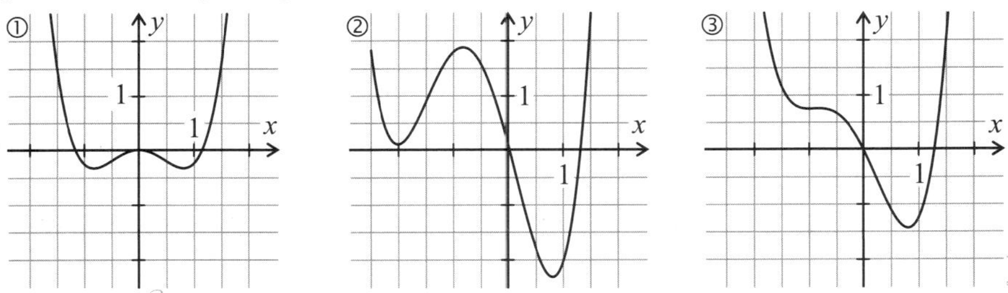

3 Betrachtet wird die Funktionenschar $f_a\colon x \mapsto \frac{1}{4}\cdot(x-a)\cdot(x^2+a)$ mit $a \in \mathbb{R}$.

Entscheiden und begründen Sie, welcher der folgenden Graphen zu den Fällen $a > 0$, $a = 0$ und $a < 0$ gehört.

Begründen Sie auch, dass zwei der Graphen nicht zur Schar gehören.

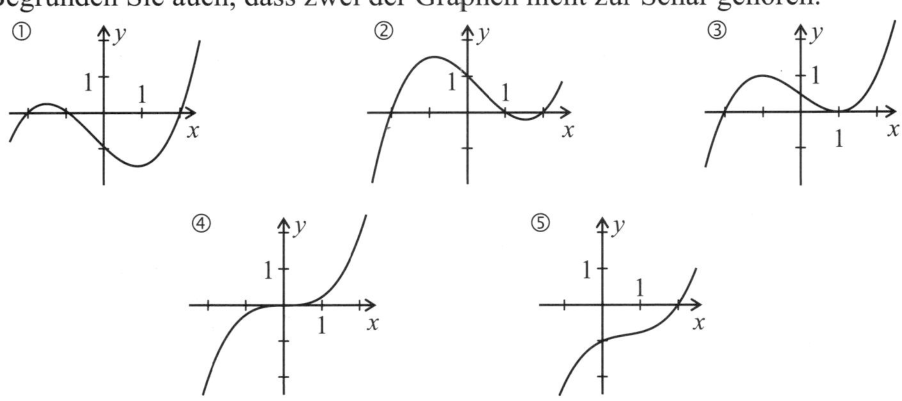

4 Betrachtet wird die Funktionenschar $f_a : x \mapsto \frac{1}{32}x^4 - ax^3 - \frac{3}{8}x^2$ mit $a \in \mathbb{R}$.

Begründen Sie, dass keiner der abgebildeten Graphen zur Funktionenschar f_a gehört.

a)

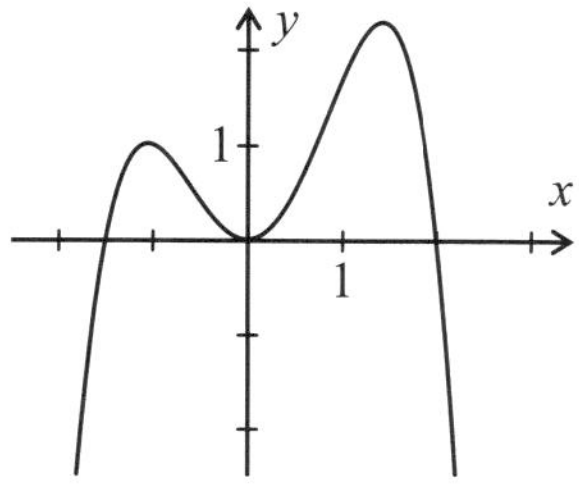

b)

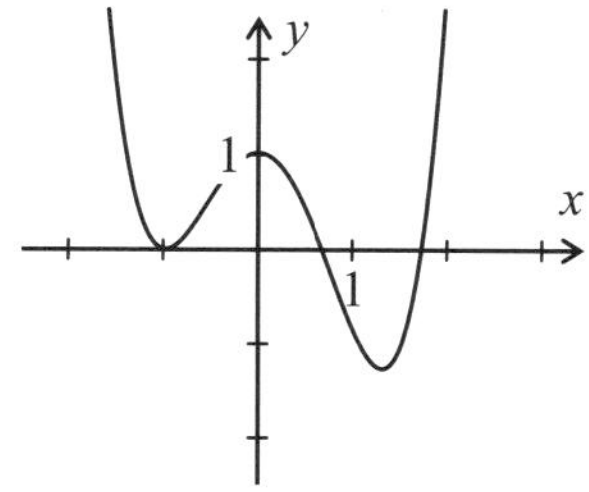

5 Betrachtet wird die Funktionenschar $f_a : x \mapsto -\frac{1}{3}x^3 + \frac{1}{3}x^2 + ax + 1$ mit $a \in \mathbb{R}$.

Nur einer der folgenden Graphen gehört zur Schar f_a.

①

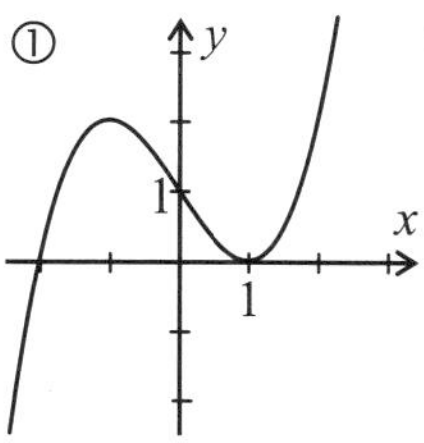

②

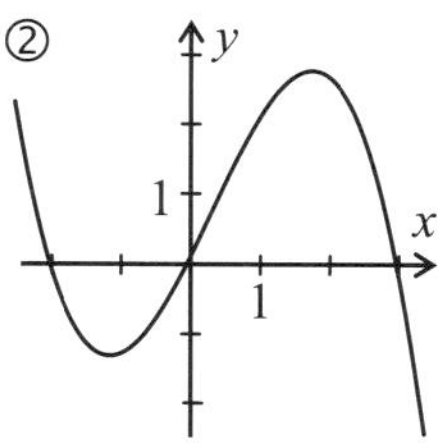

③

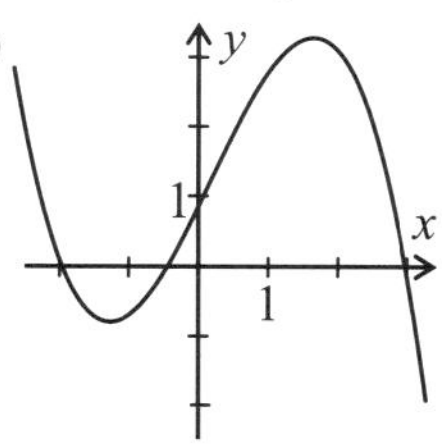

④

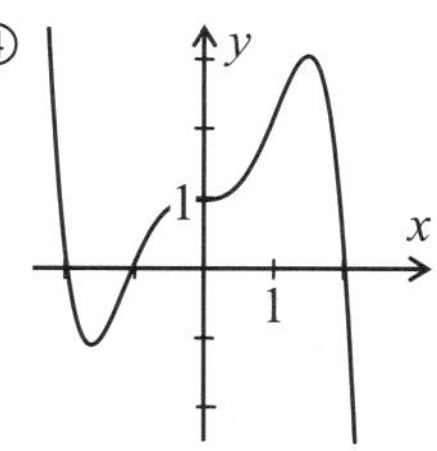

a) Welche drei Abbildungen zeigen keine Graphen der Schar f_a? Begründen Sie Ihre Entscheidung.

b) Bestimmen Sie anhand der Abbildung für den vierten Graphen den zugehörigen Parameterwert a.
Bestätigen Sie für diesen Fall rechnerisch die Lage der Extremstellen.

6 Betrachtet wird die Funktionenschar $f_a : x \mapsto a \cdot x \cdot (x+2) \cdot (x-2)^n$ mit $a \in \mathbb{R}^*$ und $n \in \mathbb{N}^*$.

Prüfen Sie, ob die Abbildungen Graphen der Schar zeigen.

Geben Sie gegebenenfalls den Exponenten n an und bestimmen Sie unter Verwendung der Abbildung den Wert des Parameters a.

①

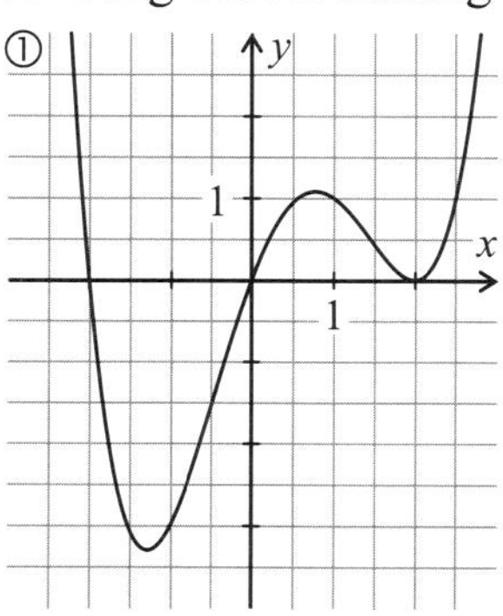

②

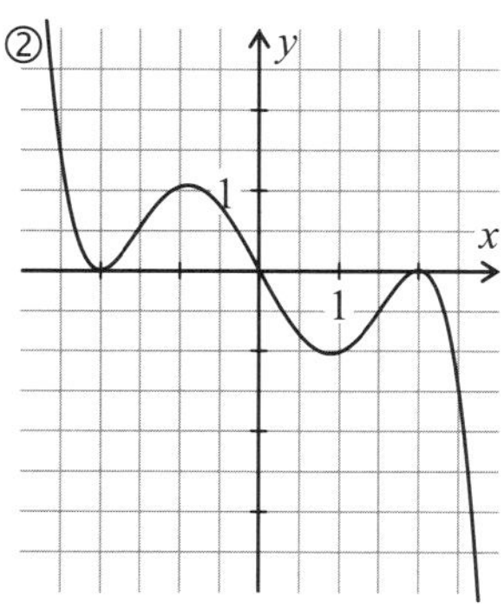

③

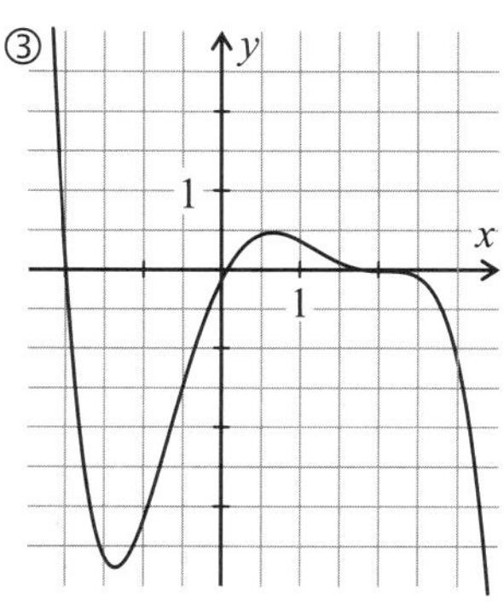

1.7.2 Steckbriefaufgaben (LK)

Die Aufgabe einer Funktionsuntersuchung besteht darin, eine gegebene Funktion auf festgelegte Eigenschaften hin zu untersuchen und damit eine genaue Zeichnung des zugehörigen Graphen erstellen zu können.
Man kann diese Fragestellung auch umkehren: Die Aufgabe besteht dann darin, aus vorgegebenen Eigenschaften des Funktionsgraphen einen Term der zugehörigen Funktion zu bestimmen.

Beispiel (Funktion gemäß Steckbrief bestimmen)

Eine ganzrationale Funktion vom Grad 3 soll folgende Eigenschaften haben: Ihr Graph hat den y-Achsenabschnitt -1 *und den Extrempunkt* $E(1\,|\,3)$ *und ändert an der Stelle* 2 *seinen Krümmungssinn. Bestimmen Sie die Funktionsgleichung.*

Wir machen den Ansatz: $f(x)=ax^3+bx^2+cx+d$.

Dann gilt für die Ableitungen: $f'(x)=3ax^2+2bx+c$ und

$f''(x)=6ax+2b$.

Der Steckbrief liefert die folgenden Bedingungen.

- y-Achsenabschnitt -1: $f(0)=-1 \Leftrightarrow d=-1$

  Wir verwenden das Ergebnis $d=-1$ bei allen folgenden Bedingungen.
- G_f verläuft durch $E(1\,|\,3)$: $f(1)=3 \Leftrightarrow a+b+c-1=3$ (I)
- 1 ist Extremstelle: $f'(1)=0 \Leftrightarrow 3a+2b+c=0$ (II)
- 2 ist Wendestelle: $f''(2)=0 \Leftrightarrow 12a+2b=0$

  $\Leftrightarrow 6a+b=0$ (III)

Wir erhalten ein Gleichungssystem (I, II, III), das sich wie folgt lösen lässt:

– Auflösen nach b in (III): $b=-6a$ (IV)

– Einsetzen in (I) und (II): $a-6a+c-1=3 \Leftrightarrow -5a+c=4$ (V)

$3a+2\cdot(-6a)+c=0 \Leftrightarrow -9a+c=0$ (VI)

– Subtraktion (VI) – (V): $-4a=-4 \Leftrightarrow a=1$

– Einsetzen von $a=1$ in (V): $-5+c=4 \Leftrightarrow c=9$

– Einsetzen von $a=1$ in (IV): $b=-6$

Die gesuchte ganzrationale Funktion besitzt die Gleichung

$$f(x)=x^3-6x^2+9x-1\ .$$

Die Abbildung zeigt ihren Graphen mit den charakteristischen Punkten.

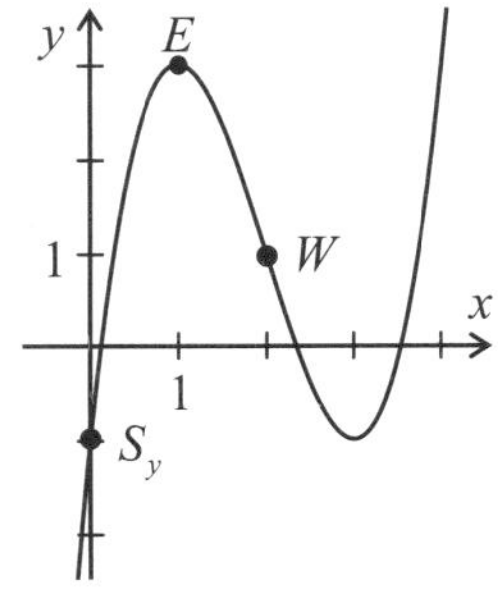

Die folgende Übersicht zeigt häufige verbale Formulierungen bei Steckbriefaufgaben und deren Übersetzung in die Funktionsschreibweise.

Verbale Formulierung	*Übersetzung*		
Der Graph der Funktion f			
• verläuft durch den Punkt $P(x_0 \mid y_0)$.	$f(x_0) = y_0$		
• schneidet die x-Achse an der Stelle x_0 (Nullstelle).	$f(x_0) = 0$		
• schneidet die y-Achse an der Stelle y_0.	$f(0) = y_0$		
• berührt die x-Achse an der Stelle x_0.	$f(x_0) = 0$	$f'(x_0) = 0$	
• hat an der Stelle x_0 einen Hochpunkt oder einen Tiefpunkt.		$f'(x_0) = 0$	
• hat den Hochpunkt $H(x_0 \mid y_0)$ oder den Tiefpunkt $T(x_0 \mid y_0)$.	$f(x_0) = y_0$	$f'(x_0) = 0$	
• hat an der Stelle x_0 eine waagerechte Tangente.		$f'(x_0) = 0$	
• hat an der Stelle x_0 die Steigung m.		$f'(x_0) = m$	
• hat an der Stelle x_0 einen Wendepunkt.			$f''(x_0) = 0$
• hat den Wendepunkt $W(x_0 \mid y_0)$.	$f(x_0) = y_0$		$f''(x_0) = 0$
• hat den Sattelpunkt $W(x_0 \mid y_0)$.	$f(x_0) = y_0$	$f'(x_0) = 0$	$f''(x_0) = 0$
• hat an der Stelle x_0 lokal die größte Steigung oder das größte Gefälle.			$f''(x_0) = 0$
• hat im Punkt $P(x_0 \mid y_0)$ eine Tangente mit der Steigung m.	$f(x_0) = y_0$	$f'(x_0) = m$	
• hat im Wendepunkt $W(x_0 \mid y_0)$ eine Wendetangente mit der Steigung m.	$f(x_0) = y_0$	$f'(x_0) = m$	$f''(x_0) = 0$

Aufgaben

29. Geben Sie für eine Funktion f die zugehörige Übersetzung an.
   a) G_f hat den Extrempunkt $E(-2 \mid 3)$ und den Wendepunkt $W(1 \mid -5)$.
   b) G_f schneidet die x-Achse an der Stelle 4 und verläuft durch $P(-1 \mid 2)$.
   c) G_f berührt die x-Achse an der Stelle –3 und hat in $P(1 \mid 1)$ die Steigung 2.
   d) G_f hat den y-Achsenabschnitt –2 und den Sattelpunkt $S(3 \mid -4)$.
   e) G_f hat in $W(-3 \mid 0{,}5)$ eine Wendetangente mit der Steigung –1,5.
   f) G_f geht durch den Ursprung und hat an der Stelle –2 sein größtes Gefälle.
   g) G_f schneidet die x-Achse in $X(0 \mid -3)$ und die y-Achse in $Y(3 \mid 0)$.
   (3|0) (0|-3)

30. Die Abbildung zeigt den Graphen einer ganzrationalen Funktion dritten Grades.

    Bestimmen Sie bei Verwendung der markierten Punkte einen möglichen Funktionsterm.

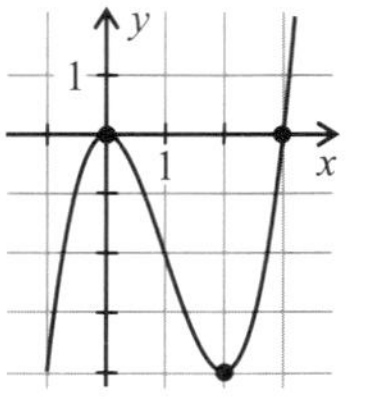

31. Gesucht ist eine ganzrationale Funktion von möglichst kleinem Grad mit den Nullstellen –3, –1 und 1 sowie dem y-Achsenabschnitt 1.
    a) Skizzieren Sie den Graphen der Funktion.
    b) Stellen Sie einen Funktionsterm auf.

32. Die nachstehenden Abbildungen zeigen Graphen ganzrationaler Funktionen. Stellen Sie einen möglichen Funktionsterm auf.
    a) Funktion vom Grad 3

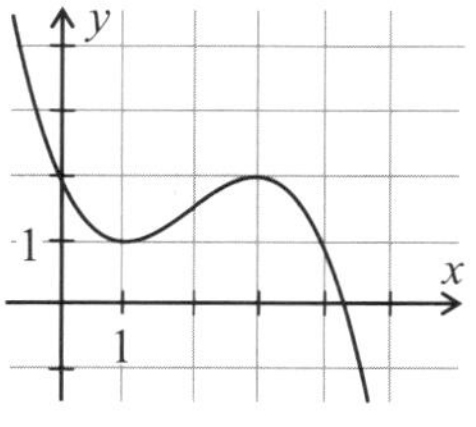

    b) Funktion vom Grad 4

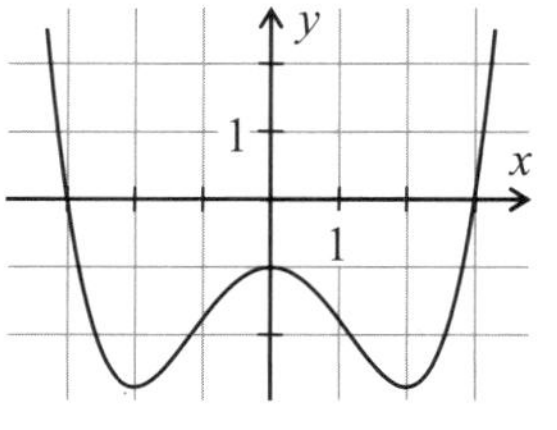

33. Geben Sie eine Gleichung einer in ℝ definierten periodischen Funktion f an, die folgende Eigenschaften besitzt:
    - Der Graph von f ist gegenüber der Sinuskurve an der x-Achse gespiegelt.
    - Die Funktion f besitzt die Wertemenge $[-4\,;\,4]$.
    - Die Funktion f besitzt die Periode π.

34. Der Graph von $f: x \mapsto ax^3 + bx^2 + c$ soll in dem Wendepunkt $W(-1|1)$ die Steigung -3 haben. Bestimmen Sie die Koeffizienten a, b und c.

35. Gesucht ist eine ganzrationale Funktion von möglichst kleinem Grad, deren Graph symmetrisch zum Ursprung ist und den Extrempunkt $E(3|-18)$ hat. Stellen Sie einen Funktionsterm auf.

36. Betrachtet wird eine allgemeine Sinusfunktion $f(x) = a \cdot \sin(bx + c) + d$.
    Ihr Graph besitzt in $W(0 \mid 2)$ einen Wendepunkt und in $H(2 \mid 4)$ ihren ersten Hochpunkt mit einer positiven Abszisse.
    Bestimmen Sie eine mögliche Funktionsgleichung.
    Welcher der Parameter a, b, c und d ist nicht eindeutig festgelegt? Begründen Sie Ihre Entscheidung.

37. In der Abbildung ist der Graph einer allgemeinen Sinusfunktion mit der Gleichung $f(x) = a \cdot \sin(bx + c) + d$ dargestellt.

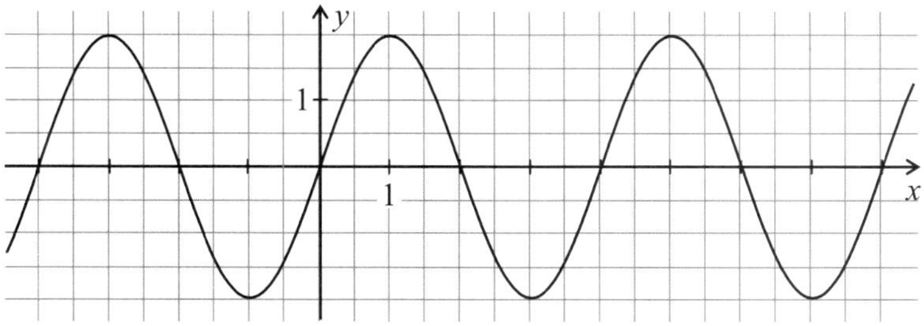

a) Ermitteln Sie anhand der Abbildung den Wert der Parameter *a*, *b*, *c* und *d*.

b) Der Graph soll so verschoben werden, dass ein zur *y*-Achse symmetrischer Graph entsteht, dessen Tiefpunkte auf der *x*-Achse liegen.
Ermitteln Sie für den verschobenen Graphen eine mögliche Funktionsgleichung.

38. In der Abbildung dargestellt ist der Graph einer Funktion mit der Gleichung $f(x) = a \cdot \cos(bx) + d$. Hervorgehoben ist der Hochpunkt $H(0 \mid 1)$ sowie der Wendepunkt $W(\pi \mid -1)$.

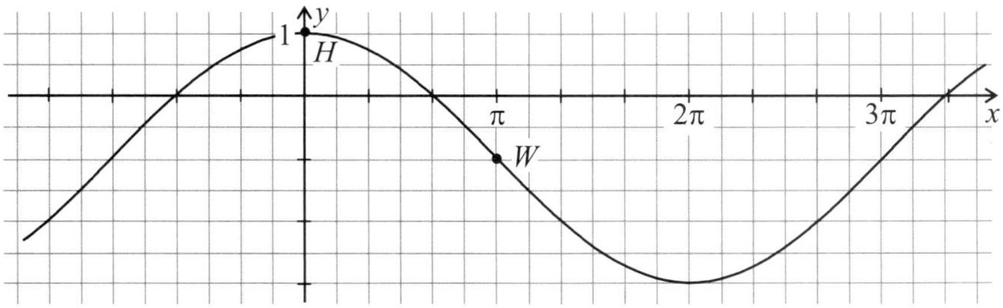

Ermitteln Sie mögliche Werte der Parameter *a*, *b* und *d*.

39. Von einer ganzrationalen Funktion *f* sind die nachfolgend angegebenen Informationen bekannt.
- Sie ist über dem Intervall [0 ; 5] definiert.
- Sie besitzt in [0 ; 5] dieselben Schnittstellen mit der *x*-Achse wie die allgemeine Sinusfunktion mit der Gleichung $y = 2{,}5 \cdot \sin(\frac{\pi}{2} \cdot x)$.
- Ihr Graph G_f verläuft durch $P(1 \mid 2)$.

Bestimmen Sie eine Funktionsgleichung der ganzrationalen Funktion *f*.

40.* Gesucht sind Funktionen des Typs $f: x \mapsto x^3 + bx^2 + cx + d$, deren Graphen einen Sattelpunkt haben und im Punkt $P(0 \mid -2)$ die Steigung 3 besitzen. Bestimmen Sie die Funktionsterme und zeichnen Sie die Graphen.

1.7.3 Ortslinien (LK)

Im Zusammenhang mit Funktionenscharen ergibt sich eine weitere typische Fragestellung: Gibt es eine Kurve, auf der z.B. alle Extrem- oder Wendepunkte der einzelnen Scharfunktionen liegen? Wenn dies der Fall ist, so bezeichnet man eine solche Kurve als **Ortslinie** oder **Ortskurve**.

Wir greifen noch einmal die Funktionenschar mit $f_a(x) = -x^3 + 6ax^2$ auf.
In der Abbildung rechts ist auch die Ortslinie, auf der alle Extrempunke der Schar liegen, eingezeichnet. Diese Ortslinie mit der Gleichung $y = \frac{1}{2}x^3$ wird im folgenden Beispiel bestimmt.

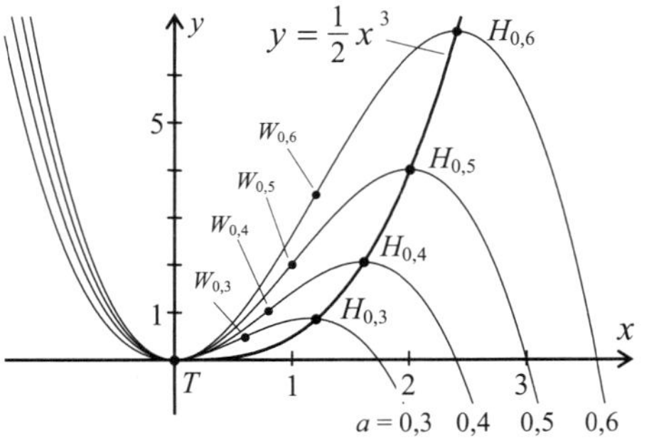

Beispiel (Bestimmen der Ortslinie aller Extrempunkte)

Gegeben ist die Funktionenschar $f_a: \mathbb{R} \to \mathbb{R}, x \mapsto -x^3 + 6ax^2$ mit $a \in \mathbb{R}^+$.
Wir bestimmen die Ortslinie, auf der alle Extrempunkte liegen.

Ableitungen	$f_a'(x) = -3x^2 + 12ax$ und $f_a''(x) = -6x + 12a$
Notwendige Bedingung	$f_a'(x) = 0 \Leftrightarrow -3x^2 + 12ax = 0$ $\Leftrightarrow -3x \cdot (x - 4a) = 0 \Leftrightarrow x = 0 \vee x = 4a$
Ortslinie für Stellen mit $x = 4a$	Ist nur nach der Gleichung der Ortslinie gefragt, so ist die Betrachtung der hinreichenden Bedingung für das Vorliegen einer Extremstelle nicht notwendig. Die Gleichung der gesuchten Ortslinie hängt davon nicht ab. Wir lösen die Gleichung für die x-Koordinate nach a auf: $x = 4a \Leftrightarrow a = \frac{1}{4}x$ Einsetzen in $f_a(x)$ liefert die Gleichung der Ortslinie: $y = -x^3 + 6 \cdot (\frac{1}{4}x) \cdot x^2 = -x^3 + \frac{3}{2}x^3 = \frac{1}{2}x^3$ Der gemeinsame Tiefpunkt $T(0\,\vert\,0)$ liegt auf dieser Ortslinie.
Zusatz	Ist auch der Nachweis sowie die Angabe der Extrempunkte verlangt, so bietet sich folgende Vorgehensweise an: • $x = 0$: $f_a''(0) = 12a > 0$ mit $f_a(0) = 0$ Dies ergibt den Tiefpunkt $T(0\,\vert\,0)$. • $x = 4a$: $f_a''(4a) = -12a < 0$ mit $f_a(4a) = 32a^3$ Dies ergibt den Hochpunkt $H(4a\,\vert\,32a^3)$. Die Ortsliniengleichung ergibt sich auch, wenn man $a = \frac{1}{4}x$ in die y-Koordinate von H einsetzt: $y = 32 \cdot (\frac{1}{4}x)^3 = \frac{1}{2}x^3$.

Aufgaben

41. Gegeben ist die Funktionenschar $f_k:\ x \mapsto -2x^2 + kx - 1$ mit $k \in \mathbb{R}$.

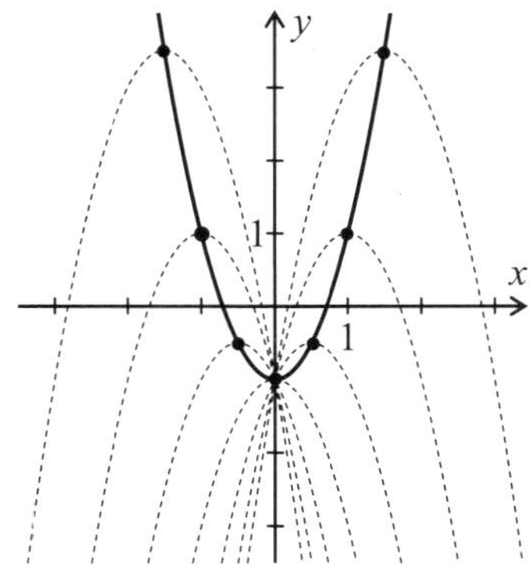

Die Hochpunkte aller Scharkurven liegen auf der Ortslinie mit der Gleichung $y = 2x^2 - 1$.

a) Prüfen Sie, ob der Punkt $P(-1 \mid 1)$ Hochpunkt eines Graphen der Schar f_k ist.

b) Bestimmen Sie alle Funktionen der Schar, deren Hochpunkte auf der x-Achse liegen.

c) Bestimmen Sie die Funktion der Schar, deren Hochpunkt auf der y-Achse liegt.

Welche besondere Eigenschaft zeichnet diesen Hochpunkt aus?

42. Gegeben ist die Funktionenschar $f_a:\ x \mapsto \frac{1}{2}x^3 + ax^2$ mit $a \in \mathbb{R}$.

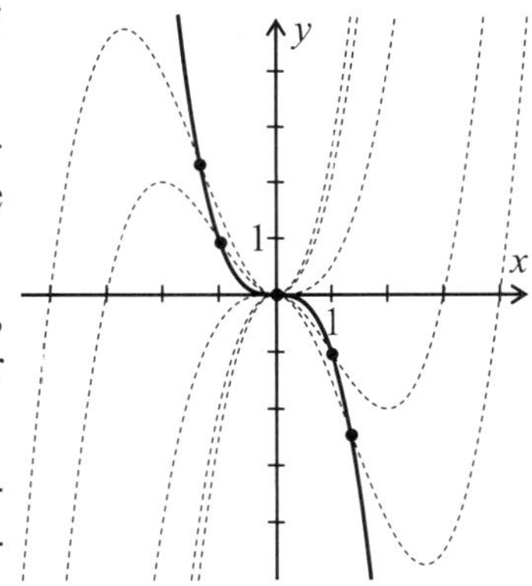

Die Wendepunkte aller Scharkurven liegen auf der Ortslinie mit der Gleichung $y = -x^3$.

a) Prüfen Sie, ob der Punkt $P(-4 \mid 64)$ als Wendepunkt eines Graphen der Schar f_a infrage kommt.

b) Prüfen Sie, ob es eine Funktion der Schar gibt, deren Wendepunkt auf der Geraden mit der Gleichung $y = -27$ liegt.

c) Bestimmen Sie alle Funktionen der Schar, deren Wendepunkte auf der 2. Winkelhalbierenden liegen.

43. Gegeben ist die Funktionenschar $f_a:\ x \mapsto x^2 + ax - a$ mit $a \in \mathbb{R}$.

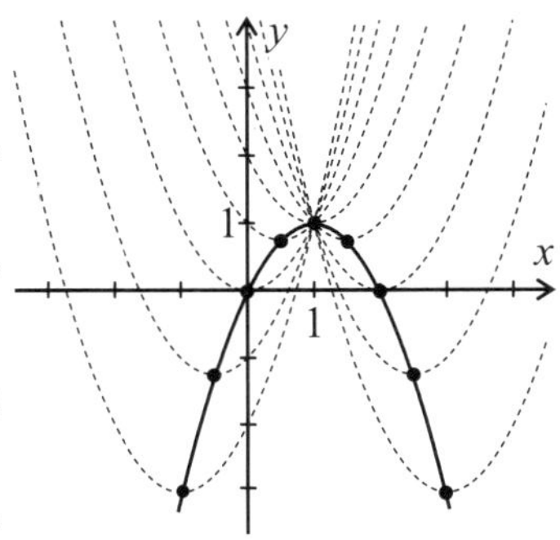

Die Tiefpunkte aller Scharkurven liegen auf der Ortslinie mit der Gleichung $y = -x^2 + 2x$.

a) Prüfen Sie, ob der Punkt $P(2 \mid 0)$ Tiefpunkt eines Graphen der Schar f_k ist.

b) Gibt es Scharkurven, deren Tiefpunkte auf der Geraden mit der Gleichung $y = 2$ liegen?

c) Welcher Tiefpunkt der Scharkurven liegt am höchsten?

- Entscheiden Sie zunächst anhand der Abbildung.
- Bestätigen Sie Ihre Vermutung durch eine Rechnung.

44. Gegeben ist die Funktionenschar $f_a : x \mapsto x^3 - 3ax^2$ mit $a \in \mathbb{R}^*$.

a) Bestimmen Sie für die Schar f_a die Extrempunkte in Abhängigkeit von a.

b) Zeigen Sie, dass alle Extrempunkte der Schar auf einer Ortslinie mit der Gleichung $y = -0{,}5\,x^3$ liegen.

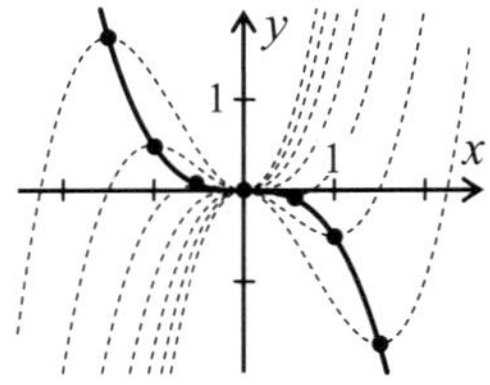

45. Gegeben ist die Funktionenschar $f_a : x \mapsto x^3 - 3ax^2$ mit $a \in \mathbb{R}^*$.

Bestimmen Sie die Wendepunkte in Abhängigkeit von a sowie die Ortslinie, auf der alle Wendepunkte liegen.

46. Untersuchen Sie, ob für die Funktionenschar $f_a : \mathbb{R} \to \mathbb{R},\, x \mapsto x^3 - 3ax$ mit $a \in \mathbb{R}^+$ die Extrempunkte auf einer gemeinsamen Kurve liegen. Bestimmen Sie gegebenenfalls eine Gleichung der Ortslinie.

47. Bestimmen Sie für die Funktionenschar $f_a : x \mapsto \frac{1}{12}x^4 - \frac{1}{2}ax^2$ mit $a \in \mathbb{R}^+$ die Ortslinie, auf der alle Wendepunkte liegen.

48. Gegeben ist die Funktionenschar $f_a :\ x \mapsto x^3 - 3ax + 4$ mit $a > 0$.

a) Zeigen Sie: Jede Funktion der Schar hat mindestens eine Nullstelle.

b) Berechnen Sie die Hoch- und Tiefpunkte der Scharkurven.

c) Auf welcher Kurve liegen die Extrempunkte der Schar?

d) Zeigen Sie: Die Scharkurven haben alle denselben Wendepunkt.

e) Bestimmen Sie die Funktion der Schar, die das lokale Maximum 6 hat.

49. Gegeben ist für $a \in \mathbb{R}$ die Funktionenschar

$$f_a : \mathbb{R} \to \mathbb{R},\, x \mapsto -\tfrac{1}{4}\cdot(x^3 + ax^2 - 2ax - 8).$$

a) Geben Sie die Grenzwerte von f_a für $x \to \pm\infty$ an.

b) Zeigen Sie, dass 2 Nullstelle jeder Funktion der Schar ist. Faktorisieren Sie den Funktionsterm durch Abspalten des zugehörigen Linearfaktors.

c) Bestimmen Sie die Nullstellen von f_a einschließlich ihrer Vielfachheit in Abhängigkeit von a.

d) Ordnen Sie die Graphen den Parametern $a = -4$, $a = 0$ und $a = 6$ zu.

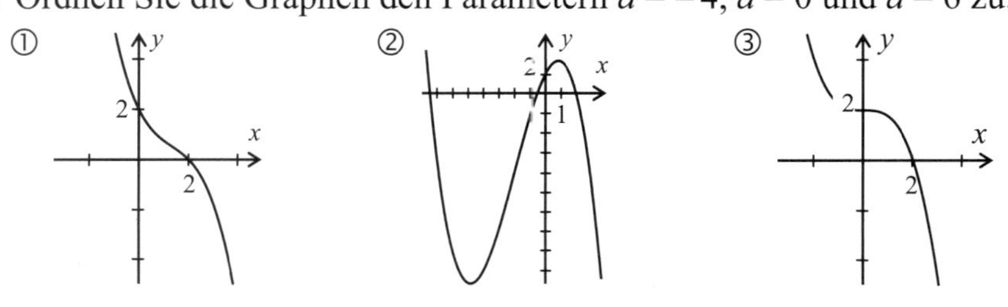

2

Integralrechnung

2.1 Flächenmaßproblem und Integral

2.1.1 Allgemeine Formulierung des Flächenmaßproblems

In der Geometrie werden Formeln für den Flächeninhalt zahlreicher geradlinig berandeter Figuren hergeleitet. Die Integralrechnung beschäftigt sich mit der Berechnung der Inhalte sehr spezieller Flächen, nämlich von solchen, die von dem Graphen einer Funktion begrenzt werden.

Das Flächenmaßproblem kann allgemein auf folgende Art formuliert werden:

- Gegeben ist eine über einem Intervall definierte, stetige Funktion $f:[a\,;b]\to\mathbb{R}$ mit Funktionswerten $f(x)\geq 0$.
  Man bezeichnet f als **Randfunktion**.
- Gesucht ist das Maß der Fläche A, welche der Graph von f mit der x-Achse über dem Intervall $[a\,;b]$ einschließt.

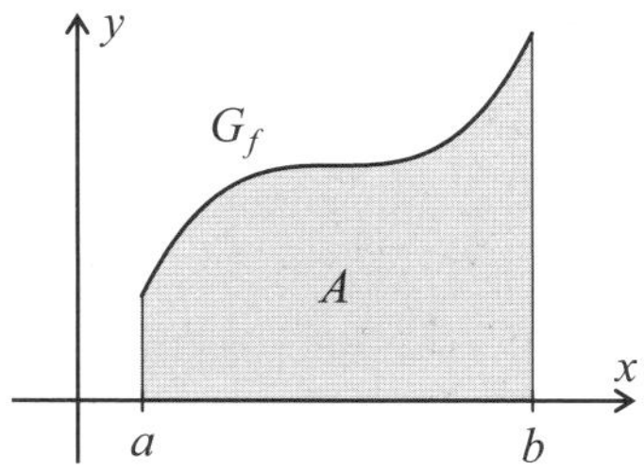

Von der Anschauung her können wir davon ausgehen, dass eine Fläche, wie sie in der Abbildung dargestellt ist, ein eindeutig bestimmtes Flächenmaß besitzt. Dies bedeutet, dass man der Fläche A sinnvoll eine reelle Zahl als Flächenmaßzahl zuordnen kann.

Flächeninhalt bei geradlinig berandeten Flächen

Wir greifen die Problemstellung zunächst am Beispiel einfacher Randfunktionen auf, bei denen wir den Flächeninhalt elementargeometrisch bestimmen können.

① **Konstante Funktionen $f(x)=c$ mit $c>0$**

Über dem Intervall $[0\,;b]$ ergibt sich als geometrische Figur ein *Rechteck*.

Elementargeometrische Flächenformel:

Höhe · Breite

Intervall $[0\,;b]$

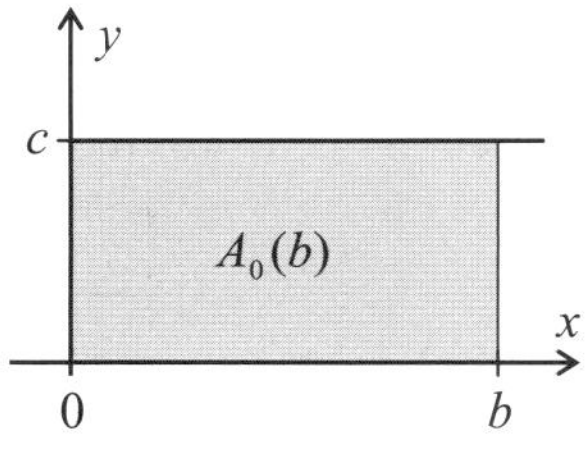

Intervall $[a\,;b]$

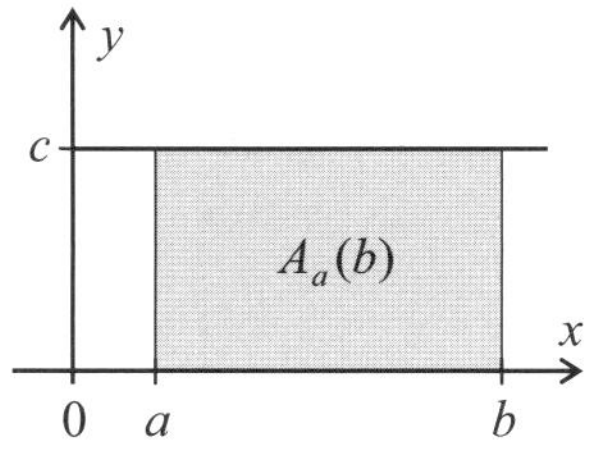

Flächenmaßzahl: $A_0(b)=c\cdot b$

$$A_a(b)=A_0(b)-A_0(a)$$
$$=c\cdot b-c\cdot a$$
$$=c\cdot(b-a)$$

② **Proportionale Funktionen $f(x) = mx$ mit $m > 0$**

Über dem Intervall [0 ; *b*] ergibt sich als geometrische Figur ein *rechtwinkliges Dreieck*.

Elementargeometrische Flächenformel:

$\frac{1}{2} \cdot$ *Grundseite* $\cdot$ *Höhe*

Intervall [0 ; *b*]

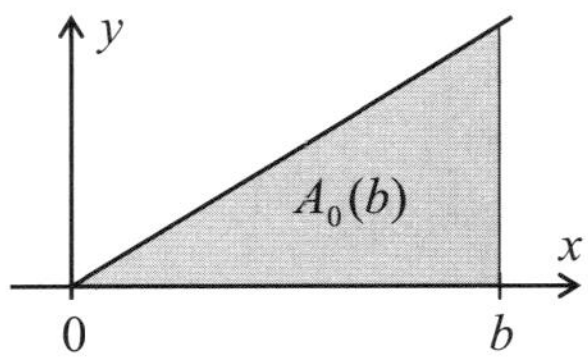

Intervall [*a* ; *b*]

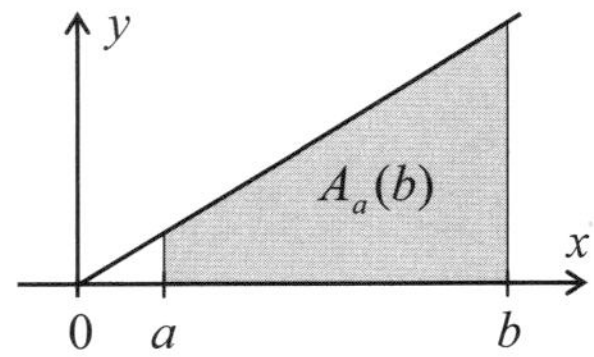

Flächenmaßzahl:

$$A_0(b) = \frac{1}{2} \cdot b \cdot mb = \frac{1}{2} \cdot mb^2$$

$$A_a(b) = A_0(b) - A_0(a) = \frac{1}{2} \cdot mb^2 - \frac{1}{2} \cdot ma^2 = \frac{1}{2} \cdot m \cdot (b^2 - a^2)$$

③ **Lineare Funktionen $f(x) = mx + n$ mit $m, n > 0$**

Über dem Intervall [0 ; *b*] ergibt sich als geometrische Figur ein *Trapez*.

Elementargeometrische Flächenformel:

Mittelparallele $\cdot$ *Höhe*

Intervall [0 ; *b*]

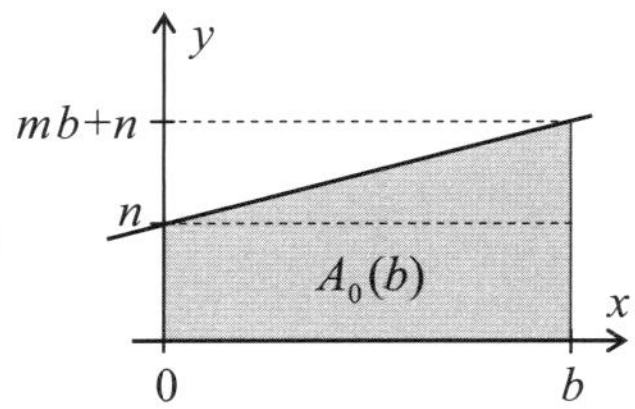

Intervall [*a* ; *b*]

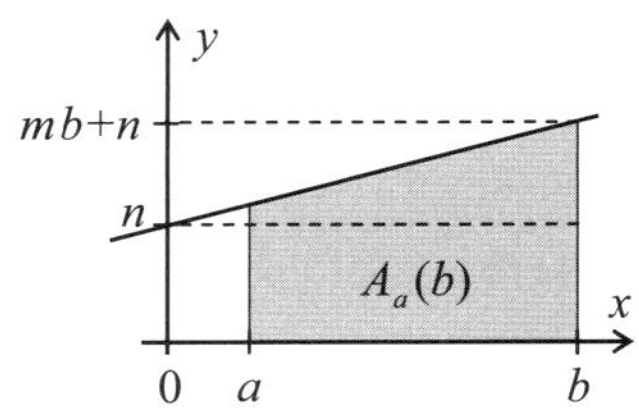

Flächenmaßzahl:

$$A_0(b) = \frac{n + (mb + n)}{2} \cdot b = (n + \frac{1}{2} \cdot mb) \cdot b = nb + \frac{1}{2} \cdot mb^2$$

$$A_a(b) = A_0(b) - A_0(a) = nb + \frac{1}{2} \cdot mb^2 - (na + \frac{1}{2} \cdot ma^2)$$

Flächeninhaltsproblem bei krummlinig berandeten Flächen

Wir greifen nun die Problemstellung auf, dass die betrachtete Fläche von einem krummlinigen Funktionsgraphen berandet wird. In diesem Fall lässt sich der Flächeninhalt nicht mehr auf elementargeometrischem Weg berechnen.

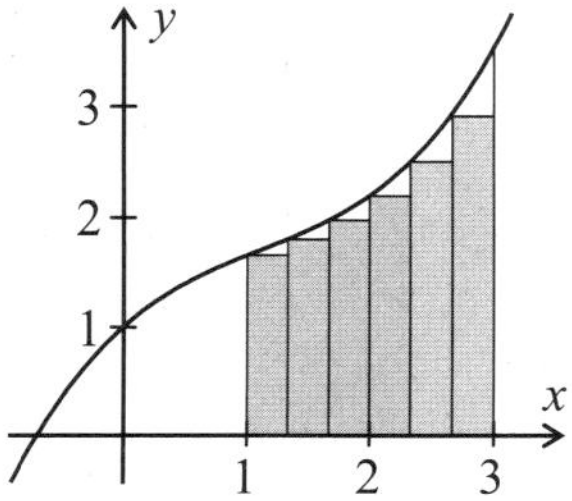

untere Treppenfläche

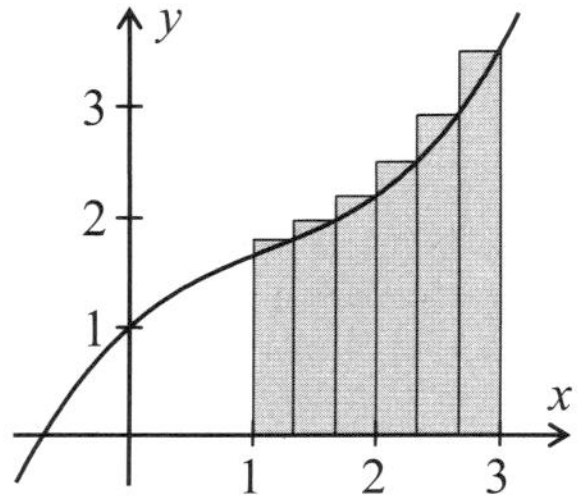

obere Treppenfläche

Die Grundidee zur Lösung dieses Problems besteht darin, die zu berechnende Fläche durch Teilflächen (Streifen) auszuschöpfen, deren Inhalte sich bequem berechnen lassen. Gut geeignet hierzu sind Rechtecke, deren Seiten zu den Koordinatenachsen parallel sind. Man bezeichnet dieses Verfahren auch als **Streifenmethode des Archimedes**.

Die Flächeninhalte der beiden Treppenflächen liefern eine Näherung für den gesuchten Flächeninhalt. Es ist einleuchtend, dass die Abschätzung durch die Treppenflächen umso besser wird, je größer man die Anzahl der Teilflächen wählt.

Historischer Rückblick

Die Berechnung krummlinig berandeter Flächen hat den Mathematikern durch viele Jahrhunderte schlaflose Nächte bereitet.

Der erste, der einen Teilerfolg verbuchen konnte, war der griechische Astronom und Mathematiker **Hippokrates von Chios** (* um 470 v.Chr. auf Chios; † um 410 v.Chr. in Athen).
Nach ihm sind die „Möndchen des Hippokrates" benannt.

Hippokrates von Chios

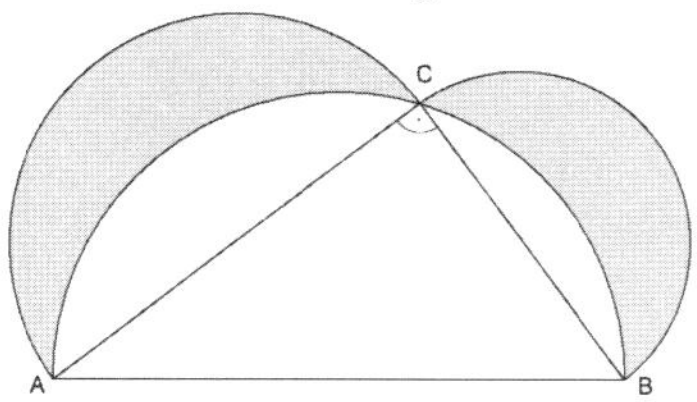

Die Summe der grauen „Möndchen" entspricht der Fläche des rechtwinkligen Dreiecks.

Hippokrates konnte bereits im vorchristlichen Griechenland nachweisen, dass auch krummlinig begrenzte Flächenstücke durch rationale Zahlen berechnet werden können. Erstaunlicherweise brachte er es fertig, seine „Möndchen" ohne eine Formel für die Kreisfläche zu berechnen.

Erst 200 Jahre später gelang es **Archimedes von Syrakus** die Fläche unter der Normalparabel zu berechnen. Er zerschnitt dazu, analog zu unserer obigen Betrachtung, die Fläche in Streifen parallel zur y-Achse. Man spricht daher auch von der „Streifenmethode des Archimedes".

Archimedes von Syrakus

Archimedes von Syrakus (* um 287 v. Chr. vermutl. Syrakus auf Sizilien; † 212 v. Chr. vermutl. ebenfalls Syrakus) war ein griechischer Mathematiker, Physiker und Ingenieur.
Archimedes gilt als einer der bedeutendsten Mathematiker der Antike.
Bekannt wurde er auch durch seine Beteiligung an der Verteidigung von Syrakus gegen die römische Belagerung im zweiten Punischen Krieg. Ihm wird nachgesagt, die Römer bei ihrer langwierigen Belagerung mit seinen Kriegsmaschinen praktisch eigenhändig aufgehalten zu haben. So entwickelte er beispielsweise Wurfmaschinen und Katapulte oder auch Seilwinden, welche ein komplettes Schiff, voll beladen und mit gesamter Besatzung, durch Ziehen an einem einzigen Seil bewegten. Auch mächtige Greifarme, die feindliche Boote packten und angeblich in Stücke rissen, gehörten dazu.

2.1.2 Flächeninhaltsproblem bei der Normalparabel

Die Flächenberechnung bei krummlinig berandeten Flächen soll im Folgenden am Beispiel der Normalparabel mit der Gleichung $f(x) = x^2$ genauer untersucht werden.

Unterteilung des Intervalls [0 ; 1] in 5 Teile

Für die Normalparabel betrachten wir zunächst das Intervall [0 ; 1]. Gesucht ist die Flächenmaßzahl $A_0(1)$ der Fläche unter der Parabel über dem Intervall [0 ; 1]. Als erste Näherung wählen wir eine Unterteilung in $n = 5$ gleich breite **Streifen**.

Untere Treppenfläche

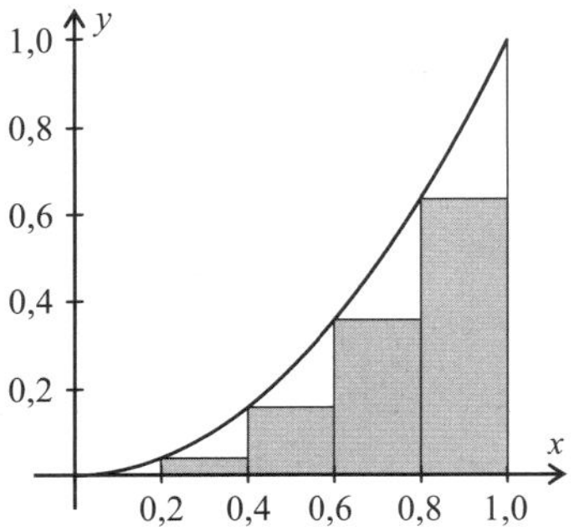

Untersumme bei Zerlegung in 5 Streifen

Streifenbreite: $\frac{1}{5}$

Streifenhöhe: Minimaler Funktionswert in jedem Teilintervall

$$\begin{aligned} U_5(1) &= \tfrac{1}{5}\cdot\left(f(0)+f(\tfrac{1}{5})+f(\tfrac{2}{5})\right. \\ &\qquad \left.+f(\tfrac{3}{5})+f(\tfrac{4}{5})\right) \\ &= \tfrac{1}{5}\cdot\left(0^2+(\tfrac{1}{5})^2+(\tfrac{2}{5})^2+(\tfrac{3}{5})^2+(\tfrac{4}{5})^2\right) \\ &= \tfrac{1}{5}\cdot(\tfrac{1}{5})^2\cdot(0^2+1^2+2^2+3^2+4^2) \\ &= (\tfrac{1}{5})^3\cdot(0^2+1^2+2^2+3^2+4^2) \\ &= \frac{30}{125} \\ &= 0{,}24 \end{aligned}$$

Obere Treppenfläche

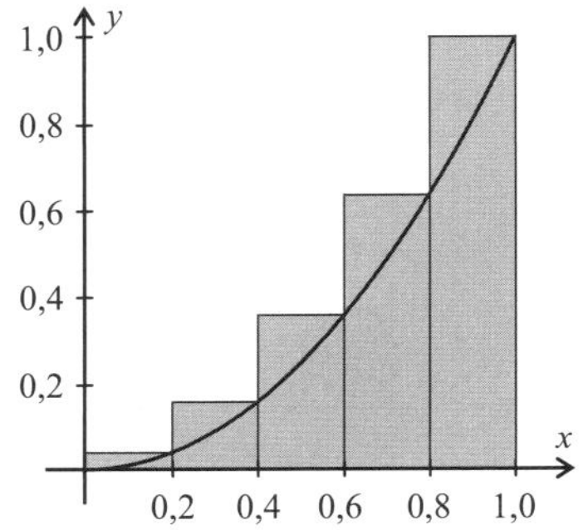

Obersumme bei Zerlegung in 5 Streifen

Streifenbreite: $\frac{1}{5}$

Streifenhöhe: Maximaler Funktionswert in jedem Teilintervall

$$\begin{aligned} O_5(1) &= \tfrac{1}{5}\cdot\left(f(\tfrac{1}{5})+f(\tfrac{2}{5})+f(\tfrac{3}{5})\right. \\ &\qquad \left.+f(\tfrac{4}{5})+f(1)\right) \\ &= \tfrac{1}{5}\cdot\left((\tfrac{1}{5})^2+(\tfrac{2}{5})^2+(\tfrac{3}{5})^2+(\tfrac{4}{5})^2+1^2\right) \\ &= \tfrac{1}{5}\cdot(\tfrac{1}{5})^2\cdot(1^2+2^2+3^2+4^2+5^2) \\ &= (\tfrac{1}{5})^3\cdot(1^2+2^2+3^2+4^2+5^2) \\ &= \frac{55}{125} \\ &= 0{,}44 \end{aligned}$$

Die Unterteilung der interessierenden Fläche in 5 Streifen gleicher Breite liefert eine erste, allerdings noch recht grobe Abschätzung. Die gesuchte Flächenmaßzahl liegt zwischen 0,24 und 0,44.

Wir versuchen in einem nächsten Schritt diese Abschätzung zu verbessern, indem wir die Anzahl der Streifen erhöhen.

Unterteilung des Intervalls [0 ; 1] in n Teile

Die Annäherung an die gesuchte Flächenmaßzahl lässt sich verbessern, indem man die Unterteilung des Intervalls [0 ; 1] verfeinert. Hierzu betrachten wir allgemein n Streifen gleicher Breite. Die Rechteckbreite ist dann $\frac{1}{n}$.

Untere Treppenfläche

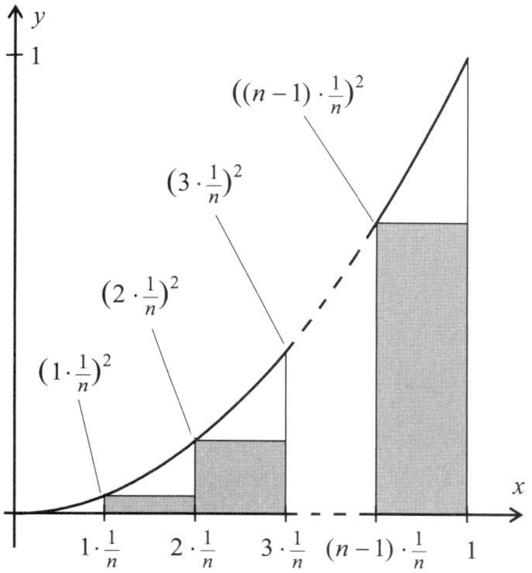

Untersumme bei Zerlegung in n Streifen

Streifenbreite: $\frac{1}{n}$

Streifenhöhe: Minimaler Funktionswert in jedem Teilintervall

$$U_n(1) = (\tfrac{1}{n})^3 \cdot (0^2 + 1^2 + 2^2 + \ldots + (n-1)^2)$$
$$= (\tfrac{1}{n})^3 \cdot \sum_{i=0}^{n-1} i^2$$

Obere Treppenfläche

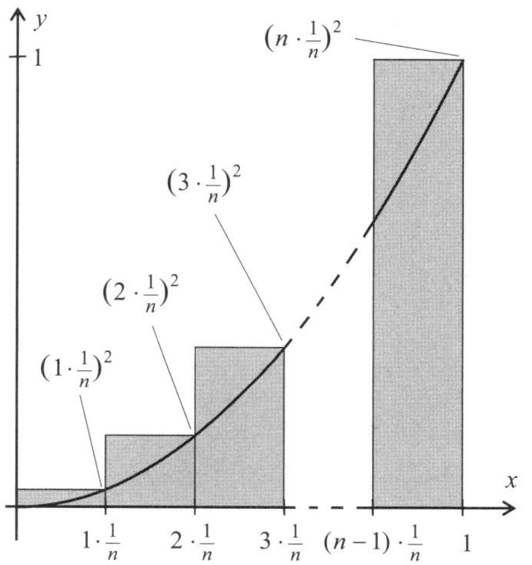

Obersumme bei Zerlegung in n Streifen

Streifenbreite: $\frac{1}{n}$

Streifenhöhe: Maximaler Funktionswert in jedem Teilintervall

$$O_n(1) = (\tfrac{1}{n})^3 \cdot (1^2 + 2^2 + \ldots + n^2)$$
$$= (\tfrac{1}{n})^3 \cdot \sum_{i=1}^{n} i^2 \quad {}^{(1)}$$

Die Tabelle zeigt die Werte der Unter- und Obersummen für immer feinere Unterteilungen des Intervalls [0 ; 1], also für größer werdende Werte n.

n	10	50	100	250	500	1000
U_n	0,2850	0,3234	0,3285	0,3313	0,3323	0,3328
O_n	0,3984	0,3434	0,3385	0,3353	0,3343	0,3338

2.1.2a

Man erkennt, dass bei zunehmender Verfeinerung der Unterteilung sich die Werte der Unter- und auch der Obersummen immer mehr stabilisieren und sich dabei einander annähern. Mathematisch entspricht eine derartige zunehmende Verfeinerung einer Grenzwertbildung für $n \to +\infty$.

Für die gesuchte Flächenmaßzahl kann man vermuten: $A_0(1) = \frac{1}{3}$.

(1) Eine kurze Erläuterung zur Verwendung des Summenzeichens kann im Anhang A1 nachgelesen werden. (LK)

Verallgemeinerung auf ein allgemeines Intervall [0 ; *b*]

Wir wollen die genannte Vermutung rechnerisch überprüfen. Dabei nehmen wir eine weitere Verallgemeinerung vor. Anstelle des Intervalls $[0;1]$ betrachten wir das Intervall $[0;b]$ mit $b>0$. Die Rechteckbreiten betragen nun $\frac{b}{n}$ anstelle von $\frac{1}{n}$.

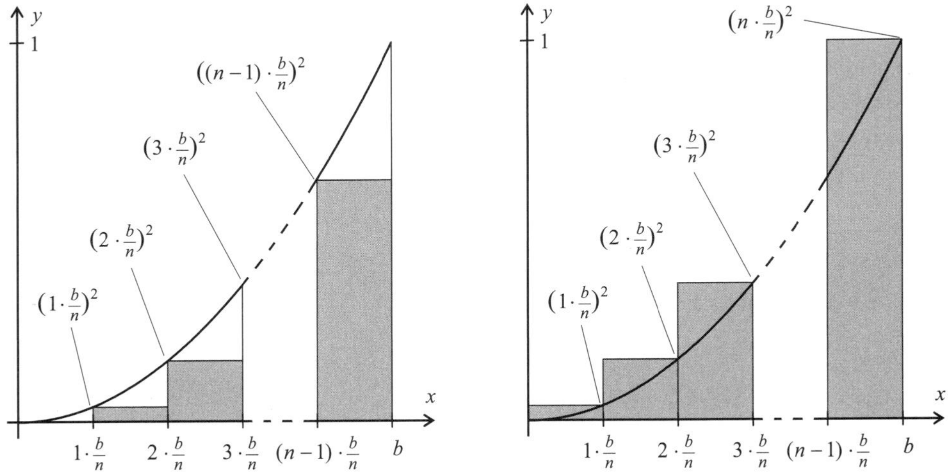

Die Berechnung der Unter- und Obersumme verallgemeinert sich zu:

$$U_n(b) = (\tfrac{b}{n})^3 \cdot (0^2+1^2+2^2+3^2+\ldots+(n-1)^2) = (\tfrac{b}{n})^3 \cdot \sum_{i=0}^{n-1} i^2$$

$$O_n(b) = (\tfrac{b}{n})^3 \cdot (1^2+2^2+3^2+\ldots+n^2) = (\tfrac{1}{n})^3 \cdot \sum_{i=1}^{n} i^2$$

Diese Terme lassen sich algebraisch vereinfachen, wenn man die Summenformel für Quadratzahlen anwendet.

Summenformel für die ersten k Quadratzahlen $1^2+2^2+\ldots+k^2=\sum_{i=1}^{k} i^2 = \frac{1}{6}\cdot k\cdot(k+1)\cdot(2k+1)$

$$U_n(b) = \left(\tfrac{b}{n}\right)^3 \cdot \left(\tfrac{1}{6}\cdot(n-1)\cdot n\cdot(2n-1)\right) \qquad O_n(b) = \left(\tfrac{b}{n}\right)^3 \cdot \left(\tfrac{1}{6}\cdot n\cdot(n+1)\cdot(2n+1)\right)$$

Für die Grenzwertbildung für $n \to +\infty$ formen wir diese Terme weiter um:

$U_n(b)$		$O_n(b)$
$U_n(b) = \frac{1}{6}b^3 \cdot \frac{(n-1)\cdot n\cdot(2n-1)}{n^3}$	ordnen der Terme	$O_n(b) = \frac{1}{6}b^3 \cdot \frac{n\cdot(n+1)\cdot(2n+1)}{n^3}$
$= \frac{1}{6}b^3 \cdot \frac{(n-1)\cdot(2n-1)}{n^2}$	Faktor n kürzen	$= \frac{1}{6}b^3 \cdot \frac{(n+1)\cdot(2n+1)}{n^2}$
$= \frac{1}{6}b^3 \cdot \frac{2n^2-3n+1}{n^2}$	ausmultiplizieren	$= \frac{1}{6}b^3 \cdot \frac{2n^2+3n+1}{n^2}$
$= \underbrace{\frac{1}{6}}b^3 \cdot \underbrace{(2-\frac{3}{n}+\frac{1}{n^2})}$	in Teilbrüche zerlegen	$= \underbrace{\frac{1}{6}}b^3 \cdot \underbrace{(2+\frac{3}{n}+\frac{1}{n^2})}$
$\downarrow \qquad \downarrow$		$\downarrow \qquad \downarrow$
$= \frac{1}{6}b^3 \cdot (2-0+0)$	Grenzübergang $n \to +\infty$	$= \frac{1}{6}b^3 \cdot (2+0+0)$

Die Grenzwertbildung für $n \to +\infty$ ergibt:

$$\lim_{n\to+\infty} U_n(b) = \frac{1}{6}b^3 \cdot 2 = \frac{1}{3}b^3 \quad \text{und} \quad \lim_{n\to+\infty} O_n(b) = \frac{1}{6}b^3 \cdot 2 = \frac{1}{3}b^3.$$

Die Grenzwerte für die Ober- und die Untersumme existieren und stimmen zudem überein.

Im Blick auf unser Ausgangsproblem bietet es sich an, der Fläche zwischen der Randfunktion $f(x) = x^2$ und der x-Achse über dem Intervall $[0;b]$ diesen gemeinsamen Grenzwertwert als Flächenmaßzahl zuzuordnen. Wir bezeichnen ihn in Anlehnung an die Einstiegsbeispiele mit $A_0(b)$:

$$A_0(b) = \lim_{n\to+\infty} U_n(b) = \lim_{n\to+\infty} O_n(b) = \frac{1}{3}b^3.$$

Für die Fläche unter der Normalparabel über dem Intervall $[0;1]$ ergibt sich durch Betrachtung des Spezialfalls $b = 1$ der Wert $A_0(1) = \frac{1}{3}$ als Flächenmaßzahl.

Damit wird unsere eingangs an Beispielen gewonnene Vermutung rechnerisch bestätigt.

Verallgemeinerung auf Intervalle der Form $[a;b]$

Wie bei den eingangs betrachteten geradlinig berandeten Flächen lässt sich auch bei der Normalparabel die Berechnung der Flächenmaßzahl von Intervallen der Art $[0;b]$ auf Intervalle der Form $[a;b]$ verallgemeinern.

Fläche über dem Intervall $[0;b]$ — Fläche über dem Intervall $[a;b]$

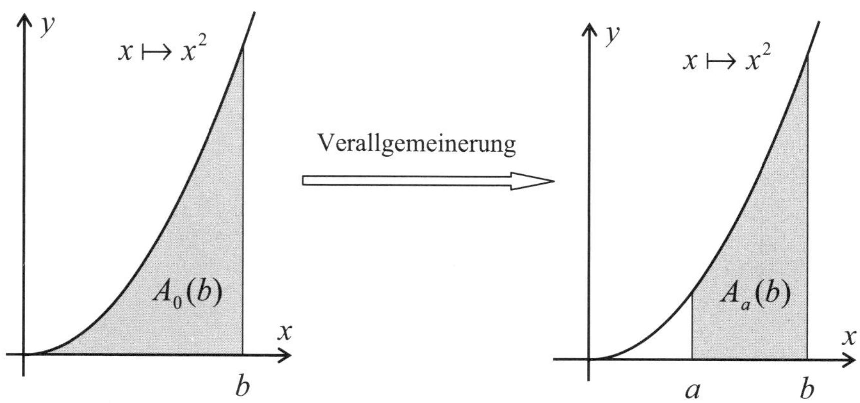

$$A_0(b) = A_0(b) - A_0(0) = \frac{1}{3}b^3 - 0 = \frac{1}{3}b^3$$

$$A_a(b) = A_0(b) - A_0(a) = \frac{1}{3}b^3 - \frac{1}{3}a^3$$

Aufgaben (LK)

1. Gegeben ist die Funktion $f:[0\,;b]\rightarrow \mathbb{R}, x\mapsto k\cdot x^2$ mit $k>0$.

   a)

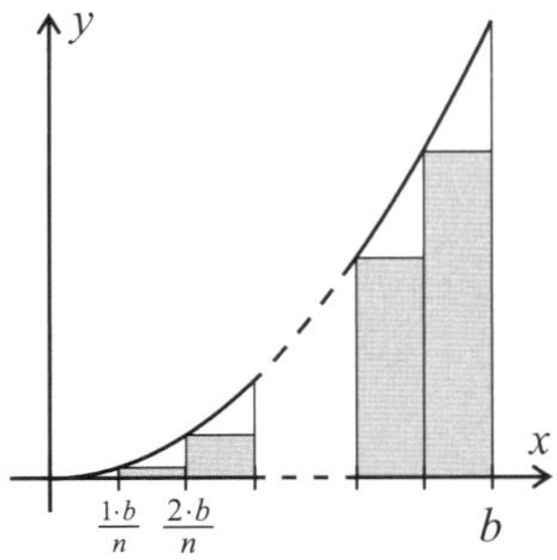

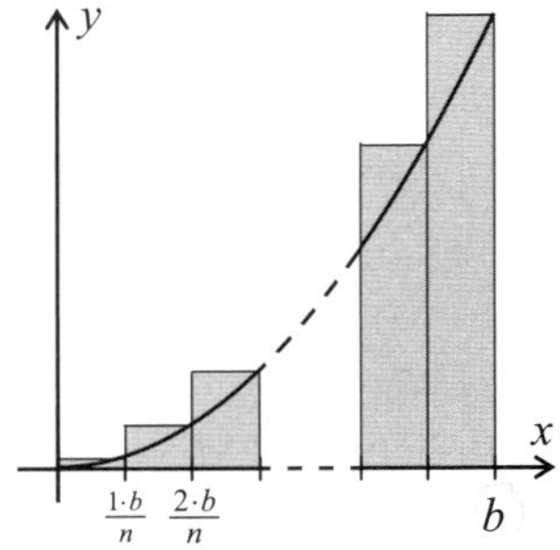

   Beweisen Sie, dass zur Unterteilung des Intervalls $[0\,;b]$ in n gleich lange Teilintervalle folgende Unter- und Obersumme gehören:

   $$U_n(b)=\tfrac{1}{6}k\,b^3\cdot(1-\tfrac{1}{n})\cdot(2-\tfrac{1}{n}) \text{ und } O_n(b)=\tfrac{1}{6}k\,b^3\cdot(1+\tfrac{1}{n})\cdot(2+\tfrac{1}{n}).$$

   b) Berechnen Sie den gemeinsamen Grenzwert von Unter- und Obersumme.

   c) Geben Sie die Flächenmaßzahl $A_0(b)$ über $[0\,;b]$ und $A_a(b)$ über $[a\,;b]$ an.

2. Betrachtet wird die Kubikfunktion $f:\mathbb{R}_0^+\rightarrow\mathbb{R}, x\mapsto x^3$.

   a) Bestimmen Sie für die Fläche zwischen dem Funktionsgraphen und der x-Achse über dem Intervall $[0\,;1]$ den gemeinsamen Grenzwert von Unter- und Obersumme. 2.1.2 b

   b) Betrachten Sie allgemein ein Intervall der Form $[0\,;b]$.
   Beweisen Sie, dass zur Unterteilung des Intervalls $[0\,;b]$ in n gleich lange Teilintervalle folgende Unter- und Obersumme gehören:

   $$U_n(b)=\tfrac{1}{4}b^4\cdot(1-\tfrac{1}{n})^2 \text{ und } O_n(b)=\tfrac{1}{4}b^4\cdot(1+\tfrac{1}{n})^2.$$

   c) Bilden Sie die Grenzwerte $\lim\limits_{n\to+\infty}U_n(b)$, $\lim\limits_{n\to+\infty}O_n(b)$ und vergleichen Sie sie.

   Hinweis: Für die Summe der ersten k Kubikzahlen gilt die Formel

   $$\sum_{i=1}^{k} i^3 = 1^3+2^3+\ldots+k^3=\frac{1}{4}\cdot n^2\cdot(n+1)^2\,.$$

   d) Verallgemeinern Sie Ihr Ergebnis auf Intervalle der Art $[a\,;b]$.

   e) Versuchen Sie eine Analogie zum Fall der Normalparabel herzustellen.

3. Betrachtet wird die Potenzfunktion $f:\mathbb{R}_0^+\rightarrow\mathbb{R}, x\mapsto x^4$.

   Bestimmen Sie unter Verwendung eines Computerprogramms die Flächenmaßzahlen $A_0(b)$ über $[0\,;b]$ sowie $A_a(b)$ über $[a\,;b]$. 2.1.2 c

2.1.3 Das bestimmte Integral

Erweiterung der Ober- und Untersummenbildung auf vorzeichentreue und vorzeichengemischte Funktionen

Die beiden folgenden Beispiele zeigen, dass bei der Berechnung von Ober- und Untersummen auch negative Grenzwerte auftreten können. Es wird dabei angedeutet, welcher Zusammenhang zur Flächenmessung besteht.

Beispiel (Fläche vollständig unterhalb der x-Achse)

Betrachtet wird die Funktion $f: x \mapsto -\frac{1}{2}x$ über dem Intervall $[0\,;b]$ mit $b > 0$.

Als gemeinsamer Grenzwert der Unter- und Obersumme ergibt sich:

$$A_0(b) = \lim_{n\to+\infty} U_n(b) = \lim_{n\to+\infty} O_n(b) = -\frac{1}{4}b^2 < 0.$$

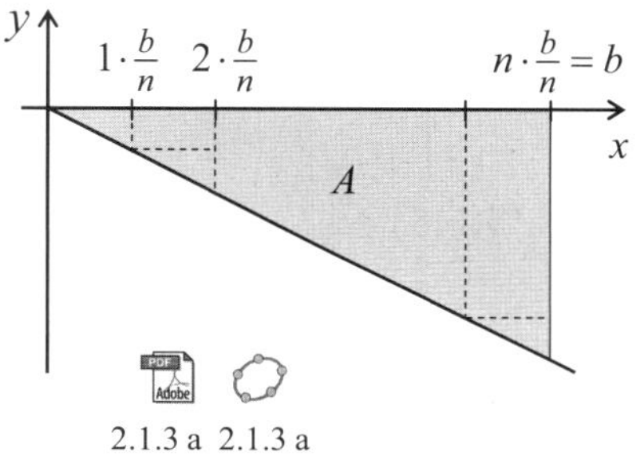

2.1.3 a 2.1.3 a

Dieser gemeinsame Grenzwert ist hier jedoch eine negative Zahl und kann somit nicht als Flächenmaß gedeutet werden. Der Grund dafür ist, dass über dem betrachteten Intervall die Funktionswerte und daher auch alle Teilsummen negativ sind.

Eine elementare Berechnung der Maßzahl der Dreiecksfläche A ergibt:

$$\frac{1}{2}\cdot \text{Grundseite} \cdot \text{Höhe} = \frac{1}{2}\cdot b\cdot(\frac{1}{2}\cdot b) = \frac{1}{4}b^2.$$

Der gemeinsame Grenzwert $A_0(b)$ ist die Gegenzahl der Flächenmaßzahl.

Beispiel (Fläche teilweise ober- und unterhalb der x-Achse)

Betrachtet wird die Funktion $f: x \mapsto 2-x$ über dem Intervall $[0\,;5]$.

Als gemeinsamer Grenzwert der Unter- und Obersumme ergibt sich:

$$A_0(5) = \lim_{n\to+\infty} U_n(5) = \lim_{n\to+\infty} O_n(5) = -\frac{5}{2} < 0.$$

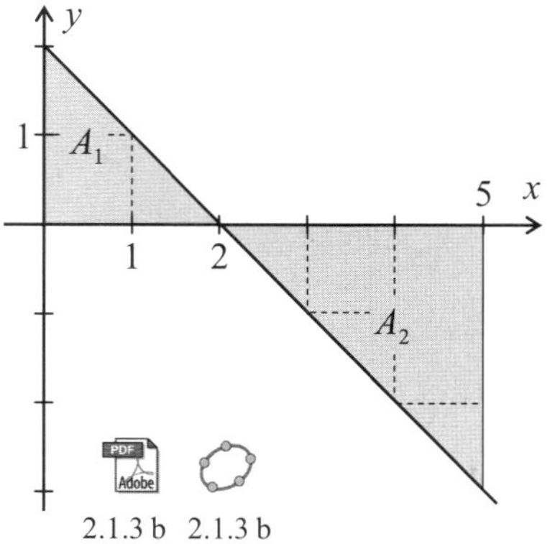

2.1.3 b 2.1.3 b

Für die Maße der Dreiecksflächen ergibt sich:

$$\frac{1}{2}\cdot 2\cdot 2 = 2 \text{ für } A_1 \text{ und } \frac{1}{2}\cdot 3\cdot 3 = \frac{9}{2} \text{ für } A_2.$$

Der gemeinsame Grenzwert von Unter- und Obersummen kann als Differenz dieser Flächenmaße gedeutet werden:

$$A_0(5) = 2 - \frac{9}{2} = -\frac{5}{2}.$$

In beiden Beispielen lässt sich der gemeinsame Grenzwert $A_0(b)$ bzw. $A_0(5)$ von Unter- und Obersumme nicht direkt als Flächenmaßzahl deuten.

Flächen unterhalb der x-Achse besitzen eine negative Unter- und Obersumme.

Integralbegriff und Integrierbarkeit

Die Bildung der Untersummen U_n und Obersummen O_n über dem Intervall $[a\,;b]$ hatten wir schrittweise auch auf die Fälle erweitert, dass der Funktionsgraph vollständig oder teilweise unterhalb der x-Achse liegt.

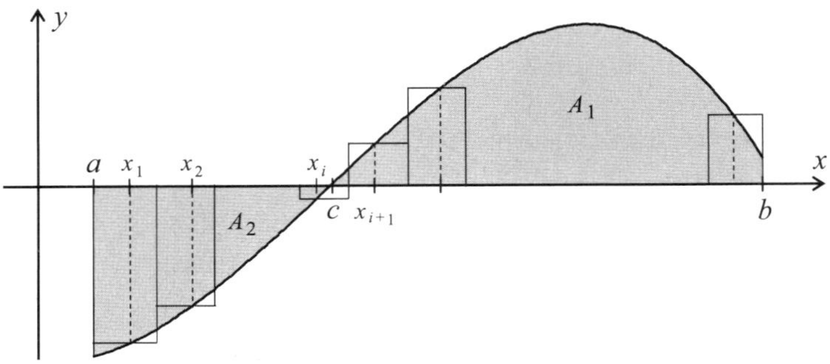

Dabei wurden durch die Unter- und Obersummen die Maßzahlen der Teilflächen,

- die oberhalb der x-Achse liegen, *positiv*,
- die unterhalb der x-Achse liegen, dagegen *negativ* gezählt.

Besitzen die Untersummen U_n und die Obersummen O_n für $n \to +\infty$ einen gemeinsamen Grenzwert, so gibt man diesem Grenzwert einen eigenen Namen. Man nennt ihn **Integral** und verwendet eine besondere Schreibweise, die auf **G. W. Leibniz** zurückgeht.

Bestimmtes Integral und Integrierbarkeit

Es sei $f\colon[a\,;b]\to\mathbb{R}$ eine Funktion. Wenn die Grenzwerte der Untersummen und der Obersummen bei äquidistanten[1] Unterteilungen des Intervalls $[a\,;b]$ für wachsendes n existieren und übereinstimmen, so bezeichnet man diesen gemeinsamen Grenzwert **bestimmtes Integral der Funktion *f* in den Grenzen von *a* bis *b*.**

In Zeichen: $\lim\limits_{n\to+\infty} U_n = \lim\limits_{n\to+\infty} O_n = \int\limits_a^b f(x)\,dx$

Die Funktion f heißt in diesem Fall **integrierbar** über dem Intervall $[a\,;b]$.

Bei der Integralschreibweise verwendet man folgende Bezeichnungen:

- $f(x)$: **Integrand**
- f: **Integrandenfunktion**
- x: **Integrationsvariable**
- $[a\,;b]$: **Integrationsintervall**
- a: **untere Integrationsgrenze**
- b: **obere Integrationsgrenze**

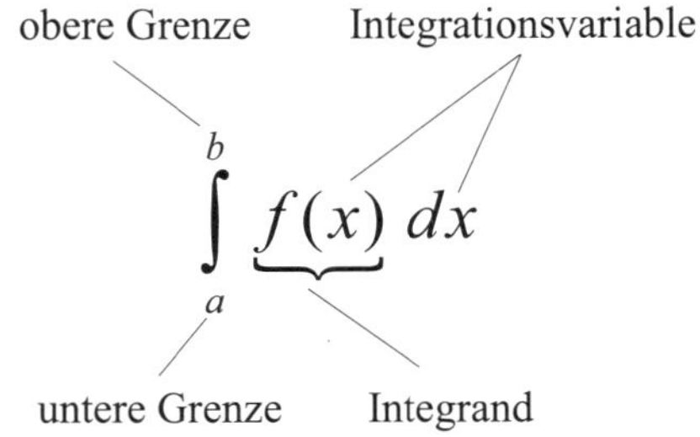

[1] äquidistant, gleich weit entfernt, gleiche Abstände aufweisend

Für die Situation, wie sie in der Abbildung auf der vorigen Seite dargestellt ist, lassen sich folgende Schreibweisen verwenden.

Integral-schreibweise	Bisherige Schreibweise	Geometrische Bedeutung
$\int_c^b f(x)\,dx$	$A_c(b)$	Maßzahl $\mu(A_1)$ der Fläche A_1
$\int_a^c f(x)\,dx$	$A_a(c)$	Gegenzahl der Maßzahl $\mu(A_2)$ der Fläche A_2
$\int_a^b f(x)\,dx$	$A_a(b)$	Bilanzsumme der Flächenmaßzahlen $\mu(A_1)$ und $\mu(A_2)$

Der Flächeninhalt ist eine Größe, die aus Maßzahl und Einheit besteht, z.B. 3 m² oder 1,5 cm². Zur Vereinfachung von Rechnungen und Schreibweisen werden hier keine Einheiten angegeben, sondern es wird nur mit Maßzahlen gerechnet. Entsprechend werden auch an den Koordinatenachsen die Einheiten weggelassen und nur deren Maßzahlen hingeschrieben. Die Maßzahl der Fläche A bezeichnen wir mit $\mu(A)$.
Wählt man auf den beiden Achsen die gleichen Einheiten, wie z.B. 1cm, 1m, 1dm oder 1 km, bleibt die Maßzahl jeweils gleich. In diesem Sinne werden hier also Größen und Maßzahlen synonym benutzt. Statt Flächenmaßzahl sagen wir demnach auch Flächeninhalt.

Erweiterung des Integralbegriffs

Das bestimmte Integral $\int_a^b f(x)\,dx$ wurde bisher nur für den Fall $a < b$ betrachtet.

Für manche Fragestellungen ist es sinnvoll, den Begriff des Integrals auch dann zur Verfügung zu haben, wenn die untere und obere Integrationsgrenze gleich sind.

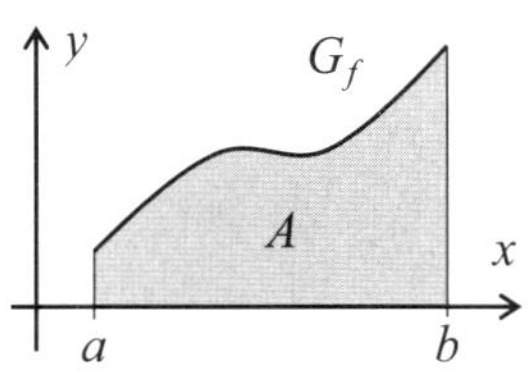

$$\int_a^b f(x)\,dx$$

Das Integral gibt das Maß der Fläche unter G_f über dem Intervall $[a;b]$ an.

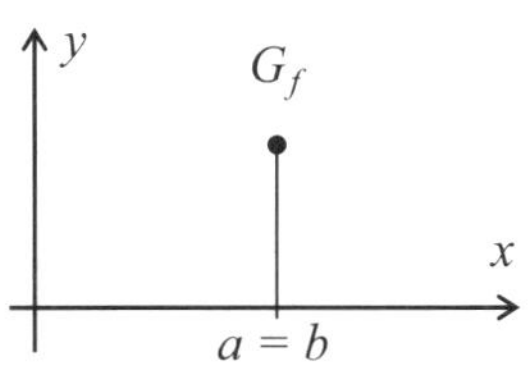

$$\int_a^a f(x)\,dx = 0$$

Für $a = b$ liegt keine Fläche mehr vor. Also ist das Maß 0.

Diese Betrachtung legt für den Fall übereinstimmender Integrationsgrenzen folgende Festsetzung nahe.

Ist f an der Stelle a definiert, so gilt: $\int_a^a f(x)\,dx = 0$.

Aufgaben

4. Unter Verwendung der Integralschreibweise gilt:

$$\int_a^b x^2\,dx = A_0(b) - A_0(a) = \tfrac{1}{3}b^3 - \tfrac{1}{3}a^3.$$

Berechnen Sie damit folgende Integrale:

a) $\int_0^3 x^2\,dx$ b) $\int_1^2 x^2\,dx$ c) $\int_3^6 x^2\,dx$ d) $\int_4^4 x^2\,dx$

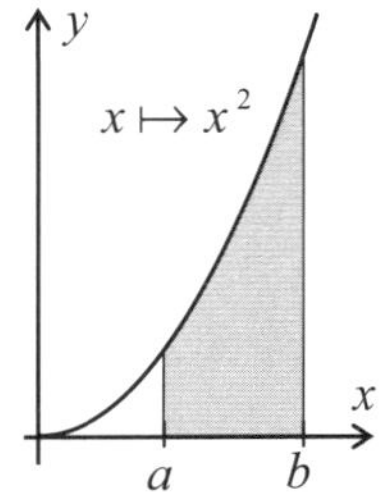

5. Für die Kubikfunktion gilt: $\int_a^b x^3\,dx = A_0(b) - A_0(a) = \tfrac{1}{4}b^4 - \tfrac{1}{4}a^4.$

Berechnen Sie damit folgende Integrale:

a) $\int_0^1 x^3\,dx$ b) $\int_0^0 x^3\,dx$ c) $\int_2^4 x^3\,dx$ d) $\int_4^4 x^3\,dx$

Historischer Rückblick

Die symbolische Schreibweise von Integralen geht auf den Mitbegründer der Differenzial- und Integralrechnung, **Gottfried Wilhelm Leibniz** (1646-1716), zurück.

G. W. Leibniz

Das Integralzeichen $\int$ ist aus dem Buchstaben „S“ für lateinisch „summa“ abgeleitet. Es erinnert an die Summenbildung, die bei krummlinig berandeten Flächen zur Flächenfunktion führt. Die Verwendung des Symbols „dx“ hat historische Gründe, die bei dem hier gewählten Zugang zur Integralrechnung nicht deutlich werden.

Das von uns definierte bestimmte Integral wird oft auch als Riemann-Integral bezeichnet, zu Ehren des deutschen Mathematikers **Bernhard Riemann**.

B. Riemann

Riemann (1826-1866) war ein bekannter deutscher Mathematiker. Trotz seines kurzen Lebens wurde Riemann zu einem der herausragendsten Mathematiker, dessen Werk bis heute von großer Bedeutung ist. Zum einen gehörte er zu den Begründern der Funktionentheorie, der Lehre von den Funktionen der komplexen Veränderlichen. Zum anderen gilt er als Begründer der Riemann'schen Geometrie und damit als einer der Wegbereiter von Einsteins allgemeiner Relativitätstheorie.

Auf dem Gebiet der reellen Funktionen entwickelte er nicht nur das nach ihm benannte Riemann-Integral, sondern er bewies unter anderem auch noch, dass jede stückweise stetige Funktion integrierbar ist.

2.1.4 Integrierbarkeit und Stetigkeit

Wir werden auch im Folgenden fast ausnahmslos mit stetigen Funktionen arbeiten. Für stetige Funktionen existieren über einem abgeschlossenen Intervall immer ein kleinster und ein größter Funktionswert. Dies bedeutet insbesondere, dass die Unter- und Obersummen stets bildbar sind. Man kann nachweisen, dass stetige Funktionen integrierbar sind. Auf den Beweis wollen wir an dieser Stelle aber verzichten.

Integrierbarkeit stetiger Funktionen

Ist $f:[a\,;b]\to\mathbb{R}$ stetig, so existiert das Integral $\int_a^b f(x)\,dx$.

Die Umkehrung dieses Satzes gilt nicht. Das folgende Beispiel zeigt, dass es aber auch unstetige Funktionen gibt, die integrierbar sind.

Beispiel (Integrierbare Funktion, die unstetig ist)

Die in der Abbildung dargestellte Funktion ist an den beiden Stellen x_1 und x_2 unstetig.
Dennoch scheint es von der Anschauung her sinnvoll zu sein, von einer Fläche unter dem Graphen zu sprechen.
Man kann durch eine Verallgemeinerung des Unter- und Obersummenbegriffs nachweisen, dass die Funktion tatsächlich integrierbar ist.

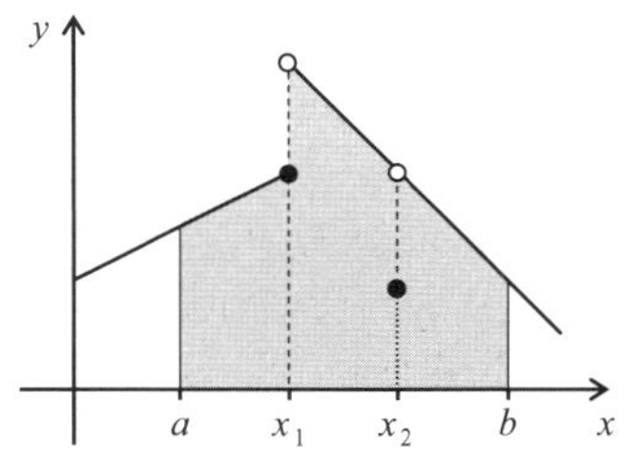

Man bezeichnet Funktionen, wie in der Abbildung dargestellt, manchmal auch als „stückweise stetig".

Auch wenn es auf den ersten Blick nicht offensichtlich erscheint, so gibt es aber dennoch auch Funktionen, die nicht integrierbar sind. Bei der Angabe eines entsprechenden Beispiels muss jedoch auf eine eher ungewöhnlich anmutende Funktion zurückgegriffen werden.

Beispiel (Funktion, die nicht integrierbar ist)

Wir betrachten die so genannte *Dirichlet*-Funktion:

$$f:\mathbb{R}\to\mathbb{R}\ ;\ x\mapsto\begin{cases}1\ , & \text{falls } x\in\mathbb{Q} \quad \text{(rational)}\\ 0\ , & \text{falls } x\in\mathbb{R}\setminus\mathbb{Q} \quad \text{(irrational)}\end{cases}$$

Da sowohl die rationalen als auch die irrationalen Zahlen in der Menge $\mathbb{R}$ dicht liegen, gibt es bei der Bildung der Unter- und Obersummen in jedem Teilintervall jeweils mindestens eine Stelle mit dem Funktionswert 0 bzw. 1.

Dies führt zu den Grenzwerten: $\lim\limits_{n\to+\infty} U_n = 0$ und $\lim\limits_{n\to+\infty} O_n = 1$.

Da diese Grenzwerte nicht übereinstimmen, ist die Funktion nicht integrierbar.

Aufgaben

6. Begründen Sie, dass die folgenden bestimmten Integrale existieren.
Erläutern Sie die geometrische Bedeutung des bestimmten Integrals und bestimmen Sie anhand des zugehörigen Schaubilds näherungsweise den Wert.

a) $\int_0^3 (-\frac{1}{3}x^3 + x^2)\,dx$ b) $\int_1^2 \frac{1}{x}\,dx$ c) $\int_0^4 \sqrt{x}\,dx$

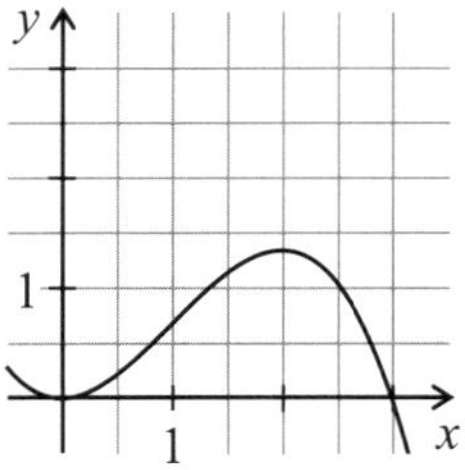

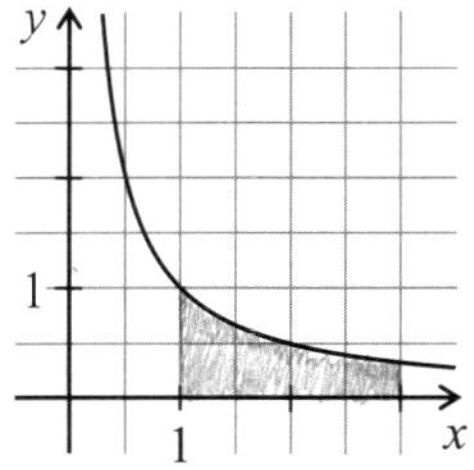

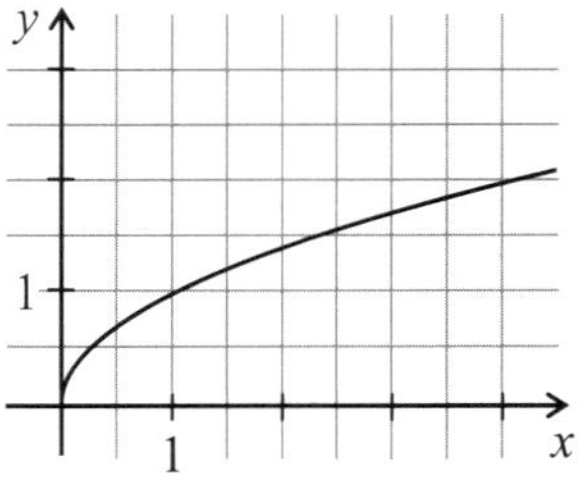

7. Geben Sie für die in den Abbildungen dargestellten Funktionen 2 Teilintervalle $[a;b]$ der Definitionsmenge an, für die Sie sicher sein können, dass das bestimmte Integral existiert.

a)
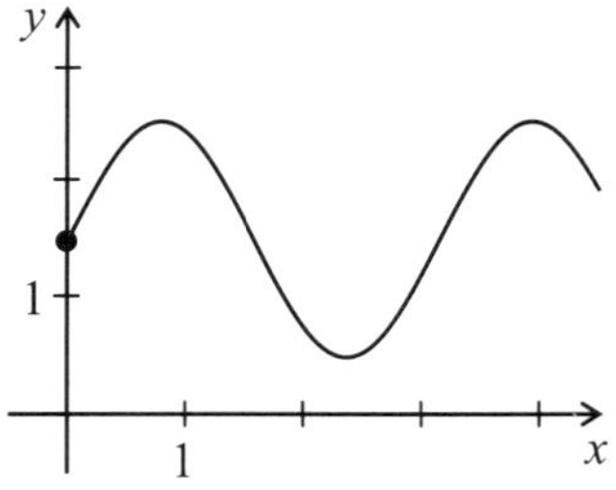

b)
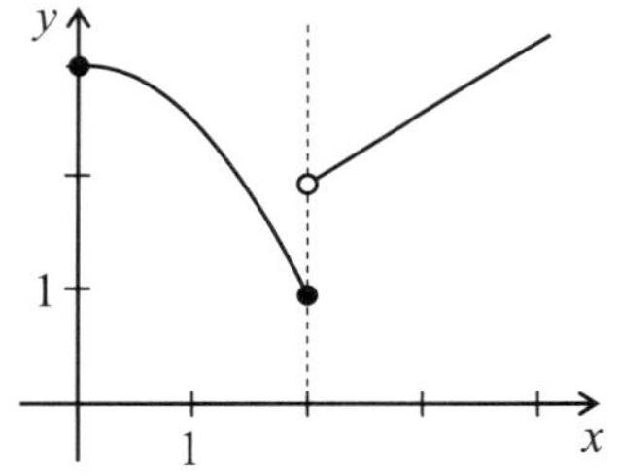

c)
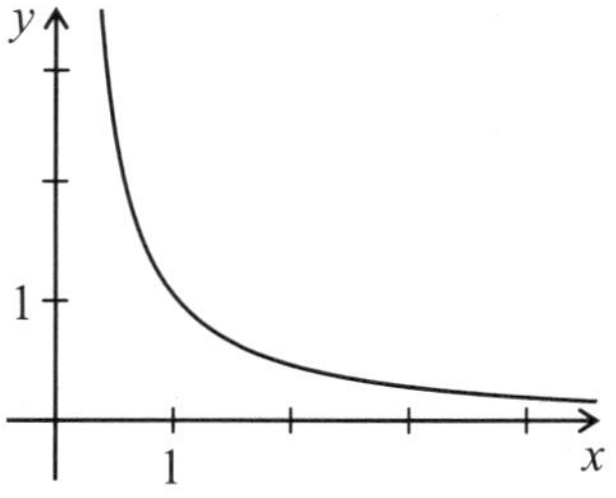

d)
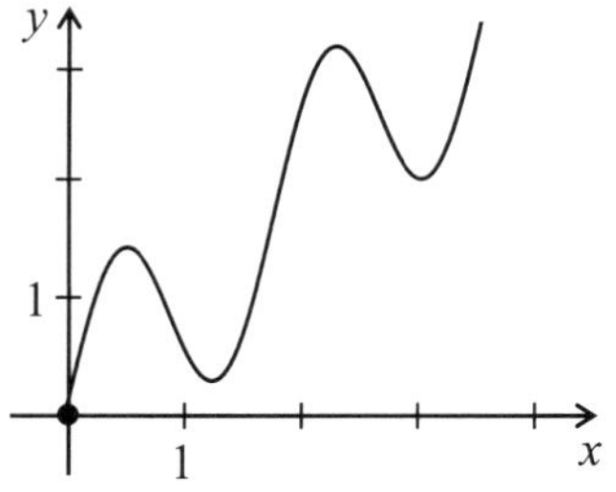

e)
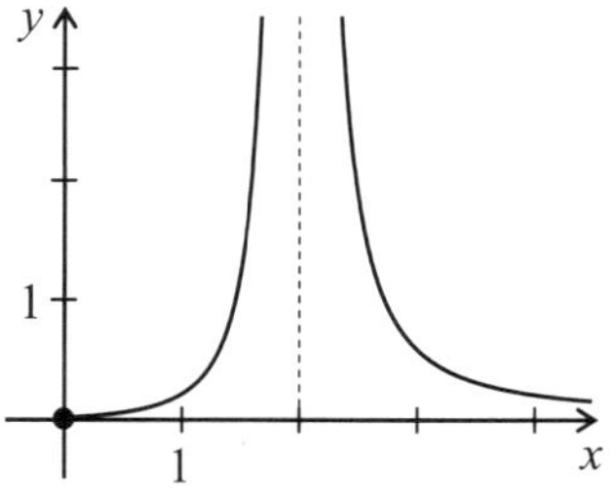

f)
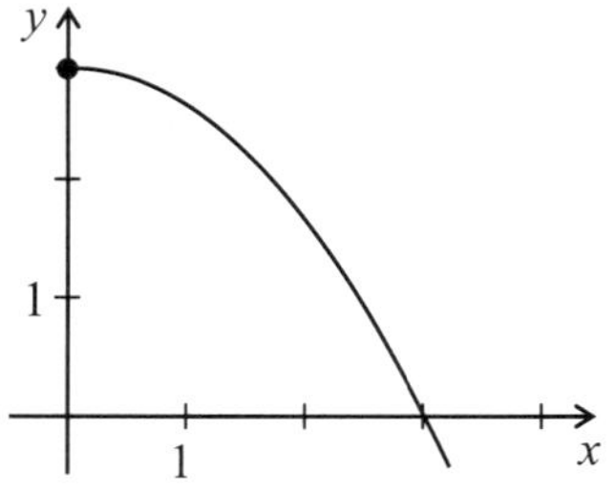

2.1.5 Die Integralfunktion

Der Begriff der Integralfunktion

Wir greifen unser Ausgangsproblem der Berechnung von Flächen unterhalb eines Funktionsgraphen wieder auf und nehmen eine weitere Verallgemeinerung vor.

In manchen Anwendungssituationen interessiert der Wert des Integrals nicht nur an einer einzigen, sondern an verschiedenen oberen Grenzen aus einem Intervall $[a\,;b]$.
Es wäre sehr aufwendig, mehrere Integrale zu berechnen, die sich lediglich durch ihre obere Grenze unterscheiden.

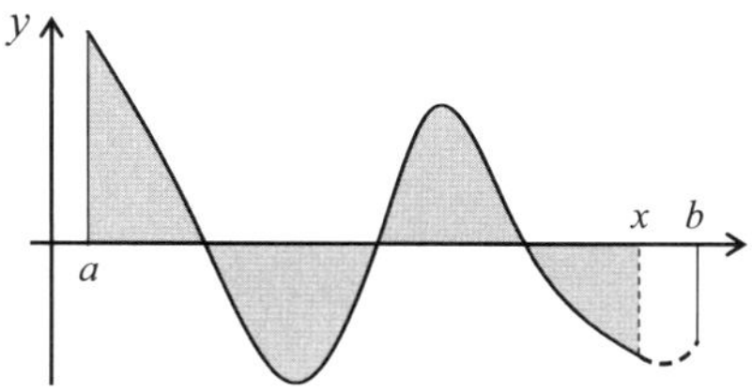

Wir betrachten stattdessen das Integral $\int_a^x f(t)\,dt$ und variieren $x \in [a\,;b]$ beliebig.

Die Bezeichnung der Integrationsvariablen ist ohne Bedeutung. Damit aber keine Missverständnisse auftreten, wurde als Integrationsvariable hier nicht x, sondern t gewählt.

Für die feste untere Grenze a entsteht auf diese Weise eine Funktion mit der Variablen x als obere Integrationsgrenze.

Integralfunktion

Sei $f:[a\,;b] \to \mathbb{R}$ eine Funktion, die für jedes $x \in [a\,;b]$ auf $[a\,;x]$ integrierbar ist. Dann heißt die Funktion

$$\boldsymbol{I_a : x \mapsto \int_a^x f(t)\,dt} \quad \text{mit} \quad x \in [a\,;b]$$

Integralfunktion mit der unteren Grenze *a* zur Integrandenfunktion *f*.

Zu einer stetigen und damit integrierbaren Funktion $f:\mathbb{R} \to \mathbb{R}$ lassen sich unendlich viele Integralfunktionen bilden, indem man für die untere Intervallgrenze unterschiedliche Werte wählt.

Geometrische Deutung der Funktionswerte der Integralfunktion

Der Funktionsterm $I_a(x)$ der Integralfunktion gibt die Summe der vorzeichenbehafteten Inhalte der Flächen zwischen dem Graphen der Integrandenfunktion f und der waagerechten Achse von der Stelle a bis zur Stelle x an.

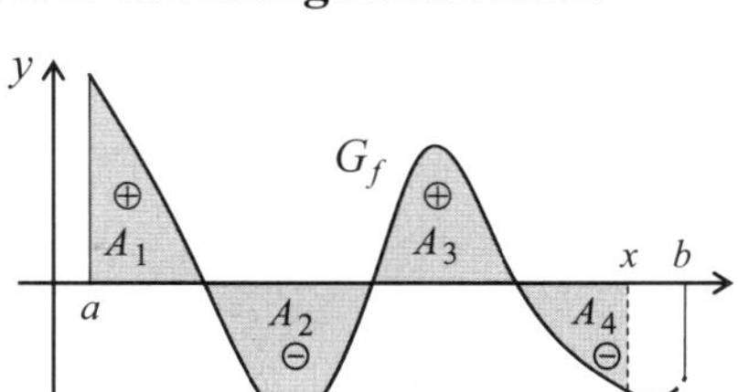

In der Situation der Abbildung gilt:

$I_a(x) =$ Summe der Inhalte der Fl. A_1 und A_3 **oberhalb** der waager. Achse
$\quad -$ Summe der Inhalte der Fl. A_2 und A_4 **unterhalb** der waager. Achse

Anfangswert der Integralfunktion

In dem Spezialfall $x = a$ kann man den Wert einer Integralfunktion unabhängig von der betrachteten Integrandenfunktion f direkt angeben. Untere und obere Grenze haben denselben Wert a. Gemäß der Festsetzung für das Integral folgt:

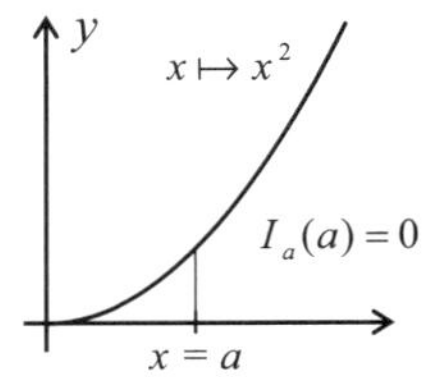

$$I_a(a) = \int_a^a f(t)\,dt = 0\,.$$

Integralfunktionen zu bisher betrachteten Funktionen

Mit den Ergebnissen des letzten Abschnitts lassen sich Integralfunktionen für einfache Funktionen bereits explizit, d.h. mithilfe eines Funktionsterms angeben.

① **Konstante Funktionen $f(x) = c$**

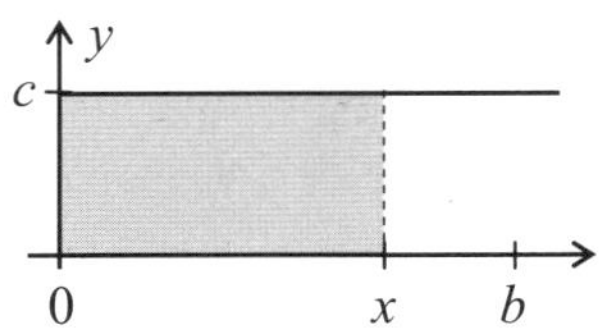

$$I_0(x) = \int_0^x f(t)\,dt = c \cdot x$$

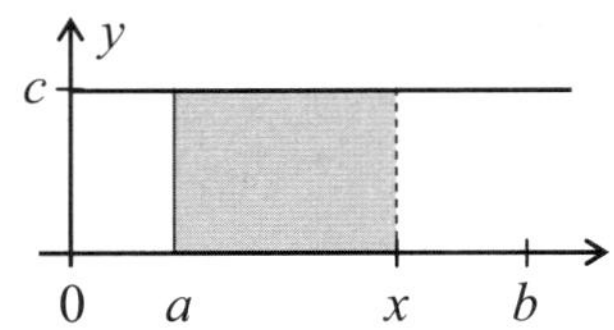

$$I_a(x) = \int_a^x f(t)\,dt = c\,x - c\,a$$

② **Lineare Funktionen $f(x) = m\,x + n$**

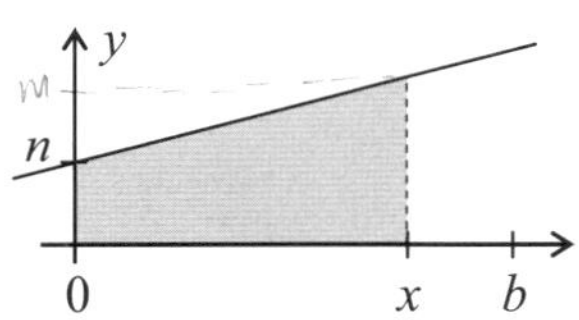

$$I_0(x) = \int_0^x f(t)\,dt = \tfrac{1}{2}m\,x^2 + n\,x$$

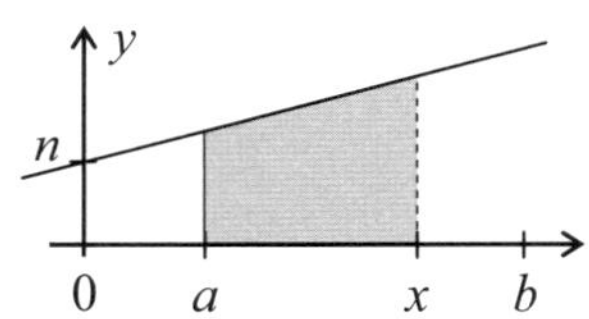

$$I_a(x) = \int_a^x f(t)\,dt = (\tfrac{1}{2}m\,x^2 + n\,x) - (\tfrac{1}{2}m\,a^2 + n\,a)$$

③ **Quadratische Funktion $f(x) = x^2$**

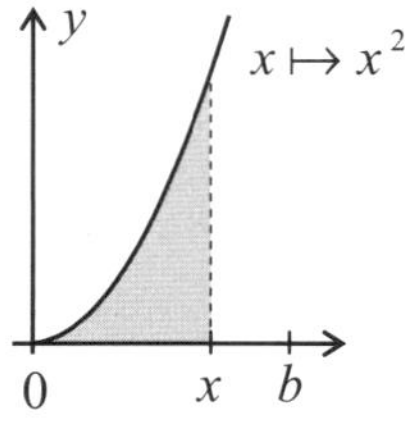

$$I_0(x) = \int_0^x f(t)\,dt = \tfrac{1}{3}x^3$$

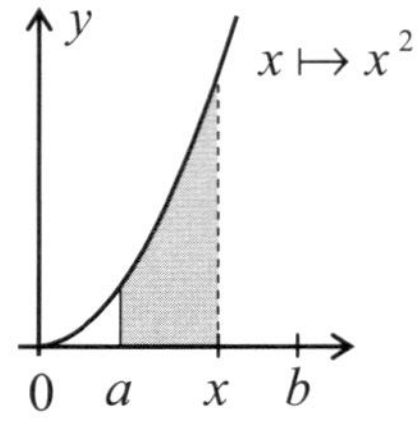

$$I_a(x) = \int_a^x f(t)\,dt = \tfrac{1}{3}x^3 - \tfrac{1}{3}a^3$$

Es bleibt zu klären, wie man auch bei anderen Funktionen die Funktionsterme der Integralfunktion berechnen kann. Wünschenswert wäre hierbei eine einfache Berechnungsmöglichkeit, die ohne das aufwendige Verfahren über die Bildung von Unter- und Obersummen auskommt.

Die angegebenen Beispiele liefern dazu bereits einen ersten Hinweis. Bildet man in den Beispielen die Ableitung der Integralfunktionen I_0 bzw. I_a, so ergibt sich jeweils die vorgegebene Randfunktion f.

> $I_0'(x) = f(x)$: Die Ableitung der Integralfunktion ist die Randfunktion.

Es stellt sich die Frage, ob dieser Zusammenhang allgemein gültig ist. Sie wird später beantwortet.

Aufgaben

8. Notieren Sie den Flächeninhalt der gekennzeichneten Fläche in der Integralschreibweise und bestimmen Sie ihren Wert.

a) $f(x) = \frac{3}{2}x$

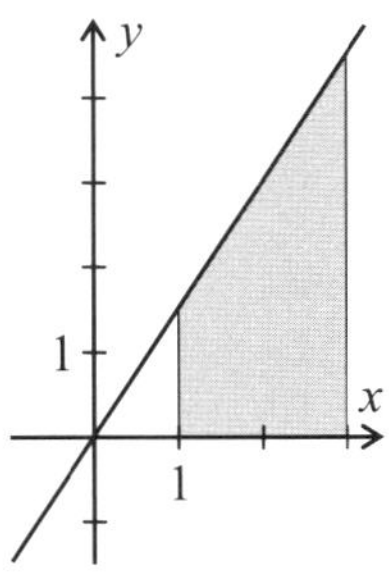

b) $f(x) = 2x - 1$

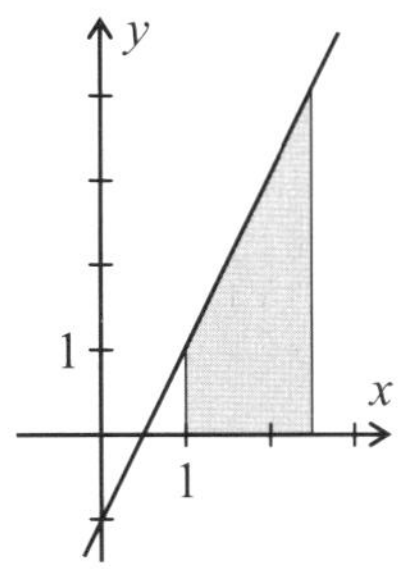

c) $f(x) = x^2$

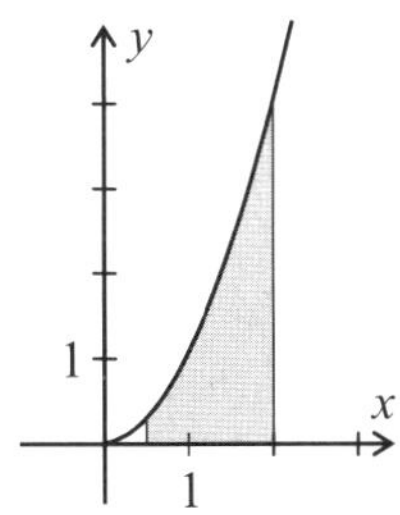

9. Drücken Sie den Wert des angegebenen Integrals mithilfe der Inhalte $\mu(A_1)$, $\mu(A_2)$ und $\mu(A_3)$ der Flächen A_1, A_2 und A_3 aus.
Schätzen Sie ab, welches Vorzeichen das Integral besitzt.

a) $\int_{-2}^{1} f(x)\,dx$

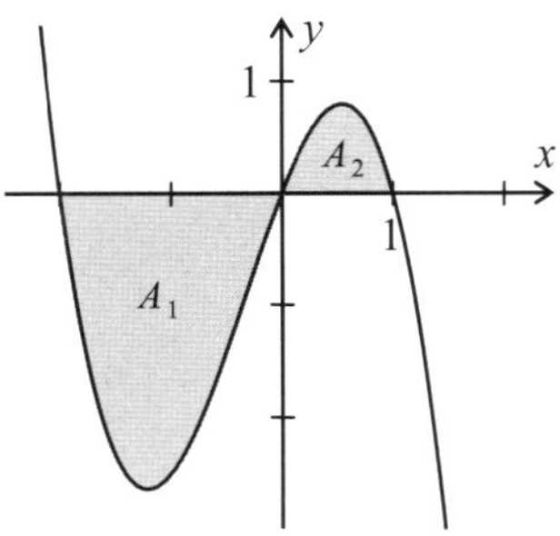

b) $\int_{-\frac{\pi}{4}}^{\frac{7\pi}{8}} f(x)\,dx$

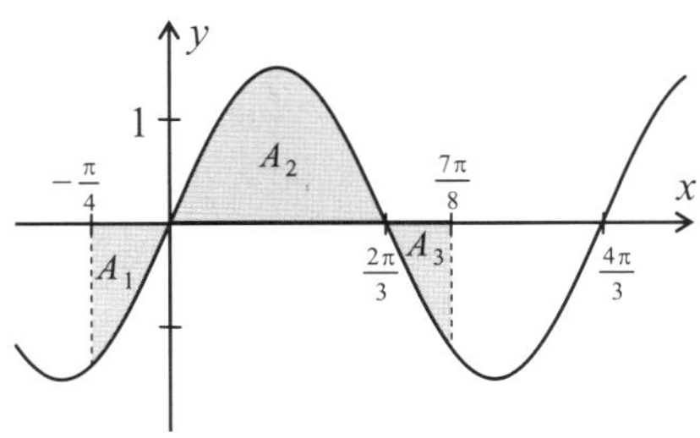

2.2 Stammfunktionen

2.2.1 Der Begriff der Stammfunktion

Eine wichtige Fragestellung der Differenzialrechnung besteht darin, zu einer gegebenen Funktion f die Ableitungsfunktion f' zu berechnen. Wir wollen nun diese Aufgabenstellung umkehren:

> *Zu einer gegebenen Funktion f ist eine Funktion F zu bestimmen, deren Ableitung gleich f ist.*

Dieser Fragestellung sind wir bereits in Abschnitt 2.1.5 bei der Bestimmung der Integralfunktion I_a zu einer Randfunktion f begegnet. Dort haben wir zumindest in Beispielen festgestellt, dass $I_a' = f$ galt.

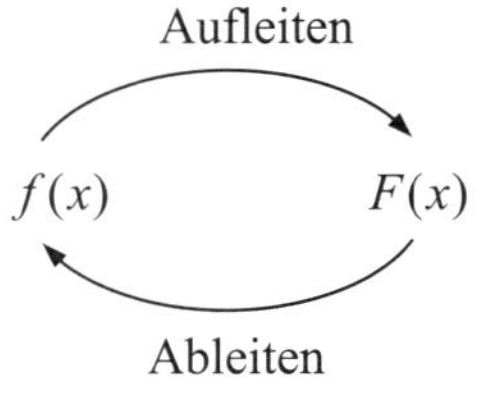

Die Umkehrung des Ableitens wird auch als **Aufleiten** bezeichnet. Eine auf diese Art gefundene Funktion nennt man Stammfunktion.

> **Stammfunktion**
> Sei $f: D \to \mathbb{R}$ eine Funktion. Eine Funktion $F: D \to \mathbb{R}$ heißt **Stammfunktion von *f***, wenn F differenzierbar und $F' = f$ ist.

Beispiel (Stammfunktionen zu Grundfunktionen)

a) $F: \mathbb{R} \to \mathbb{R}, x \mapsto \frac{1}{4}x^4$ ist eine Stammfunktion von $f: \mathbb{R} \to \mathbb{R}, x \mapsto x^3$, denn F ist in $\mathbb{R}$ differenzierbar und es gilt:

$$F'(x) = \left(\tfrac{1}{4}x^4\right)' = \tfrac{1}{4}\cdot(x^4)' = \tfrac{1}{4}\cdot(4x^3) = x^3 = f(x).$$

b) $F: \mathbb{R} \to \mathbb{R}, x \mapsto -\cos(x)$ ist eine Stammfunktion von $f: \mathbb{R} \to \mathbb{R}, x \mapsto \sin(x)$, denn F ist in $\mathbb{R}$ differenzierbar und es gilt:

$$F'(x) = \left(-\cos(x)\right)' = -\left(\cos(x)\right)' = -\left(-\sin(x)\right) = f(x).$$

Aufgaben

1. Begründen Sie, dass F eine Stammfunktion von f ist.

   a) $f(x) = x^2 + 1$ und $F(x) = \frac{1}{3}x^3 + x$ b) $f(x) = \frac{4}{x^3}$ und $F(x) = \frac{-2}{x^2}$

2. Von welcher Funktion f ist F eine Stammfunktion?

   a) $F(x) = 4x$ b) $F(x) = 2x^3 + 5x^2$ c) $F(x) = x^3$

2.2.2 Bestimmung von Stammfunktionen

Von vielen „Grundfunktionen“ können wir unmittelbar die Ableitungsfunktion angeben. Umgekehrt sind daher von diesen Ableitungsfunktionen auch zugehörige Stammfunktionen bekannt.

Potenzregel

Die Tabelle enthält von einigen Potenzfunktionen f eine Stammfunktion F.

$f(x)$	x^3	x^2	x^1	x^0	x^{-1}	x^{-2}
$F(x)$	$\frac{1}{4}x^4$	$\frac{1}{3}x^3$	$\frac{1}{2}x^2$	x^1	?	$-x^{-1}$

Wie bestimmt man zu einer Potenzfunktion eine Stammfunktion?
1. Erhöhe den Exponenten um 1.
2. Multipliziere mit der Kehrzahl des neuen Exponenten.

Dies gilt auch bei gebrochenrationalen Exponenten.
Zu $f(x)=\sqrt{x}=x^{\frac{1}{2}}$ ergibt sich als Stammfunktion

$$F(x)=x^{\frac{3}{2}}\cdot\frac{2}{3}=\frac{2}{3}\cdot x^{\frac{3}{2}}=\frac{2}{3}\cdot\sqrt{x^3}.$$

Wir erkennen folgende Regel, die man durch Ableiten leicht bestätigen kann.

Stammfunktionen von Potenzfunktionen (Potenzregel)

Eine Stammfunktion von $f(x)=x^r$ mit $r\in\mathbb{Q}\setminus\{-1\}$ ist $F(x)=\frac{1}{r+1}\cdot x^{r+1}$.

Zu beachten bleibt, dass die Potenzregel für den Exponenten -1 nicht gilt, da der Bruchterm $\frac{1}{r+1}$ für $r=-1$ nicht definiert ist. Zur Kehrwertfunktion $x\mapsto\frac{1}{x}$ lässt sich auf diese Art keine Stammfunktion finden.

Das Aufleiten der Kehrwertfunktion wird später gesondert betrachtet.

Beispiel (Anwenden der Potenzregel)

Es empfiehlt sich, vor dem Aufleiten den Funktionsterm in die Potenzschreibweise umzuformen.

a) Zu $f(x)=\frac{1}{x^4}=x^{-4}$ ergibt sich nach der Potenzregel die Stammfunktion

$$F(x)=x^{-3}\cdot\frac{1}{-3}=-\frac{1}{3}\cdot x^{-3}=-\frac{1}{3x^3}.$$

b) Zu $f(x)=\frac{1}{\sqrt{x}}=x^{-\frac{1}{2}}$ ergibt sich als Stammfunktion

$$F(x)=x^{\frac{1}{2}}\cdot\frac{2}{1}=2\cdot x^{\frac{1}{2}}=2\cdot\sqrt{x}.$$

Stammfunktionen wichtiger Grundfunktionen

In der folgenden Tabelle sind Stammfunktionen von wichtigen Grundfunktionen zusammengestellt. Den Nachweis kann man leicht durch Ableiten erbringen.

Funktion f		D_{max}	Stammfunktion F
Konstante Funktion:	$f(x)=c$; $c \in \mathbb{R}$	$\mathbb{R}$	$F(x)=c \cdot x$
Potenzfunktionen:	$f(x)=x^n$; $n \in \mathbb{N}^*$	$\mathbb{R}$	$F(x)=\frac{1}{n+1}x^{n+1}$
Potenzfunktion:	$f(x)=\frac{1}{x^2}$	$\mathbb{R}^*$	$F(x)=-\frac{1}{x}$
Sinusfunktion:	$f(x)=\sin(x)$	$\mathbb{R}$	$F(x)=-\cos(x)$
Kosinusfunktion:	$f(x)=\cos(x)$	$\mathbb{R}$	$F(x)=\sin(x)$
Wurzelfunktion:	$f(x)=\sqrt{x}$	$\mathbb{R}_0^+$	$F(x)=\frac{2}{3}\cdot\sqrt{x^3}$

Aufgaben

3. Ermitteln Sie einen Stammfunktionsterm $F(x)$ zum Funktionsterm $f(x)$.
   a) $f(x)=1$ b) $f(x)=x$ c) $f(x)=x^2$ d) $f(x)=x^3$
   e) $f(x)=x^4$ f) $f(x)=x^5$ g) $f(x)=x^{-2}$ h) $f(x)=x^{-4}$

4. Geben Sie einen Stammfunktionsterm an. Die auftretenden Exponenten sind verschieden von -1.
   a) $f(x)=x^{n+1}$ b) $f(x)=x^{-n+1}$ c) $f(x)=x^{2n-1}$
   d) $f(x)=x^{-n}$ e) $f(x)=x^{-n-3}$ f) $f(x)=x^0$

5. Geben Sie einen Stammfunktionsterm an.
   a) $f(x)=\frac{1}{x^2}$ b) $f(x)=\frac{1}{x^3}$ c) $f(x)=-\frac{1}{x^4}$

6. Bestimmen Sie eine Stammfunktion von f. Geben Sie den Stammfunktionsterm zusätzlich in der Wurzelschreibweise an.
   a) $f(x)=x^{\frac{2}{3}}$ b) $f(x)=x^{\frac{3}{2}}$ c) $f(x)=x^{\frac{4}{3}}$
   d) $f(x)=x^{-\frac{1}{3}}$ e) $f(x)=x^{-\frac{5}{4}}$ f) $f(x)=x^{-\frac{7}{3}}$

7. Geben Sie einen Stammfunktionsterm an.
   a) $f(x)=\sqrt[5]{x^3}$ b) $f(x)=\sqrt[3]{x^2}$ c) $f(x)=\sqrt[3]{x^{-2}}$

Umkehrung von Ableitungsregeln

Das Ermitteln einer Stammfunktion ist die Umkehrung zum Ableiten einer Funktion. Man kann daher vermuten, dass den einfachen Ableitungsregeln auch einfache Regeln für das Aufleiten entsprechen.

Faktorregel

Wir betrachten eine reelle Zahl $\alpha \in \mathbb{R}$ und eine Funktion f, für die eine Stammfunktion F gegeben ist. F ist dann differenzierbar mit $F' = f$ und aus der Faktorregel für das Ableiten ergibt sich:

$$(\alpha \cdot F)' \underset{\text{FR}}{=} \alpha \cdot F' = \alpha \cdot f$$

Damit ist nachgewiesen:

Faktorregel für das Aufleiten (FRA)

Ist F Stammfunktion von f und ist $\alpha \in \mathbb{R}$, so ist durch $\alpha \cdot F$ eine Stammfunktion von $\alpha \cdot f$ gegeben.

Kurz: Beim Aufleiten bleibt ein konstanter Faktor unverändert erhalten.

Beispiel (Anwenden der Faktorregel)

a) Eine Stammfunktion von $f(x) = -4 \cdot x^3$ ist $F(x) = -4 \cdot (\frac{1}{4}x^4) = -x^4$.

b) Eine Stammfunktion zu $f(x) = 2 \cdot \sin(x)$ ist $F(x) = 2 \cdot (-\cos(x)) = -2 \cdot \cos(x)$.

Summenregel

Seien F und G Stammfunktionen von f bzw. von g. Dann sind F und G differenzierbar und es gilt $F' = f$ und $G' = g$. Nach der Summenregel für das Ableiten ist $F \pm G$ differenzierbar und es gilt:

$$(F \pm G)' \underset{\text{SR}}{=} F' \pm G' = f \pm g$$

Damit ist nachgewiesen:

Summenregel für das Aufleiten (SRA)

Sind F und G Stammfunktionen von f und g, so ist $F \pm G$ Stammfunktion von $f \pm g$.

Kurz: Man darf gliedweise Aufleiten.

Beispiel (Anwenden der Summenregel)

a) Eine Stammfunktion von $h(x) = x^2 - x$ ist $H(x) = \frac{1}{3}x^3 - \frac{1}{2}x^2$.

b) Eine Stammfunktion von $h(x) = \cos(x) + \frac{1}{2 \cdot \sqrt{x}}$ ist $H(x) = \sin(x) + \sqrt{x}$.

Aufgaben

8. Ermitteln Sie einen Stammfunktionsterm $F(x)$ zum Funktionsterm $f(x)$.

a) $f(x)=\frac{1}{3}x^2$ b) $f(x)=\sqrt{2}\cdot x$ c) $f(x)=-3x^3$

d) $f(x)=5x^4$ e) $f(x)=-\frac{1}{4}x$ f) $f(x)=\frac{1}{10}x^4$

9. Ermitteln Sie von der Funktion f einen Stammfunktionsterm.

a) $f(x)=0$ b) $f(x)=4x+2$ c) $f(x)=4x^3+3x$

d) $f(x)=5x^4+3x^2$ e) $f(x)=3x^4+1$ f) $f(x)=x^3+x^2+x$

10. Geben Sie eine Stammfunktion an. Wie können Sie das Ergebnis überprüfen?

a) $f(x)=x^2-2$ b) $f(x)=3x^2+2x-1$

c) $f(x)=\frac{1}{2}x^2+\frac{1}{3}x^3-12$ d) $f(x)=2-3x-x^3$

e) $f(x)=2x^3+3x^2-12x$ f) $f(x)=2x-\pi^2$

11. Geben Sie von der Funktion f eine Stammfunktion F an.

a) $f(x)=2\cos(x)$ b) $f(x)=-5\sin(x)$ c) $f(x)=\sin(x)-\cos(x)$

d) $f(x)=1+\cos(x)$ e) $f(x)=x^3-\sin(x)$ f) $f(x)=x^2-3\cos(x)$

12. Bestimmen Sie eine Stammfunktion F zur Funktion f.

a) $f(x)=x+\frac{1}{2\sqrt{x}}$ b) $f(x)=1-\frac{1}{\sqrt{x}}$ c) $f(x)=x^2+\frac{2}{\sqrt{x}}$

13. Ermitteln Sie zur Funktion f eine Stammfunktion F.

a) $f(x)=1-\frac{1}{x^2}$ b) $f(x)=1+\frac{1}{x^4}$ c) $f(x)=x-\frac{2}{x^3}$

14. Welche Funktion F gehört als Stammfunktion zur Funktion f?
Begründen Sie Ihre Auswahl.

① $f(x)=4x^3-2x$ ② $f(x)=1-\sin(x)$ ③ $f(x)=\frac{3}{2}\cdot\sqrt{x}$

④ $f(x)=-0{,}5\cdot\frac{1}{x^2}$ ⑤ $f(x)=8x^3-2x$ ⑥ $f(x)=\pi-3\cos(x)$

A) $F(x)=x+\cos(x)$ B) $F(x)=\frac{1}{2x}$ C) $F(x)=\pi x-3\sin(x)$

D) $F(x)=\sqrt{x^3}+1$ E) $F(x)=x^4-x^2-3$ F) $F(x)=2x^4-x^2$

15. Bestimmen Sie eine Stammfunktion. Es empfiehlt sich, den Funktionsterm zunächst umzuformen.

a) $f(x) = x \cdot (x-2)$ b) $f(x) = (x-3) \cdot (x+3)$

c) $f(x) = (2x-1)^2 - x^2$ d) $f(x) = x \cdot (x+1)^2$

e) $f(x) = 2x \cdot (x-3) \cdot (x+3)$ f) $f(x) = 4 \cdot (x-1)^2 \cdot x$

16. Die Abbildungen zeigen die Graphen von vier Funktionen und der zugehörigen Stammfunktionen.

- Welche Paare gehören zusammen?
- Begründen Sie Ihre Auswahl auch anhand charakteristischer Eigenschaften der Graphen.

①
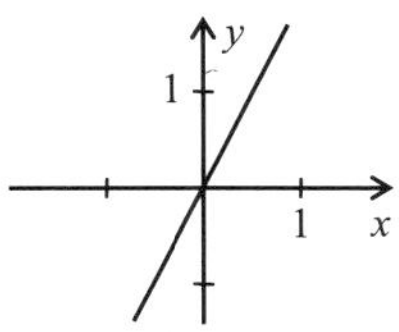

$f_1(x) = 2x$

②
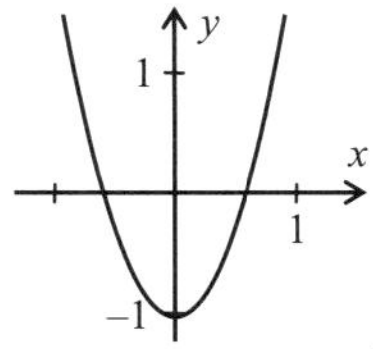

$f_2(x) = 3x^2 - 1$

③
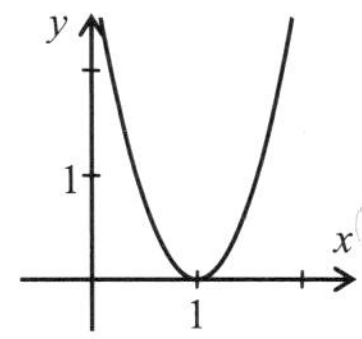

$f_3(x) = 3 \cdot (x-1)^2$

④
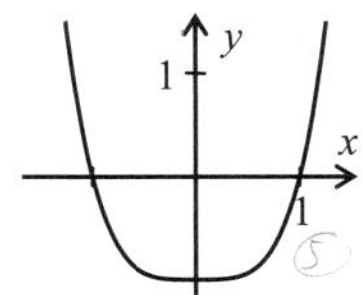

$f_4(x) = x^4 - 1$

⑤
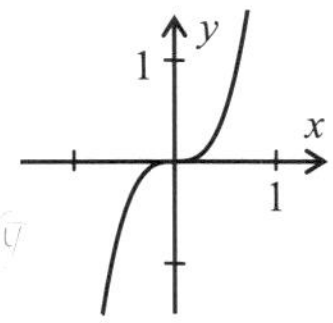

$f_5(x) = 4x^3$

⑥
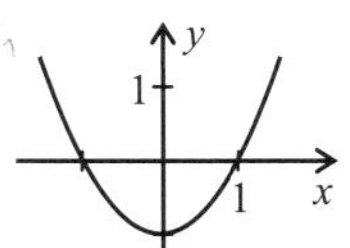

$f_6(x) = x^2 - 1$

⑦
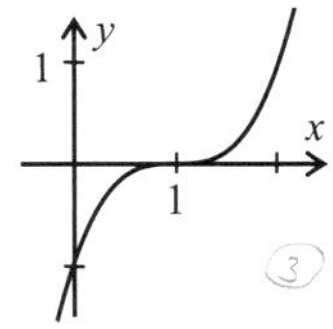

$f_7(x) = (x-1)^3$

⑧
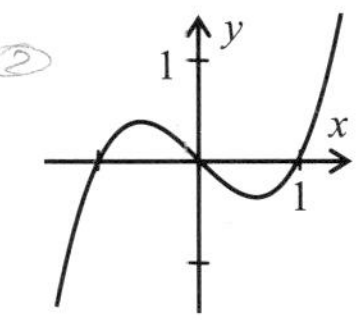

$f_8(x) = x^3 - x$

17. Die Abbildung rechts zeigt den Graphen der Funktion f mit $f(x) = x^3 - 2x^2$.
Welche der Abbildungen unten zeigt den Graphen einer Stammfunktion F von f? Begründen Sie Ihre Auswahl mit möglichst vielen Argumenten.

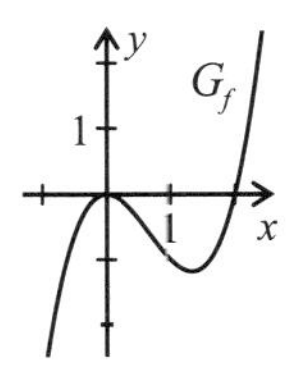

a)
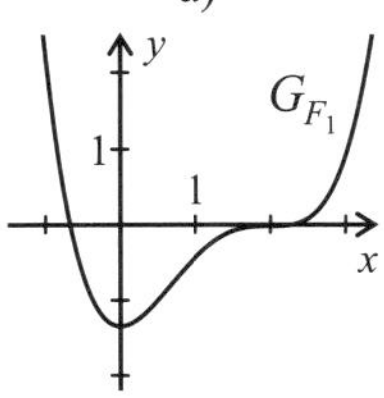

b)
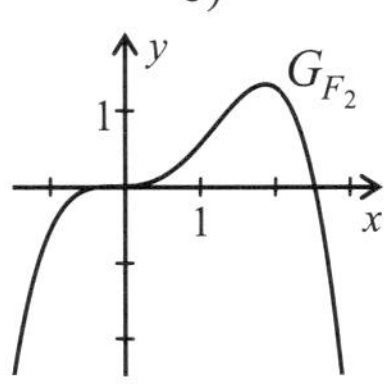

c)
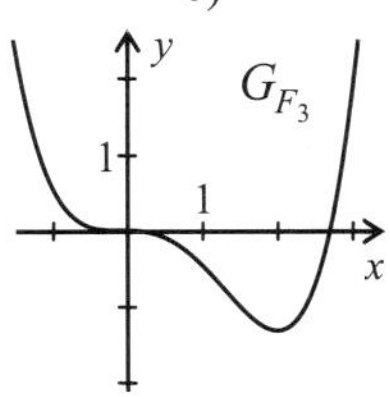

d)
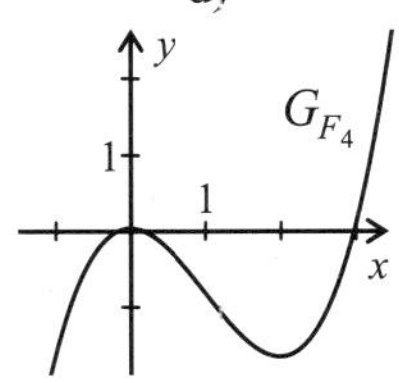

18. Bestimmen Sie zu $f(x)$ einen Stammfunktionsterm $F(x)$.

a) $f(x) = x - a$ b) $f(x) = ax$ c) $f(x) = 4ax^3 - ax$

d) $f(x) = \frac{1}{2}(x-a)$ e) $f(x) = ax^5 - bx$ f) $f(x) = a(b-x)$

Lineare Verkettung

Wir betrachten eine Funktion f, für die eine Stammfunktion F gegeben ist, und suchen für $a, b \in \mathbb{R}$ mit $a \neq 0$ eine Stammfunktion von $f(ax+b)$. Bei dieser Verkettung ist die innere Funktion linear.

Man könnte zunächst einmal $F(ax+b)$ als Stammfunktion vermuten. Da F und auch die lineare innere Funktion differenzierbar sind, ist dies nach der Kettenregel auch für $F(ax+b)$ der Fall und es folgt:

$$(F(ax+b))' \underset{\text{KR}}{=} F'(ax+b) \cdot a = f(ax+b) \cdot a.$$

Der Faktor a entsteht durch Nachdifferenzieren der linearen inneren Funktion. Wir müssen unsere Vermutung durch Hinzunahme des Korrekturfaktors $\frac{1}{a}$ korrigieren. Damit ist nachgewiesen:

Lineare Verkettungsregel (LVR)
Ist F eine Stammfunktion der Funktion f und sind $a, b \in \mathbb{R}$ mit $a \neq 0$, so ist $F(ax+b) \cdot \frac{1}{a}$ ein Stammfunktionsterm von $f(ax+b)$.

Beispiel (Anwenden der linearen Verkettungsregel)

a) Eine Stammfunktion zu $f(x) = (1-2x)^3$ ist

$$F(x) = \underbrace{\tfrac{1}{4} \cdot (1-2x)^4}_{\text{Aufleiten der äußeren Funktion}} \cdot \underbrace{\left(-\tfrac{1}{2}\right)}_{\text{Korrekturfaktor für die innere Ableitung}} = -\tfrac{1}{8} \cdot (1-2x)^4.$$

b) Eine Stammfunktion zu $g(x) = \sqrt{1-x} = (1-x)^{\frac{1}{2}}$ ist

$$G(x) = \underbrace{\tfrac{2}{3} \cdot (1-x)^{\frac{3}{2}}}_{\text{Aufleiten der äußeren Funktion}} \cdot \underbrace{(-1)}_{\text{Korrekturfaktor für die innere Ableitung}} = -\tfrac{2}{3} \cdot (1-x)^{\frac{3}{2}} = -\tfrac{2}{3} \cdot \sqrt{(1-x)^3}.$$

c) Eine Stammfunktion zu $h(t) = \frac{2\pi}{3} \cdot \cos\left(\frac{2\pi}{24} \cdot (t-5)\right)$ ist

$$H(t) = \underbrace{\tfrac{2\pi}{3} \cdot \sin\left(\tfrac{2\pi}{24} \cdot (t-5)\right)}_{\text{Aufleiten der äußeren Funktion}} \cdot \underbrace{\left(\tfrac{24}{2\pi}\right)}_{\text{Korrekturfaktor für die innere Ableitung}} = 8 \cdot \sin\left(\tfrac{2\pi}{24} \cdot (t-5)\right).$$

Das Ermitteln einer Stammfunktion F von einer gegebenen Funktion f ist in der Regel nicht so einfach wie das Ableiten einer Funktion. Mithilfe der Kenntnis der Stammfunktionen einiger Grundfunktionen und den Regeln für das Aufleiten gelingt es aber in vielen Fällen, die Stammfunktionen zusammengesetzter Funktionen zu bestimmen.

Es ist in jedem Fall zu empfehlen, die Richtigkeit der gefundenen Stammfunktion durch Ableiten zu bestätigen.

Aufgaben

19. Bestimmen Sie eine Stammfunktion ohne Ausmultiplizieren des Funktionsterms.
   a) $f(x)=(2x-1)^2$ b) $f(x)=(1-x)^3$ c) $f(x)=(\frac{1}{2}x+1)^4$
   d) $f(x)=(3+4x)^4$ e) $f(x)=(3x-5)^7$ f) $f(x)=(2-3x)^5$

20. Bestimmen Sie eine Stammfunktion.
   a) $f(x)=2\cdot(1-x)^4$ b) $f(x)=2x-5\cdot(3-x)^4$ c) $f(x)=1-6\cdot(1-2x)^3$

21. Ermitteln Sie eine Stammfunktion.
   a) $f(x)=\sin(2x)$ b) $f(x)=\cos(\frac{1}{2}x)$ c) $f(x)=\cos(\pi-x)$
   d) $f(x)=\cos(\frac{\pi}{2}-2x)$ e) $f(x)=\frac{1}{3}\sin(3x-\pi)$ f) $f(x)=1-\cos(\pi-x)$

22. Bestimmen Sie eine Stammfunktion.
   a) $f(x)=\frac{1}{(1+x)^2}$ b) $f(x)=\frac{1}{(1-x)^2}$ c) $f(x)=\frac{1}{(1+2x)^2}$
   d) $f(x)=\frac{3}{(2x-3)^5}$ e) $f(x)=\frac{3}{(1-3x)^3}$ f) $f(x)=x-\frac{0{,}5}{(1-2x)^4}$

Vermischte Aufgaben

23. Bestimmen Sie eine Stammfunktion.
   a) $f(x)=x^2-\frac{1}{2}\sin(2x)$ b) $f(x)=1-\frac{2x^3-3}{x^2}$ c) $f(x)=3x^2-\frac{4}{\sqrt{x}}$
   d) $f(x)=-3\cdot(5-4x)^3$ e) $f(x)=-\frac{1}{5}\cdot(7-2x)^4$ f) $f(x)=5-\sin(1-2x)$

24. Bestimmen Sie eine Stammfunktion. Formen Sie zunächst geeignet um.
   a) $f(x)=\frac{x^2+1}{x^2}$ b) $f(x)=\frac{x^3-1}{x^2}$ c) $f(x)=\frac{1+x-x^2}{x^4}$

25. Welche Funktion F gehört als Stammfunktion zur Funktion f?
   Begründen Sie Ihre Auswahl.
   ① $f(x)=3x^2-2x$ ② $f(x)=\sin(2x+1)$ ③ $f(x)=3\cdot\sqrt{x}$
   ④ $f(x)=-\frac{2}{x^2}$ ⑤ $f(x)=8x^3-2$ ⑥ $f(x)=\cos(x-1)$

   A) $F(x)=\sin(x-1)$ B) $F(x)=\frac{2}{x}$ C) $F(x)=-\frac{1}{2}\cdot\cos(2x+1)$
   D) $F(x)=2\cdot\sqrt{x^3}+3$ E) $F(x)=x^3-x^2-2$ F) $F(x)=2x^4-2x$

2.2.3 Mehrdeutigkeit von Stammfunktionen

Mehrdeutigkeit durch Addition einer Konstanten

Zu einer gegebenen Funktion kann es mehrere Stammfunktionen geben.
Für die Funktion f mit der Gleichung $f(x) = x^3$ sind z. B. Stammfunktionen:

$F(x) = \frac{1}{4}x^4$, aber auch $F_1(x) = \frac{1}{4}x^4 + 1$ und $F_2(x) = \frac{1}{4}x^4 - 7$.

Die Funktionen F, F_1 und F_2 unterscheiden sich nur durch eine **additive Konstante**, die beim Ableiten wegfällt. Dieser Sachverhalt gilt allgemein.

Mehrdeutigkeit von Stammfunktionen
Ist $F: D \to \mathbb{R}$ Stammfunktion von $f: D \to \mathbb{R}$ und ist c eine reelle Zahl, so ist auch $G: D \to \mathbb{R}$ mit $G(x) = F(x) + c$ Stammfunktion von f.

Diese Aussage kann in Worten auch wie folgt formuliert werden:

Wenn eine Funktion überhaupt eine Stammfunktion besitzt, dann besitzt sie sogar unendlich viele. Wir brauchen zu einem gegebenen Stammfunktionsterm nur eine beliebige Konstante zu addieren.

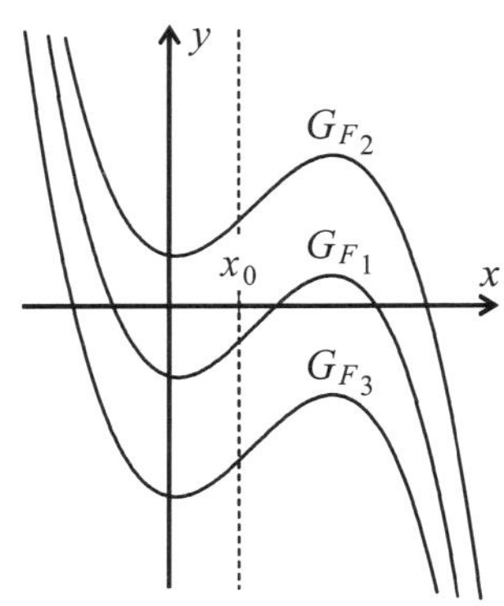

Anschaulich bedeutet dies:

Verschieben wir den Graphen einer Stammfunktion F von f in Richtung der y-Achse, so erhalten wir den Graphen einer weiteren Stammfunktion von f. Alle Graphen haben an jeder Stelle $x_0 \in D$ jeweils die gleiche Steigung.

Eindeutigkeit der Stammfunktion über Intervallen bis auf eine additive Konstante

Wie wir gesehen haben, erhält man ausgehend von einer Stammfunktion weitere Stammfunktionen, wenn man zum Funktionsterm dieser Stammfunktion eine beliebige Konstante addiert. Es stellt sich die Frage, ob dies die einzige Möglichkeit ist, ausgehend von einer Stammfunktion weitere Stammfunktionen zu erhalten.

Anders formuliert bedeutet dies:

Unterscheiden sich für eine Funktion f die Terme zweier Stammfunktionen F_1 und F_2 immer nur durch eine additive Konstante?

Diese Frage soll zunächst an einem Beispiel untersucht werden. Dazu wird eine Funktion betrachtet, deren Definitionsmenge eine Definitionslücke enthält und damit kein Intervall ist.

Wir betrachten die Funktion $f: \mathbb{R} \setminus \{0\} \to \mathbb{R}, x \mapsto \frac{1}{x^2}$.

Eine Stammfunktion von f ist z.B.:

$F: \mathbb{R} \setminus \{0\} \to \mathbb{R}, x \mapsto -\frac{1}{x}$.

Eine andere Stammfunktion von f ist

$F_1: \mathbb{R} \setminus \{0\} \to \mathbb{R}, x \mapsto -\frac{1}{x} - 2$.

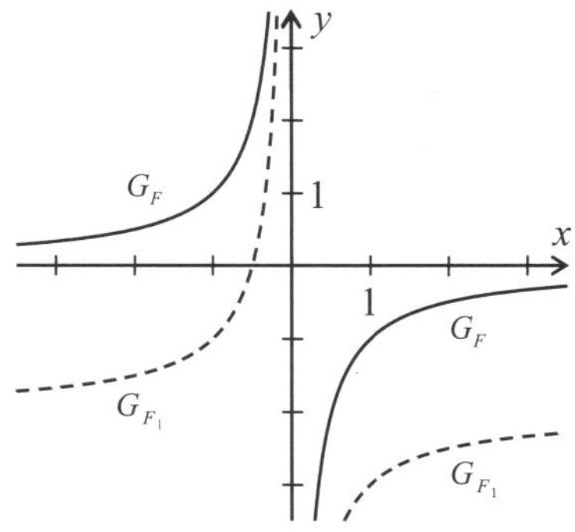

- F_1 entsteht aus F durch Addition der Konstanten –2.
  Der Graph von F_1 entsteht aus dem Graphen von F durch Verschieben um zwei Einheiten nach unten.

Eine weitere Stammfunktion von f ist aber auch

$$F_2: \mathbb{R} \setminus \{0\} \to \mathbb{R}, x \mapsto \begin{cases} -\frac{1}{x} + 1 & \text{, wenn } x < 0 \\ -\frac{1}{x} - 2 & \text{, wenn } x > 0 \end{cases}$$

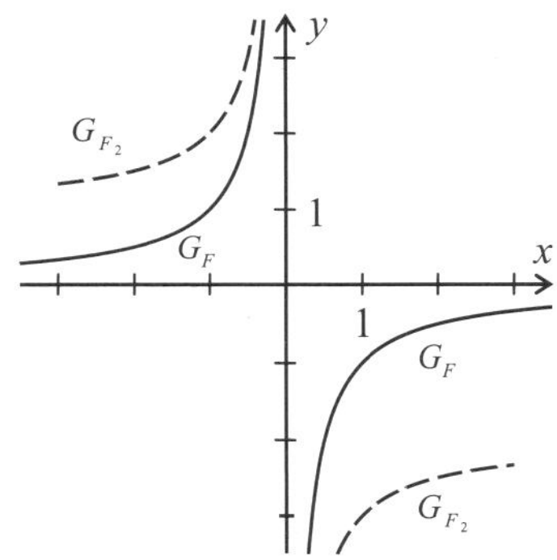

- F_2 entsteht aber aus F nicht durch Addition einer Konstanten, zu den beiden Funktionstermen werden verschiedene addiert.
  Beim Graphen von F_2 sind gegenüber dem Graphen von F die beiden Äste unterschiedlich verschoben.
  Dies ist nur dadurch möglich, da die Definitionsmenge nicht zusammenhängend ist, also kein Intervall ist.

Man kann allgemein nachweisen, dass die oben dargestellte Mehrdeutigkeit nicht möglich ist, wenn die Definitionsmenge ein Intervall ist.

Der Beweis ist anspruchsvoll und mit den uns zur Verfügung stehenden Mitteln nicht zu führen.

Eindeutigkeit von Stammfunktionen über Intervallen

Sei I ein Intervall. Sind $F: I \to \mathbb{R}$ und $G: I \to \mathbb{R}$ zwei Stammfunktionen einer Funktion $f: I \to \mathbb{R}$, dann gibt es eine Konstante $c \in \mathbb{R}$ so, dass gilt

$$G(x) = F(x) + c \text{ für alle } x \in I.$$

Dies bedeutet:

Ist die Definitionsmenge ein Intervall, so unterscheiden sich zwei verschiedene Stammfunktionen einer Funktion f nur durch eine additive Konstante.

Kennt man also eine Stammfunktion von f, so kann man alle Stammfunktionen von f angeben.

Stammfunktion mit vorgegebener Eigenschaft (LK)

Häufig sucht man nicht alle Stammfunktionen einer gegebenen Funktion f, sondern eine ganz spezielle, die eine besondere Eigenschaft aufweist.
Ist die Funktion f über einem Intervall definiert, so sind alle Stammfunktionen zu f sehr eng miteinander verwandt: sie unterscheiden sich nur durch eine additive Konstante. Die Konstante lässt sich in diesem Fall mithilfe der vorgegebenen Eigenschaft berechnen.
Oftmals ist der Wert an der Stelle 0 vorgegeben. Man spricht dann auch von einem Anfangswertproblem.

Beispiel (Vorgabe einer Eigenschaft)

Gesucht ist zur Funktion f mit $f(x)=3x^2$ diejenige Stammfunktion F, deren Graph durch den Punkt $P(-1\,|\,2)$ verläuft.

Da f auf dem Intervall $\mathbb{R}$ definiert ist, haben alle Stammfunktionen die Gestalt

$$F(x)=x^3+c.$$

Die Konstante c kann durch eine Punktprobe für $P(-1\,|\,2)$ berechnet werden:

$$F(-1)=2 \Leftrightarrow (-1)^3+c=2 \Leftrightarrow c=3.$$

Die gesuchte Stammfunktion hat die Gleichung $F(x)=x^3+3$.

Übung

Aufgaben

26. Bestimmen Sie eine Funktion f mit den folgenden Eigenschaften:

a) $f'(x)=x-1$ und $f(1)=2$

b) $f'(x)=x^2-3x$ und $f(0{,}5)=0$

c) $f'(x)=\frac{x}{2}+6$ und $f(1)=4$

d) $f'(x)=\frac{3}{4}x+\frac{3}{4}$ und $f(1)=2$

e) $f'(x)=(x-1)^2$ und $f(0)=1$

f) $f'(x)=2x\cdot(x^2+1)$ und $f(0)=1$

27. Bestimmen Sie eine Gleichung der Funktion f, deren Graph durch den Punkt $P(0\,|\,1)$ verläuft und an jeder Stelle x der Definitionsmenge den folgenden Anstieg besitzt:

a) $f'(x)=6x$

b) $f'(x)=-1$

c) $f'(x)=-\frac{1}{4}x$

28. Gegeben ist die Funktion $f: x \mapsto x^2-1$ auf $\mathbb{R}$.

a) Zeichnen Sie den Graphen von f. Ermitteln Sie eine Gleichung derjenigen Stammfunktion von f, welche die x-Achse an der Stelle 2 schneidet und zeichnen Sie Ihren Graphen in dasselbe Koordinatensystem.

b) Für welche Stammfunktion F von f liegt der Wendepunkt auf der Geraden mit der Gleichung $y=2$?

29. Zeigen Sie, dass F und G Stammfunktionen derselben Funktion sind. Bestimmen Sie die Konstante, um die sich F und G unterscheiden.

a) $F(x) = (2x-3)^2$
$G(x) = 4x^2 - 12x + 3$

b) $F(x) = (3-2x)\cdot(2x+3)$
$G(x) = 1 - 4x^2$

30. Gegeben ist die Funktionenschar

$$f_{a,b}: \mathbb{R} \to \mathbb{R}, x \mapsto -\tfrac{1}{2}(x+a)^2 \cdot (x+b).$$

In der Abbildung ist der Graph einer Stammfunktion F von $f_{a,b}$ für bestimmte Werte der Parameter a und b dargestellt.

Bestimmen Sie diese Werte von a und b.

Geben Sie einen Funktionsterm für die dargestellte Stammfunktion F an.

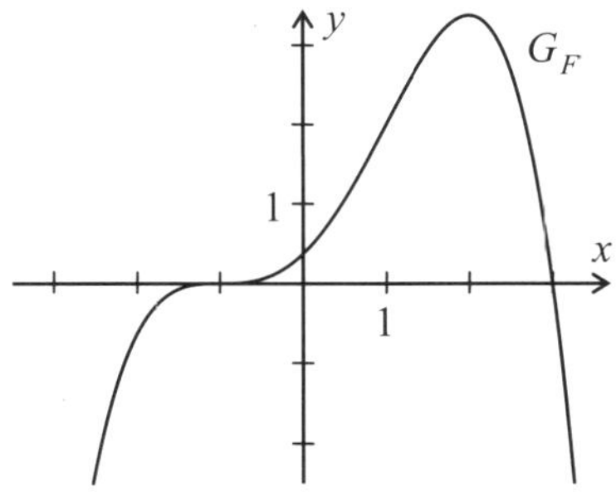

31. Die Abbildung rechts zeigt den Graphen einer Funktion f.

Welche der folgenden Abbildungen zeigen den Graphen einer Stammfunktion F von f? Begründen Sie Ihre Auswahl mit möglichst vielen Argumenten.

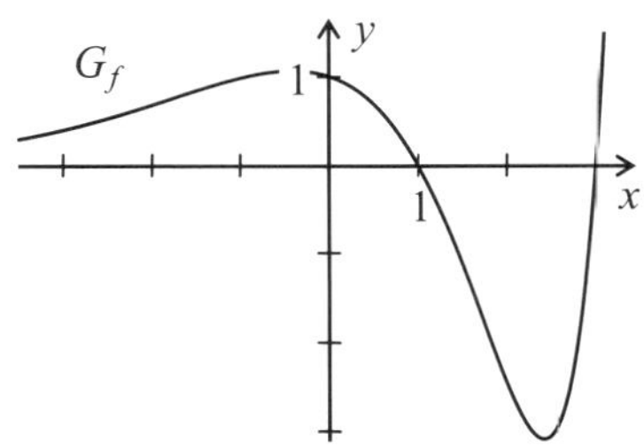

a) b) c) d)

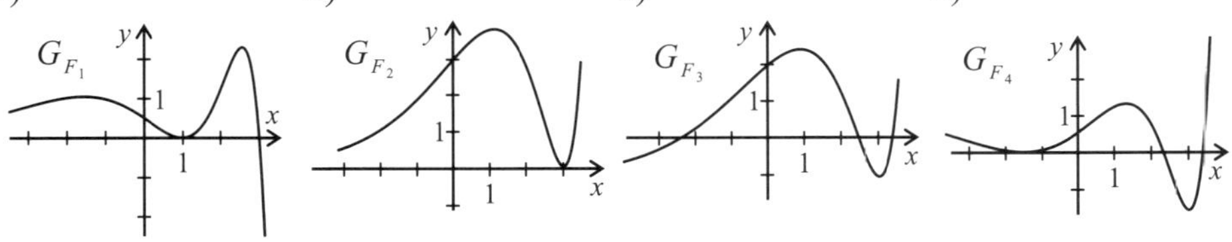

32. Von der ganzrationalen Funktion g ist die zweite Ableitung $g''(x) = -3x + 4$ bekannt. Der Punkt $P(2\,|\,2)$ liegt auf dem Graphen von g und dieser hat in P die Steigung 2. Wie lautet eine Gleichung von g?

33. Gegeben ist die Funktion $f: x \mapsto x^2 - x$ auf $\mathbb{R}$.

a) Welche Stammfunktion F von f nimmt an der Stelle 2 den Funktionswert 1 an? Welche Steigung hat F an der Stelle 2?

b) Begründen Sie, dass jede Stammfunktion F von f genau zwei Extremstellen besitzt.

c) Für welche Stammfunktion F von f liegt der Wendepunkt auf der Geraden mit der Gleichung $y = 2$?

2.2.4 Existenz von Stammfunktionen

Es soll untersucht werden, welche Funktionen überhaupt Stammfunktionen besitzen. Wir betrachten zunächst unstetige Funktionen.

Beispiel (Unstetige Funktion ohne Stammfunktion)

Wir betrachten die Signumfunktion:

$$f(x) = \operatorname{sign}(x) = \begin{cases} -1 & \text{, wenn } x < 0 \\ 0 & \text{, wenn } x = 0 \\ 1 & \text{, wenn } x > 0 \end{cases}$$

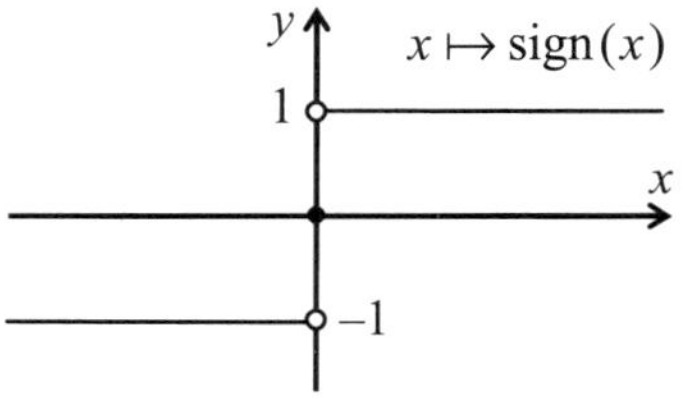

Wenn f eine Stammfunktion F besitzen würde, so müsste diese die folgenden Bedingungen erfüllen:

- für $x > 0$ müsste $F(x) = x + c_1$ sein, damit $F'(x) = 1 = f(x)$ ist,
- für $x < 0$ müsste $F(x) = -x + c_2$ sein, damit $F'(x) = -1 = f(x)$ ist,
- F müsste an der Stelle 0 differenzierbar und somit auch stetig sein, d.h. es müsste $F(0) = 0 + c_1 = 0 + c_2$ sein und somit müsste $c_1 = c_2$ sein.

Für die Funktion F müsste also gelten:

$$F(x) = \left\{ \begin{matrix} -x + c & \text{, wenn } x < 0 \\ c & \text{, wenn } x = 0 \\ x + c & \text{, wenn } x > 0 \end{matrix} \right\} = |x| + c .$$

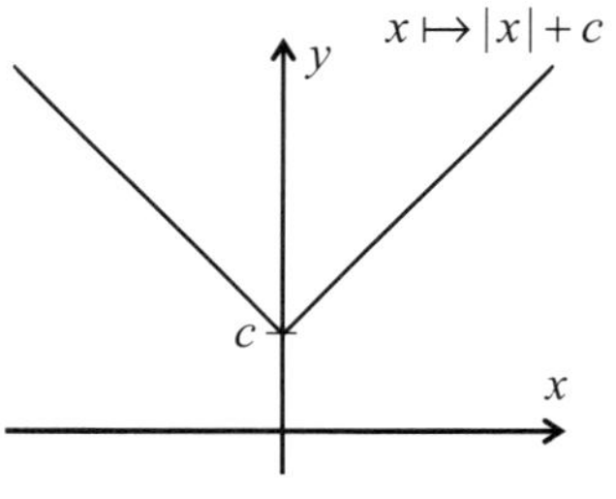

Diese Funktion ist aber an der Stelle 0 nicht differenzierbar und kann somit auch keine Stammfunktion der Funktion f sein.

Die Signumfunktion besitzt also keine Stammfunktion.

Wir können also als Zwischenergebnis feststellen, dass es auch Funktionen gibt, die keine Stammfunktionen besitzen.

Eine charakteristische Eigenschaft der Signumfunktion aus dem Beispiel ist ihre Unstetigkeit.

- Man könnte daher zunächst vermuten, dass alle unstetigen Funktionen keine Stammfunktionen besitzen.
- Diese Vermutung trifft aber nicht zu. Es gibt nämlich differenzierbare Funktionen, deren Ableitungen unstetig sind.
- Dies bedeutet anders formuliert, dass es auch unstetige Funktionen gibt, die Stammfunktionen besitzen.

Das folgende Beispiel zeigt eine derartige Funktion. Es handelt sich dabei allerdings um eine „außergewöhnliche“ Funktion, wie wir sie fortan nicht weiter betrachten werden.

Beispiel (Unstetige Funktion mit Stammfunktion)

Wir betrachten die Funktion f mit

$$x \mapsto \begin{cases} 2x \cdot \sin(\frac{1}{x}) - \cos(\frac{1}{x}) & \text{, wenn } x \in \mathbb{R} \setminus \{0\} \\ 0 & \text{, wenn } x = 0 \end{cases}$$

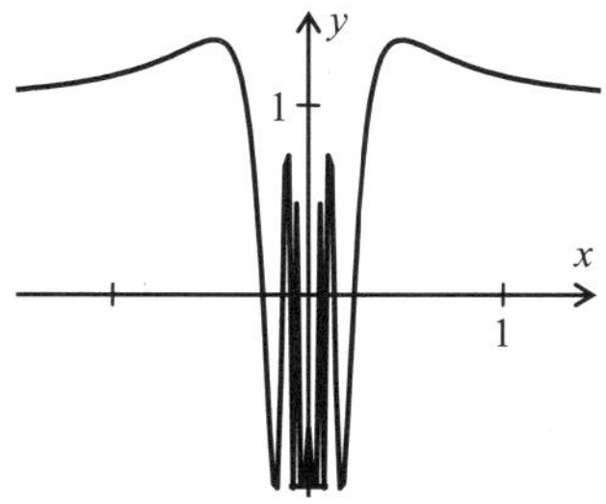

Interessant ist die Unstetigkeit der Funktion f und das zugehörige Verhalten des Graphen G_f an der Stelle 0. Das Bild zeigt den Graphen in der üblichen Form.

Die Unstetigkeit von f an der Stelle 0 kommt im Schaubild nicht durch eine Sprungstelle zum Ausdruck. Bei Annäherung an die kritische Stelle 0 beginnt der Graph zu oszillieren.

Dies wird besonders deutlich, wenn man den Verlauf des Graphen um die Stelle 0 mithilfe einer Funktionenlupe vergrößert betrachtet.

Trotz der Unstetigkeit an der Stelle 0 besitzt die Funktion f eine Stammfunktion, nämlich die Funktion

$$F: \mathbb{R} \to \mathbb{R}, x \mapsto \begin{cases} x^2 \cdot \sin(\frac{1}{x}) & \text{, wenn } x \in \mathbb{R} \setminus \{0\} \\ 0 & \text{, wenn } x = 0 \end{cases}$$

Nachweis 2.2.4 | 2.2.4

Die Differenzierbarkeit von F kann durch Betrachtung mithilfe einer Funktionenlupe plausibel gemacht werden.

Für unstetige Funktionen ist keine allgemeine Aussage möglich. Sie können eine Stammfunktion besitzen, müssen jedoch nicht.

Für Funktionen, die in einem Intervall I stetig sind, gilt jedoch folgende Garantieerklärung (auf den Beweis wollen wir verzichten):

Existenz von Stammfunktionen zu stetigen Funktionen

Ist die Funktion f über einem Intervall definiert und dort stetig, so besitzt f eine Stammfunktion.

Aufgabe

34. Begründen Sie, dass die Funktionen eine Stammfunktion besitzen. Geben Sie jeweils eine Stammfunktion an.

a) $f: \mathbb{R} \to \mathbb{R}, x \mapsto \begin{cases} x & \text{, wenn } x \leq 0 \\ x^2 & \text{, wenn } x > 0 \end{cases}$

b) $g: \mathbb{R} \to \mathbb{R}, x \mapsto x \cdot |x|$

Begründen und Argumentieren

1 Skizzieren Sie zu den abgebildeten Graphen der Funktion f einen möglichen Graphen einer Stammfunktion F.
Wie lassen sich aus dem Graphen von f die Extrem- und Wendestellen von F ablesen? Diese Stellen sollten in Ihren Skizzen korrekt eingezeichnet sein.
Wie kann man die Graphen weiterer Stammfunktionen erhalten?

a)

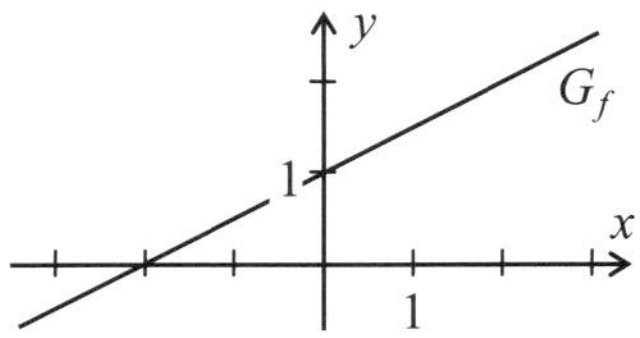

b)

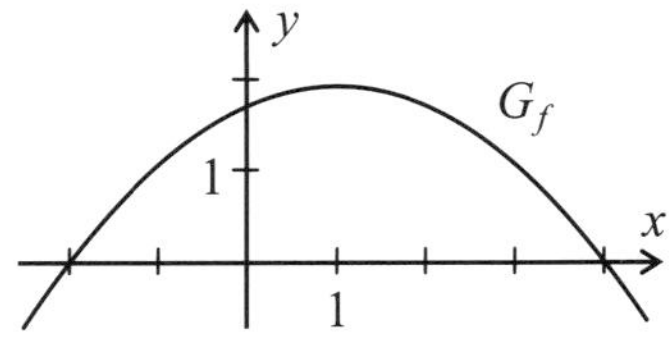

Hinweis: Es kann auch hilfreich sein, die Informationen aus den abgebildeten Graphen in eine Vorzeichentabelle zu übertragen.

2 Die Abbildung zeigt den Graphen G_f einer in $\mathbb{R}$ definierten, stetigen Funktion f und den Graphen G_F einer Stammfunktion F von f.
Erläutern Sie, dass das dargestellte
- Monotonieverhalten und das
- Krümmungsverhalten

von G_F in Einklang damit stehen, dass F Stammfunktion von f ist.

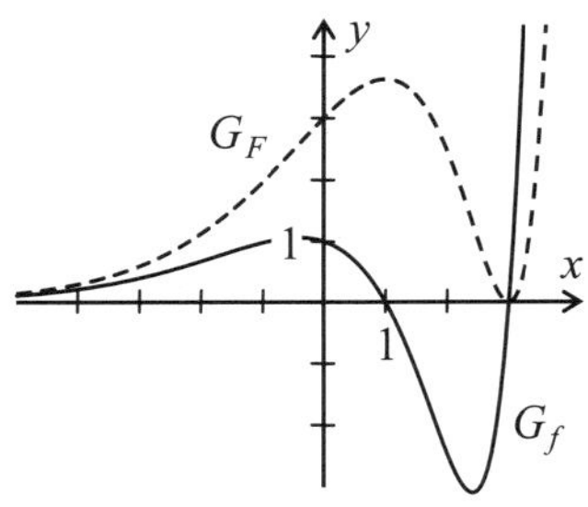

3 Die Abbildung zeigt den Graphen einer Funktion f. Durch F sei eine Stammfunktion zu f gegeben. Welche Aussagen über F sind wahr, welche falsch, welche nicht entscheidbar? Begründen Sie Ihre Entscheidungen.

a) F hat bei $x = 0$ eine lokale Maximumstelle.
b) F ist in $[0\,;3]$ streng monoton fallend.
c) F hat bei $x = 3$ eine lokale Extremstelle.
d) F hat in $[-1\,;0]$ positive Funktionswerte.
e) F hat bei $x \approx 1{,}8$ eine Wendestelle.
f) G_F ist in $[-0{,}5\,;1{,}8]$ linksgekrümmt.

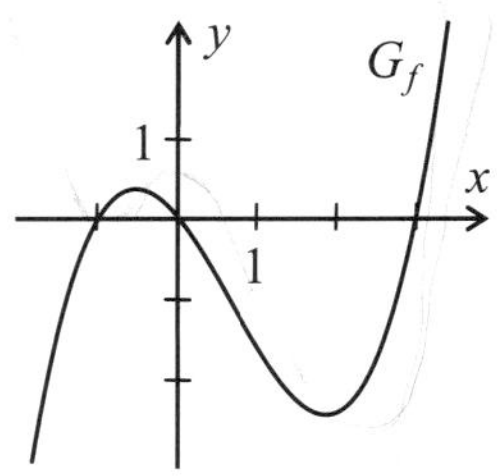

4 Die Abbildung zeigt den Graphen G_f einer Funktion. F sei eine Stammfunktion zu f.
Bei welchen der Stellen $x_1, \dots, x_6$ handelt es sich um eine

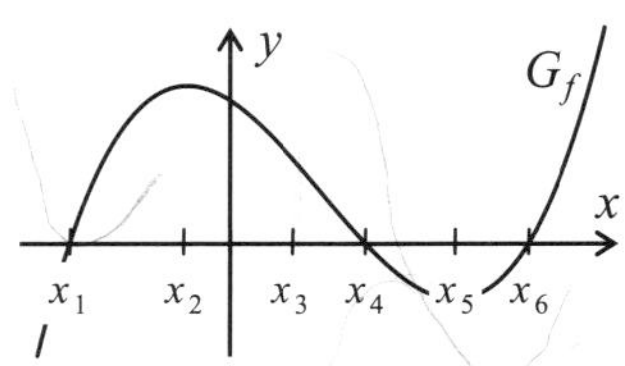

a) lokale Minimumstelle von F,
b) Wendestelle von f,
c) lokale Maximumstelle von F,
d) Nullstelle von f',
e) Extremstelle von f,
f) Wendestelle von F,
g) Nullstelle von F'?

2.3 Hauptsatz der Differenzial- und Integralrechnung

Wir betrachten eine Randfunktion f, die in einem Intervall $[a\,;b]$ definiert und dort stetig ist.
Wir greifen die bereits früher geäußerte Vermutung wieder auf, dass die Ableitung der Integralfunktion I_a gleich der Randfunktion f ist:

$$I'_a(x) = \left(\int_a^x f(t)\,dt \right)' = f(x).$$

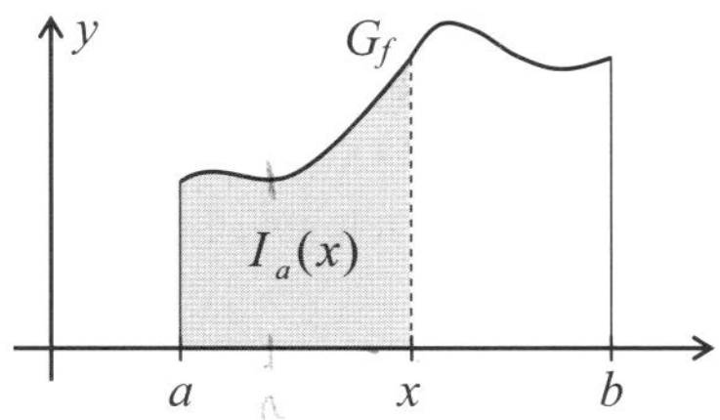

Dies bedeutet mit anderen Worten, dass die Integralfunktion I_a eine Stammfunktion zur Randfunktion f ist.

Wir erläutern die zentrale Beweisidee für diese Aussage an dem einfacheren Fall einer nichtnegativen und streng monoton wachsenden Randfunktion.

Beweis des Hauptsatzes für eine streng monoton wachsende Randfunktion

Wir betrachten die Fläche A unter der Randfunktion über einem Intervall $[x\,;x+h]$ mit $h > 0$.
Der Flächeninhalt $\mu(A)$ kann mithilfe der Integralfunktion I_a beschrieben werden:

$$\mu(A) = I_a(x+h) - I_a(x).$$

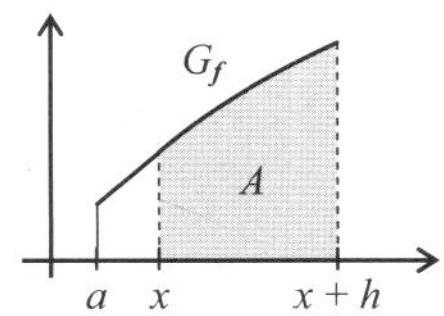

Wegen der strengen Monotonie der Randfunktion f kann der Inhalt der Fläche A durch Rechteckflächen eingegrenzt werden:

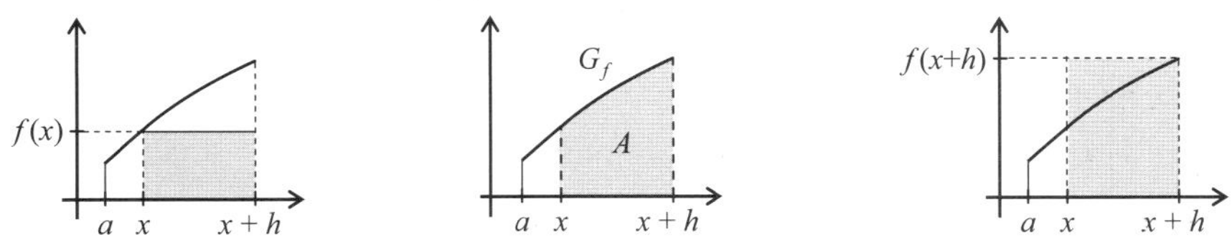

$$h \cdot f(x) \quad \le \quad I_a(x+h) - I_a(x) \quad \le \quad h \cdot f(x+h)$$

Eine Division dieser Ungleichungskette durch $h > 0$ führt zum Differenzenquotienten der Integralfunktion I_a. Die Grenzwertbildung für $h \to 0$ ergibt:

$$\begin{array}{ccccc} f(x) & \le & \dfrac{I_a(x+h) - I_a(x)}{h} & \le & f(x+h) \\ \downarrow h \to 0 & & \downarrow h \to 0 & & \downarrow h \to 0 \\ f(x) & & I'_a(x) & & f(x) \end{array}$$

Zu beachten ist, dass wegen der Stetigkeit der Randfunktion f gilt: $\lim\limits_{h \to 0} f(x+h) = f(x)$.

Die letzte Ungleichungskette ist nur erfüllbar, wenn gilt: $I'_a(x) = f(x)$.

Die Überlegungen in dem Beweis lassen sich auch auf den Fall übertragen, dass die Randfunktion nicht streng monoton ist. Man kann sogar auch auf die Voraussetzung verzichten, dass die Randfunktion nichtnegativ ist.

Beweis 2.3

In dem voran stehenden Beweis wird deutlich, dass die Stetigkeit der Randfunktion notwendig ist. Dies stellt für uns im Folgenden keine wesentliche Einschränkung dar, da wir in der Regel nur stetige Randfunktionen betrachten werden.

Der Hauptsatz der Differenzial- und Integralrechnung

Die Funktion f sei in einem Intervall $[a;b]$ stetig. Dann ist die zugehörige Integralfunktion

$$I_a:[a;b]\to \mathbb{R},\, x\mapsto \int_a^x f(t)\,dt$$

eine Stammfunktion zu f, d.h. die Funktion I_a ist differenzierbar und es gilt

$$I_a'(x)=\left(\int_a^x f(t)\,dt\right)'=f(x).$$

Der Hauptsatz ist eine fundamentale mathematische Aussage, denn er stellt eine Verbindung zwischen den zwei großen Gebieten der Analysis, der Differenzial- und der Integralrechnung her.

Aufgaben

1. Berechnen Sie die Ableitung der Integralfunktion I.

   a) $I_1: x\mapsto \int_1^x (t^3-t)\,dt$ $I'_1(x)=x^3-x$ b) $I_1: x\mapsto \int_1^x \sqrt{r+2}\,dr$ $I'_1(x)=\sqrt{x+2}$

   c) $I_0: x\mapsto \int_0^x (t^2-4)\,dt$ $I'_0(x)=x^2-4$ d) $I_0: x\mapsto \int_0^x \sin^3(t)\,dt$ $I'_0(x)=\sin^3(x)$

2. Gegeben ist die Funktion $I_0:[0;2\pi]\to\mathbb{R},\, x\mapsto \int_0^x \sin(t)\,dt$.

   a) Erläutern Sie anhand der Abbildung die Bedeutung von $I_0(\frac{3}{2}\pi)$.

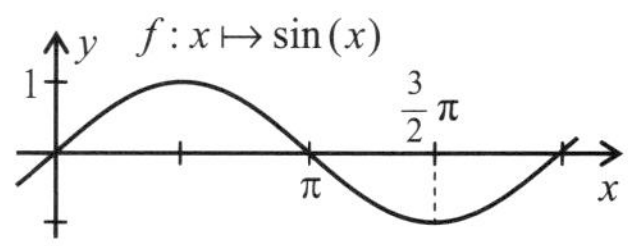

   b) Berechnen Sie $I_0'(\frac{3}{2}\pi)$. Welche Bedeutung besitzt $I_0'(\frac{3}{2}\pi)$ für den Graphen der Funktion I_0, welche für den Graphen von f in der Abbildung?

3. Überprüfen Sie, welche der gegebenen Funktionen I eine korrekte Integralfunktion zur Randfunktion f ist.

a) $f(x)=-2$	$I_0(x)=0$	$I_1(x)=-2x$	$I_2(x)=-2x+6$
b) $f(x)=2x+1$	$I_0(x)=x^2+1$	$I_1(x)=x^2+x-6$	$I_2(x)=x^2+x$
c) $f(x)=3x^2-2$	$I_0(x)=x^3-2x$	$I_1(x)=x^3-x+1$	$I_2(x)=x^3-2x-4$

2.4 Die Integralformel

Wir betrachten eine über einem Intervall definierte stetige Randfunktion f. Die Aussage des Hauptsatzes der Differenzial- und Integralrechnung lässt sich in der Art formulieren, dass die Integralfunktion I_a zur Randfunktion f eine der Stammfunktionen von f ist, allerdings in Integralform:

$$I_a(x) = \int_a^x f(t)\,dt \quad \text{und} \quad I_a'(x) = \left(\int_a^x f(t)\,dt \right)' = f(x).$$

Wünschenswert wäre eine Formel zur Berechnung des Integrals, um damit auch eine integralfreie Darstellung von $I_a(x)$ zu erhalten.

Im vorangehenden Abschnitt konnten wir zu vielen stetigen Funktionen durch geschicktes Überlegen eine integralfreie Stammfunktion bestimmen. Wir gehen einmal von dem Fall aus, dass wir auch zu f eine solche Stammfunktion F kennen.

Wir wissen, dass sich zwei Stammfunktionen zu einer stetigen, über einem Intervall definierten Funktion f nur durch eine additive Konstante unterscheiden. Dies bedeutet, dass für die beiden Stammfunktionen I_a und F von f gelten muss:

$$I_a(x) = F(x) + k \text{ mit einer Konstanten } k \in \mathbb{R} \text{ für alle } x \in [a\,;b].$$

Um die Konstante k zu berechnen, nutzen wir die Anfangsbedingung der Integralfunktion aus. Für $x = a$ ergibt sich speziell:

$$I_a(a) = 0 \Leftrightarrow F(a) + k = 0 \Leftrightarrow k = -F(a).$$

Damit ergibt sich:

$$I_a(x) = \int_a^x f(t)\,dt = F(x) - F(a) \text{ für alle } x \in [a\,;b].$$

Dies bedeutet:

Der Wert der Integralfunktion $I_a(x)$ lässt sich berechnen als Differenz der Funktionswerte $F(x)$ und $F(a)$ einer beliebigen Stammfunktion.

In vielen Anwendungssituationen ist es üblich, den orientierten Flächeninhalt unter der Randfunktion f für das gesamte Definitionsintervall $[a\,;b]$ zu berechnen. Wählt man in der obigen Situation $x = b$, so ergibt sich:

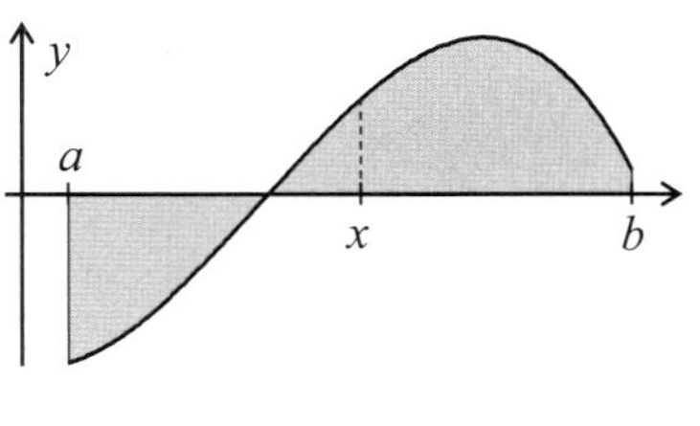

$$I_a(b) = \int_a^b f(t)\,dt = F(b) - F(a).$$

In dieser Gleichung tritt in der oberen Grenze nicht mehr x als Variable auf. Man spricht auch von einem **bestimmten Integral**. Da keine Verwechslungen mehr zu befürchten sind, kann man auch die Variable x als Integrationsvariable verwenden.

Insgesamt ergibt sich damit:

Integralformel

Sei $f:[a\,;b]\to\mathbb{R}$ eine stetige Funktion sowie $F:[a\,;b]\to\mathbb{R}$ eine beliebige Stammfunktion von f.

Dann gilt für das bestimmte Integral: $\int_a^b f(x)\,dx = F(b)-F(a)$.

Die Integralformel liefert ein Verfahren, mit dem man bestimmte Integrale berechnen kann, wenn eine Stammfunktion bekannt ist.

Die Berechnungsvorschrift lässt sich wie folgt verbalisieren:

$$\int_a^b f(x)\,dx = \textit{Wert der Stammfunktion } F \textit{ an der oberen Grenze } b$$
$$\textit{minus}$$
$$\textit{Wert der Stammfunktion } F \textit{ an der unteren Grenze } a.$$

Dies wird durch die Verwendung der folgenden Schreibweise deutlich gemacht:

$$\int_a^b f(x)\,dx = \big[F(x)\big]_a^b = F(b)-F(a).$$

Beispiel (Berechnen von Integralen mithilfe der Integralformel)

a) Eine Stammfunktion zu $f(x)=x^4$ ist $F(x)=\frac{1}{5}x^5$. Damit folgt:

$$\int_1^3 x^4\,dx = \underbrace{\left[\frac{1}{5}x^5\right]_1^3}_{\text{Stammfunktion bestimmen}} = \underbrace{\frac{1}{5}\cdot\left[x^5\right]_1^3}_{\text{ausklammern}} = \underbrace{\frac{1}{5}\cdot\left[3^5-1^5\right]}_{\text{obere Grenze minus untere Grenze}} = \frac{1}{5}\cdot(243-1) = \frac{242}{5} = 48{,}4.$$

b) Eine Stammfunktion zu $f(x)=\sin(x)$ ist $F(x)=-\cos(x)$. Damit ergibt sich:

$$\int_{\pi/2}^{\pi} \sin(x)\,dx = \underbrace{\big[-\cos(x)\big]_{\frac{\pi}{2}}^{\pi}}_{\text{Stammfunktion bestimmen}} = \underbrace{-\big[\cos(x)\big]_{\frac{\pi}{2}}^{\pi}}_{\text{ausklammern}} = -\underbrace{\left[\cos(\pi)-\cos(\tfrac{\pi}{2})\right]}_{\text{obere Grenze minus untere Grenze}} = -[-1-0] = 1.$$

c) Eine Stammfunktion zu $f(x)=-\frac{1}{x^2}$ ist $F(x)=\frac{1}{x}$. Damit erhält man:

$$\int_1^2 \left(-\frac{1}{x^2}\right)dx = \underbrace{\left[\frac{1}{x}\right]_1^2}_{\text{Stammfunktion bestimmen}} = \underbrace{\frac{1}{2}-\frac{1}{1}}_{\text{obere Grenze minus untere Grenze}} = -\frac{1}{2}.$$

Zu beachten ist: Eine Integration z.B. über das Intervall $[-1\,;1]$ ist hier nicht erlaubt, da das Intervall $[-1\,;1]$ die Definitionslücke 0 enthält. Die Integralformel ist in diesem Fall nicht anwendbar.

Aufgaben

1. Berechnen Sie die Integrale.

   a) $\int_0^3 x\,dx$ b) $\int_{-4}^0 (2x)\,dx$ c) $\int_0^2 (-3x)\,dx$

   d) $\int_{-3}^3 \frac{1}{2}x^2\,dx$ e) $\int_1^{14} dx$ f) $\int_0^{-2} x^3\,dx$

2. Berechnet werden soll das Integral $\int_{-1}^1 (-3x^2)\,dx$.

   a) Begründen Sie, dass $\int_{-1}^1 (-3x^2)\,dx = \left[-x^3\right]_{-1}^1$ gilt.

   b) Welche der folgenden Auswertungen sind korrekt? Welche der korrekten Rechnungen ist dabei vorteilhafter? Wo liegen die Fehler?

   ① $=(-1^3)-(-1)^3=-1+1=0$ ② $=(-1^3)-(-(-1)^3)=-1-1=-2$

   ③ $=(-1^3)-(1)^3=-1+1=0$ ④ $=(-(-1)^3)-(-1)^3=1+1=2$

   ⑤ $=-[1^3-(-1)^3]=-[1+1]=-2$

3. Achten Sie beim Berechnen der Integrale auf die Integrationsvariable.

   a) $\int_0^1 (4kx^3)\,dx$ b) $\int_0^1 (4kx^3)\,dk$ c) $\int_{-1}^1 (-ax^2)\,dx$

4. Berechnen Sie die Integrale trigonometrischer Funktionen.

   a) $\int_0^{\pi/3} \sin(x)\,dx$ b) $\int_{\pi/6}^{\pi/2} \cos(x)\,dx$ c) $\int_{\pi/4}^{\pi/6} 3\cdot\sin(x)\,dx$

5. Berechnen Sie die Integrale.

   a) $\int_1^2 \frac{1}{x^2}\,dx$ b) $\int_1^2 \frac{2}{x^3}\,dx$ c) $\int_1^4 \frac{1}{\sqrt{x}}\,dx$

6. Berechnen Sie die Integrale.

   a) $\int_0^1 (x^4-5x^2-4x)\,dx$ b) $\int_1^2 (x^2-2x)\,dx$ c) $\int_{-1}^1 (x^3+x^2-4)\,dx$

7. Berechnen Sie die Integrale.

   a) $\int_{-\sqrt{2}}^{\sqrt{2}} (3x^2-5)\,dx$ b) $\int_1^2 (t^4-5t^2-4t)\,dt$ c) $\int_{-1}^1 u^n\,du$ mit $n\in\mathbb{N}$

8. Integrieren Sie.

a) $\int_{1}^{2} (x+\frac{1}{x^2})\,dx$ b) $\int_{-1}^{-0{,}5} (\frac{2}{x^2}-\frac{1}{2x^3})\,dx$ c) $\int_{0}^{1} \frac{dx}{(1+x)^2}$

9. Berechnen Sie. Formen Sie zunächst den Integranden geeignet um.

a) $\int_{0}^{3} (x^2+1)\cdot 2x\,dx$ b) $\int_{0}^{3} z^2\cdot(3+z)\,dz$ c) $\int_{0}^{3} (2-s)^2\,ds$

d) $\int_{0{,}5}^{1} (1-k)\cdot(1+k)\,dk$ e) $\int_{1}^{2} \frac{x^6-2x^2-4}{x^2}\,dx$ f) $\int_{1}^{2} \frac{1+x^2}{x^4}\,dx$

10. Integrieren Sie.

a) $\int_{1}^{4} (x+\sqrt{x})\,dx$ b) $\int_{1}^{5} \sqrt{p-1}\,dp$ c) $\int_{1}^{2} (\sqrt{2t}-\frac{1}{\sqrt{t}})\,dt$

11. Berechnen Sie die Integrale trigonometrischer Funktionen.

a) $\int_{0}^{\pi/4} (\cos(x)-\sin(x))\,dx$ b) $\int_{\pi/2}^{\pi/3} (\cos(\pi-u))\,du$ c) $\int_{0}^{\pi} (\cos(x)-2x)\,dx$

12. Berechnen Sie die Integrale.

a) $\int_{0}^{1} (x+1)^2\,dx$ b) $\int_{0}^{2} (x^2-1)\cdot(x^2+1)\,dx$ c) $\int_{-\sqrt{2}}^{\sqrt{2}} (x^2-6)\,dx$

d) $\int_{3}^{4} \sqrt[n]{x-3}\,dx$ e) $\int_{1}^{2} \frac{x^4-3x^2-5}{x^2}\,dx$ f) $\int_{1}^{4} \frac{u^2-u+1}{\sqrt{u}}\,du$

g) $\int_{-1}^{0{,}5} (x+3)^{3/2}\,dx$ h) $\int_{1}^{27} (\sqrt[3]{x}-\frac{1}{\sqrt[3]{x}})\,dx$

13. Lösen Sie die Gleichung.

a) $\int_{0}^{x} t^2\,dt = 72$ b) $\int_{-2}^{t} \frac{4}{5}x^3\,dx = 0$ c) $\int_{x}^{2x} u\,du = 6$

d) $\int_{0}^{\sqrt{a}} (z+1)\,dz = 12$ e) $\int_{0}^{x} (u^3+u)\,du = \frac{3}{4}$ f) $\int_{3}^{x} (3t^2-2t+2)\,dt = -16$

Begründen und Argumentieren

1 Gesucht sind eine Funktion f und ein Intervall $[a\,;\,b]$ so, dass $\int_a^b f(x)\,dx = 0$.

Geben Sie hierzu zwei verschiedene Beispiele an. Erstellen Sie jeweils eine Skizze und verifizieren Sie Ihre Beispiele dann auch rechnerisch.

2 Skizzieren Sie, falls dies überhaupt möglich ist, jeweils den Graphen einer über dem Intervall $[a;b]$ stetigen Funktion f mit den angegebenen Eigenschaften. Begründen Sie Ihre Lösung.

a) f hat nur von null verschiedene Funktionswerte und $\int_a^b f(x)\,dx = 0$.

b) f ist monoton fallend, alle Funktionswerte sind positiv und $\int_a^b f(x)\,dx > 0$.

c) f hat nicht nur positive Funktionswerte und $\int_a^b f(x)\,dx > 0$.

d) f hat auch positive Funktionswerte und $\int_a^b f(x)\,dx < 0$.

e) f hat nur positive Funktionswerte und $\int_a^b f(x)\,dx < 0$.

3 Es sei F eine Stammfunktion zu der Funktion f. Übernehmen Sie die nachfolgenden Abbildungen in Ihr Heft.

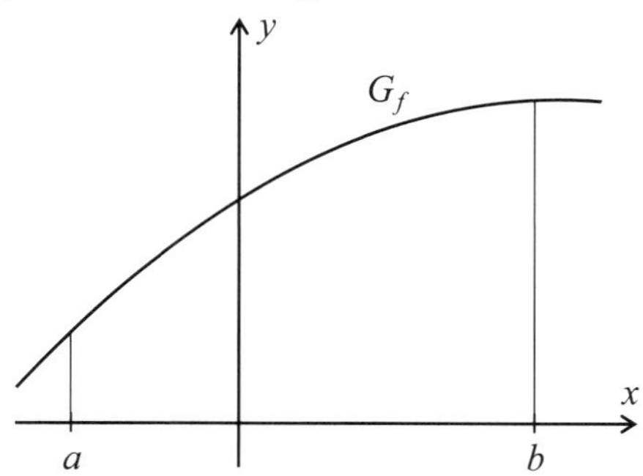

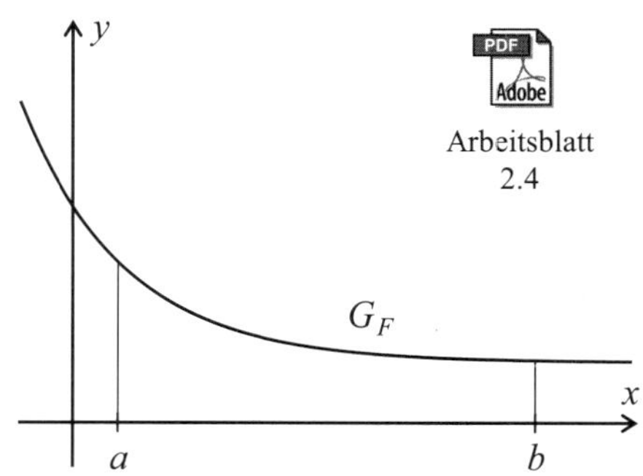

Arbeitsblatt 2.4

Veranschaulichen Sie – soweit wie dies überhaupt möglich ist – die folgenden Werte in jeder Ihrer Zeichnungen:

(1) $f(a)$ (2) $F'(b)$ (3) $\int_a^b f(x)\,dx$ (4) $F(b)-F(a)$ (5) $\frac{F(b)-F(a)}{b-a}$

2.5 Darstellung von Stammfunktionen

Explizite und implizite Darstellung von Integralfunktionen

Jede stetige Funktion ist integrierbar. Dies bedeutet, dass man zu jeder stetigen Funktion eine zugehörige Integralfunktion bilden kann. Der Hauptsatz der Differenzial- und Integralrechnung besagt, dass jede Integralfunktion eine Stammfunktion zu der zugehörigen Integrandenfunktion ist.

Zu jeder stetigen Funktion $f:[a\,;b]\to\mathbb{R}$ ist daher durch die Integralfunktion

$$I_a:[a\,;b]\to\mathbb{R},\, x\mapsto\int_a^x f(t)\,dt$$

eine Stammfunktion gegeben. Man spricht bei dieser Integralform auch von einer **impliziten** Darstellung. Wünschenswert ist aber in den meisten Fällen auch eine **explizite** (integralfreie) Darstellung.

Wir wollen am Beispiel der Kehrwertfunktion $x\mapsto x^{-1}$ auf beide Darstellungsmöglichkeiten eingehen.

Beispiel (Stammfunktion zur Kehrwertfunktion)

Zu Potenzfunktionen $f(x)=x^r$ mit $r\in\mathbb{Q}\setminus\{-1\}$ können wir eine Stammfunktion in der expliziten Darstellung angeben:

$$F(x)=\frac{1}{r+1}x^{r+1}\quad(r\neq -1).$$

Eine Ausnahme macht hierbei der Exponent -1, der zur Kehrwertfunktion führt. Für sie konnten wir bisher keine Stammfunktion angeben.

- *Implizite Darstellung einer Stammfunktion zur Kehrwertfunktion*

  Zumindest in Integralform ist es uns jetzt möglich, eine Stammfunktion anzugeben:

  $$L:\mathbb{R}^+\to\mathbb{R},\, x\mapsto\int_1^x \frac{1}{t}\,dt.$$

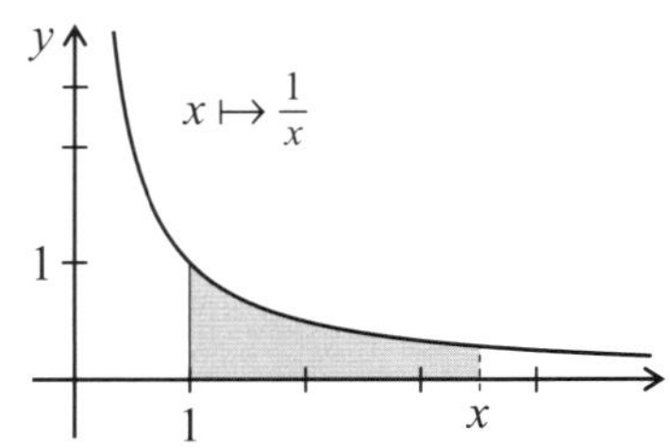

  Als Definitionsmenge von L wurde dabei $\mathbb{R}^+$ gewählt, damit das Integral über jedem Integrationsintervall $[1\,;x]$ oder $[x\,;1]$ auch definiert ist.

- *Explizite Darstellung einer Stammfunktion zur Kehrwertfunktion*

  Offen muss an dieser Stelle weiterhin die Frage bleiben, um welche Art von Funktion es sich bei der Funktion L handelt und wie eine integralfreie Darstellung aussieht.

  Diese Frage wird später erneut aufgegriffen und dann auch beantwortet.

Kontrastierung zur Stammfunktion (LK)

Nach dem Hauptsatz der Differenzial- und Integralrechnung ist bei stetigen Funktionen jede Integralfunktion eine Stammfunktion zur Integrandenfunktion. Das folgende Beispiel zeigt, dass dies umgekehrt jedoch nicht richtig ist.

Beispiel (Stammfunktion, die keine Integralfunktion ist)
Betrachtet wird die Funktion $f: \mathbb{R} \to \mathbb{R}, x \mapsto 2x$.
Die Integralfunktionen zu f sind von der Form

$$I_a(x) = \int_a^x 2t\,dt = \left[t^2\right]_a^x = x^2 - a^2.$$

Eine Stammfunktion zu f ist z.B. auch gegeben durch $F(x) = x^2 + 1$.
F ist aber keine Integralfunktion, denn aus $F(x) = I_a(x)$ ergibt sich die unerfüllbare Aussageform $a^2 = -1$.

Dies bedeutet, dass nicht jede Stammfunktion F zu einer Funktion f als Integralfunktion darstellbar ist.

Aufgaben

1. Betrachtet wird die Funktion $L: \mathbb{R}^+ \to \mathbb{R}, x \mapsto \int_1^x \frac{1}{t}\,dt$.

   a) Übertragen Sie die Tabelle in Ihr Heft und erstellen Sie unter Verwendung eines Computerprogramms (CAS, Funktionenplotter) eine Wertetabelle für die Funktion L in folgender Form:

x	0,1	0,25	0,5	1	2	3	5
$L(x)$							

   b) Zeichnen Sie mithilfe der Wertetabelle den Graphen von L.

$f(x) = 2x \quad F(x) = x^2 + c \quad (c \in \mathbb{R})$

2. Prüfen Sie, welche Stammfunktionen zu $f: \mathbb{R} \to \mathbb{R}, x \mapsto 2x$ in der Form

$a^2 = -c$

$$F: \mathbb{R} \to \mathbb{R}, x \mapsto \int_a^x 2t\,dt \quad \text{mit } a \in \mathbb{R}$$

   dargestellt werden können. $I_a(x) = \int_a^x 2t\,dt = [t^2]_a^x = x^2 - a^2$

3. Prüfen Sie, ob jede Stammfunktion zu $f: \mathbb{R} \to \mathbb{R}, x \mapsto x^3 + x$ in der Form

$$F: \mathbb{R} \to \mathbb{R}, x \mapsto \int_a^x (t^3 + t)\,dt \quad \text{mit } a \in \mathbb{R}$$

   dargestellt werden kann.

2.6 Integrationsregeln

2.6.1 Integrale, bei denen die untere Grenze größer als die obere Grenze ist

Bei allen Integralen, die wir bisher berechnet haben, war die untere Grenze stets kleiner als die obere Grenze. Für manche Anwendungen ist es aber nützlich, den Begriff des bestimmen Integrals auch dann zur Verfügung zu haben, wenn diese Bedingung nicht mehr erfüllt ist.

Welche Bedeutung soll das Integral $\int_b^a f(x)\,dx$ haben?

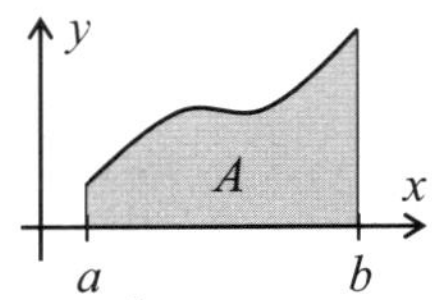

$\int_a^b f(x)\,dx$:
Flächeninhalt unter der Randkurve f

Hier wird die im Bild gekennzeichnete Fläche quasi in umgekehrter Richtung durchlaufen.

Folgende Überlegung zeigt, wie man eine Festlegung treffen sollte. Dabei fordert man, dass die Integralformel

$$F(\textit{obere Grenze}) - F(\textit{untere Grenze})$$

auch weiterhin Bestand haben soll.

Unter dieser Prämisse ergibt sich mit einer Stammfunktion F zu f:

$$\int_b^a f(x)dx = F(b) - F(a) = -F(a) + F(b) = -(F(a) - F(b)) = -\int_a^b f(x)dx\,.$$

Diese Überlegungen führen zu folgender Festsetzung:

Vertauschen der Integrationsgrenzen

Existiert das Integral $\int_a^b f(x)\,dx$, so setzt man fest: $\int_b^a f(x)\,dx = -\int_a^b f(x)\,dx$.

Kurz: Vertauschen der Grenzen ändert das Vorzeichen.

Beispiel (Integral mit größerer unterer Grenze)

Das folgende Integral kann auf zwei Arten berechnet werden.

1. Vertauschen der Grenzen

$$\int_2^1 x^4\,dx = \underbrace{-\int_1^2 x^4\,dx}_{\text{Vertauschungs-regel}} = \underbrace{-\left[\frac{1}{5}x^5\right]_1^2}_{\text{Stammfunktion bestimmen}} = \underbrace{-\frac{1}{5}\cdot\left[x^5\right]_1^2}_{\text{ausklammern}} = -\frac{1}{5}\cdot\underbrace{\left[2^5 - 1^5\right]}_{\text{obere Grenze minus untere Grenze}} = -\frac{1}{5}\cdot 31 = -\frac{31}{5}$$

2. Direkte Anwendung der Integralformel

$$\int_2^1 x^4\,dx = \underbrace{\left[\frac{1}{5}x^5\right]_2^1}_{\text{Stammfunktion bestimmen}} = \underbrace{\frac{1}{5}\cdot\left[x^5\right]_2^1}_{\text{ausklammern}} = \frac{1}{5}\cdot\underbrace{\left[1^5 - 2^5\right]}_{\text{obere Grenze minus untere Grenze}} = \frac{1}{5}\cdot(-31) = -\frac{31}{5}$$

2.6.2 Abschnittsweises Integrieren

Gemäß der geometrischen Festlegung des Integrals als Summe der orientierten Flächeninhalte der einzelnen Teilflächen ergibt sich aus der Abbildung die Vermutung:

$$\int_a^b f(x)\,dx + \int_b^c f(x)\,dx = \int_a^c f(x)\,dx.$$

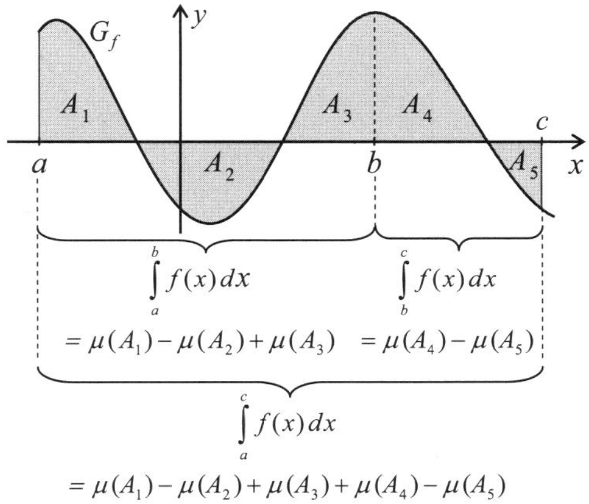

Der formale Nachweis lässt sich unter Verwendung der Integralformel führen.

Ist f eine stetige Funktion, so existiert eine Stammfunktion F und es gilt:

$$\begin{aligned}\int_a^b f(x)\,dx + \int_b^c f(x)\,dx &= [F(x)]_a^b + [F(x)]_b^c \\ &= (F(b)-F(a)) + (F(c)-F(b)) = F(c) - F(a) \\ &= \int_a^c f(x)\,dx.\end{aligned}$$

Damit ist folgende Integrationsregel nachgewiesen:

Additivität des bestimmten Integrals

Es sei f eine über dem Intervall I definierte stetige Funktion und es seien $a,b,c \in I$ mit $a<b<c$, dann gilt:

$$\int_a^c f(x)\,dx = \int_a^b f(x)\,dx + \int_b^c f(x)\,dx.$$

Die Intervalladditivität kann auch zur Berechnung von Integralen bei abschnittsweise definierten Funktionen angewendet werden.

Beispiel (Fläche unter abschnittsweise definierter Randkurve)

Die dargestellte Fläche gehört zu der Randfunktion

$$f(x) = \begin{cases} 0{,}5x^2 & \text{, wenn } 0 \le x < 2 \\ 2 & \text{, wenn } 2 \le x \le 4 \end{cases}$$

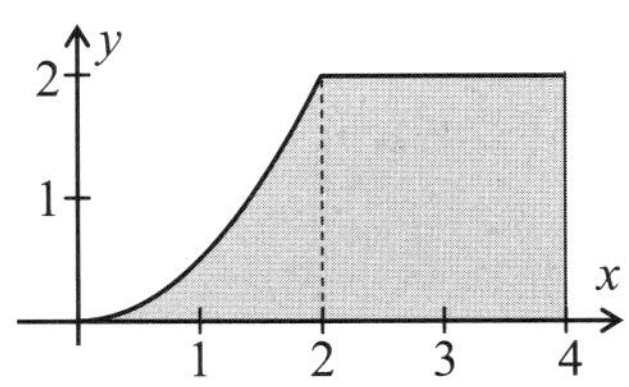

Zur Berechnung des Flächeninhalts sind zwei Teilflächen zu betrachten:

$$\int_0^4 f(x)\,dx = \int_0^2 0{,}5x^2\,dx + \int_2^4 2\,dx = \left[\tfrac{1}{6}x^3\right]_0^2 + [2x]_2^4 = \tfrac{1}{6}\cdot\left[x^3\right]_0^2 + 2\cdot[x]_2^4$$

$$= \tfrac{1}{6}\cdot(2^3 - 0^3) + 2\cdot(4-2) = \tfrac{8}{6} + 4 = \tfrac{16}{3}.$$

Aufgaben

1. Berechnen Sie die Integrale.

a) $\int_0^1 x^3\,dx$ b) $\int_1^0 x^3\,dx$ c) $\int_1^1 x^3\,dx$

2. Berechnen Sie die Integrale.

a) $\int_0^2 (1-x^2)\,dx$ b) $\int_2^0 (1-x^2)\,dx$ c) $\int_2^2 (1-x^2)\,dx$

3. Vereinfachen Sie zunächst und berechnen Sie dann.

a) $\int_0^2 (2-x)\,dx + \int_2^3 (2-x)\,dx$ b) $\int_{-2}^{-1} (x^3+x^2)\,dx + \int_{-1}^{0} (x^3+x^2)\,dx$

c) $\int_1^2 \frac{1}{x^2}\,dx + \int_2^4 \frac{1}{x^2}\,dx$ d) $\int_0^{\pi/4} \sin(t)\,dt + \int_{\pi/4}^{\pi/2} \sin(t)\,dt$

4. Benutzen Sie die Additivität des bestimmten Integrals.

a) $\int_{-1}^{2} |u|\,du$ b) $\int_{-1}^{3} |x-1|\,dx$ c) $\int_{-1}^{2} |v^2-v|\,dv$

5. Berechnen Sie die in der Abbildung grau dargestellte Fläche für Funktionen mit den Gleichungen

$$f(x)=x \quad \text{und} \quad g(x)=-\frac{1}{2}x^2+2x.$$

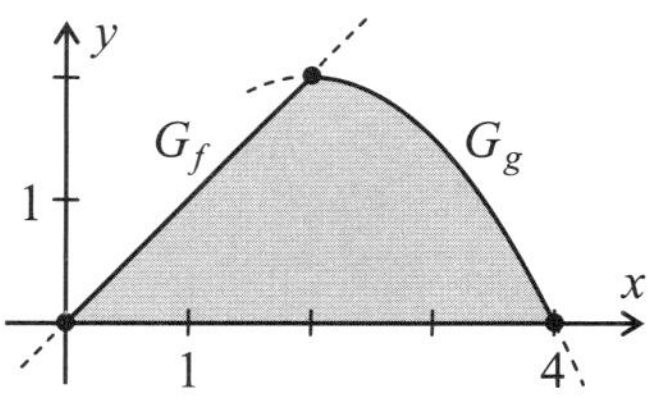

6. Gegeben ist die abschnittsweise definierte Funktion

$$f:\mathbb{R}\to\mathbb{R},\, x\mapsto \begin{cases} 2x-1 & \text{, wenn } x<3 \\ 8-x & \text{, wenn } x\geq 3 \end{cases}$$

a) Zeichnen Sie den Graphen der Funktion f.

b) Begründen Sie, dass das Integral $\int_1^5 f(x)\,dx$ existiert und berechnen Sie es.

c) Erläutern Sie anhand der Zeichnung die geometrische Bedeutung dieses Integrals. Überprüfen Sie das Ergebnis aus b) elementargeometrisch.

2.6.3 Linearität des Integrals

Faktorregel

Beim Bestimmen von Stammfunktionen durch Aufleiten haben wir gesehen, dass konstante Faktoren unverändert bleiben. Diese Regel überträgt sich auf Integrale.

Faktorregel für Integrale (FRI)

Sei $f:[a\,;b]\to\mathbb{R}$ eine stetige Funktion und $\alpha\in\mathbb{R}$. Dann gilt:

$$\int_a^b \alpha\cdot f(x)\,dx=\alpha\cdot\int_a^b f(x)\,dx.$$

Kurz: Ein konstanter Faktor darf vor das Integral gezogen werden.

Beispiel (Anwenden der Faktorregel)

$$\int_0^\pi 4\cdot\sin(x)\,dx \underbrace{=}_{\text{FRI}} 4\cdot\int_0^\pi \sin(x)\,dx=4\cdot\left[-\cos(x)\right]_0^\pi$$

$$=4\cdot\left[-\cos(\pi)+\cos(0)\right]=4\cdot(-(-1)+1)=8$$

Summenregel

Wir haben weiter gesehen, dass man beim Aufleiten einer Summe oder einer Differenz von Funktionstermen gliedweise vorgehen kann. Diese Summenregel überträgt sich auf Integrale.

Summenregel für Integrale (SRI)

Seien $f:[a\,;b]\to\mathbb{R}$ und $g:[a\,;b]\to\mathbb{R}$ stetige Funktionen. Dann gilt:

$$\int_a^b (f(x)\pm g(x))\,dx=\int_a^b f(x)\,dx\pm\int_a^b g(x)\,dx.$$

Kurz: Man darf gliedweise integrieren.

Beispiel (Anwenden der Summenregel in beiden Richtungen)

a) Mithilfe der Summenregel kann ein Integral in zwei Teile aufgeteilt werden.

$$\int_1^4 \left(x+\frac{1}{2\cdot\sqrt{x}}\right)dx \underbrace{=}_{\text{SRI}} \int_1^4 x\,dx+\int_1^4 \frac{1}{2\cdot\sqrt{x}}\,dx=\left[\frac{1}{2}x^2\right]_1^4+\left[\sqrt{x}\right]_1^4=\frac{15}{2}+1=\frac{17}{2}$$

b) Die Summenregel kann auch in umgekehrter Richtung angewandt werden.

$$\int_0^3 (x^2+1-2x)\,dx-\int_0^3 (x-2)^2\,dx \underbrace{=}_{\text{SRI}} \int_0^3 (x^2+1-2x-x^2+4x-4)\,dx$$

$$=\int_0^3 (2x-3)\,dx=\left[x^2-3x\right]_0^3=9-9=0$$

Zusammenfassen der Regeln

Die Summen- und die Faktorregel lassen sich zusammenfassen.

Linearität des Integrals

Sind $f:[a\,;b]\to\mathbb{R}$ und $g:[a\,;b]\to\mathbb{R}$ stetig und $\alpha, \beta\in\mathbb{R}$, dann gilt:

$$\int_a^b (\alpha\cdot f(x)+\beta\cdot g(x))\,dx=\alpha\cdot\int_a^b f(x)\,dx+\beta\cdot\int_a^b g(x)\,dx.$$

Aufgaben

7. Berechnen Sie die Integrale.

a) $\int_1^2 \frac{1}{2}x\,dx$ b) $\int_2^5 \sqrt{3}\,dx$ c) $\int_{-7}^0 7\,dx$

d) $\int_0^4 12x^2\,dx$ e) $\int_0^{\pi} (-3\cdot\sin(x))\,dx$ f) $\int_{\pi}^{2\pi} (-3\cdot\cos(x))\,dx$

g) $\int_1^2 \left(\frac{2}{x^2}\right)dx$ h) $\int_1^4 \left(-\frac{1}{4\sqrt{x}}\right)dx$ i) $\int_1^2 \frac{-12}{x^4}\,dx$

8. Berechnen Sie unter Verwendung der Eigenschaften des Integrals.

a) $\int_0^1 (2-x)\,dx+\int_0^1 (2x-2)\,dx$ b) $\int_{-1}^2 (x^2-1)\,dx+\int_{-1}^2 (1-x)^2\,dx$

c) $\int_0^2 (1+\sqrt{x})^2\,dx-\int_0^2 (1+2\sqrt{x})\,dx$ d) $\int_0^1 (x^3-2x)\,dx+\int_0^1 x\cdot(2-x^2)\,dx$

9. Berechnen Sie die bestimmten Integrale möglichst geschickt.

a) $\int_{-1}^0 4x^4\,dx + 2\cdot\int_{-1}^0 (1-2x^4)\,dx$ b) $\int_{-1}^0 x^3\,dx + 3\cdot\int_{-1}^0 x^3\,dx$

c) $\int_{-1}^2 (x+2)^2\,dx - \int_{-1}^2 (x-2)^2\,dx$ d) $\int_1^3 (1-4x)\,dx + \int_1^3 (1+4x)\,dx$

e) $2\cdot\int_1^2 (x+2)\,dx - \int_1^2 (2x-1)\,dx$ f) $\int_{-1}^1 (2-x)\,dx - \int_{-1}^1 (x-2)\,dx$

g) $3\cdot\int_{-1}^1 (x^2-2x)\,dx + 2\cdot\int_{-1}^1 (2x-x^2)\,dx$ h) $4\cdot\int_1^3 dx + 4\cdot\int_1^3 (x^2-1)\,dx$

2.6.4 Integration symmetrischer Funktionen

Bei symmetrischen Funktionsgraphen kann man sich die Berechnung von Integralen erleichtern.
Die Inhalte $\mu(A_1)$ und $\mu(A_2)$ der Teilflächen A_1 und A_2 in den folgenden Abbildungen sind wegen der Symmetrie der Funktion f jeweils gleich groß. Zu beachten bleibt dabei jedoch die Bedeutung des bestimmten Integrals.

$$\int_{-a}^{a} f(x)\,dx = \text{orientierter Inhalt der Fläche zwischen dem Graphen } G_f \text{ und der } x\text{-Achse über dem Intervall } [-a\,;a]$$

Symmetrie zur y-Achse

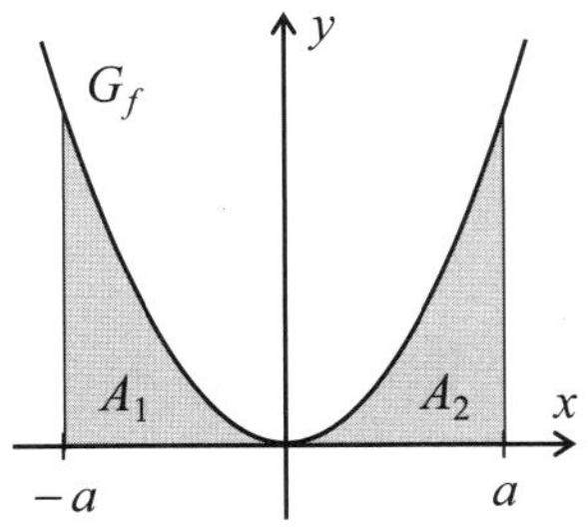

$$\int_{-a}^{a} f(x)\,dx = \int_{-a}^{0} f(x)\,dx + \int_{0}^{a} f(x)\,dx$$
$$= \mu(A_1) + \mu(A_2)$$
$$= 2\cdot\mu(A_2)$$
$$= 2\cdot\int_{0}^{a} f(x)\,dx$$

Symmetrie zum Ursprung

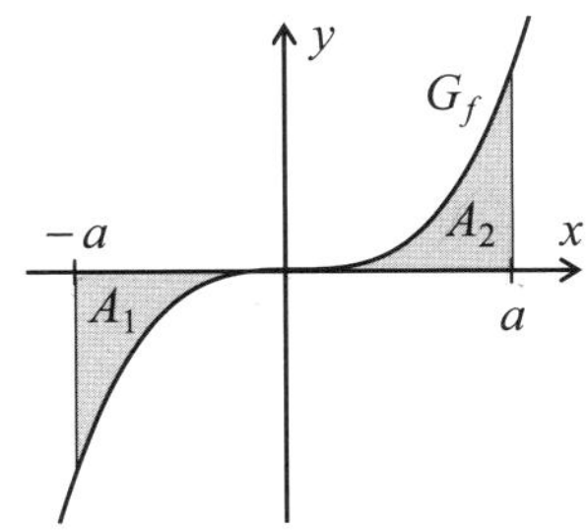

$$\int_{-a}^{a} f(x)\,dx = \int_{-a}^{0} f(x)\,dx + \int_{0}^{a} f(x)\,dx$$
$$= -\mu(A_1) + \mu(A_2)$$
$$= -\mu(A_1) + \mu(A_1)$$
$$= 0$$

Diese anschauliche Argumentation lässt sich auch allgemein rechnerisch verifizieren. Auf den Nachweis müssen wir an dieser Stelle jedoch verzichten, da hierzu eine Integrationsregel benötigt wird, die uns nicht zur Verfügung steht.

Insgesamt ergibt sich:

Bestimmte Integrale symmetrischer Funktionen

Sei $f: D \to \mathbb{R}$ eine stetige Funktion und $[-a\,;a] \subset D$.

- Ist der Graph der Funktion f symmetrisch zur y-Achse, so gilt:

$$\int_{-a}^{a} f(x)\,dx = 2\cdot\int_{0}^{a} f(x)\,dx\,.$$

- Ist der Graph der Funktion f symmetrisch zum Ursprung, so gilt:

$$\int_{-a}^{a} f(x)\,dx = 0\,.$$

Aufgaben

10. Entscheiden und begründen Sie für die angegebenen Funktionen, ob eine der Gleichungen $\int_{-a}^{a} f(x)dx = 2 \cdot \int_{0}^{a} f(x)dx$ oder $\int_{-a}^{a} f(x)dx = 0$ zutrifft:

    a) $f(x) = x^3$
    b) $f(x) = x^3 - x^2$
    c) $f(x) = x + 2x^3 - x^5$
    d) $f(x) = 1 + \cos(x)$

11. Berechnen Sie das Integral.

    a) $\int_{-7}^{7} (4x^3 - 5x)dx$
    b) $\int_{-1}^{1} (y^4 - 2y^2 - 5)dy$
    c) $\int_{-1}^{1} (x^5 - 3x^3)dx$
    d) $\int_{-\pi}^{\pi} (1 - \cos(x))dx$
    e) $\int_{-\pi}^{\pi} (x + \sin(x))dx$
    f) $\int_{-2}^{2} |z|\, dz$

12. Berechnen Sie das Integral vorteilhaft durch Aufspaltung in Teilintegrale.

    a) $\int_{-2}^{2} (x^3 - 3x^2)dx$
    b) $\int_{-3}^{3} (4x^5 - 5x^3 + 1)dx$
    c) $\int_{-\pi}^{\pi} (\sin(x) + \cos(x))dx$

13. In der Abbildung ist ein Teil einer Skateboardanlage dargestellt.
    Der krummlinige Teil ist parabelförmig.
    Wie viel m^3 Beton sind zur Herstellung notwendig?

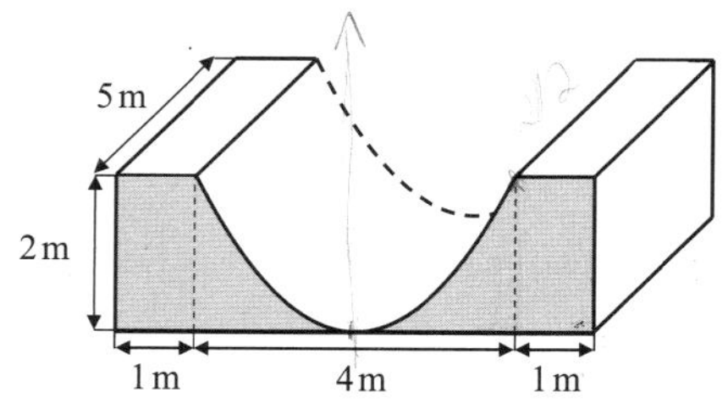

14. Die Abbildung zeigt den Umriss eines Kirchenfensters. Der obere Teil wird beschrieben durch die Randfunktion

    $$f: [-4;4] \rightarrow \mathbb{R}, x \mapsto \frac{3}{2}\sqrt{4-|x|}.$$

    Welchen Flächeninhalt besitzt das Fenster, wenn eine Längeneinheit 1 m entspricht?

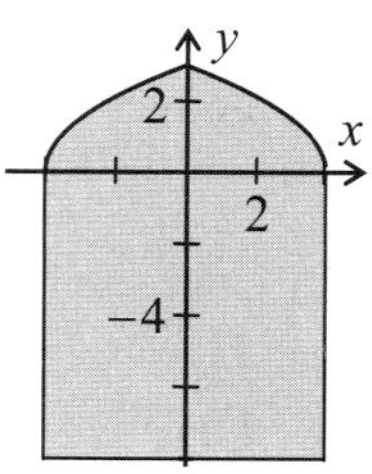

15. Beim Bau einer Lagerhalle ist die Vorderseite in Form eines Parabelbogens konstruiert.

    a) Bestimmen Sie mit den Angaben aus der Zeichnung die Gleichung der Parabel.
    b) Berechnen Sie den Inhalt der Querschnittsfläche.
    c) Welches Volumen hat die Halle?

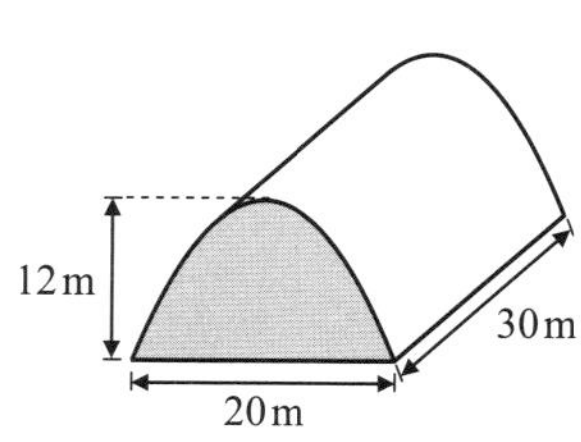

2.6.5 Integrale zu Funktionen der Form $f(\alpha x + \beta)$

In Abschnitt 2.2.2 haben wir die Verkettung $f(\alpha x + \beta)$ einer Funktion f mit einer linearen Funktion betrachtet und versucht, eine Stammfunktion unter der Voraussetzung anzugeben, dass wir eine Stammfunktion F zu f kennen. Ableiten von $F(\alpha x + \beta)$ mithilfe der Kettenregel führt zu:

$$(F(\alpha x+\beta))' \underset{\text{KR}}{=} F'(\alpha x+\beta)\cdot\alpha \underset{F'=f}{=} f(\alpha x+\beta)\cdot\alpha .$$

Hieraus folgt, dass $\frac{1}{\alpha}\cdot F(\alpha x+\beta)$ ein Stammfunktionsterm von $f(\alpha x+\beta)$ ist.

Lineare Verkettungsregel für Integrale (LVI)

Ist $f:[a;b]\to\mathbb{R}$ stetig und sind $\alpha, \beta \in \mathbb{R}$ mit $\alpha \neq 0$, dann gilt:

$$\int_a^b f(\alpha x+\beta)\,dx = \frac{1}{\alpha}\cdot\left[F(\alpha x+\beta)\right]_a^b .$$

Beispiel (Anwenden der linearen Verkettungsregel)

$$\int_0^{\pi} \cos(2x-\tfrac{\pi}{2})\,dx \underset{\text{LVI}}{=} \tfrac{1}{2}\cdot\left[-\sin(2x-\tfrac{\pi}{2})\right]_0^{\pi}$$

$$= \tfrac{1}{2}\cdot\left[-\sin(\tfrac{3}{2}\pi)+\sin(-\tfrac{\pi}{2})\right] = \tfrac{1}{2}\cdot(-(-1)-1) = 0$$

Aufgaben

16. Berechnen Sie die Integrale.

a) $\int_0^2 (4x+3)^5\,dx$ b) $\int_1^2 (1-x)^4\,dx$ c) $\int_1^{1,5} (2x-3)^5\,dx$

17. Berechnen Sie die bestimmten Integrale geschickt.

a) $\int_0^{\pi} \sin(\tfrac{1}{2}x-\tfrac{\pi}{2})\,dx$ b) $\int_0^{\pi} \sin(\pi-x)\,dx$ c) $\int_0^{2\pi} \cos(4x-\tfrac{\pi}{2})\,dx$

18. Berechnen Sie die Integrale.

a) $\int_1^2 \frac{1}{(2x-1)^2}\,dx$ b) $\int_0^1 \frac{1}{(3x+4)^3}\,dx$ c) $\int_0^1 \frac{2}{(0{,}5x-1)^4}\,dx$

19. Berechnen Sie die Integrale.

a) $\int_0^1 \frac{1}{\sqrt{2x+1}}\,dx$ b) $\int_1^2 \sqrt{3x-1}\,dx$

2.7 Flächeninhaltsbestimmungen an Graphen

2.7.1 Flächen zwischen Graph und x-Achse

Flächen, die oberhalb der x-Achse liegen

Wir betrachten eine stetige Funktion f über einem Intervall $[a\,;b]$, deren Graph nicht unterhalb der x-Achse verläuft. Es soll also $f(x) \geq 0$ für alle $x \in [a\,;b]$ gelten.

Der Inhalt der Fläche A zwischen G_f und dem Intervall $[a\,;b]$ soll mit $\mu(A)$ bezeichnet werden.
Dieser Inhalt wird im vorliegenden Fall schon direkt durch das bestimmte Integral angegeben.

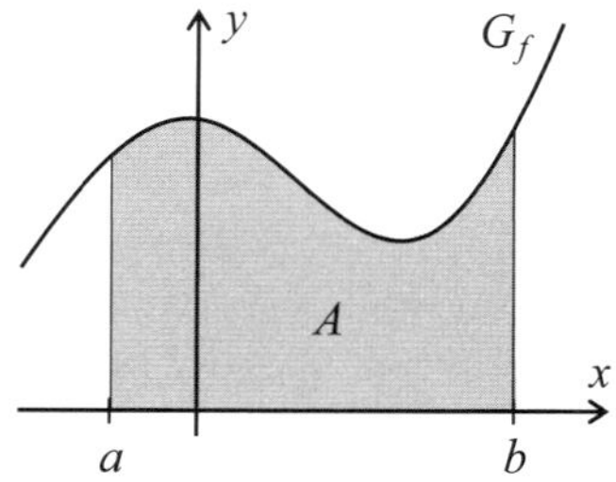

$$\mu(A) = \int_a^b f(x)\,dx$$

Beispiel (Fläche, die vollständig oberhalb der x-Achse liegt)

Gegeben ist die Funktion $f: x \mapsto -\frac{1}{3}x^2 + \frac{2}{3}x + 1$.
Gesucht ist der Inhalt $\mu(A)$ der Fläche A, die G_f mit der x-Achse einschließt.
Durch Faktorisieren des Funktionsterms

$$f(x) = -\tfrac{1}{3}x^2 + \tfrac{2}{3}x + 1 = -\tfrac{1}{3}\cdot(x+1)\cdot(x-3)$$

erhält man die Nullstellen -1 und 3.

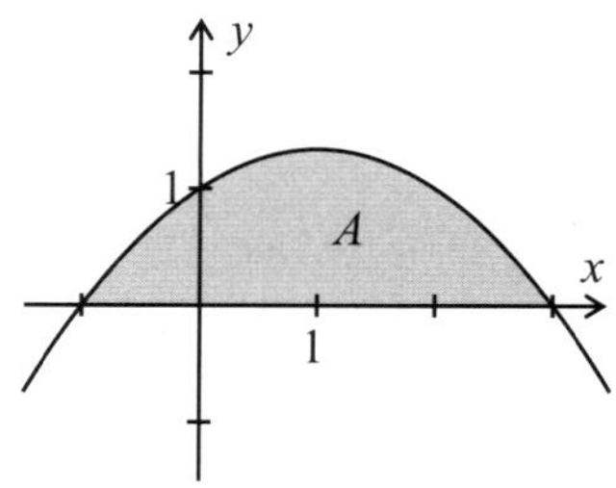

Für den gesuchten Flächeninhalt ergibt sich damit:

$$\mu(A) = \int_{-1}^{3} \left(-\tfrac{1}{3}x^2 + \tfrac{2}{3}x + 1\right)dx = \left[-\tfrac{1}{9}x^3 + \tfrac{1}{3}x^2 + x\right]_{-1}^{3}$$

$$= (-3+3+3) - \left(\tfrac{1}{9} + \tfrac{1}{3} - 1\right) = 3 + \tfrac{5}{9} = \tfrac{32}{9}.$$

Aufgaben

1. Schätzen Sie den Inhalt der dunkel dargestellten Fläche und rechnen Sie nach.

a) $f(x) = -2{,}5x\cdot(x-2)$ b) $f(x) = \sqrt{x} + \frac{1}{2}$ c) $f(x) = \frac{2}{x^2}$

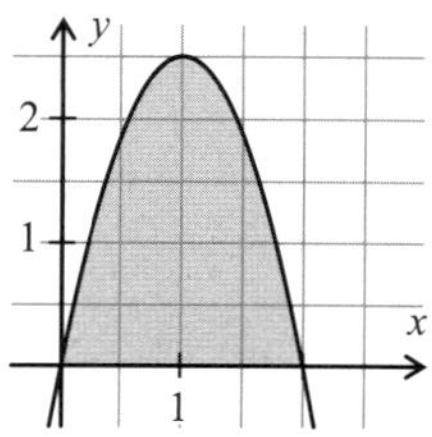

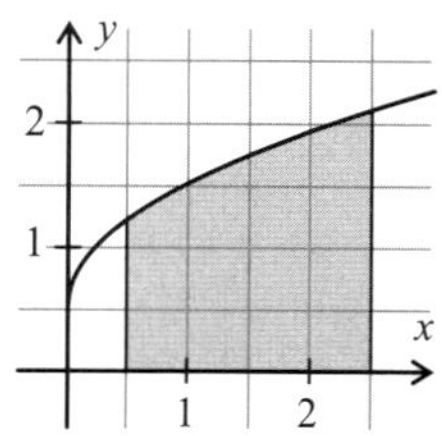

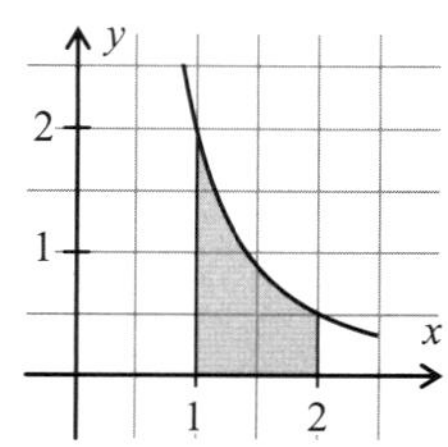

2. Berechnen Sie den Inhalt der gekennzeichneten Fläche.

   a) $f: x \mapsto x^3 + 1$

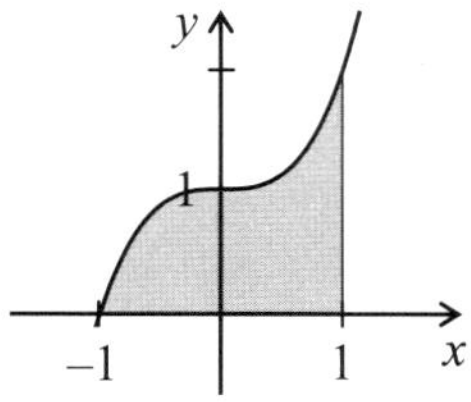

   b) $f: x \mapsto x^{-2}$

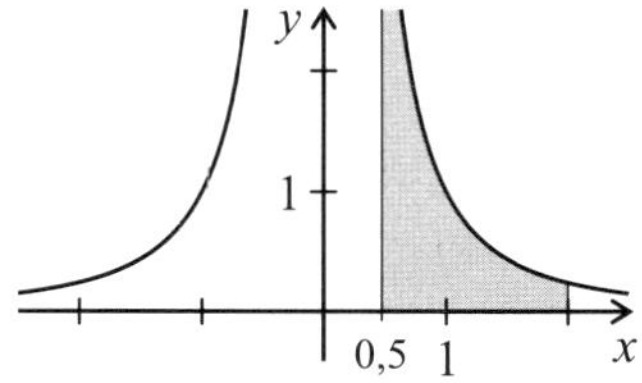

3. Berechnen Sie den Inhalt der gekennzeichneten Fläche.

   a) $f: x \mapsto 1 + \sin(x)$

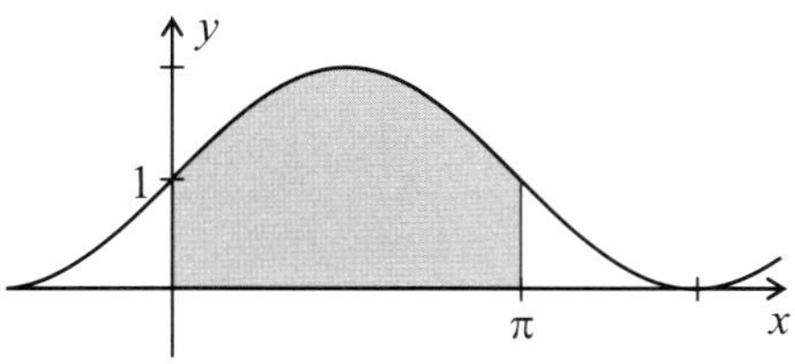

   b) $f: x \mapsto 1 - \sqrt{x}$

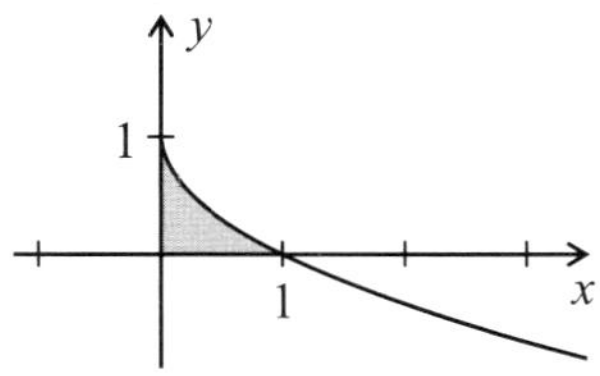

4. Die Abbildung zeigt den Graphen zu

$$f: x \mapsto \frac{1}{12}x^3 - x^2 + 3x.$$

   a) Begründen Sie den dargestellten Verlauf des Funktionsgraphen.
   b) Berechnen Sie den Inhalt der von G_f und der x-Achse eingeschlossenen Fläche.

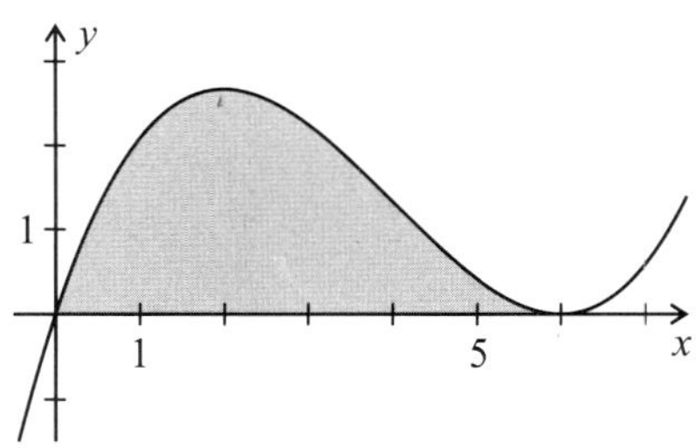

5. Zeichnen Sie den Graphen zu $f: x \mapsto -x^3 + 3x^2$ ohne ausführliche Diskussion. Berechnen Sie den Inhalt der von G_f und der x-Achse eingeschlossenen Fläche.

6. Berechnen Sie den Inhalt der gekennzeichneten Fläche.

   a) $f: x \mapsto \frac{3}{8}x^3$

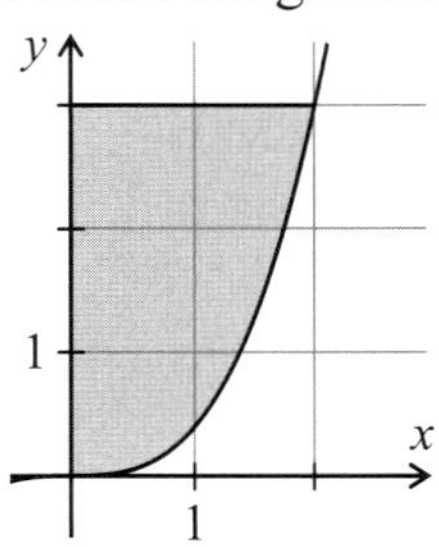

   b) $f: x \mapsto \frac{1}{4}x^2$

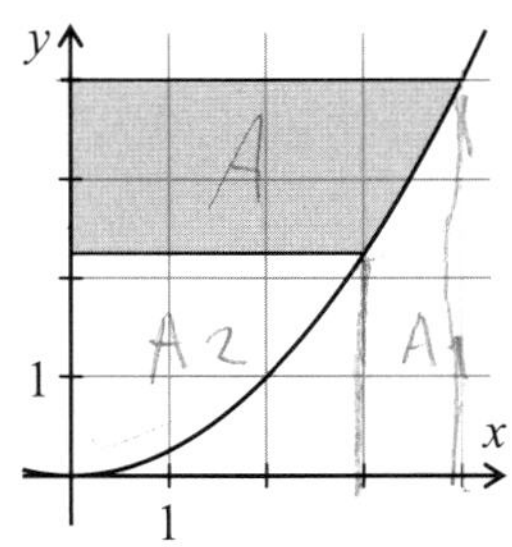

7. Bestimmen Sie die Funktion $h_a: x \mapsto \frac{1}{12}x \cdot (x-a)^2$ mit $a > 0$, deren Graph mit der x-Achse eine Fläche vom Inhalt $\frac{1}{9}$ einschließt.

Flächen, die unterhalb der x-Achse liegen

Wir betrachten eine stetige Funktion f, die über einem Intervall $[a;b]$ definiert ist und deren Graph vollständig unterhalb der x-Achse verläuft.

Für alle $x \in [a;b]$ soll also $f(x) \leq 0$ gelten.

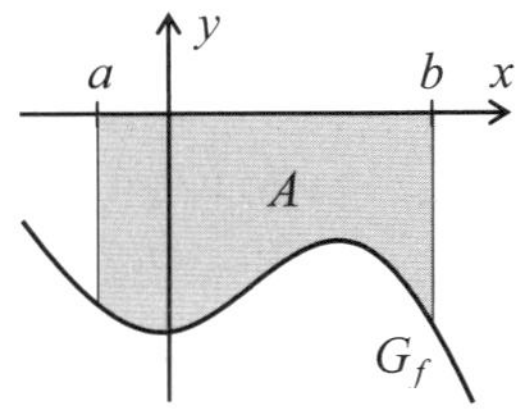

Durch das bestimmte Integral wird der orientierte Inhalt der Fläche A beschrieben. Er ist in diesem Fall negativ. Der Inhalt der Fläche A entspricht daher der Gegenzahl des bestimmten Integrals.

$$\mu(A) = -\int_a^b f(x)\,dx$$

Dieser Fall lässt sich mit dem vorangehenden Fall zusammenfassen.

Ist die Funktion f vorzeichenbeständig über dem Integrationsintervall $[a;b]$, so gilt:

$$\mu(A) = \left| \int_a^b f(x)\,dx \right|$$

Beispiel (Fläche, die vollständig unterhalb der x-Achse liegt)

Gegeben ist die Funktion $f: x \mapsto 1 - \sqrt{x}$.

Für den Inhalt $\mu(A)$ der Fläche zwischen G_f und dem Intervall $[1;4]$ gilt:

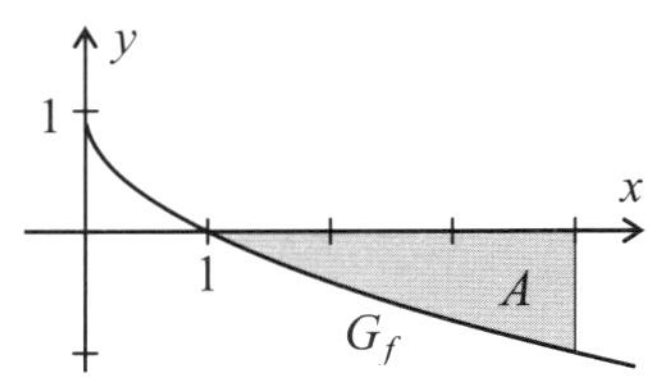

$$\mu(A) = \left| \int_1^4 (1-\sqrt{x})\,dx \right| = \left| \left[x - \tfrac{2}{3}x^{\frac{3}{2}} \right]_1^4 \right|$$

$$= \left| \left[x - \tfrac{2}{3}\sqrt{x^3} \right]_1^4 \right| = \left| (4 - \tfrac{2}{3}\cdot 8) - (1 - \tfrac{2}{3}) \right|$$

$$= \left| 3 - \tfrac{14}{3} \right| = \left| -\tfrac{5}{3} \right| = \tfrac{5}{3}.$$

Flächen, die oberhalb und unterhalb der x-Achse liegen

Wir betrachten den Fall, dass die Randfunktion f über dem Integrationsintervall $[a;b]$ nicht vorzeichenbeständig ist.

Wir zerlegen das Intervall $[a;b]$ in Teilintervalle, über denen die Funktion f vorzeichenbeständig ist.

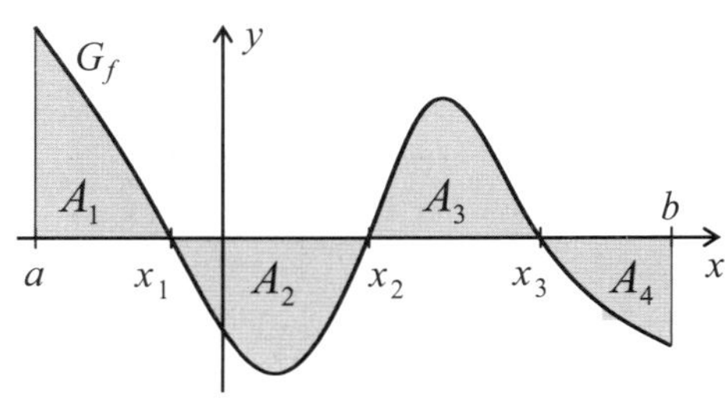

Es gilt: $\mu(A) = \mu(A_1) + \mu(A_2) + \mu(A_3) + \mu(A_4)$ oder in integraler Schreibweise:

$$\mu(A) = \left| \int_a^{x_1} f(x)\,dx \right| + \left| \int_{x_1}^{x_2} f(x)\,dx \right| + \left| \int_{x_2}^{x_3} f(x)\,dx \right| + \left| \int_{x_3}^{b} f(x)\,dx \right|.$$

Beispiel (Fläche, die ober- und unterhalb der x-Achse liegt)

Gegeben ist die Funktion $f: x \mapsto x^2 - 4x + 3$.

Wir berechnen den Inhalt der Fläche A zwischen G_f und dem Intervall $[2;4]$.

Wegen $f(x) = (x-1)\cdot(x-3)$ hat f die einfachen Nullstellen $x = 1$ und $x = 3$. Die Funktion f wechselt daher im Intervall $[2;4]$ an der Stelle 3 das Vorzeichen.

Der gesuchte Flächeninhalt ist über den Teilintervallen $[2;3]$ und $[3;4]$ getrennt zu berechnen.

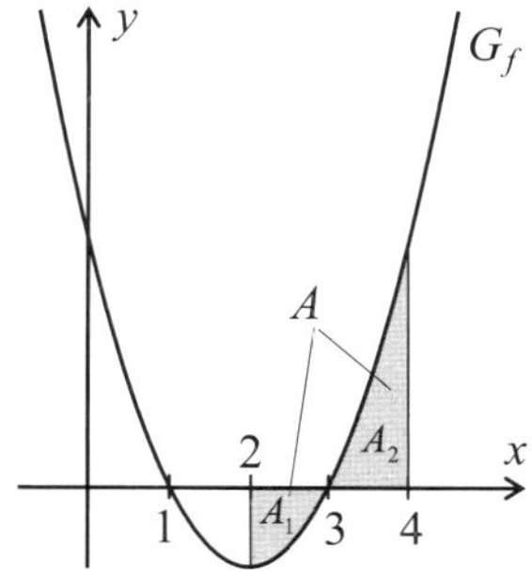

Es gilt:

$$\mu(A) = \mu(A_1) + \mu(A_2) = \left| \int_2^3 (x^2 - 4x + 3)\,dx \right| + \left| \int_3^4 (x^2 - 4x + 3)\,dx \right|$$

$$= \left| \left[\tfrac{1}{3}x^3 - 2x^2 + 3x \right]_2^3 \right| + \left| \left[\tfrac{1}{3}x^3 - 2x^2 + 3x \right]_3^4 \right| = \tfrac{2}{3} + \tfrac{4}{3} = 2.$$

Aufgaben

8. Schätzen Sie den Inhalt der dunkel dargestellten Fläche und rechnen Sie nach.

   a) $f(x) = \frac{1}{2}x^2 - 2$ b) $f(x) = -\frac{1}{x^2} - 1$ c) $f(x) = -2 \cdot \sin(x)$

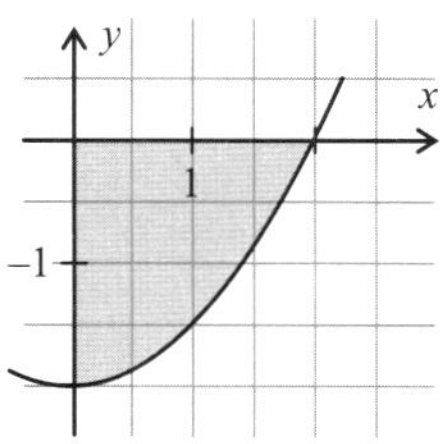

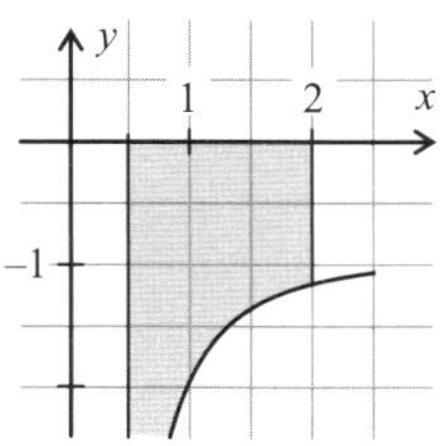

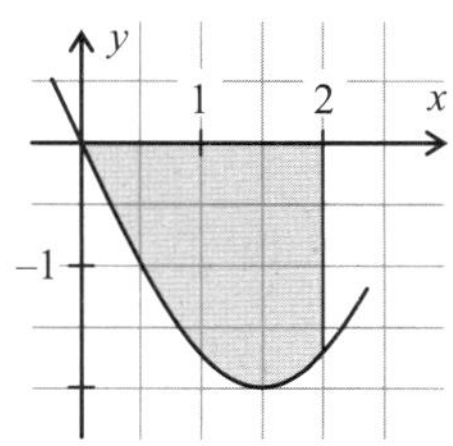

9. Berechnen Sie den Inhalt der gekennzeichneten Fläche.

   a) $f: x \mapsto x^2 - x - 2$ b) $f: x \mapsto \cos(2x) - 1$

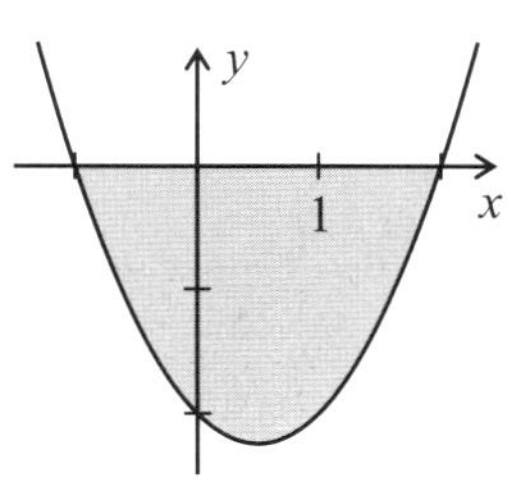

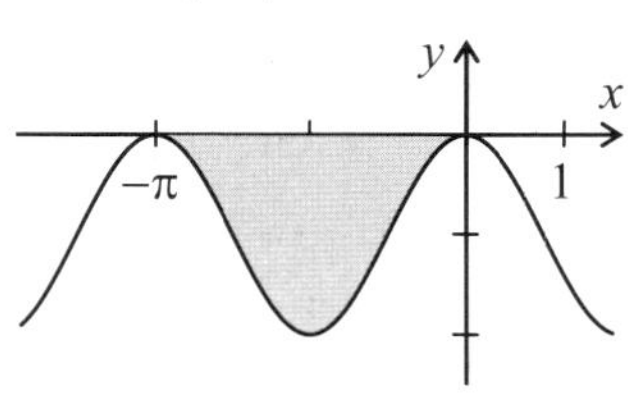

10. Welchen Inhalt besitzt die Fläche, die von der x-Achse und dem Graphen der Funktion $g: \mathbb{R} \to \mathbb{R}, x \mapsto \frac{2}{3}x^3 + 4x^2 + 6x$ berandet wird?

    Fertigen Sie zuerst eine Skizze des Graphen an.

11. Schätzen Sie den Inhalt der dunkel dargestellten Fläche und rechnen Sie nach.

a) $f(x) = x^2 - 1$

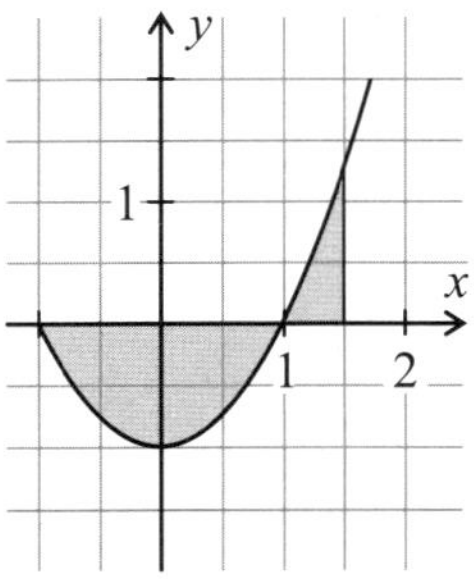

b) $f(x) = 2 \cdot \sin(x)$

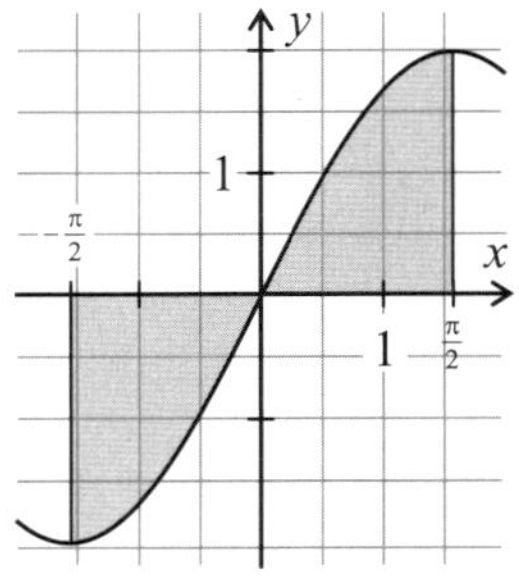

c) $f(x) = -2 \cdot \sqrt{x} + 2$

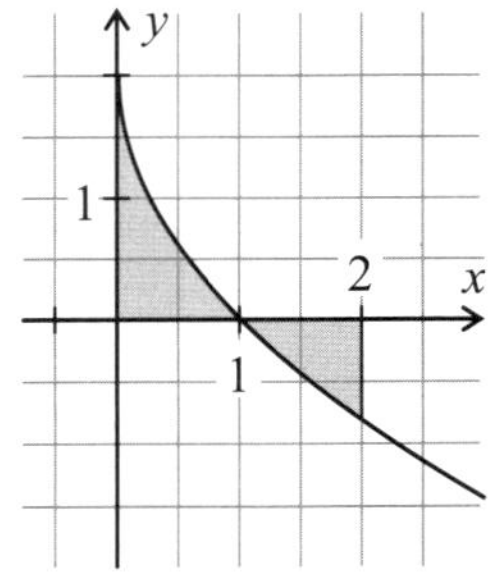

12. Berechnen Sie den Inhalt der dunkel dargestellten Fläche.

a) $f(x) = \dfrac{1}{(2x-3)^2}$

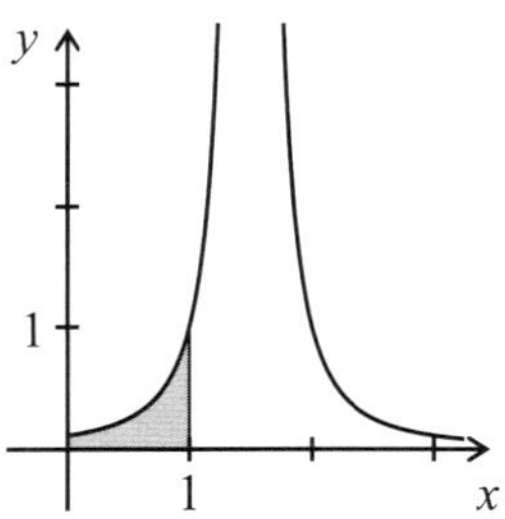

b) $f(x) = \dfrac{-1}{(x-1)^2}$

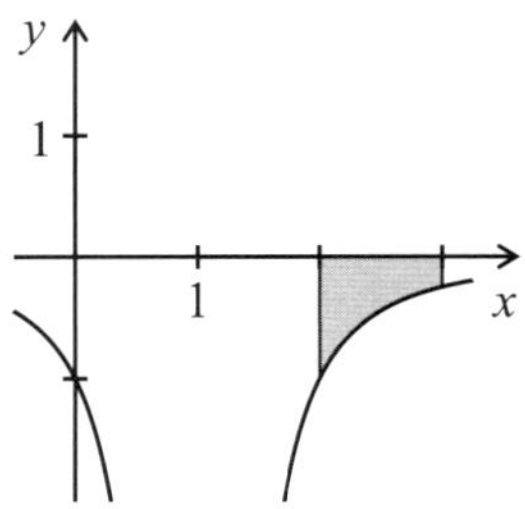

c) $f(x) = -\frac{1}{3} \cdot \left[\dfrac{1}{(x+2)^3} - 1 \right]$

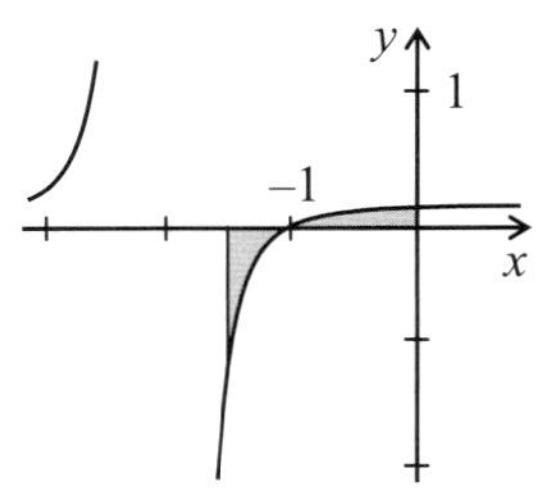

13. Berechnen Sie den Inhalt der gekennzeichneten Fläche.

a) $f: x \mapsto 2{,}5 \cdot \sin(\frac{1}{2}x - \pi)$

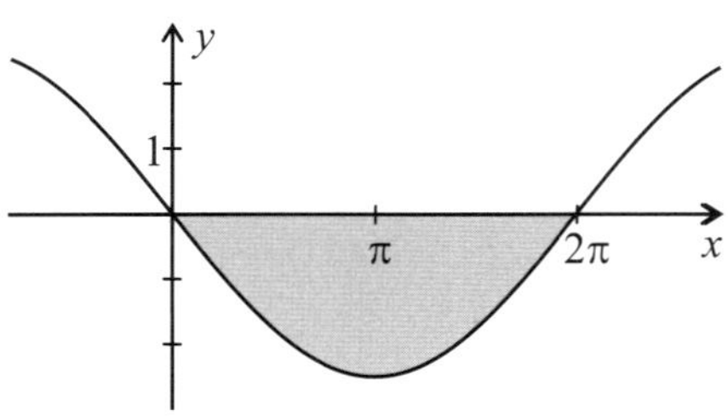

b) $f: x \mapsto 3 \cdot \sin(2x - \frac{\pi}{2})$

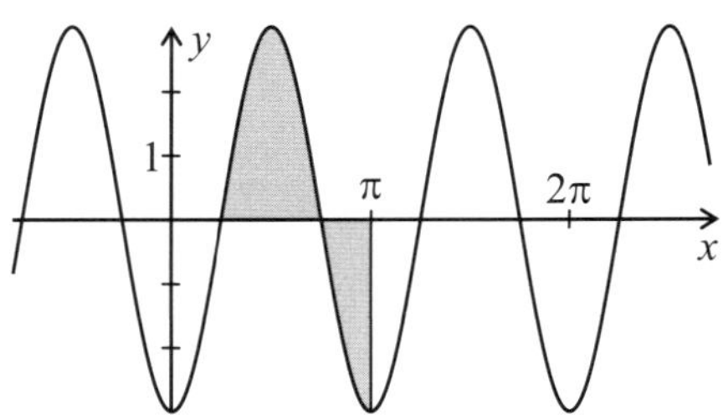

14. Betrachtet wird die Funktion f mit der Gleichung $f(x) = x^2 - 2x$.

a) Fertigen Sie ohne ausführliche Rechnung eine Skizze des Graphen an.

b) Berechnen Sie den Inhalt der Fläche zwischen G_f und der x-Achse über dem Intervall $[-1\ ;\ 3]$.

c) Berechnen Sie das Integral $\int_{-1}^{3} f(x)\,dx$.

Erklären Sie, wie der Unterschied zwischen dem Flächeninhalt und dem Integralwert entsteht.

15. Gegeben ist $f: x \mapsto \frac{1}{2}(x^2-1)(x^2-4)$.
Berechnen Sie den Inhalt der Fläche, die von G_f und der x-Achse berandet wird.
Berechnen Sie auch das bestimmte Integral und erklären Sie, wie der Unterschied zwischen dem Flächeninhalt und dem Integral entsteht.

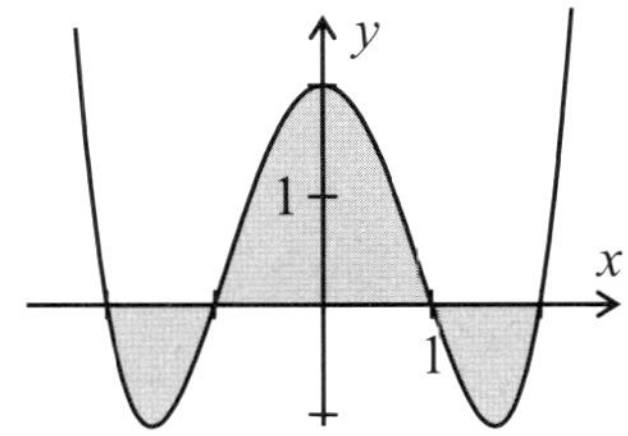

16. Gegeben ist die Funktion
$f: [-\pi\,;\,\pi] \to \mathbb{R},\ x \mapsto \cos(x)$.
Berechnen Sie den Inhalt der Fläche, die vom Graphen und der x-Achse eingeschlossen wird.
Hinweis: Es empfiehlt sich Symmetrien auszunutzen.

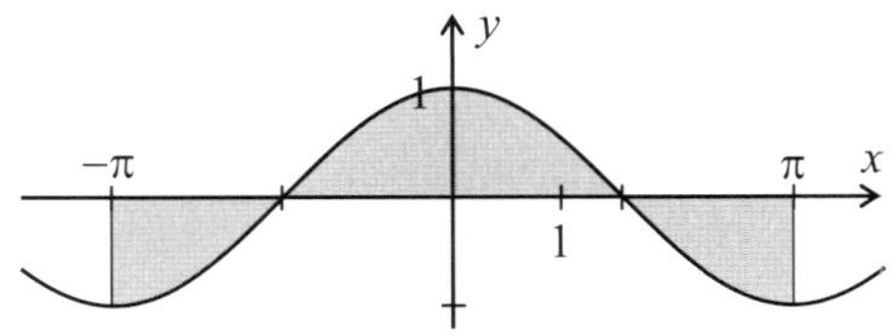

17. Gegeben ist die Funktion $f: x \mapsto -4x^3+12x^2$.
Skizzieren Sie den Graphen der Funktion und berechnen Sie den Inhalt der Fläche, die von G_f und der x-Achse umrandet wird.

18. Die Fläche zwischen dem Graphen der Funktion $f: x \mapsto x^2-2x$ und dem Intervall $[-1\,;\,2]$ besteht aus zwei Teilen. Zeigen Sie durch eine einzige Integration, dass beide Teilflächen den gleichen Inhalt haben.

19. Die Abbildung zeigt den Graphen der Funktion

$$f: \mathbb{R}^* \to \mathbb{R},\ x \mapsto \frac{1}{x^2}.$$

Der Graph G_f verläuft vollständig oberhalb der x-Achse. Dennoch gilt:

$$\int_{-1}^{1} \frac{1}{x^2}\,dx = \left[-\frac{1}{x}\right]_{-1}^{1} = -\frac{1}{1} - \left(-\frac{1}{(-1)}\right)$$

$$= -1 - 1 = -2.$$

Wo liegt der Fehler?

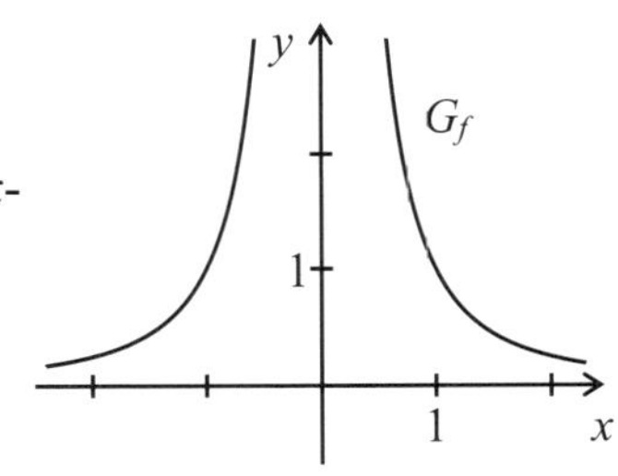

20. Die Abbildung zeigt den Graphen der Funktion f mit $f(x) = -x^3 + 2x$.
Wie muss $a > 0$ gewählt werden, damit die dunkel gekennzeichnete Fläche das Maß 1 besitzt?

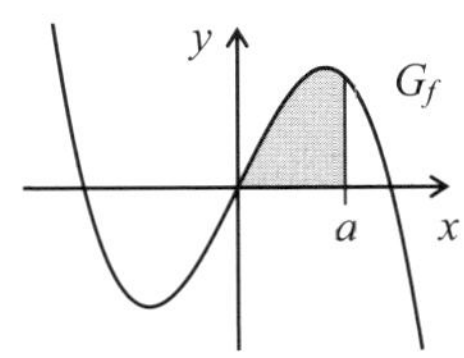

21. Bestimmen Sie die Funktion in der Funktionenschar $f_a: x \mapsto 2 - ax^2$ $(a > 0)$, deren Graph mit der x-Achse eine Fläche mit dem Inhalt $\frac{16}{3}$ berandet.
Hinweis: Nutzen Sie Symmetrien aus.

2.7.2 Flächen zwischen Funktionsgraphen

Bisher waren die Flächen, deren Inhalte berechnet wurden, durch einen Funktionsgraphen und die x-Achse begrenzt. Es lassen sich aber auch Inhalte von Flächen berechnen, die von zwei Funktionsgraphen eingeschlossen werden.

Funktionsgraphen oberhalb der x-Achse ohne Schnittpunkte

Wir betrachten zunächst den Fall zweier stetiger Funktionen f und g, die im Innern des Integrationsintervalls $[a\,;b]$ keinen Schnittpunkt besitzen.

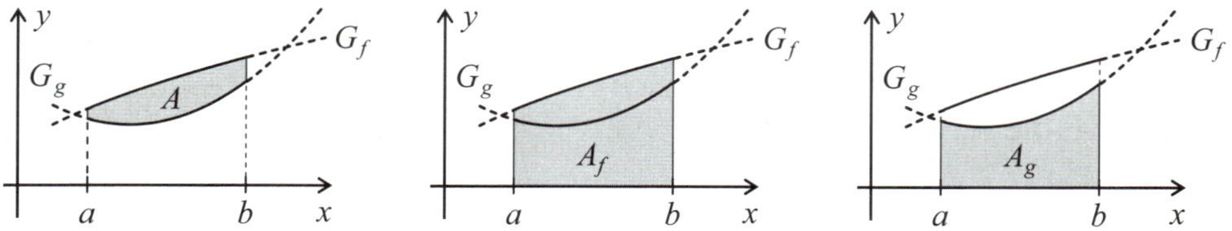

$\mu(A)$	=	$\mu(A_f)$	−	$\mu(A_g)$
Inhalt der Fläche zwischen G_f und G_g		Inhalt der Fläche zwischen G_f und der x-Achse		Inhalt der Fläche zwischen G_g und der x-Achse
	=	$\int_a^b f(x)\,dx$	−	$\int_a^b g(x)\,dx$
	=	$\int_a^b \big(f(x)-g(x)\big)\,dx$		

Im letzten Schritt wurde die Differenz zweier Integrale zu einem einzigen Integral zusammengefasst, da dieses Integral vielfach einfacher zu berechnen ist.

Im Bild rechts liegt G_g oberhalb von G_f. Hier müsste man eigentlich statt $f(x)-g(x)$ die Differenz $g(x)-f(x)$ bilden. Die zugehörigen Integrale unterscheiden sich lediglich in ihrem Vorzeichen.

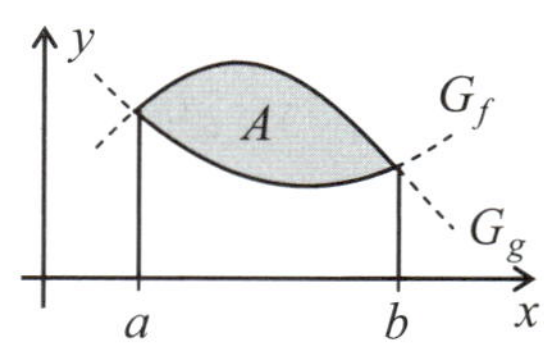

Man braucht nicht die Reihenfolge bei der Differenzbildung zu beachten, wenn man zum Betrag übergeht:

$$\mu(A) = \left| \int_a^b \big(f(x) - g(x)\big)\,dx \right|.$$

Funktionsgraphen zum Teil oder ganz unterhalb der x-Achse ohne Schnittpunkte

Alle bisher betrachteten Flächen lagen vollständig oberhalb der x-Achse. Es kann aber auch der Fall auftreten, dass die x-Achse durch die betrachtete Fläche verläuft oder die Fläche ganz unterhalb der x-Achse liegt.

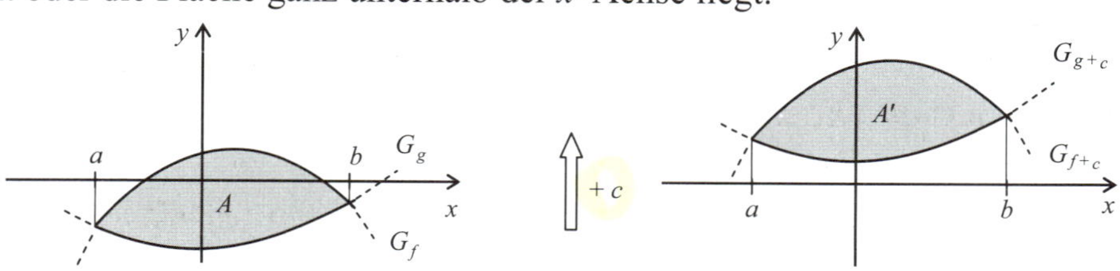

Man kann sich in diesen Fällen die Graphen von f und g so weit nach oben verschoben denken, dass die Fläche vollständig oberhalb der x-Achse liegt. Dann gilt:

$$\mu(A)=\mu(A')=\left|\int_a^b((f(x)+c)-(g(x)+c))dx\right|=\left|\int_a^b(f(x)-g(x))dx\right|.$$

Im Integranden fällt die Verschiebungszahl wieder heraus. Die Verschiebung muss also bei der Rechnung gar nicht berücksichtigt werden.

Flächen zwischen zwei Funktionsgraphen

Es seien f und g über dem Intervall $[a;b]$ definierte stetige Funktionen. Besitzen f und g in $]a;b[$ keinen Schnittpunkt, so gilt für den Inhalt der Fläche A, die durch die Graphen von f und g über dem Intervall $[a;b]$ berandet wird,

$$\mu(A)=\left|\int_a^b(f(x)-g(x))dx\right|.$$

Der Inhalt der Fläche zwischen zwei Funktionsgraphen G_f und G_g lässt sich also unabhängig von der Lage der Fläche durch Integration der Differenzfunktion $f-g$ berechnen.

Funktionsgraphen mit Schnittpunkten

Schneiden sich die beiden Graphen G_f und G_g innerhalb des Intervalls $]a;b[$, so muss man das Intervall in Teilintervalle ohne innere Schnittpunkte zerlegen.

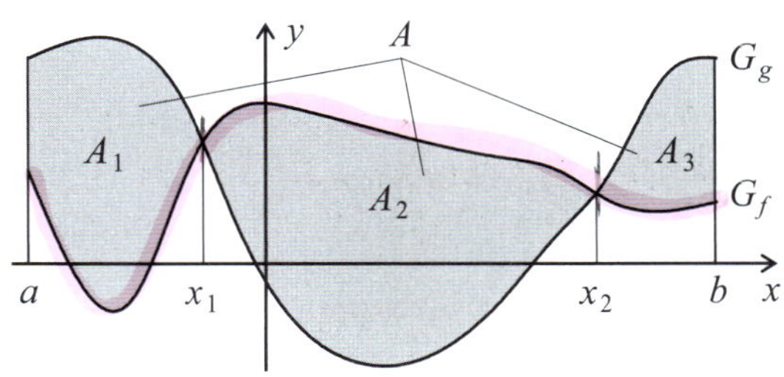

Es gilt dann für die Situation in der Abbildung:

$$\mu(A)=\mu(A_1)+\mu(A_2)+\mu(A_3)$$

oder in Integralschreibweise

$$\mu(A)=\left|\int_a^{x_1}(f(x)-g(x))dx\right|+\left|\int_{x_1}^{x_2}(f(x)-g(x))dx\right|+\left|\int_{x_2}^{b}(f(x)-g(x))dx\right|.$$

Bei der Berechnung des Inhalts der Fläche zwischen zwei Funktionsgraphen kann man in folgenden Schritten vorgehen:

1. Man bestimmt die Schnittstellen von f und g im Integrationsintervall.
2. Man berechnet die Differenzfunktion $f-g$.
3. Man bestimmt eine Stammfunktion $F-G$.
4. Man berechnet die Beträge der Integrale über die Teilintervalle und addiert sie.

Beispiel (Fläche zwischen zwei Funktionsgraphen)

Gegeben sind die Funktionen $f\colon \mathbb{R} \to \mathbb{R},\, x \mapsto (x-1)^2$ und $g\colon \mathbb{R} \to \mathbb{R},\, x \mapsto x+1$.

Wir berechnen den Inhalt der Fläche A zwischen den Graphen von f und g über dem Intervall $[-1\,;2]$.

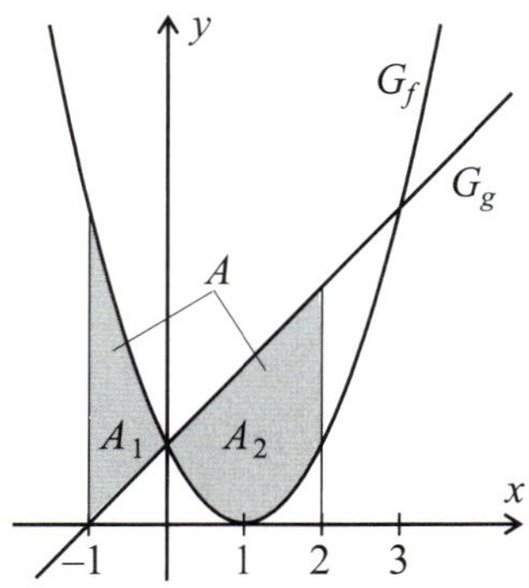

- *Schnittstellen von f und g*

  $$f(x)=g(x) \Leftrightarrow f(x)-g(x)=0$$
  $$\Leftrightarrow (x-1)^2-(x+1)=0$$
  $$\Leftrightarrow x^2-2x+1-x-1=0$$
  $$\Leftrightarrow x^2-3x=0$$
  $$\Leftrightarrow x=0 \vee x=3$$

  Die Stelle 0 ist die einzige Schnittstelle von f und g in dem Integrationsintervall $[-1\,;2]$.

- *Differenzfunktion*

  $$f(x)-g(x)=(x-1)^2-(x+1)=x^2-3x$$

- *Stammfunktion*

  $$F(x)-G(x)=\tfrac{1}{3}x^3-\tfrac{3}{2}x^2$$

- *Flächenberechnung*

  $$\mu(A_1)=\left|\int_{-1}^{0}(x^2-3x)\,dx\right|=\left|\left[\tfrac{1}{3}x^3-\tfrac{3}{2}x^2\right]_{-1}^{0}\right|=\left|0-(-\tfrac{1}{3}-\tfrac{3}{2})\right|=\tfrac{11}{6}$$

  $$\mu(A_2)=\left|\int_{0}^{2}(x^2-3x)\,dx\right|=\left|\left[\tfrac{1}{3}x^3-\tfrac{3}{2}x^2\right]_{0}^{2}\right|=\left|(\tfrac{8}{3}-6)-0\right|=\tfrac{10}{3}$$

  Gesamtfläche: $\mu(A)=\mu(A_1)+\mu(A_2)=\frac{11}{6}+\frac{10}{3}=\frac{31}{6}=5\frac{1}{6}$

In der gegebenen Situation kann die Problemstellung so abgewandelt werden, dass man nach dem Inhalt der Fläche B sucht, die von den Graphen von f und g eingeschlossen wird.

Das Integrationsintervall ist dann $[0\,;3]$. Da es im Innern dieses Intervalls keine weitere Schnittstelle von f und g gibt, folgt für den Inhalt der Fläche B:

$$\mu(B)=\left|\int_{0}^{3}(x^2-3x)\,dx\right|=\left|\left[\tfrac{1}{3}x^3-\tfrac{3}{2}x^2\right]_{0}^{3}\right|$$
$$=\left|(9-\tfrac{27}{2})-0\right|=\tfrac{9}{2}=4\tfrac{1}{2}.$$

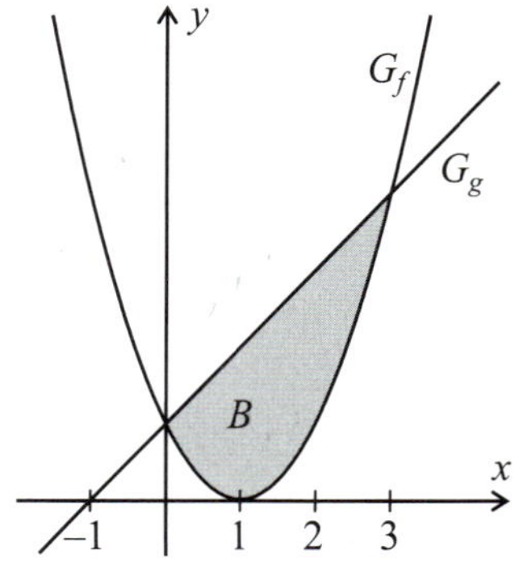

Beispiel (Fläche zwischen zwei Funktionsgraphen)

Wir berechnen den Inhalt der Fläche A, die von den Graphen der Funktionen mit den Gleichungen

$$f(x)=\tfrac{1}{2}x^3-3x+3 \quad \text{und} \quad g(x)=\tfrac{1}{2}x$$

eingeschlossen wird.

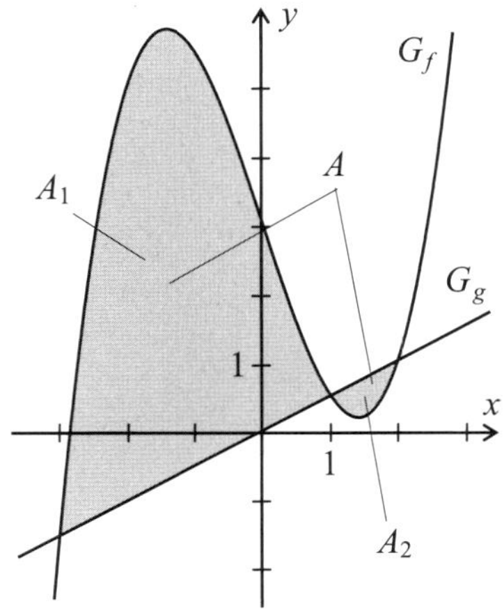

- *Schnittstellen von f und g*

$$f(x)=g(x) \Leftrightarrow \tfrac{1}{2}x^3-3x+3=\tfrac{1}{2}x$$
$$\Leftrightarrow \tfrac{1}{2}x^3-\tfrac{7}{2}x+3=0 \quad |\cdot 2$$
$$\Leftrightarrow x^3-7x+6=0$$

Es handelt sich um eine Gleichung 3. Grades, an der man die Lösung 1 unmittelbar erkennen kann.

Mithilfe einer Polynomdivision durch den Linearfaktor $(x-1)$ ergibt sich:

$$f(x)=g(x) \Leftrightarrow (x-1)\cdot(x^2+x-6)=0$$
$$\Leftrightarrow (x-1)\cdot(x-2)\cdot(x+3)=0$$
$$\Leftrightarrow x=1 \vee x=2 \vee x=-3.$$

Polynomdivision

$$\begin{array}{l}(x^3-7x+6):(x-1)=x^2+x-6\\ -(x^3-x^2)\\ \hline \qquad x^2-7x\\ \quad -(x^2-\ x)\\ \hline \qquad\quad -6x+6\\ \qquad\ -(-6x+6)\\ \hline \qquad\qquad 0\end{array}$$

Wir erhalten drei Schnittstellen. Bei der Berechnung des Flächenmaßes sind damit drei Teilflächen zu berücksichtigen.

- *Differenzfunktion*

$$f(x)-g(x)=\tfrac{1}{2}x^3-3x+3-\tfrac{1}{2}x=\tfrac{1}{2}x^3-\tfrac{7}{2}x+3$$

- *Stammfunktion*

$$F(x)-G(x)=\tfrac{1}{8}x^4-\tfrac{7}{4}x^2+3x$$

- *Flächenberechnung*

$$\mu(A_1)=\left|\int_{-3}^{1}\left(\tfrac{1}{2}x^3-\tfrac{7}{2}x+3\right)dx\right|=\left|\left[\tfrac{1}{8}x^4-\tfrac{7}{4}x^2+3x\right]_{-3}^{1}\right|$$
$$=\left|\left[\left(\tfrac{1}{8}-\tfrac{14}{8}+\tfrac{24}{8}\right)-\left(\tfrac{81}{8}-\tfrac{126}{8}-\tfrac{72}{8}\right)\right]\right|=\tfrac{128}{8}$$

$$\mu(A_2)=\left|\int_{1}^{2}\left(\tfrac{1}{2}x^3-\tfrac{7}{2}x+3\right)dx\right|=\left|\left[\tfrac{1}{8}x^4-\tfrac{7}{4}x^2+3x\right]_{1}^{2}\right|$$
$$=\left|\left[(2-7+6)-\left(\tfrac{1}{8}-\tfrac{14}{8}+\tfrac{24}{8}\right)\right]\right|=\tfrac{3}{8}$$

Gesamtfläche: $\mu(A)=\mu(A_1)+\mu(A_2)=\tfrac{128}{8}+\tfrac{3}{8}=\tfrac{131}{8}=16\tfrac{3}{8}$

Aufgaben

22. Schätzen Sie den Inhalt der dunkel dargestellten Fläche und rechnen Sie nach.

a) $f(x) = -\frac{1}{4x^2} + 2{,}5$ b) $f(x) = -(x-1)^2 + 2{,}5$ c) $f(x) = -x^2 + 2$

$g(x) = 1{,}5$ $g(x) = (x-2)^2$ $g(x) = x$

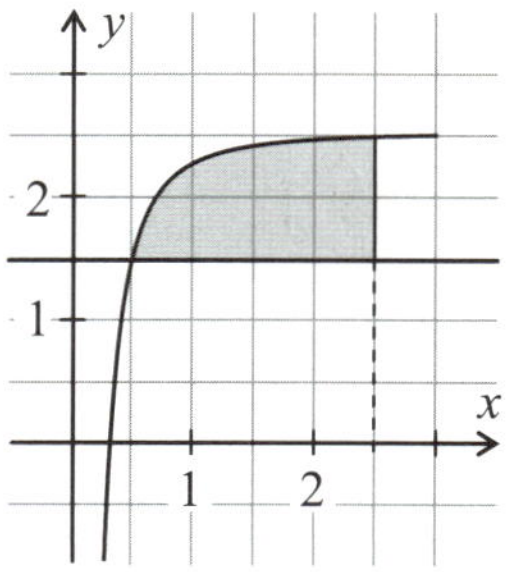

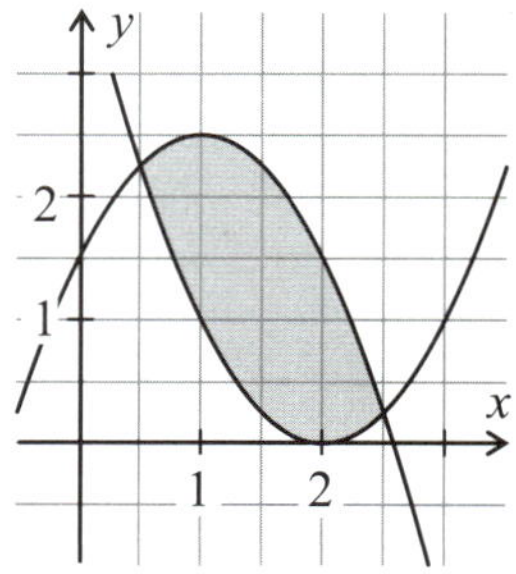

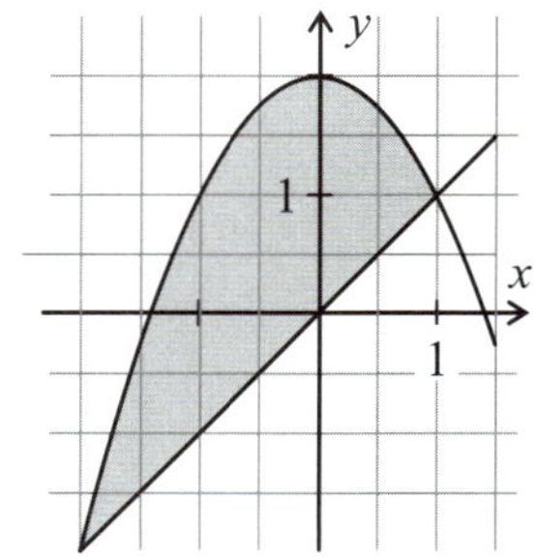

23. Berechnen Sie den Inhalt der Fläche zwischen den Graphen von f und g. Entnehmen Sie das Integrationsintervall aus der Abbildung.

a) $f(x) = x^2 - 2x$; $g(x) = x$ b) $f(x) = x^{-2}$; $g(x) = -x$

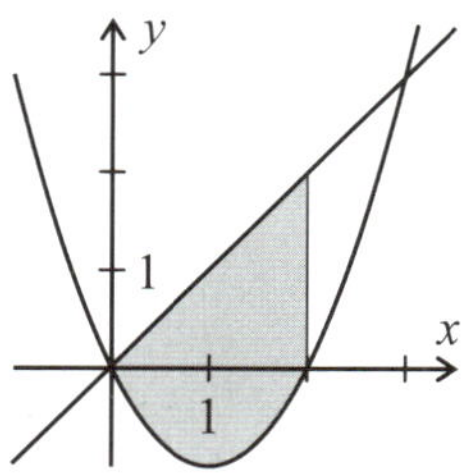

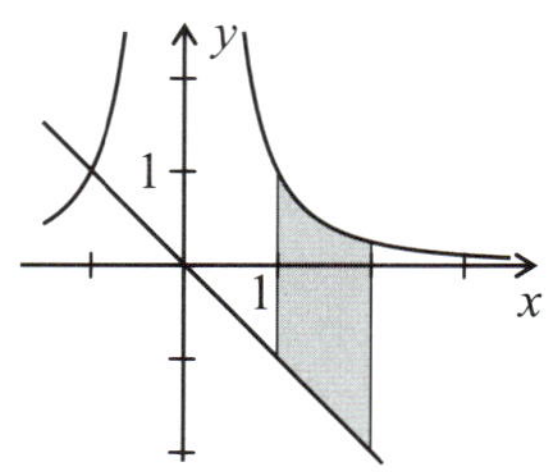

c) $f(x) = \sin(x)$; $g(x) = \cos(x)$ d) $f(x) = \frac{1}{x^2}$; $g(x) = \frac{1}{2}x - 2$

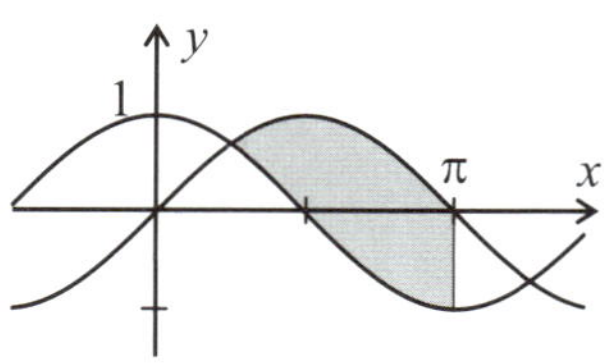

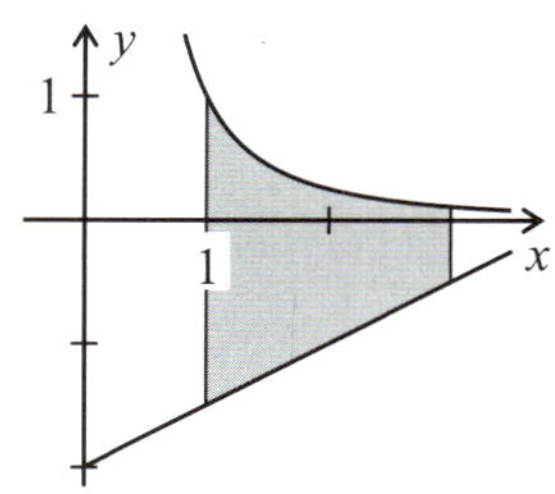

24. Berechnen Sie den Inhalt der gekennzeichneten Fläche. Ermitteln Sie dazu die Gleichungen der Geraden g und der Parabeln p_1 und p_2 aus der Abbildung.

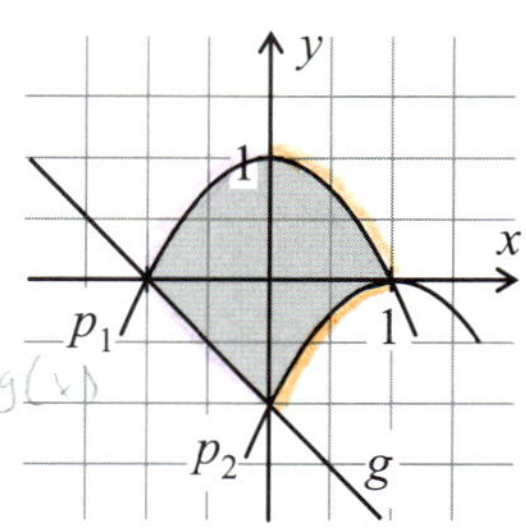

$g(x) = -x - 1$
$p_1(x) = -x^2 + 1$
$p_2(x) = -(x-1)^2$

[-1; 0] $p_1(x) - g(x)$

[0, 1] $p_1(x) - p_2(x)$

25. Die Graphen von f und g schließen eine Fläche ein. Berechnen Sie den Inhalt.

a) $f(x) = 5 - x^2$; $g(x) = x^2 - 1$

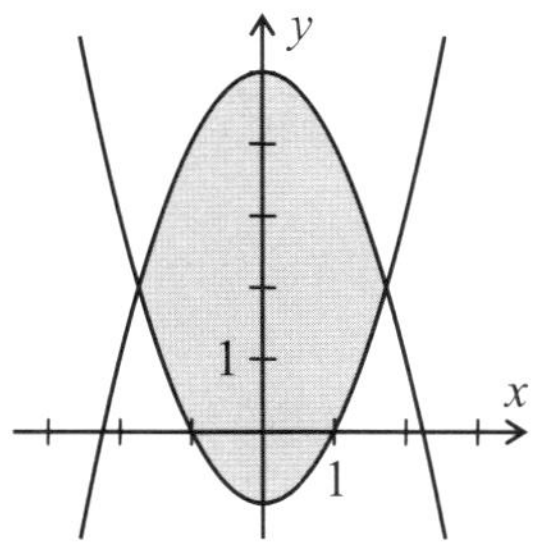

b) $f(x) = 4x - x^3$; $g(x) = x^2 + 2x$

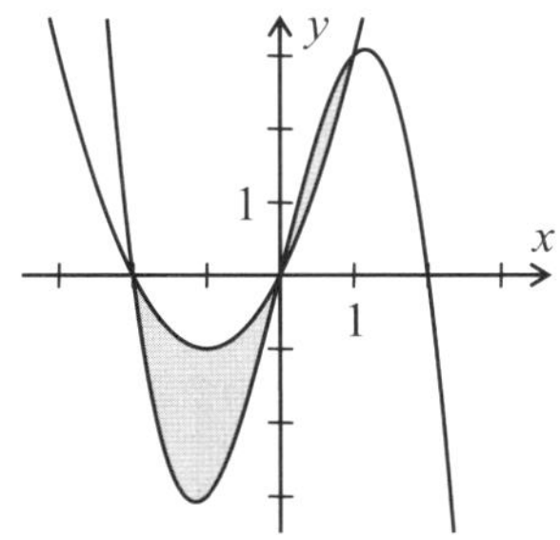

c) $f(x) = x^{-2}$; $g(x) = -2{,}5x + 5{,}25$

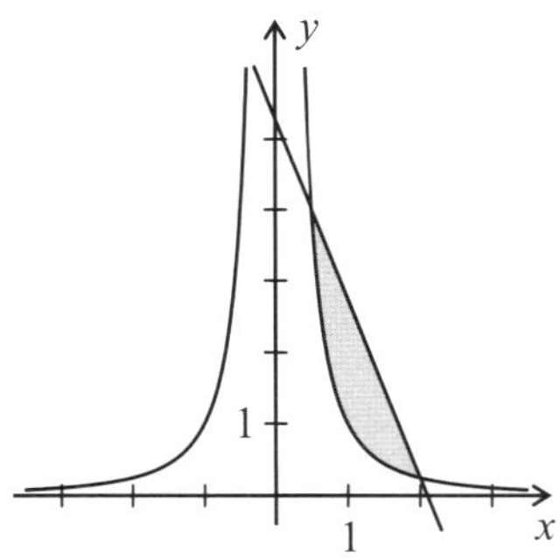

d) $f(x) = 3x^2 - x^3$; $g(x) = -x^2 + 4x$

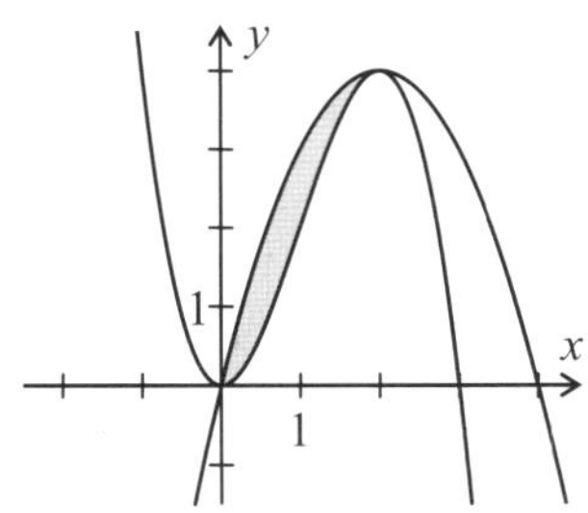

26. Gegeben ist die Funktion $f: x \mapsto 4x - x^3$.
Der Graph von f und die Tangente an den Graphen an der Stelle 1 schließen eine Fläche ein. Berechnen Sie ihren Inhalt.

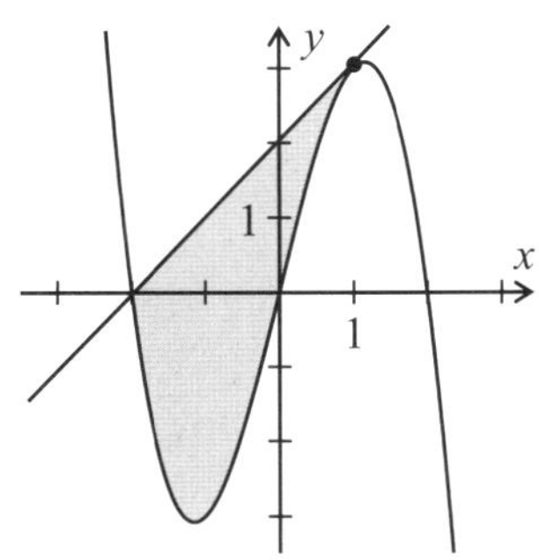

27. Gegeben ist die Funktion $f: x \mapsto 3x - x^3$.
Wie groß ist der Inhalt der Fläche, die der Graph der Funktion mit der Normalen im Wendepunkt einschließt?

28. Gegeben sind die Funktionen $f: x \mapsto x^3 - ax$ mit $a \in \mathbb{R}^+$ und $g: x \mapsto -f(x)$.
Bestimmen Sie $a \in \mathbb{R}^+$ so, dass beide Graphen eine Fläche mit dem Inhalt 16 einschließen.

2.7.3 Besondere Symmetrien bei ganzrationalen Funktionen zweiten und dritten Grades

In Abschnitt 1.5.4 hatten wir bereits folgende besonderen Symmetrien betrachtet:

- Jede ganzrationale Funktion zweiten Grades ist achsensymmetrisch zur Achse durch ihren Scheitel $S(x_S \mid y_S)$.
- Jede ganzrationale Funktion dritten Grades ist punktsymmetrisch zu ihrem Wendepunkt $W(x_W \mid y_W)$.

Mithilfe dieser Symmetrien kann man sich die Berechnung von Flächeninhalten erleichtern.

Symmetrie zur Scheitelachse

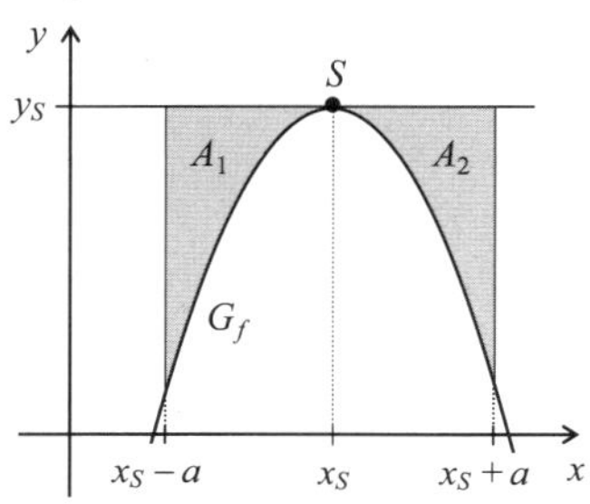

$$\mu(A_1) = \mu(A_2)$$

$$\int_{x_S-a}^{x_S} (y_S - f(x))\,dx = \int_{x_S}^{x_S+a} (y_S - f(x))\,dx$$

Symmetrie zum Wendepunkt

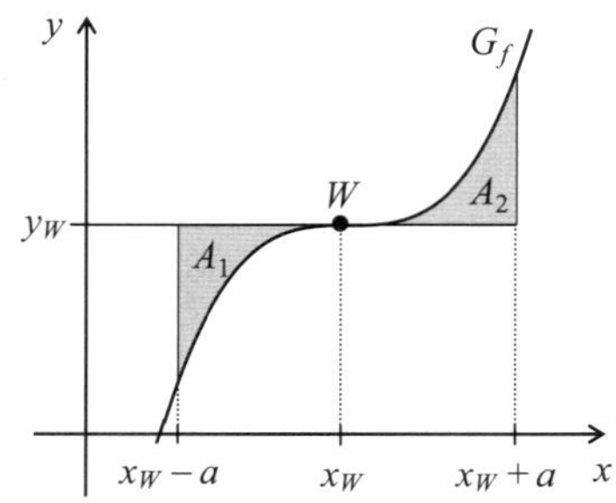

$$\mu(A_1) = \mu(A_2)$$

$$\int_{x_W-a}^{x_W} (y_W - f(x))\,dx = \int_{x_W}^{x_W+a} (f(x) - y_W)\,dx$$

Aufgaben

29. Die Abbildung zeigt den Graphen der quadratischen Funktion f mit $f(x) = x^2 - 4x$.
    a) Bestätigen Sie durch eine Rechnung die Lage der Nullstellen und des Scheitels von G_f.
    b) Berechnen Sie den Inhalt der in der Abbildung gekennzeichneten Flächen.

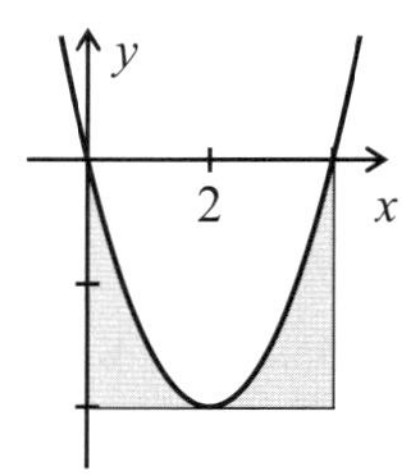

30. Die Abbildung zeigt den Graphen der kubischen Funktion f mit $f(x) = x^3 - x^2 + 9x$.
    a) Bestätigen Sie durch eine Rechnung die Lage der Nullstellen von f sowie des Wendepunkts von G_f.
    b) Berechnen Sie den Inhalt der in der Abbildung gekennzeichneten Flächen.

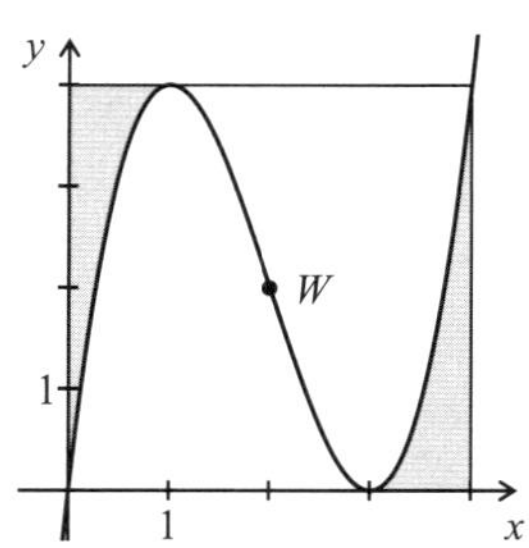

Vermischte Aufgaben

31. Bestimmen Sie eine Gleichung der in der Abbildung skizzierten verschobenen Normalparabel, wenn für den Inhalt der Fläche A gilt:

$$\mu(A) = \frac{32}{3}.$$

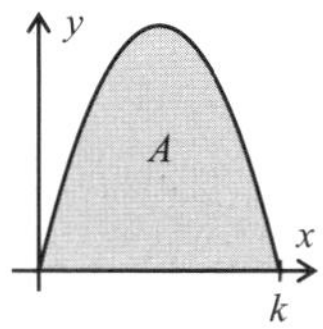

32. Gegeben ist eine Parabel mit der Gleichung

$$p(x) = -x^2 + 4.$$

Berechnen Sie eine Gleichung der Geraden g, welche die in der Abbildung dunkel dargestellte Fläche halbiert.

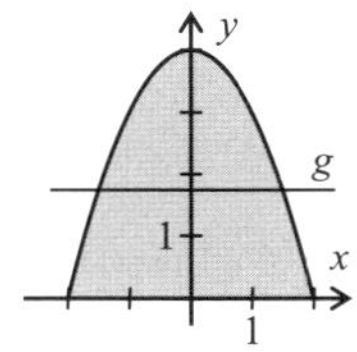

33. Die Abbildung zeigt den Graphen der Funktion

$$f: x \mapsto \begin{cases} \frac{1}{3}x^2 + \frac{4}{3}x + 1 & \text{, wenn } x < 0 \\ 1 - x^3 & \text{, wenn } x \geq 0 \end{cases}$$

Berechnen Sie den Inhalt der Fläche, die der Graph G_f mit der x-Achse einschließt.

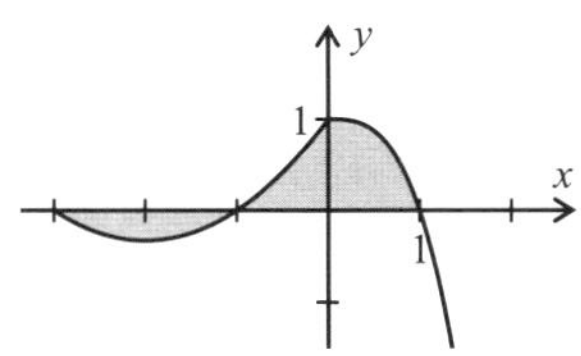

34. Die Graphen der Funktionen

$$f: x \mapsto 4 \cdot \sqrt{x} \quad , \quad g: x \mapsto 4x^{-2} \quad \text{und} \quad h: x \mapsto \frac{7}{2}x - 6$$

schließen im ersten Quadranten eine Fläche ein.

Berechnen Sie ihren Inhalt.

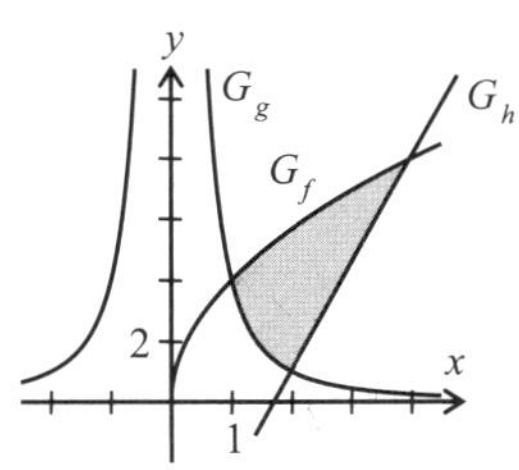

35. Die Abbildung rechts zeigt den Graphen der Kosinusfunktion:

$$f: [-\pi\,;\,\pi] \to \mathbb{R}, x \mapsto \cos(x).$$

Die Funktion f soll durch eine quadratische Funktion g ersetzt werden.

Diese Funktion g soll dieselben Nullstellen wie f besitzen und die Graphen von f und g sollen mit der x-Achse gleich große Flächen einschließen.

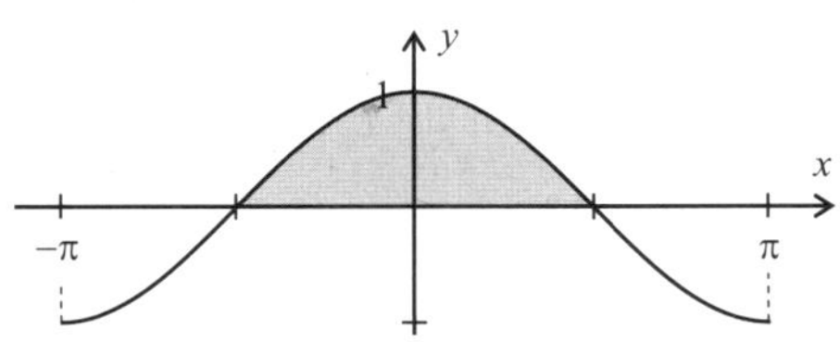

36. Gegeben sind die Funktionen

$$p: \mathbb{R} \to \mathbb{R}, x \mapsto -\frac{1}{3}x^2 + 3 \text{ und}$$

$$f: \mathbb{R} \to \mathbb{R}, x \mapsto \frac{1}{3} \cdot \frac{9 - x^2}{x^2}.$$

Wie viel Prozent der Fläche zwischen G_p und der x-Achse sind markiert?

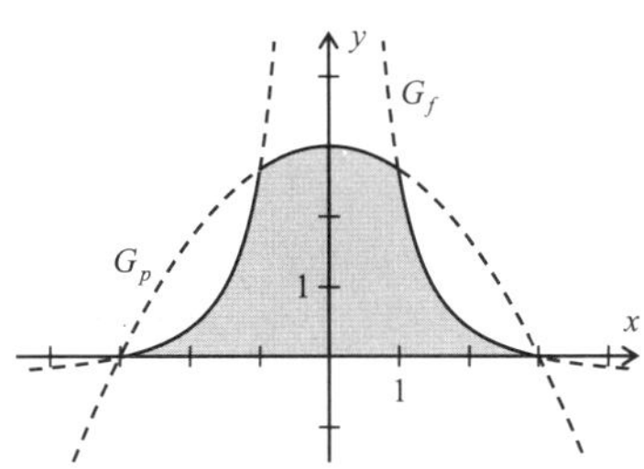

2.8 Von der Änderung zum Bestand

Bei vielen der auch schon in der Einführungsphase betrachteten Anwendungsbeispielen war eine Bestandsfunktion gegeben, von der wir die Ableitung bilden konnten. Mithilfe der Ableitungsfunktion konnten wir das Änderungsverhalten der Funktion beschreiben.

In manchen Situationen ist jedoch nicht die Bestandsfunktion selbst bekannt, sondern nur deren Änderungsverhalten. In einem solchen Zusammenhang stellt sich die Frage, ob man auch aus der Kenntnis des Änderungsverhaltens auf die ursprüngliche Bestandsfunktion zurück schließen kann.

Beispiel (Autofahrt mit konstanter Geschwindigkeit)

Ein Auto fährt mit einer konstanten Geschwindigkeit von 60 km/h. Wir berechnen die Wegstrecke, die es nach 5 Stunden zurückgelegt hat.

Die gesuchte Wegstrecke kann in diesem einfachen Fall unmittelbar mithilfe der physikalischen Formel $s(t) = v(t) \cdot t$ berechnet werden:

$$s(5\,\text{h}) = 60\,\text{km/h} \cdot 5\,\text{h} = 300\,\text{km}\,.$$

Die vorliegende Situation lässt sich in einem Diagramm veranschaulichen.

Dargestellt ist die Änderungsrate (hier konstant) $v(t) = \dot{s}(t)$ einer Weg-Zeit-Funktion $s(t)$.

(Geschwindigkeit in der Einheit km/h)

Gesucht ist die Gesamtänderung der Weg-Zeit-Funktion $s(t)$ während einer Zeit $t = 5\,\text{h}$.

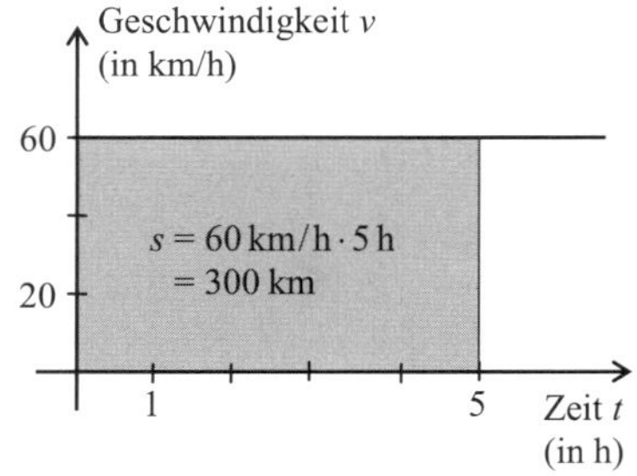

In diesem einfachen Fall ist die Geschwindigkeit-Zeit-Kurve $v(t)$ eine Parallele zur t-Achse. Der zurückgelegte Weg s lässt sich als Flächeninhalt deuten:

$s(5\,\text{h})$ = **Inhalt der Rechteckfläche** zwischen dem Graphen von $v(t)$ und der t-Achse über dem Intervall $[0\,\text{h}\,; 5\,\text{h}]$.

Der gesuchte Flächeninhalt $s(5\,\text{h})$ lässt sich in diesem einfachen Fall elementargeometrisch berechnen.

In dem obigen Beispiel wurde in einer zunächst einfachen Anwendungssituation die **Rekonstruktion** eines **Bestandes** s aus der zugehörigen **Änderungsrate** v dargestellt:

- Gegeben ist die Änderungsrate $v(t)$ einer Größe $s(t)$.
- Gesucht ist die Gesamtänderung von $s(t)$ in einem bestimmten Zeitraum.
- Die Gesamtänderung kann bestimmt werden als Inhalt der Fläche zwischen dem Graphen von $v(t)$ und der t-Achse über dem Zeitintervall.

Man spricht dabei auch von einem Übergang von der **Änderungsratenfunktion** zur **Bestandsfunktion**. Die Zielsetzung besteht dabei darin, von der lokalen Änderungsrate einer Größe auf die Gesamtänderung dieser Größe zu schließen.

Diese Vorgehensweise soll im Folgenden auf komplexere Situationen übertragen werden. Wir betrachten den Fall einer stückweise linearen Bestandsfunktion.

Beispiel (Autofahrt mit veränderlicher Geschwindigkeit)

Das Diagramm zeigt den „Fahrplan" eines Autos, das

- *zunächst aus dem Stand gleichmäßig beschleunigt,*
- *sich dann mit konstanter Geschwindigkeit bewegt*
- *und schließlich bis zum Stillstand gleichmäßig abbremst.*

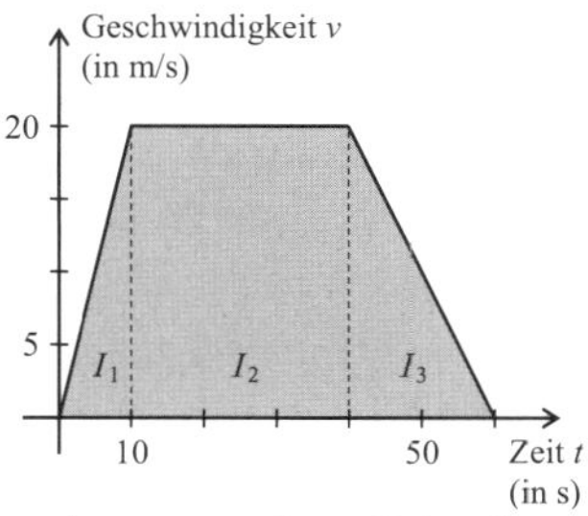

Der im Zeitintervall [0 s ; 60 s] zurückgelegte Weg lässt sich als Flächeninhalt aus dem Geschwindigkeit-Zeit-Diagramm bestimmen.

In diesem Fall müssen die Inhalte dreier Teilflächen berechnet werden. Dies kann hier wieder elementargeometrisch erfolgen:

$$s(60\,\text{s}) = I_1 + I_2 + I_3 = \frac{1}{2}\cdot 10\,\text{s}\cdot 20\,\frac{\text{m}}{\text{s}} + 30\,\text{s}\cdot 20\,\frac{\text{m}}{\text{s}} + \frac{1}{2}\cdot 20\,\text{s}\cdot 20\,\frac{\text{m}}{\text{s}}$$

$$= 100\,\text{m} + 600\,\text{m} + 200\,\text{m} = 900\,\text{m}.$$

Bei den bisherigen Beispielen führten positive Werte der Änderungsrate zu einer Zunahme der Bestandsfunktion. Wir verallgemeinern unsere Überlegungen auf den Fall, dass die betrachtete Änderungsrate auch negative Werte annehmen kann.

Beispiel (Zufluss- und Abfluss bei einem Wasserbecken)

In ein Becken fließt Wasser durch ein Rohr zu und auch wieder ab. Der momentane Durchfluss durch ein Rohr wird kontinuierlich mithilfe eines Propellers im Rohr überwacht.

In der Grafik ist der lokale Durchfluss im Zeitraum von 0 h bis 5 h dargestellt.

Wir berechnen, wie viel Wasser nach 5 Stunden in dem Becken ist, wenn zu Beginn 150 m³ vorhanden waren.

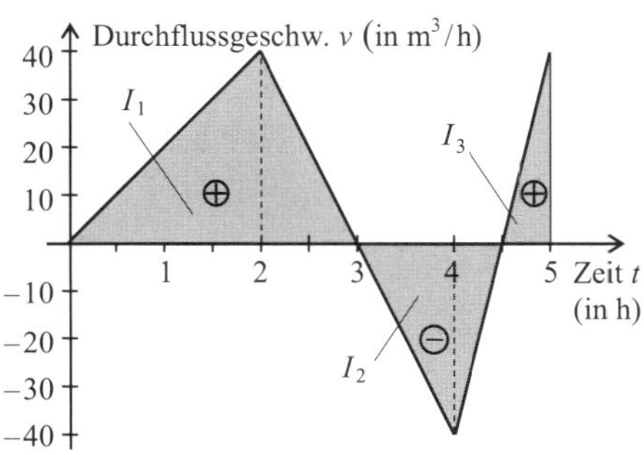

Die Gesamtänderung der Wassermenge in dem Becken beträgt

$$I_1 + I_2 + I_3 = 60\,\text{m}^3 - 30\,\text{m}^3 + 10\,\text{m}^3 = 40\,\text{m}^3.$$

Der Inhalt der unter der Zeitachse liegenden Fläche ist negativ zu zählen, da hier die entsprechende Wassermenge abfließt.

Nach 5 Stunden sind damit insgesamt

$$150\,\text{m}^3 + 40\,\text{m}^3 = 190\,\text{m}^3$$

Wasser im Becken.

Für die orientierten Inhalte der einzelnen Dreiecksflächen gilt:

$$I_1 = \frac{1}{2}\cdot 3\,\text{h}\cdot 40\,\frac{\text{m}^3}{\text{h}} = 60\,\text{m}^3 \text{ (Zufluss)}$$

$$I_2 = -\frac{1}{2}\cdot 1{,}5\,\text{h}\cdot 40\,\frac{\text{m}^3}{\text{h}} = -30\,\text{m}^3 \text{ (Abfluss)}$$

$$I_3(5) = \frac{1}{2}\cdot 0{,}5\,\text{h}\cdot 40\,\frac{\text{m}^3}{\text{h}} = 10\,\text{m}^3 \text{ (Zufluss)}$$

In dem letzten Beispiel wurde durch $I_2 = -30\,\text{m}^3$ eine Abnahme des Bestands beschrieben. $30\,\text{m}^3$ Wasser sind in der betrachteten Zeitspanne wieder abgeflossen.

Positive Änderungsraten bewirken eine Zunahme des Bestands, negative Änderungsraten eine Abnahme. Liegen in Anwendungssituationen betrachtete Flächen unterhalb der x-Achse, so werden die zugehörigen Flächeninhalte negativ gezählt. In diesem Zusammenhang spricht man von **orientierten Flächeninhalten**.

In den bisherigen Beispielen waren die betrachteten Änderungsraten zumindest stückweise lineare Funktionen. Die zugehörigen Flächeninhalte ließen sich elementargeometrisch berechnen. Wir führen eine weitere Verallgemeinerung durch, indem wir Änderungsraten betrachten, die zu krummlinig berandeten Flächen führen. Zur Flächenberechnung nutzen wir unsere Kenntnisse der Integralrechnung.

Beispiel (Berechnen von Beständen mithilfe der Integralrechnung)

Die Änderungsrate einer Größe soll durch den Graphen G_f in der Abbildung dargestellt werden:

$$f:[0\,;6]\to\mathbb{R};t\mapsto -\frac{1}{32}t^4+\frac{5}{32}t^3.$$

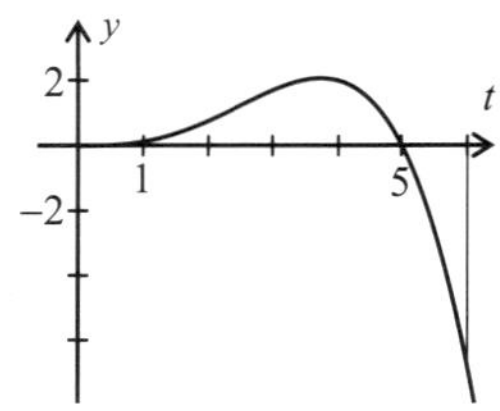

Wir berechnen, um wie viele Einheiten sich die Größe in unterschiedlichen Zeitintervallen $[a\,;b]$ ändert.

Die Berechnung der orientierten Flächeninhalte kann mithilfe der Integralrechnung unter Angabe einer Stammfunktion F erfolgen.

$$I=\int_a^b f(t)\,dt=\left[F(x)\right]_a^b=\left[-\frac{1}{160}t^5+\frac{5}{128}t^4\right]_a^b=\left[F(x)\right]_a^b$$

Wir betrachten die Änderung der Größe in verschiedenen Zeitintervallen.

- $I_1=\int_0^3 f(t)\,dt\approx 1{,}645$ Zunahme um 1,645 Einheiten

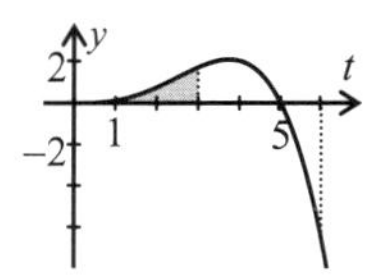

- $I_2=\int_0^5 f(t)\,dt\approx 4{,}882$ Zunahme um 4,882 Einheiten

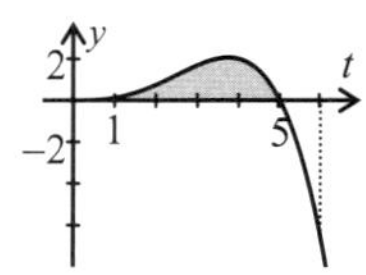

- $I_3=\int_5^6 f(t)\,dt\approx -2{,}858$ Abnahme um 2,858 Einheiten

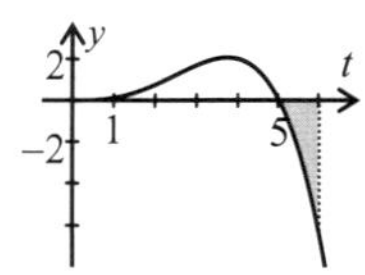

Die Gesamtänderung ergibt sich durch Integration über das Zeitintervall [0 ; 6].

- $I_{\text{ges}}=\int_0^6 f(t)\,dt=2{,}025$ Zunahme um 2,025 Einheiten

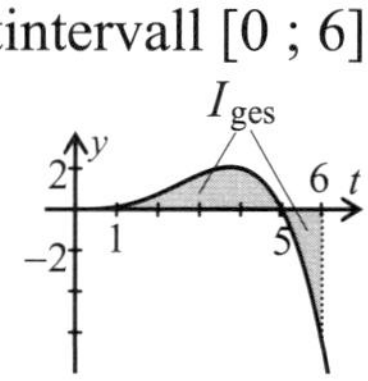

Beschreibt die Funktion f im Intervall $[a\,;b]$ die Änderung einer Größe (zum Beispiel in Abhängigkeit von der Zeit oder dem Ort), so lässt sich der orientierte Flächeninhalt zwischen dem Graphen und der x-Achse bestimmen. Dieser Flächeninhalt kann dann als Gesamtänderung der vom Graphen beschriebenen Größe im Intervall $[a\,;\,b]$ gedeutet werden.

Man spricht in diesem Zusammenhang von der Rekonstruktion einer Größe aus der zugehörigen Änderungsrate.

Rekonstruktion einer Größe aus der Änderungsrate

Ist die Funktion f die lokale Änderungsrate der Größe, so berechnet sich durch

$$\int_a^b f(t)\,dt = \left[F(t)\right]_a^b = F(b) - F(a) \quad (F \text{ Stammfunktion zu } f)$$

die Änderung der Größe F im Intervall $[a\,;\,b]$.

Es bleibt zu beachten, dass $\int_a^b f(t)\,dt$ die Änderung im Intervall $[a\,;\,b]$ beschreibt.

Interessiert man sich für den Bestand zum Zeitpunkt b, so ist der Anfangsbestand zum Zeitpunkt a zu berücksichtigen.

Aufgaben

1. Die Abbildung zeigt das Geschwindigkeit-Zeit-Diagramm eines Radsportlers, das zur Zeit $t = 0\,\text{s}$ und am Ort $s_0 = 0\,\text{m}$ beginnt.

   a) Beschreiben Sie die Bewegungsart des Radfahrers in den Zeitintervallen $[0\,\text{s}\,;10\,\text{s}]$, $[10\,\text{s}\,;25\,\text{s}]$, $[25\,\text{s}\,;30\,\text{s}]$.

   b) Bestimmen Sie anhand des Diagramms die in den einzelnen Zeitintervallen zurückgelegten Wege sowie auch den gesamten zurückgelegten Weg.

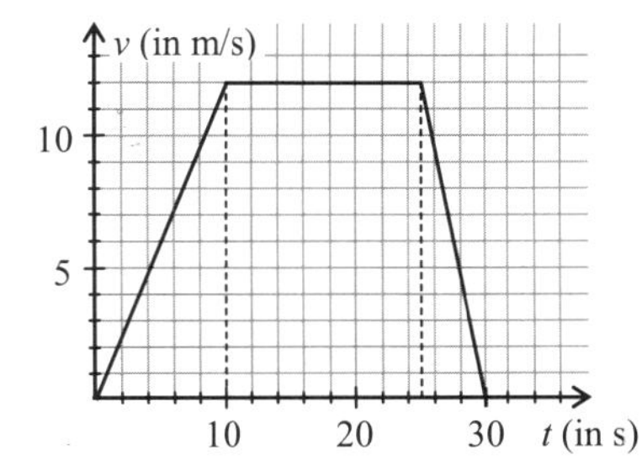

2. Schätzen Sie anhand des Diagramms den in der Zeit von 14 Uhr bis 18 Uhr zurückgelegten Weg ab.

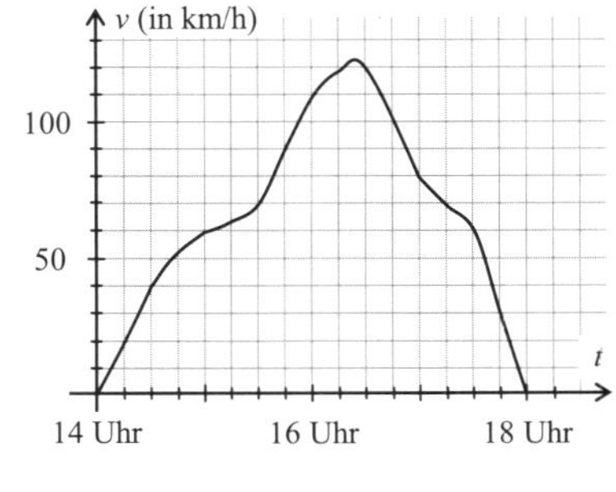

3. In den Abbildungen sind die Graphen von Änderungsratenfunktionen f sowie von Bestandsfunktionen I dargestellt. Welche Paare gehören zusammen?

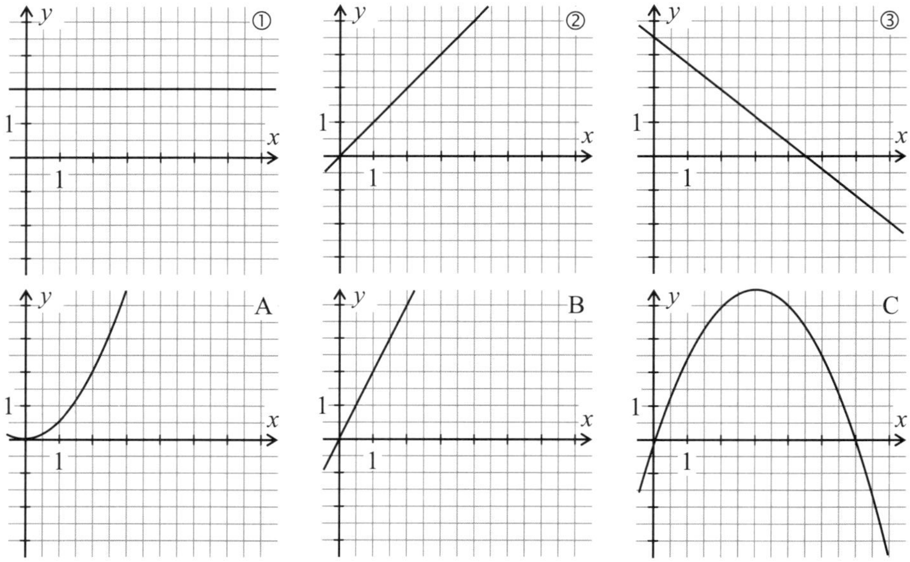

4. Eine Aktie wird zu einem Startpreis von 40 € neu an die Börse gebracht.

Die Änderung des Aktienkurses in € pro Woche wird während der folgenden 20 Wochen beschrieben durch

$$k(t) = -\tfrac{1}{16}t^2 + \tfrac{5}{8}t + \tfrac{3}{2} \quad (t \text{ in Wochen}).$$

Die Abbildung zeigt den Graphen G_k von k für das Zeitintervall [0 ; 20].

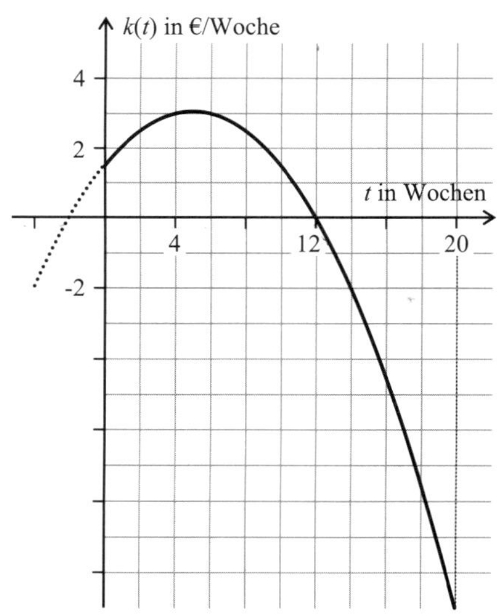

a) Verifizieren Sie den Verlauf von G_k durch Bestimmung der Nullstellen und der Maximumstelle.

Faktorisieren Sie dazu den Funktionsterm.

b) Zu welchem Zeitpunkt verzeichnet die Aktie ihren maximalen Wert? Begründen Sie Ihre Entscheidung.

c) Betrachtet wird der Term $40 + \int_0^{20} k(t)\,dt$.

- Interpretieren Sie diesen Term im Sachzusammenhang.
- Schätzen Sie das Vorzeichen des Integralterms ab und interpretieren Sie es im Sachzusammenhang.
- Verifizieren Sie Ihre Entscheidung durch eine Rechnung.

5. Die Zuflussgeschwindigkeit in ein Wasserbecken kann für die Zeitspanne von 0 h bis 6 h näherungsweise beschrieben werden durch die Funktion f mit

$$f(t) = -\frac{2}{3}t^2 + 4t \quad (t \text{ in h}, \ f(t) \text{ in m}^3/\text{h}).$$

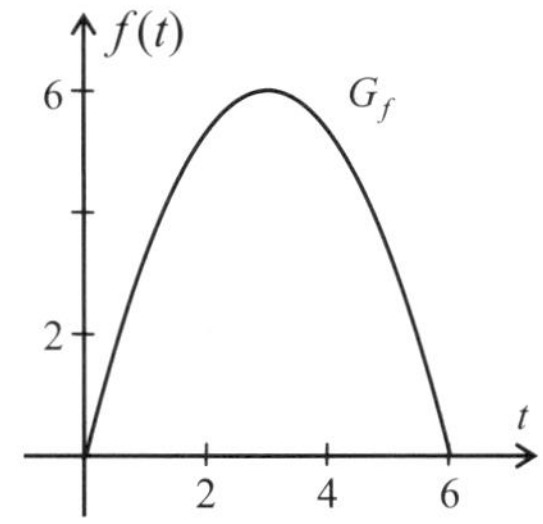

a) Interpretieren Sie den Verlauf des Graphen von f in dem Sachzusammenhang.

b) Welche Bedeutung hat das Integral $\int_0^4 f(t)\,dt$?

c) Welche Wassermenge befindet sich nach 6 Stunden in dem Becken, wenn es anfangs schon mit $20\,\text{m}^3$ gefüllt war?

6. Der wöchentliche Gewinn wird für ein neu gegründetes Startup-Unternehmen im ersten Jahr näherungsweise beschrieben durch

$$K(t) = -\frac{1}{3}\cdot(t^3 - 47t^2 - 169t + 7943)$$

(t in Wochen, K in €/Woche).

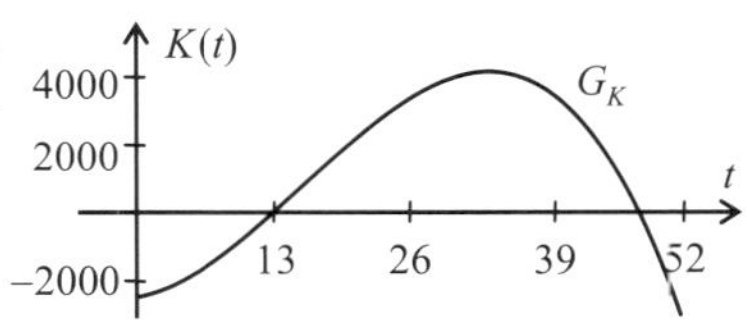

a) Deuten Sie den Verlauf des Graphen von $K(t)$ im Sachzusammenhang.

b) Welche Bedeutung hat das Integral $\int_0^{13} K(t)\,dt$ in dem Sachzusammenhang?

c) 💻 Welchen Gewinn macht das Unternehmen im ersten Jahr?

7. Die lokale Änderungsrate der Außentemperatur an einem Sommertag kann angenähert durch die Funktion T mit

$$T'(t) = \frac{2\pi}{3}\cdot\cos\left(\frac{2\pi}{24}\cdot(t-10)\right)$$

beschrieben werden (t in h, $T'(t)$ in $\frac{°\text{C}}{\text{h}}$).

Die Abbildung zeigt den Graphen von T'.

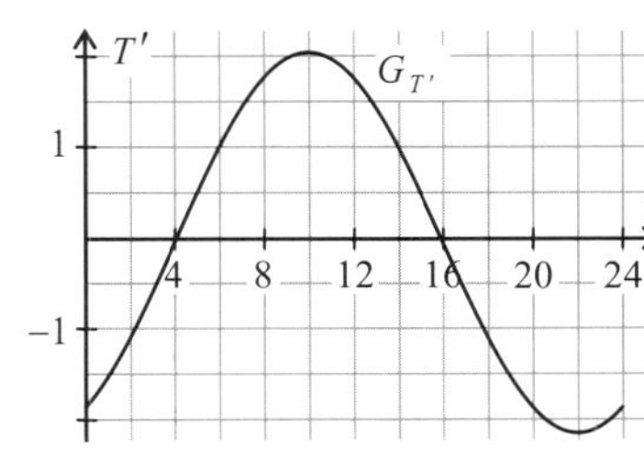

a) In welchen Zeitintervallen nimmt die Temperatur zu bzw. ab?

b) Zu welchen Uhrzeiten erfolgt die stärkste Zunahme bzw. die stärkste Abnahme der Außentemperatur?

c) Berechnen Sie die Integrale $\int_0^4 T'(t)\,dt$ und $\int_4^{16} T'(t)\,dt$.

Welche Bedeutung haben diese Integrale in dem Sachzusammenhang?

d) Zu welchen Zeitpunkten im Innern des Intervalls $[0;24]$ hat die Außentemperatur einen maximalen bzw. minimalen Wert?

e) Bestimmen Sie diese maximale und minimale Außentemperatur, wenn um 10 Uhr eine Temperatur von 18 °C gemessen wird.

8. Die Geschäftsführung eines großen Freizeitparks lässt zur besseren Personalplanung über einen längeren Zeitraum die Besucheranzahl beobachten.
Man stellt fest, dass sich die Änderungsrate der Besucherzahl näherungsweise durch die Funktion n mit

$$n(t) = -15t^2 + 60t + 180 \quad (t \text{ in Stunden})$$

beschreiben lässt. Dabei steht t für die Zahl der Stunden seit der Öffnung des Parks um 10.00 Uhr. Zum Öffnungsbeginn um 10.00 Uhr werden 800 bereits wartende Gäste eingelassen.
Die Abbildung zeigt den Graphen der Änderungsrate.

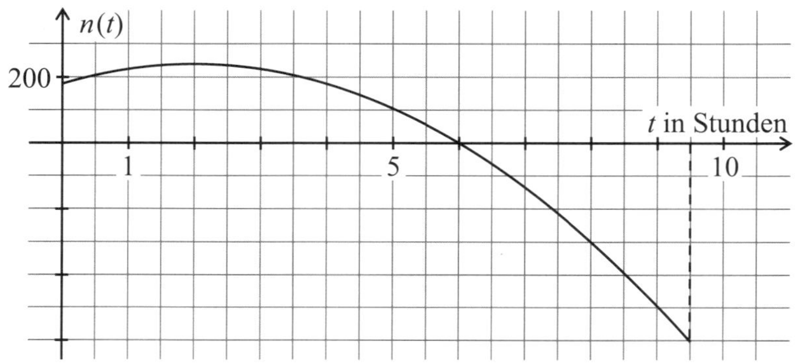

a) Wie viele Besucher sind um 11.00 Uhr im Park?
b) Um wie viel Uhr ist die Besucherzahl im Park maximal?
Entscheiden Sie zuerst anhand der Abbildung und bestätigen Sie Ihr Ergebnis anschließend durch eine Rechnung.
Wie viele Besucher sind zu diesem Zeitpunkt im Park?
c) Zum welchem Zeitpunkt ändert sich die Besucherzahl am stärksten?

9. Schon zu Beginn dieses Jahrtausends konnte man sich den Ladevorgang einer Datei aus dem Internet in einem Fenster anzeigen lassen. Die Abbildung zeigt die Downloadgeschwindigkeit in Abhängigkeit von der Zeit. In diesem Fall ist allerdings die Angabe einer Funktionsvorschrift nicht möglich.

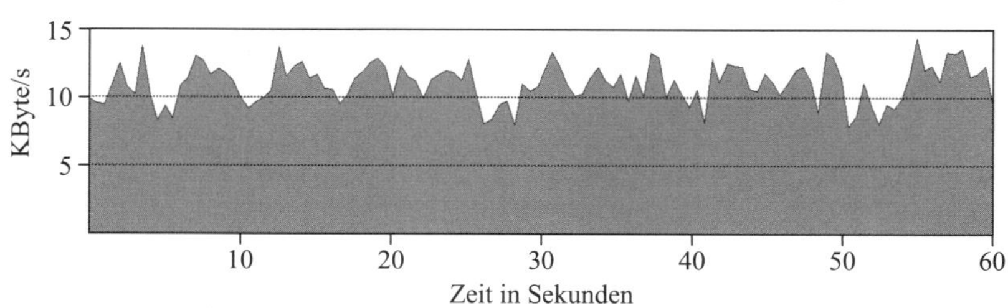

Schätzen Sie grob ab, wie lange der Download einer Musikdatei der Größe 2,7 MByte damals dauerte.

Begründen und Argumentieren

1 Welcher der Funktionsterme $F(x)$ ist ein Stammfunktionsterm zu $f(x)$?

a) $f(x) = 2x - 2$; $F_1(x) = x^2$; $F_2(x) = x^2 - 2x$
$F_3(x) = 2x^2 - 2x$; $F_4(x) = x^2 - 2x - 2$

b) $f(x) = x + 4$; $F_1(x) = x^2 + 4x$; $F_2(x) = \frac{1}{2}x^2 + 4x$
$F_3(x) = 0{,}5x^2 + 4$; $F_4(x) = 0{,}5x^2 + 4x - 4$

c) $f(x) = 6x - 3$; $F_1(x) = 12x^2 + 3x$; $F_2(x) = 3x^2 - 3x - 1$
$F_3(x) = 3 \cdot (x^2 - x - 1)$; $F_4(x) = 3 \cdot (x^2 - x) - 1$

2 Veranschaulichen Sie das Integral und berechnen Sie seinen Wert.

a) $\int_0^2 x^2\,dx$ b) $\int_1^4 \sqrt{x}\,dx$ c) $\int_2^1 \frac{2}{x^2}\,dx$

3 Das Bild zeigt den Graphen einer Funktion f. Welche Aussagen treffen zu? Begründen Sie Ihre Entscheidung.

a) $\int_0^4 f(x)\,dx < 10$ b) $\int_2^3 f(x)\,dx > 3$

c) $\int_0^2 f(x)\,dx < \int_2^4 f(x)\,dx$ d) $\int_3^2 f(x)\,dx > 0$

e) $\int_0^4 f(x)\,dx = \int_0^1 f(x)\,dx - \int_1^4 f(x)\,dx$

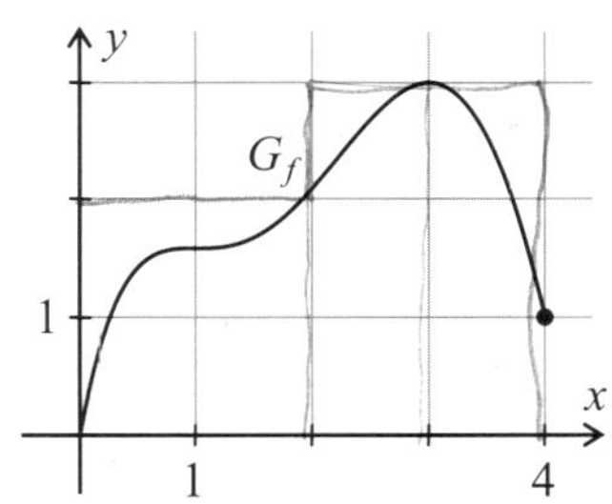

4 Die Funktionen f und g seien stetig über einem Intervall $[a\,;\,b]$. Welche der folgenden Aussagen sind sicher richtig? Begründen Sie jeweils die Antwort.

a) $\int_a^b f(x)\,dx \geq 0$ b) $\int_a^a f(x)\,dx > 0$

c) $\int_a^b (f(x) - g(x))\,dx = 0$ d) $\int_a^b f(x)\,dx > \int_a^b g(x)\,dx$

e) $\int_a^b g(x)\,dx = \int_a^b g(t)\,dt$ f) $\int_a^b f(x)\,dx + \int_b^a f(x)\,dx = 0$

5 Geben Sie drei verschiedene Funktionen f an, für die $\int_{-1}^1 f(x)\,dx = 0$ gilt.

Erläutern Sie Ihre Wahl anhand einer Skizze. Berechnen Sie jeweils das Integral zur Bestätigung.

6 Welche Aussagen treffen für das Maß $\mu(A)$ der in der Abbildung grau dargestellten Fläche A zu? Begründen Sie jeweils die Antwort.

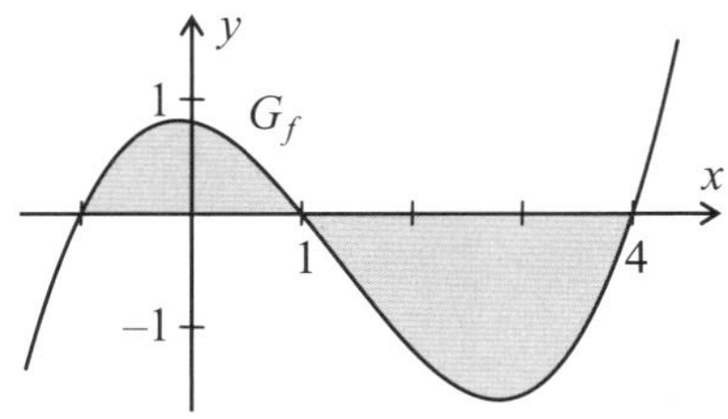

a) $\mu(A)=\int_{-1}^{4} f(x)\,dx$

b) $\mu(A)=\left|\int_{-1}^{4} f(x)\,dx\right|$

c) $\mu(A)=\int_{-1}^{1} f(x)\,dx+\int_{1}^{4} f(x)\,dx$

d) $\mu(A)=\int_{-1}^{1} f(x)\,dx-\int_{1}^{4} f(x)\,dx$

e) $\mu(A)=\int_{-1}^{1} f(x)\,dx+\left|\int_{1}^{4} f(x)\,dx\right|$

7 Beschreiben Sie, wie man für die dargestellte Fläche A den Inhalt $\mu(A)$ berechnen kann. Notieren Sie einen möglichst einfachen Integralansatz.

a)
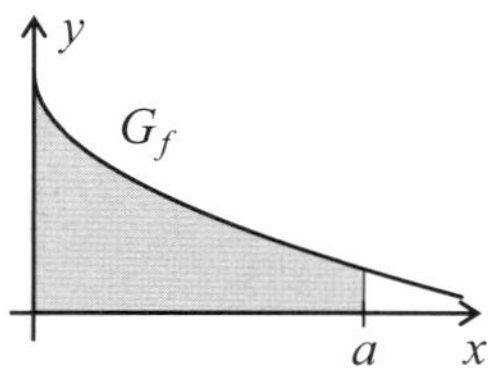

b)
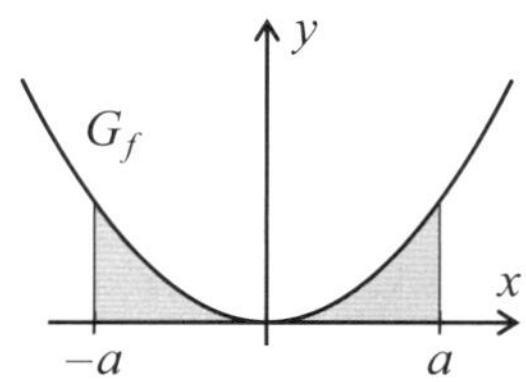

c)
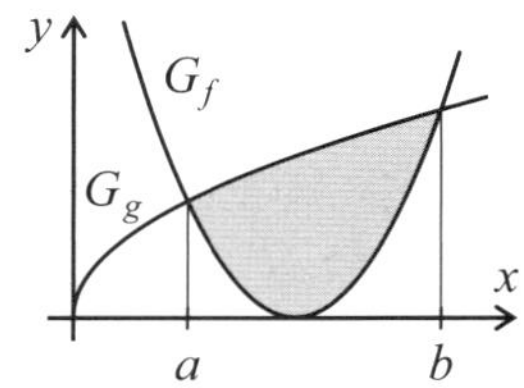

d)
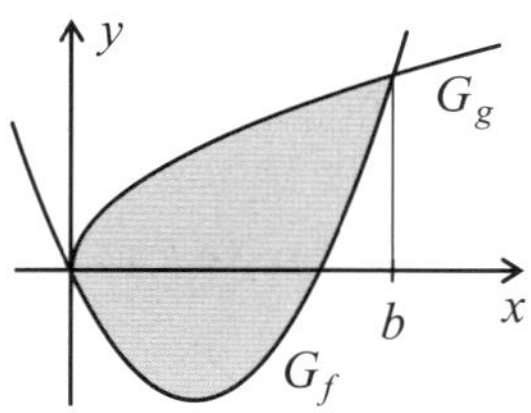

e)
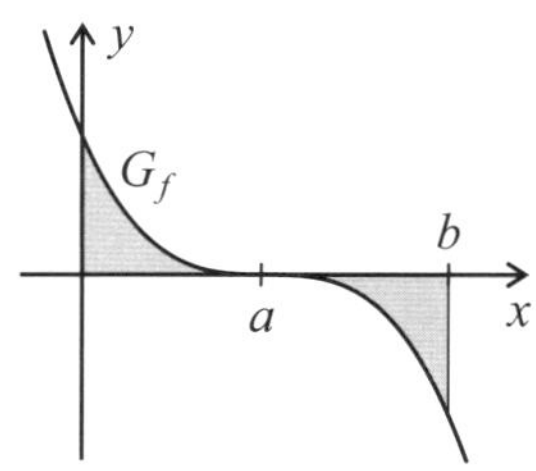

f)
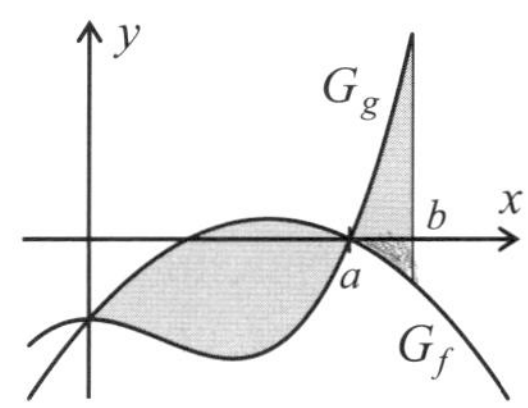

8 Aus einem undichten Wasserfass läuft Wasser aus. Die Durchflussgeschwindigkeit v (in Liter pro Stunde) ist in dem Diagramm dargestellt.
Erläutern Sie die Bedeutung des Integrals

$$I=\int_{0}^{5} v(t)\,dt\,.$$

Bestimmen Sie den Wert von I näherungsweise anhand des Diagramms.

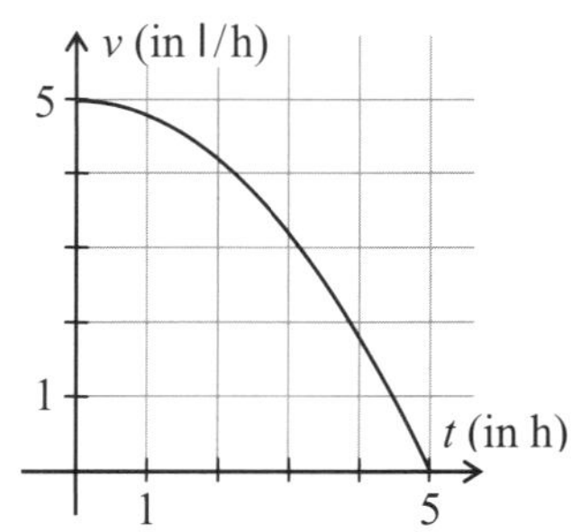

9 Geben Sie drei verschiedene Funktionen an, die über dem Intervall [0 ; 2] den Mittelwert 1 besitzen.
Erläutern Sie Ihre Wahl anhand einer Skizze. Bestätigen Sie durch Integration.

10 Die Abbildung zeigt den Graphen einer Stammfunktion F zu einer Funktion f.

Bestimmen Sie anhand der Abbildung näherungsweise folgende Werte:

a) $f(2)$ b) $\int_1^3 f(x)\,dx$ c) $\int_0^4 F(x)\,dx$

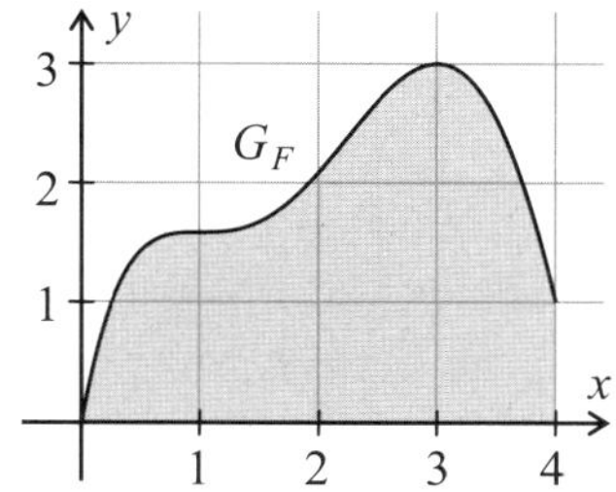

11 In der Abbildung ist die Geschwindigkeit $v(t)$ (in m/s) eines Fahrzeugs in Abhängigkeit von der Zeit t (in s) dargestellt.

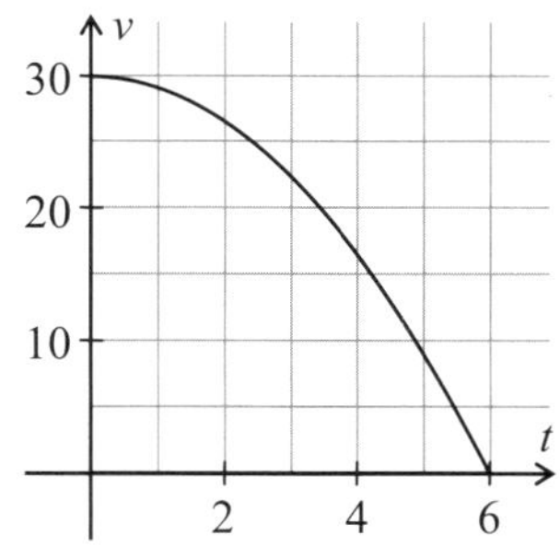

a) Welche Bedeutung hat $I = \int_1^3 v(t)\,dt$?

Bestimmen Sie einen Näherungswert.

b) Beurteilen Sie die Korrektheit der folgenden Aussagen:

1. Im Zeitintervall [2; 4] legt das Fahrzeug mindestens 45 m zurück.
2. Im Zeitintervall [1; 5] legt das Fahrzeug höchstens 75 m zurück.
3. Nach 6 Sekunden kommt das Fahrzeug zum Stillstand.
4. Das Fahrzeug bremst am Anfang am stärksten.

12 Welche der folgenden Aussagen sind wahr, welche falsch? Begründen Sie Ihre Antworten.

a) Unterscheiden sich zwei Funktionen nur in einer additiven Konstanten, so sind deren Stammfunktionen gleich.

b) Alle Stammfunktionen einer gegebenen Funktion unterscheiden sich nur um einen konstanten Faktor.

c) Zu einer gegebenen Funktion gibt es unendlich viele Stammfunktionen.

d) Ist F eine Stammfunktion von f, so gilt: $f'(x) = F(x)$.

e) Ist F eine Stammfunktion von f, so ist auch $F + 2$ eine Stammfunktion.

f) Ist F mit $F(x) = x^2 + 2x - 5$ eine Stammfunktion von f, so ist auch G mit $G(x) = (x+1)^2$ eine Stammfunktion von f.

g) Sind F_1 und F_2 verschiedene Stammfunktionen von f, so ist auch $F_1 + F_2$ eine Stammfunktion von f.

2.9 Flächen, die ins Unendliche reichen (LK)

Uneigentliche Integrale für $x \to +\infty$

Bisher wurden Flächen und damit auch Integrale über abgeschlossenen Intervallen betrachtet. Im Folgenden sollen auch Flächen betrachtet werden, die sich ins Unendliche erstrecken. Dabei soll untersucht werden, ob man solchen Flächen einen (endlichen) Flächeninhalt zuordnen kann.

Wir betrachten am Beispiel der Funktion

$$f: \mathbb{R}^+ \to \mathbb{R},\, x \mapsto \frac{1}{x^2}$$

die Fläche A zwischen dem Graphen G_f und der x-Achse über dem Intervall $[1\,;+\infty[$.

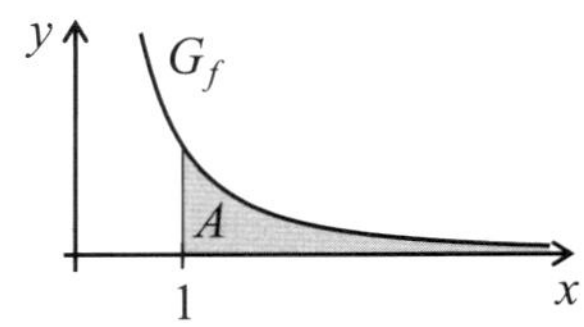

Es stellt sich die Frage, ob diese Fläche einen endlichen Inhalt besitzt und wie man ihn gegebenenfalls berechnen kann.

- Wir berechnen in einem ersten Schritt den Inhalt einer Hilfsfläche A_z zwischen G_f und der x-Achse über dem Intervall $[1\,;z]$.

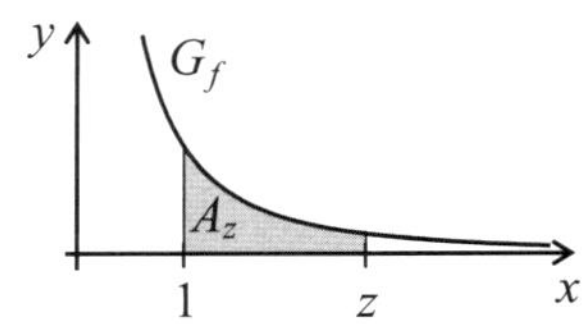

- $\mu(A_z) = \int\limits_1^z f(x)\,dx = \int\limits_1^z \frac{1}{x^2}\,dx = \left[-\frac{1}{x}\right]_1^z = -\frac{1}{z} + 1 = 1 - \frac{1}{z}$

  Für größer werdende Werte von z erhält man z.B.:

z	5	10	500	1000	10 000	100 000
$\mu(A_z)$	0,8	0,9	0,998	0,999	0,9999	0,99999

- Bei wachsendem z scheint der gesuchte Flächeninhalt durch A_z immer genauer angenähert zu werden. Mithilfe einer Grenzwertbetrachtung lässt sich prüfen, ob die Fläche A einen endlichen Flächeninhalt besitzt:

$$\mu(A) = \lim_{z\to+\infty} \mu(A_z) = \lim_{z\to+\infty} \int\limits_1^z f(x)\,dx = \lim_{z\to+\infty} \int\limits_1^z \frac{1}{x^2}\,dx = \lim_{z\to+\infty} \left(1 - \frac{1}{z}\right) = 1.$$

  Der Fläche A kann der endliche Inhalt 1 zugeordnet werden.

Für die Berechnung von Flächen, die ins Unendliche reichen, verwendet man den Begriff des **uneigentlichen Integrals**.

Uneigentliches Integral für $x \to +\infty$

Sei $f: [a\,;+\infty[\to \mathbb{R}$ stetig und $z \geq a$. Existiert der Grenzwert

$$\lim_{z\to+\infty} \int\limits_a^z f(x)\,dx = \int\limits_a^{+\infty} f(x)\,dx,$$

so nennt man ihn **uneigentliches Integral über dem Intervall $[a\,;+\infty[$**.

Beispiel (Endliches Flächenmaß für $x \to +\infty$)

Gegeben ist $f:]0;+\infty[\to \mathbb{R},\, x \mapsto \frac{1}{\sqrt{x^3}} = x^{-\frac{3}{2}}$.

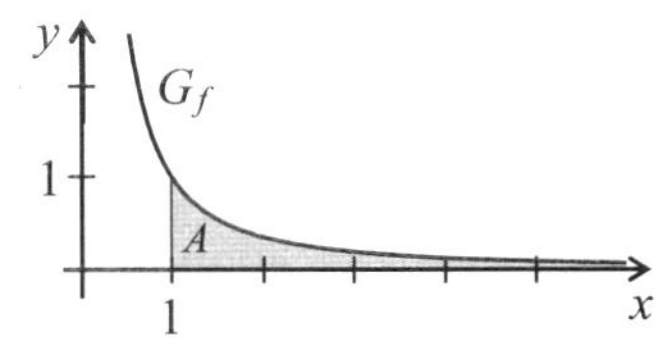

Wir prüfen, ob die Fläche A zwischen G_f und dem Intervall $[1;+\infty[$ einen endlichen Inhalt hat.

- *Integration über Hilfsintervall* $[1;z]$

$$\int_1^z \frac{1}{\sqrt{x^3}}\,dx = \int_1^z x^{-\frac{3}{2}}\,dx = \left[-2x^{-\frac{1}{2}}\right]_1^z = \left[\frac{-2}{\sqrt{x}}\right]_1^z = \frac{-2}{\sqrt{z}} - \frac{-2}{\sqrt{1}} = \frac{-2}{\sqrt{z}} - (-2) = 2 - 2\cdot\frac{1}{\sqrt{z}}$$

- *Grenzwertbildung*

$$\lim_{z\to+\infty} \int_1^z \frac{1}{\sqrt{x^3}}\,dx = \lim_{z\to+\infty}\left(2 - 2\cdot\frac{1}{\sqrt{z}}\right) = 2$$

Dieser Grenzwert existiert. Die Fläche A besitzt den endlichen Inhalt 2.

Beispiel (Kein endliches Flächenmaß für $x \to +\infty$)

Gegeben ist $f:]0;+\infty[\to \mathbb{R},\, x \mapsto \frac{1}{\sqrt{x}} = x^{-\frac{1}{2}}$.

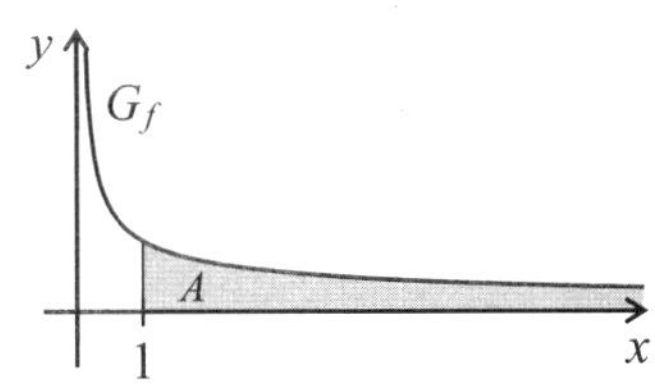

Wir prüfen, ob die Fläche A zwischen G_f und $[1;+\infty[$ einen endlichen Inhalt hat.

- *Integration über Hilfsintervall* $[1;z]$

$$\int_1^z \frac{1}{\sqrt{x}}\,dx = \int_1^z x^{-\frac{1}{2}}\,dx = \left[2x^{\frac{1}{2}}\right]_1^z = \left[2\cdot\sqrt{x}\right]_1^z = 2\cdot\sqrt{z} - 2\cdot\sqrt{1}$$

- *Grenzwertbildung*

$$\lim_{z\to+\infty} \int_1^z \frac{1}{\sqrt{x}}\,dx = \lim_{z\to+\infty}(2\cdot\sqrt{z} - 2\cdot\sqrt{1}) = +\infty$$

Dieser Grenzwert existiert nicht. Die Fläche A besitzt keinen endlichen Inhalt.

In beiden Beispielen lag eine Integrandenfunktion vom Typ $f(x) = x^r$ vor:

- Im ersten Beispiel führte der Exponent $r = -\frac{3}{2} < -1$ zu einem endlichen Inhalt.
- Im zweiten Beispiel ergab sich für $r = -\frac{1}{2} > -1$ kein endlicher Inhalt.

Eine allgemeine Betrachtung führt zu der folgenden Regel:

Das uneigentliche Integral $\int_a^{+\infty} x^r\,dx$ mit $a > 0$ existiert für $r < -1$.

Aufgaben

1. Berechnen Sie die folgenden uneigentlichen Integrale.

a) $\int_{1}^{+\infty} \frac{1}{x^3} dx$

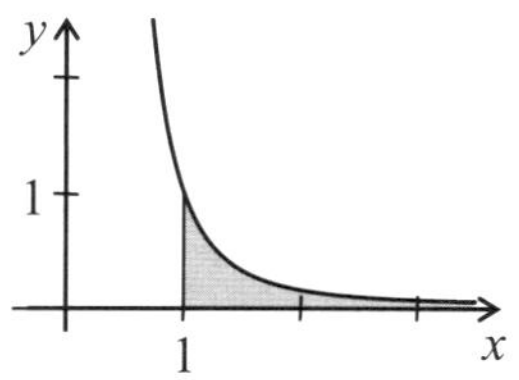

b) $\int_{-1}^{+\infty} \frac{1}{(x+2)^2} dx$

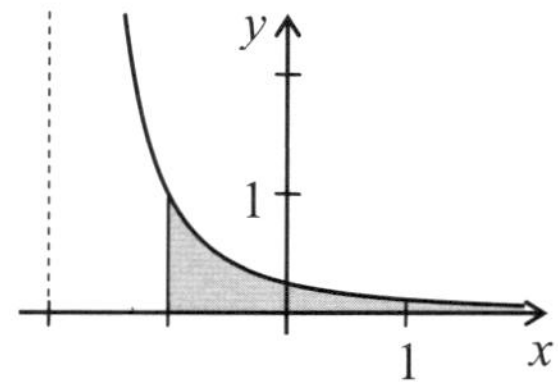

2. Entscheiden Sie zunächst ohne Rechnung, ob das uneigentliche Integral einen endlichen Wert besitzt.
Berechnen Sie gegebenenfalls den endlichen Wert durch eine Integration.

a) $\int_{1}^{+\infty} \frac{1}{\sqrt[3]{x^2}} dx$ b) $\int_{-1}^{+\infty} \frac{1}{(x+2)^{1,5}} dx$

3. Skizzieren Sie den Graphen der Funktion f und stellen Sie eine Vermutung auf, ob die Fläche zwischen G_f und der x-Achse über dem Intervall $[0;+\infty[$ bzw. $[1;+\infty[$ einen endlichen Inhalt besitzt.
Bestätigen Sie Ihre Vermutung anschließend durch eine Rechnung.

a) $\int_{0}^{+\infty} 1\,dx$ b) $\int_{1}^{+\infty} \left(\frac{1}{x^2}+1\right) dx$

4. Berechnen Sie das uneigentliche Integral $\int_{1}^{+\infty} \frac{5+x}{x^3} dx$.

5. Betrachten Sie die folgende Rechnung:

$$\int_{-2}^{2} \frac{1}{x^2} dx = \left[-\frac{1}{x}\right]_{-2}^{2} = (-\frac{1}{2}) - (-\frac{1}{-2}) = -\frac{1}{2} - \frac{1}{2} = -1.$$

Der Funktionsgraph verläuft vollständig oberhalb der x-Achse. Dennoch ist der Wert des Integrals negativ.
Wo liegt der Fehler? Eine Skizze des Funktionsgraphen kann hilfreich sein.

Uneigentliche Integrale für $x \to -\infty$

Entsprechend untersucht man auch Flächen über einem Intervall, das linksseitig unbegrenzt ist.

Beispiel (Endliches Flächenmaß für $x \to -\infty$)

Gegeben ist die Funktion

$$f: \mathbb{R} \to \mathbb{R},\, x \mapsto \frac{1+x^2}{x^4}.$$

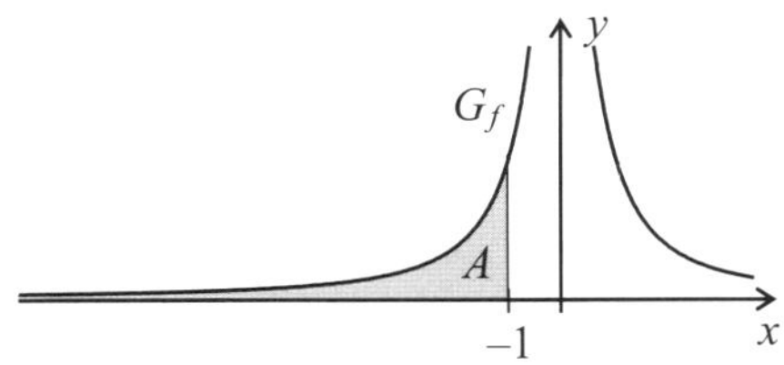

Wir prüfen, ob die Fläche A zwischen G_f und $]-\infty;-1]$ ein endliches Maß hat.

- *Integration über Hilfsintervall* $[z\;;\;-1]$

$$\int_z^{-1} \frac{1+x^2}{x^4}\,dx = \int_z^{-1} (x^{-4}+x^{-2})\,dx = \left[-\tfrac{1}{3}x^{-3} - x^{-1}\right]_z^{-1} = \left[-\frac{1}{3}\cdot\frac{1}{x^3} - \frac{1}{x}\right]_z^{-1}$$

$$= \left(\tfrac{1}{3}+1\right) - \left(-\tfrac{1}{3}\cdot\tfrac{1}{z^3} - \tfrac{1}{z}\right) = \tfrac{4}{3} + \tfrac{1}{3}\cdot\tfrac{1}{z^3} + \tfrac{1}{z}$$

- *Grenzwertbildung*

$$\lim_{z\to-\infty} \int_z^{-1} \frac{1+x^2}{x^4}\,dx = \lim_{z\to-\infty}\left(\tfrac{4}{3} + \tfrac{1}{3}\cdot\tfrac{1}{z^3} + \tfrac{1}{z}\right) = \tfrac{4}{3}$$

Dieser Grenzwert existiert. Die Fläche A besitzt den endlichen Inhalt $\frac{4}{3}$.

Analog zum Fall $x \to +\infty$ bezeichnet man

$$\lim_{z\to-\infty} \int_z^{b} f(x)\,dx = \int_{-\infty}^{b} f(x)\,dx$$

als **uneigentliches Integral über dem Intervall $]-\infty\,;b]$**.

Aufgaben

6. Berechnen Sie das uneigentliche Integral $\displaystyle\int_{-\infty}^{0} \frac{1}{(x-1)^2}\,dx$.

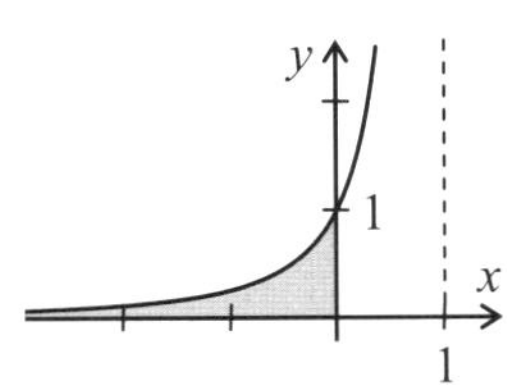

7. Entscheiden Sie, ob das uneigentliche Integral $\displaystyle\int_{-\infty}^{0} \frac{1}{\sqrt{1-x}}\,dx$ existiert.

Uneigentliche Integrale an den Rändern der Definitionsmenge

Auf prinzipiell gleiche Art untersucht man „nach oben ins Unendliche reichende" Flächen, wie sie z.B. an einem Rand der Definitionsmenge auftreten können.

Wir betrachten dazu noch einmal die Funktion

$$f:]0\,;+\infty[\to \mathbb{R},\, x \mapsto \frac{1}{\sqrt{x}} = x^{-\frac{1}{2}}$$

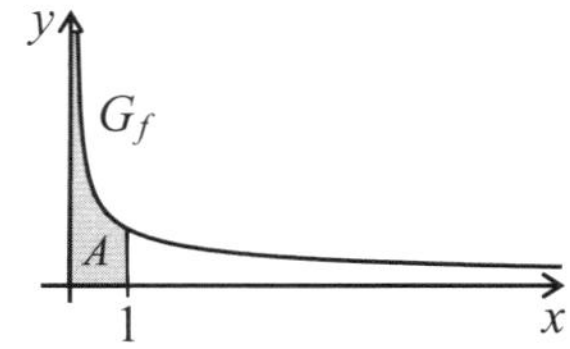

und prüfen, ob die Fläche A zwischen G_f und dem Intervall $]0\,;1]$ einen endlichen Inhalt hat.

Dazu prüfen wir, ob das Integral $\int\limits_0^1 \frac{1}{\sqrt{x}}$ einen endlichen Wert hat, indem wir eine Grenzwertbetrachtung gegen die Randstelle 0 durchführen.

$$\int\limits_0^1 \frac{1}{\sqrt{x}}\,dx = \lim_{z\to 0^+} \int\limits_z^1 \frac{1}{\sqrt{x}}\,dx = \lim_{z\to 0^+} \left[2\cdot\sqrt{x}\right]_z^1 = \lim_{z\to 0^+} (2\cdot\sqrt{1} - 2\cdot\sqrt{z}) = 2$$

In diesem Fall existiert $\int\limits_0^1 \frac{1}{\sqrt{x}}\,dx$. Die Fläche A besitzt den endlichen Inhalt 2.

Uneigentliches Integral an einer Randstelle der Definitionsmenge

Sei $f:]a\,;b] \to \mathbb{R}$ eine stetige Funktion, a eine Randstelle der Definitionsmenge und $z \in\,]a\,;b]$. Existiert der Grenzwert

$$\lim_{z\to a} \int\limits_z^b f(x)\,dx = \int\limits_a^b f(x)\,dx\,,$$

so nennt man ihn **uneigentliches Integral über dem Intervall $]a\,;b]$**.

Aufgaben

8. Prüfen Sie, ob die in den Abbildungen dunkel dargestellten Flächen einen endlichen Inhalt besitzen. Bilden Sie geeignete Grenzwerte.

a) $f(x) = \frac{2}{x^3}$

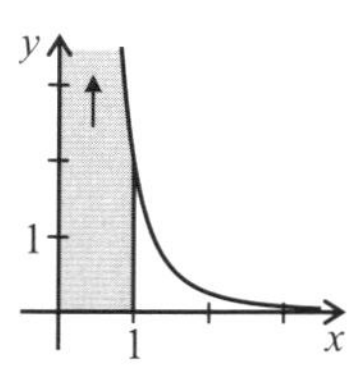

b) $f(x) = \frac{4}{\sqrt{x}}$

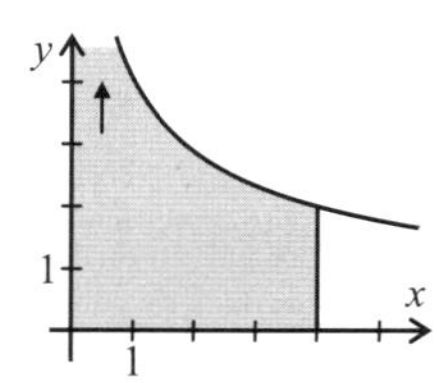

9. Prüfen Sie, ob das uneigentliche Integral existiert.

a) $\int\limits_{-2}^{1} \frac{dx}{\sqrt{x+2}}$

b) $\int\limits_0^4 \frac{2+x}{\sqrt{x}}\,dx$

2.10 Mittelwert von Funktionen (LK)

Der Temperaturverlauf während eines Tages sei gegeben durch

$$T(t) = -\tfrac{1}{5}t^2 + 5t + 5$$

(T in °C und t in h mit $0 \le t \le 24$).

Es stellt sich die Frage nach einer sinnvollen Festlegung der mittleren Tagestemperatur $\overline{T}$.

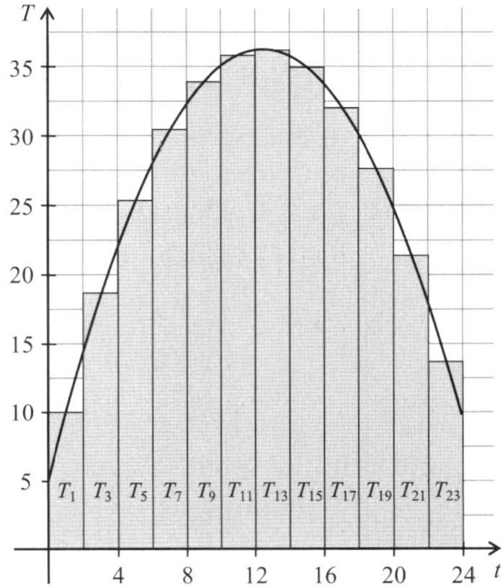

Eine nahe liegende Möglichkeit besteht darin, dass man von 1:00 Uhr ab alle zwei Stunden die Temperatur bestimmt und dann das arithmetische Mittel bildet:

$$\begin{aligned}\overline{T} &= \tfrac{1}{12}\cdot(T_1 + T_3 + \ldots + T_{23})\\ &= \tfrac{1}{12}\cdot(9{,}8 + 18{,}2 + \ldots + 14{,}2)\\ &= \tfrac{1}{12}\cdot 320 \approx 26{,}67.\end{aligned}$$

Das Mittelungsverfahren lässt sich noch verbessern, wenn man die einzelnen Temperaturen in noch kürzeren Abständen, z. B. zur Mitte einer jeden Stunde, ermitteln würde.

Die Treppenfläche unter der Temperaturkurve erinnert an die näherungsweise Bestimmung des Flächeninhalts bei krummlinig berandeten Flächen. Die Breite der einzelnen Rechtecke ist jeweils gleich 2. Im Hinblick hierauf lässt sich die obige Gleichung zur Bestimmung des Mittelwerts umschreiben:

$$\overline{T} = \tfrac{1}{24}\cdot 2\cdot(T_1 + T_3 + \ldots + T_{23}) = \underbrace{\tfrac{1}{24}}_{\text{Intervalllänge}}\cdot\underbrace{(2\cdot T_1 + 2\cdot T_3 + \ldots + 2\cdot T_{23})}_{\text{Summe der Inhalte der Rechteckflächen } \approx \mu(A)}.$$

Die Treppenfläche stellt (bei einer hinreichend großen Anzahl von Rechtecken) eine gute Näherung für den Inhalt $\mu(A)$ der Fläche A unter dem Temperatur-Zeit-Graphen dar.

Es gilt also: $\overline{T} \approx \tfrac{1}{24}\cdot\mu(A)$ oder $\mu(A) \approx 24\cdot\overline{T}$.

Die Gleichung lässt sich anschaulich interpretieren:

Die Fläche unter der Temperaturkurve über dem Intervall $[0;24]$ hat etwa den gleichen Inhalt wie das Rechteck mit dem Mittelwert $\overline{T}$ als Höhe und der Intervalllänge 24 als Breite.

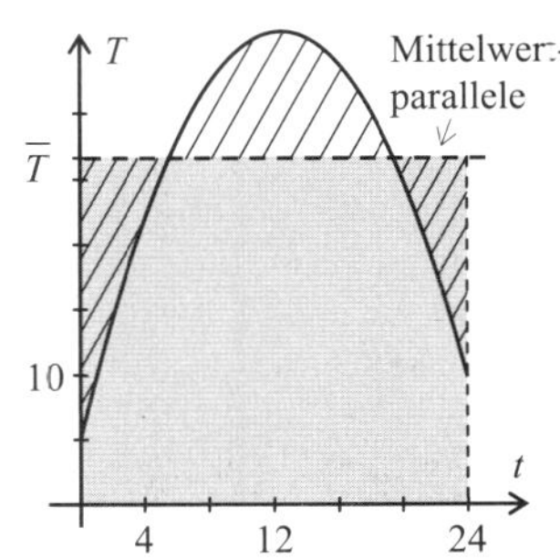

Die Parallele zur Zeitachse durch $\overline{T}$ bezeichnet man als **Mittelwertparallele**.

Betrachtet man die Flächeninhalte zwischen Funktionsgraph und Mittelwertparallele, so sind die Teilflächen unter- und oberhalb der Mittelparallelen maßgleich.

Die vorangehende Betrachtung lässt sich verallgemeinern.

Wir betrachten eine stetige Funktion $f: [a\,; b] \to \mathbb{R}$ mit nichtnegativen Funktionswerten.

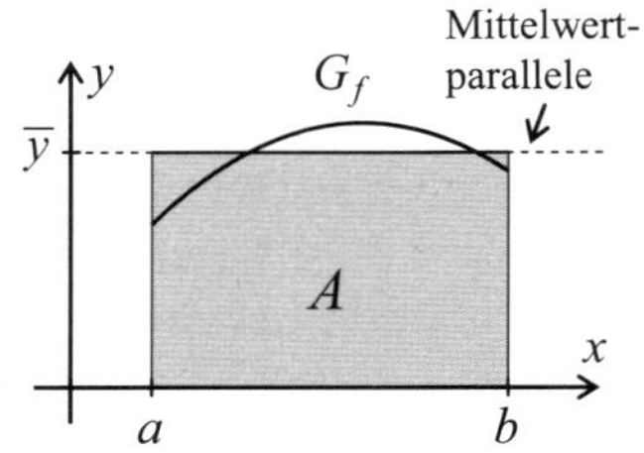

Dann ist der Inhalt $\mu(A)$ der Fläche unter dem Graphen von f über dem Intervall $[a\,; b]$ durch das Integral gegeben.
Für den Mittelwert der Funktion f über dem Intervall $[a\,;b]$ ergibt sich in diesem Fall:

$$\overline{y} = \frac{1}{b-a} \cdot \mu(A) = \frac{1}{b-a} \cdot \int_a^b f(x)\,dx.$$

Dieser Integralansatz lässt sich auf den Fall übertragen, dass die Funktion f auch negative Funktionswerte besitzt. Man definiert daher:

Mittelwert einer Funktion über einem Intervall
Ist $f: [a\,; b] \to \mathbb{R}$ eine stetige Funktion, dann heißt die Zahl

$$\overline{y} = \frac{1}{b-a} \cdot \int_a^b f(x)\,dx$$

Mittelwert der Funktion f über dem Intervall $[a\,; b]$.

Dies ist eine Erweiterung unseres Verständnisses von dem, was Integrieren heißt: *Integrieren heißt Mitteln*. Bis auf einen Faktor ist das Integral ein verallgemeinertes arithmetisches Mittel.

Beispiel (Mittelwert des Temperaturverlaufs)
Für den im Einstiegsbeispiel gegebenen Temperaturverlauf

$$T(t) = -\tfrac{1}{5}t^2 + 5t + 5 \text{ (mit } 0 \le t \le 24)$$

ergibt sich mithilfe des Integralansatzes die mittlere Tagestemperatur.

$$\overline{T} = \frac{1}{24} \cdot \int_0^{24} T(t)\,dt = \frac{1}{24} \cdot \int_0^{24} \left(-\frac{1}{5}t^2 + 5t + 5 \right) dt$$

$$= \frac{1}{24} \cdot \left[-\frac{1}{15}t^3 + \frac{5}{2}t^2 + 5t \right]_0^{24}$$

$$= \frac{1}{24} \cdot \left[(-\frac{1}{15} \cdot 24^3 + \frac{5}{2} \cdot 24^2 + 5 \cdot 24) - 0 \right]$$

$$= \frac{1}{24} \cdot \frac{3192}{24} = 26{,}6$$

Die Annäherung mittels Rechteckflächen in der Eingangsbetrachtung ergab den Wert 26,67. Dieser Wert stimmt mit dem integralen Mittelwert schon sehr gut überein.

Beispiel (Berechnen des Mittelwerts einer linearen Funktion)

Betrachtet wird die Funktion

$$f:[a\,;b]\to \mathbb{R},\, x\mapsto 2x\,.$$

Für den Mittelwert von f über dem Intervall $[a\,;b]$ ergibt sich durch Integration:

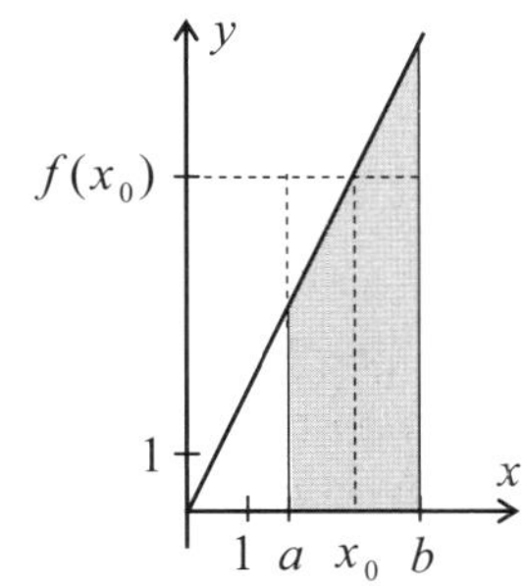

$$\overline{y}=\frac{1}{b-a}\cdot\int_a^b f(x)\,dx=\frac{1}{b-a}\cdot\int_a^b 2x\,dx$$

$$=\frac{1}{b-a}\cdot\left[x^2\right]_a^b=\frac{1}{b-a}\cdot(b^2-a^2)=b+a\,.$$

Bei dieser einfachen Funktion lässt sich die Stelle x_0 mit $f(x_0)=\overline{y}$ berechnen:

$$f(x_0)=\overline{y}\;\Leftrightarrow\;2x_0=b+a\;\Leftrightarrow\;x_0=\frac{a+b}{2}\,.$$

Dieses Ergebnis lässt sich geometrisch interpretieren:

- $x_0=\frac{a+b}{2}$ ist der Mittelwert von a und b.
- $f(x_0)$ ist die Länge der Mittelparallelen im Trapez unterhalb des Graphen.

Aufgaben

1. Berechnen Sie den Mittelwert von f über dem Intervall I.
   Zeichnen Sie den Graphen der Funktion f und ergänzen Sie die Mittelwertparallele in Ihrer Zeichnung.

   a) $f(x)=x^3$; $I=[-1\,;1]$ b) $f(x)=x^4$; $I=[0\,;1]$

   c) $f(x)=\sqrt[3]{x}$; $I=[0\,;1]$ d) $f(x)=\sin(x)$; $I=[0\,;\pi]$

   e) $f(x)=\cos(x)$; $I=[0\,;\pi]$ f) $f(x)=x+\sin(x)$; $I=[0\,;2\pi]$

2. Berechnen Sie für die Funktion $f:[0\,;2]\to\mathbb{R},\, x\mapsto x^2$ den Mittelwert sowie die Stelle x_0, an der der Mittelwert angenommen wird.

3. Gegeben ist die Funktion $f:[1\,;+\infty[\,\to\mathbb{R},\, x\mapsto\frac{1}{x^2}$.

   Berechnen Sie den Mittelwert der Funktionswerte über dem Intervall $[1\,;k]$ für $k>1$. Untersuchen Sie das Grenzwertverhalten für $k\to+\infty$.

4. Für die Bewegung eines Körpers gilt das Geschwindigkeit-Zeit-Gesetz:

   $$v(t)=\frac{1}{2}t^2 \quad (v \text{ in m/s}\,;\, t \text{ in s}).$$

   Berechnen Sie die mittlere Geschwindigkeit $\overline{v}$ während der ersten Sekunde, während der ersten 10 Sekunden sowie während der zweiten Sekunde.

5. Eine Wetterstation misst in der Zeit von 6 Uhr bis 21 Uhr halbstündlich die Temperatur T (in °C).

Der Temperaturverlauf kann näherungsweise durch die Funktionsgleichung

$$T(t) = 12 + 8 \cdot \sin\left(\frac{\pi}{15} \cdot t\right) \quad (t \text{ in h})$$

beschrieben werden.

Berechnen Sie den Temperaturmittelwert in dem Beobachtungszeitraum.

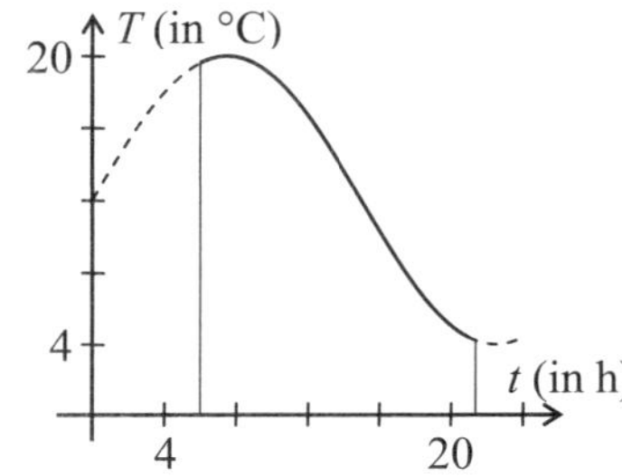

6. Die Tabelle zeigt drei Temperaturmessungen (in °C) an einem Herbsttag.

Uhrzeit	0	15	24
Temp.	10 °C	17,5 °C	0,4 °C

a) Bestätigen Sie, dass die Funktionsgleichung für die Tagestemperatur T (in °C)

$$T(t) = -\frac{1}{10}t^2 + 2t + 10 \quad (t \text{ in h})$$

sowie auch der Funktionsgraph im Einklang mit der Messtabelle stehen.

b) Berechnen Sie den Mittelwert der Temperatur an diesem Tag.
Schätzen Sie zuerst, zeichnen Sie anschließend und überprüfen Sie Ihre Ergebnisse dann rechnerisch.

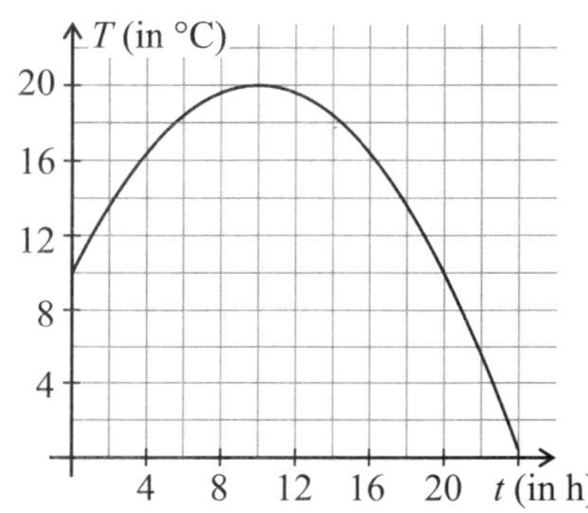

c) Berechnen Sie den Temperaturmittelwert auch für die erste sowie die zweite Tageshälfte.

d) Zu welcher Tageszeit war die Temperatur am höchsten?

7. Unter der Förderleistung F einer Pumpe versteht man das je Zeiteinheit geförderte Wasservolumen. Sie wird angegeben in m^3/h.

Für eine bei der Erschließung eines Mineralwasservorkommens eingesetzte Pumpe ergaben Messungen über einen Zeitraum von 10 h den folgenden funktionalen Zusammenhang:

$$F(t) = \frac{50}{(t + 5\,h)^2} + 1 \quad \text{für } 0\,h \le t \le 10\,h.$$

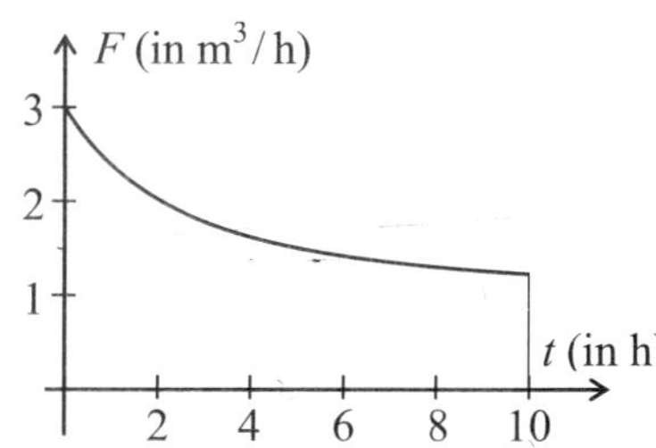

a) Begründen Sie, dass in der Abbildung der Graph von F dargestellt ist.

b) Bestimmen Sie mithilfe der Mittelwertparallelen einen Schätzwert für die mittlere Pumpleistung.

c) Bestimmen Sie den Mittelwert der Pumpleistung rechnerisch.

d) Wie viel Mineralwasser hat die Pumpe in der letzten Stunde gefördert?

8. Der Temperaturverlauf T (in °C) für einen Zeitraum von 10 Stunden wird beschrieben durch die Funktionsgleichung:

$$T(t) = \begin{cases} 10 + 3t & \text{, wenn } 0\,\text{h} \le t < 5\,\text{h} \\ 25 - \frac{1}{4}(t-5)^2 & \text{, wenn } 5\,\text{h} \le t \le 10\,\text{h} \end{cases}$$

a) Zeichnen Sie den Graphen der Temperaturfunktion.

b) Berechnen Sie den Mittelwert der Temperatur in dem betrachteten Zeitraum.

9.* Ein Pkw fährt in einer Ortschaft mit der gleich bleibenden Geschwindigkeit 50 km/h. Zum Zeitpunkt $t = 0$ s passiert er das Ortsausgangsschild. Der Fahrer beschleunigt innerhalb der nächsten 10 s ohne zu Schalten auf die Endgeschwindigkeit 90 km/h.

a) Es wird davon ausgegangen, dass die Geschwindigkeit v (in km/h) quadratisch von der Zeit t (in s) im Intervall [0 s ; 10 s] abhängt.

Die Abbildung zeigt den Graphen der zugehörigen Funktion.

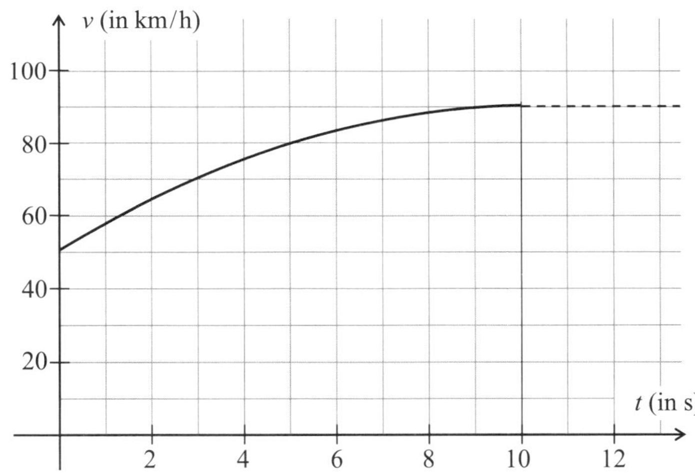

Zeigen Sie rechnerisch, dass für die Funktionsgleichung gilt:

$$v(t) = -\frac{3}{8} \cdot t^2 + \frac{31}{4} \cdot t + 50\,.$$

Hinweis: Fehlende Informationen können der Abbildung entnommen werden.

b) Berechnen Sie den Mittelwert $\overline{v}$ der Geschwindigkeit v im Zeitintervall [0 s ; 10 s].

c) Berechnen Sie den im Zeitintervall [0 s ; 10 s] zurückgelegten Weg auf zwei Arten.

Mittelwerte in Umwelt und Technik

Beim Messen von Wechselspannungen bzw. -strömen taucht die Frage auf, welcher Momentanwert als Ergebnis gewertet werden soll. Während einer Periode treten alle Werte von 0 bis zum Scheitelwert mindestens einmal auf. Man versucht daher Spannungen und Ströme durch eine Art „Mittelwert" auszudrücken.

Wir betrachten im Folgenden für einen Gleich- und einen Wechselstromkreis die elektrische Leistung, die in einem Ohm'schen Widerstand umgesetzt wird.

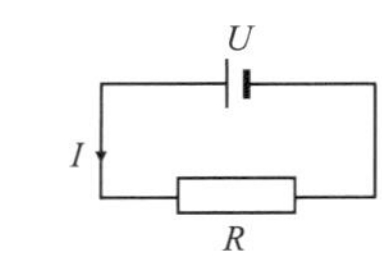

Fließt durch einen Ohm'schen Widerstand R ein Gleichstrom I, so misst man an dem Widerstand eine Gleichspannung U.
Für die in dem Widerstand umgesetzte elektrische Leistung gilt:

$$P = U \cdot I .$$

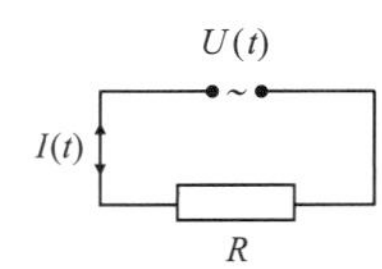

Schwieriger ist die Situation für einen Stromkreis mit einer Wechselspannung $U(t) = U_0 \cdot \sin(\omega t)$ und dem Wechselstrom $I(t) = I_0 \cdot \sin(\omega t)$.

Die Werte I_0 und U_0 heißen **Scheitelwerte** von Strom und Spannung.

$\omega = \frac{2\pi}{T}$ wird als Kreisfrequenz bezeichnet, wobei T die Zeit für eine vollständige Periode darstellt.

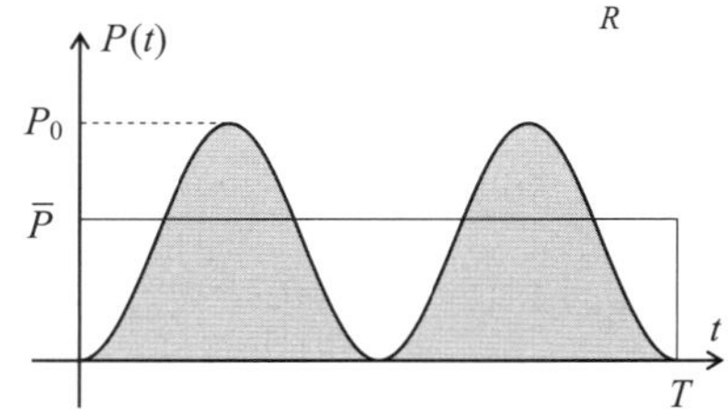

Für den Fall des Wechselstromkreises ist die in dem Ohm'schen Widerstand umgesetzte elektrische Leistung zeitabhängig. Für die momentane Leistung $P(t)$, die im Widerstand umgesetzt wird, ergibt sich:

$$P(t) = U(t) \cdot I(t) = U_0 \cdot \sin(\omega t) \cdot I_0 \cdot \sin(\omega t) = U_0 \cdot I_0 \cdot \sin^2(\omega t) .$$

In der Praxis interessiert nicht der Momentanwert der Leistung, sondern der zeitliche Mittelwert $\overline{P}$. Für diesen Mittelwert über dem Zeitintervall $[0 ; T]$ ergibt sich:

$$\overline{P} = \frac{1}{T} \cdot \int_0^T U_0 \cdot I_0 \cdot \sin^2(\omega t)\, dt = \frac{U_0 \cdot I_0}{T} \cdot \int_0^T \sin^2(\omega t)\, dt = \frac{U_0 \cdot I_0}{T} \cdot \int_0^T \sin^2(\tfrac{2\pi}{T} \cdot t)\, dt .$$

Schwierigkeiten bereitet die Berechnung des letzten Integrals. Mithilfe der Umformung $\sin^2(z) = \frac{1}{2} \cdot (1 - \cos(2z))$ oder eines CAS folgt: $\int_0^T \sin^2(\frac{2\pi}{T} \cdot t)\, dt = \frac{T}{2}$.

Für den Mittelwert der elektrischen Leistung im Wechselstromkreis gilt daher:

$$\overline{P} = \frac{U_0 \cdot I_0}{T} \cdot \frac{T}{2} = \frac{1}{2} \cdot U_0 \cdot I_0 = \frac{U_0}{\sqrt{2}} \cdot \frac{I_0}{\sqrt{2}} .$$

Man führt in der Physik gemäß des obigen Ergebnisses auch für Strom und Spannung „Mittelwerte" unter der Bezeichnung **Effektivwerte** ein:

$$I_{\text{eff}} = \frac{1}{\sqrt{2}} \cdot I_0 \text{ und } U_{\text{eff}} = \frac{1}{\sqrt{2}} \cdot I_0 .$$

Die effektive Stromstärke eines Wechselstroms ist somit diejenige Stromstärke, die ein Gleichstrom haben müsste, um im selben Widerstand dieselbe Leistung hervorzubringen.

2.11 Volumenberechnungen[(LK)]

Volumina bei bekannter Querschnittsfläche

Die Berechnung von Rauminhalten erscheint auf den ersten Blick viel schwieriger zu sein als die von Flächeninhalten. Die Überlegungen, die wir zur Berechnung von Flächeninhalten angestellt haben, lassen sich jedoch sinngemäß übertragen. Wir haben Flächen in Streifen zerlegt, um ihren Inhalt zu berechnen. Körper zerschneiden wir wie ein Brot in gleich dicke Scheiben.

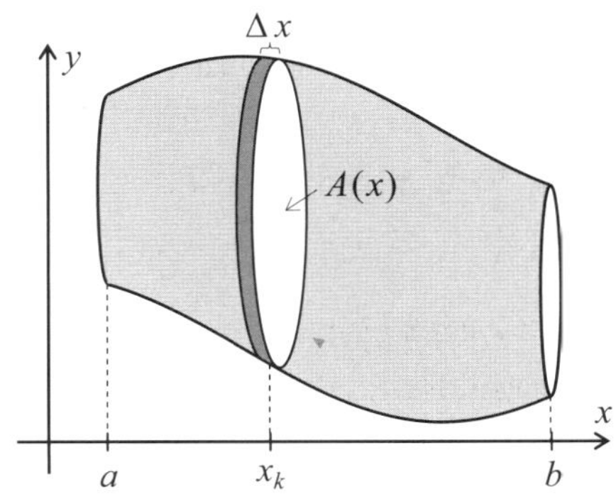

Wir betrachten die Funktion A, die für jedes $x \in [a;b]$ den Inhalt $A(x)$ der Querschnittsfläche einer Scheibe angibt.
Wir übertragen das Verfahren zur näherungsweisen Berechnung von Flächeninhalten:

1. Wir unterteilen das Intervall $[a;b]$ in n gleiche Teile der Breite $\Delta x = \frac{b-a}{n}$.
2. In jedem Teilintervall wählen wir eine Stelle x_k (für $k = 1, 2, \dots, n$) aus und berechnen das Volumen $A(x_k) \cdot \Delta x$ der zugehörigen Zylinderscheibe.
3. Ein Näherungswert für das gesuchte Volumen ist die Summe der Volumina aller entstandenen Zylinder:

$$V_n = A(x_1)\cdot\Delta x + A(x_2)\cdot\Delta x + \dots + A(x_n)\cdot\Delta x$$
$$= \big(A(x_1) + A(x_2) + \dots + A(x_n)\big)\cdot\Delta x.$$

Die Auswahl der Stelle x_k aus den Teilintervallen kann auf unterschiedliche Arten erfolgen. Es ist z. B. möglich, die Stellen x_k als Mitten der Teilintervalle zu wählen. Weitere Möglichkeiten bestehen darin, die Stelle x_k so auszuwählen, dass der Flächeninhalt $A(x_k)$ in dem Teilintervall minimal bzw. maximal wird. Dies entspricht der Bildung der Unter- bzw. Obersummen bei der Flächenmaßbestimmung.
Die Näherung wird immer besser, wenn man die Anzahl n der Teilintervalle vergrößert. Die Betrachtung des Grenzfalls $n \to +\infty$ führt im Fall der Volumenberechnung zum Integral:

$$V = \int_a^b A(x)\,dx \quad (A(x) = \text{Inhalt der Querschnittsfläche an der Stelle } x).$$

Das Volumen ist wie der Flächeninhalt eine Größe, also ein Produkt aus Maßzahl und Einheit. Wie bei Flächeninhalten werden zur Vereinfachung auch hier keine Einheiten angegeben. Wir benutzen Maßzahl und Volumen synonym. Statt Maßzahl des Volumens sagen wir demnach auch Volumen oder Rauminhalt.

Allgemein lässt sich formulieren:

Integralformel für Volumina bei bekannter Querschnittsfläche
Die Funktion $A: [a\,; b] \to \mathbb{R}$ sei stetig und beschreibe den Inhalt der Querschnittsfläche eines Körpers. Dann gilt für das Volumen des Körpers über dem Intervall $[a\,; b]$:

$$V = \int_a^b A(x)\,dx.$$

Beispiel (Volumenformel für eine quadratische Pyramide)
Betrachtet wird eine quadratische Pyramide mit der Grundfläche $G = a^2$ und der Höhe h. Aufgrund der Ähnlichkeit der Querschnittsfläche $A(x)$ zu der Grundfläche G gilt gemäß der Abbildung:

$$\frac{z}{x} = \frac{s}{h} \Leftrightarrow z = \frac{s}{h} \cdot x.$$

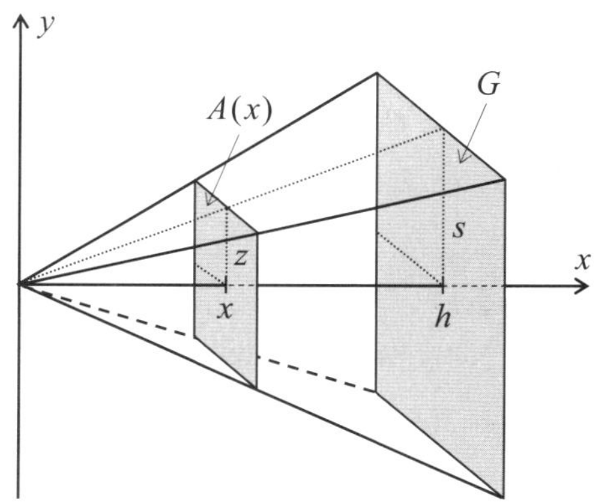

Damit folgt für die Querschnittsfläche $A(x)$ an der Stelle x:

$$A(x) = (2z)^2 = 4z^2 = 4 \cdot \frac{s^2}{h^2} \cdot x^2$$
$$= \frac{4s^2}{h^2} \cdot x^2 = \frac{(2s)^2}{h^2} \cdot x^2 = \frac{G}{h^2} \cdot x^2.$$

Nach der Integralformel gilt damit für das Volumen der Pyramide:

$$V = \int_0^h A(x)\,dx = \int_0^h \frac{G}{h^2} \cdot x^2\,dx = \frac{G}{h^2} \cdot \int_0^h x^2\,dx = \frac{G}{h^2} \cdot \left[\frac{1}{3} x^3\right]_0^h = \frac{G}{h^2} \cdot \frac{1}{3} \cdot h^3 = \frac{1}{3} \cdot G \cdot h.$$

Dies ist die bekannte Pyramidenformel: Volumen $= \frac{1}{3} \cdot$ Grundfläche $\cdot$ Höhe.

Die obige Integralformel kann auch in folgender Form gedeutet werden:

Zwei Körper besitzen dasselbe Volumen, wenn all ihre Schnittflächen in Ebenen parallel zu einer Grundebene in entsprechenden Höhen den gleichen Flächeninhalt haben.

Man bezeichnet diese Aussage als das **Prinzip von Cavalieri**(1).

Das Bild rechts zeigt ein Beispiel. Dort bestehen beide Körper aus der gleichen Anzahl gleicher Scheiben. Ihr Volumen ist gleich, unabhängig von der Stapelung und der äußeren Form.

(1) Siehe dazu Skript Einführungsphase, Abschnitt 8.3.

Historischer Rückblick

Die Anfänge der Volumenberechnung reichen bis in das 17. Jahrhundert zurück. Maßgeblich beteiligt war der italienische Mathematiker **Bonaventura Francesco Cavalieri**.

Cavalieri (* 1598 wahrscheinlich in Mailand; † 1647 in Bologna) war ein italienischer Mönch, Mathematiker und Astronom.

Cavalieri arbeitete auf dem Gebiet der Geometrie und lehrte in Bologna. Seine Berechnungen von Oberflächen und Volumina nehmen Methoden der Infinitesimalrechnung vorweg.

B. Cavalieri

Aufgaben

1. Betrachtet wird ein Kegel mit dem Radius r und der Höhe h.

   a) Begründen Sie, dass für den Inhalt $A(x)$ der Kreisscheibe an der Stelle x gilt:

   $$A(x) = \pi \cdot \frac{r^2}{h^2} \cdot x^2 .$$

   b) Bestätigen Sie mithilfe der Integralformel, dass für das Kegelvolumen gilt:

   $$V = \frac{1}{3} \cdot \pi \cdot r^2 \cdot h .$$

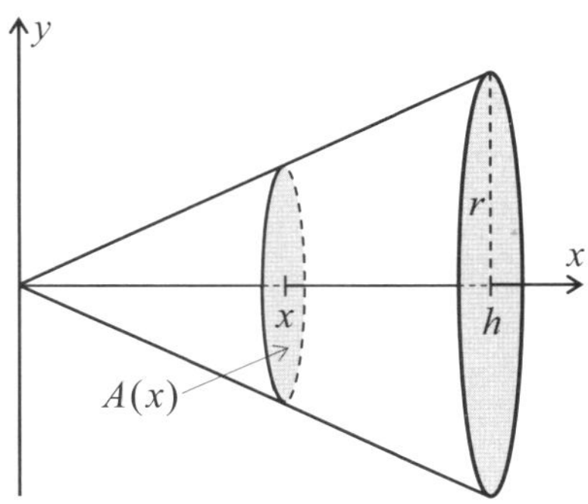

2. Betrachtet wird eine Kugel mit dem Mittelpunkt M und dem Radius r.

   a) Begründen Sie, dass für den Inhalt $A(x)$ der Kreisscheibe an der Stelle x gilt:

   $$A(x) = \pi \cdot (r^2 - x^2) .$$

   b) Bestätigen Sie mithilfe der Integralformel, dass für das Kugelvolumen gilt:

   $$V = \frac{4}{3} \cdot \pi \cdot r^3 .$$

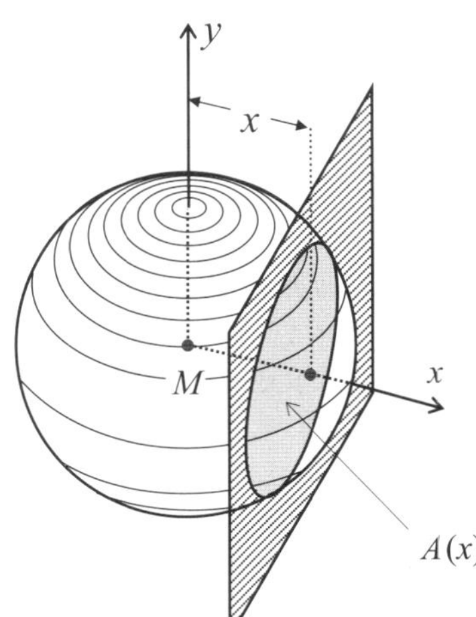

Rotationsvolumina

In der Sekundarstufe I und der Einführungsphase wurden verschiedene Körper wie Prismen, Zylinder, Pyramiden, Kegel und Kugeln betrachtet und ihre Volumina berechnet.

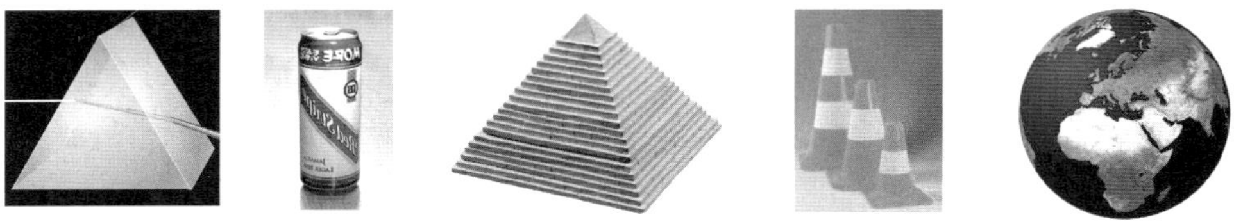

Einige dieser Körper kann man sich durch Rotation eines Flächenstücks unter einer Kurve um eine Achse entstanden denken. Das Kurvenstück erzeugt dabei den Mantel des betreffenden Körpers.

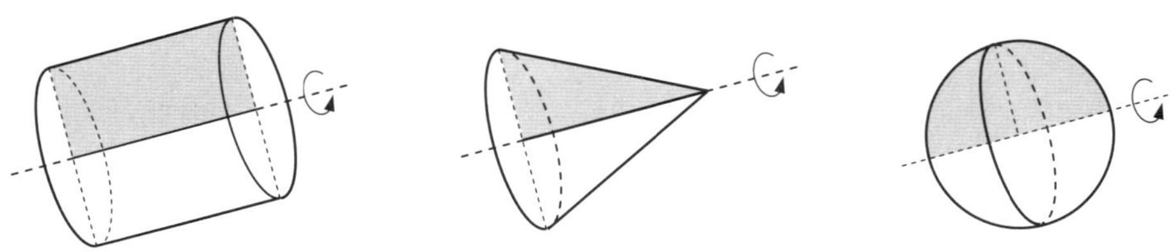

Wir betrachten eine stetige Funktion $f:[a\,;b]\to\mathbb{R}$. Rotiert das Flächenstück zwischen der x-Achse und dem Graphen von f um die x-Achse, so entsteht ein so genannter **Rotationskörper (Drehkörper)**. Die Querschnittsflächen senkrecht zur x-Achse solcher Rotationskörper sind aufgrund ihrer Entstehung Kreise.

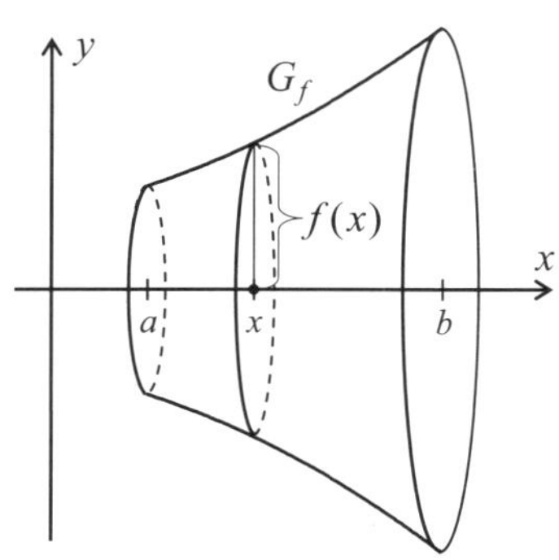

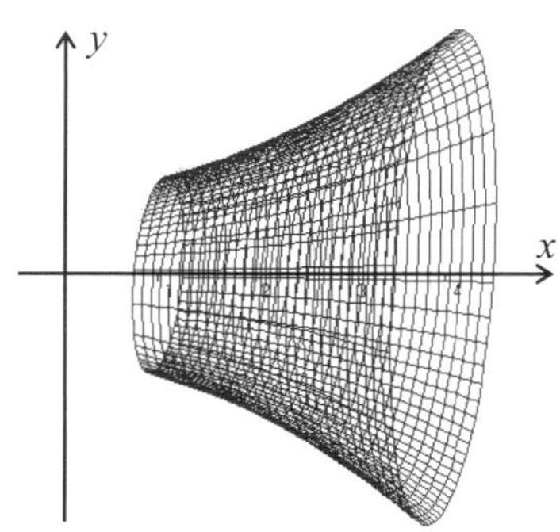

Der Radius der Kreisfläche an der Stelle x ist der Funktionswert $f(x)$. Für den zugehörigen Flächeninhalt gilt daher:

$$A(x)=\pi\cdot r^2=\pi\cdot(f(x))^2.$$

Nach der Integralformel ergibt sich für das Volumen des Rotationskörpers:

$$V=\int_a^b A(x)\,dx=\int_a^b \pi\cdot(f(x))^2\,dx=\pi\cdot\int_a^b (f(x))^2\,dx.$$

Allgemein lässt sich für das Volumen von Rotationskörpern formulieren:

Integralformel für das Volumen von Rotationskörpern bei Drehung um die x-Achse

Ist die Funktion $f:[a\,;b]\to\mathbb{R}$ stetig, so entsteht bei der Rotation der Fläche zwischen dem Graphen von f und dem Intervall $[a\,;b]$ um die x-Achse ein Rotationskörper, der folgendes Volumen besitzt:

$$V=\pi\cdot\int_a^b (f(x))^2\,dx\,.$$

Diese Formel zur Volumenberechnung bei Rotationskörpern umfasst auch den Fall, dass der Funktionsgraph in dem betrachteten Intervall $[a;b]$ die x-Achse schneidet.

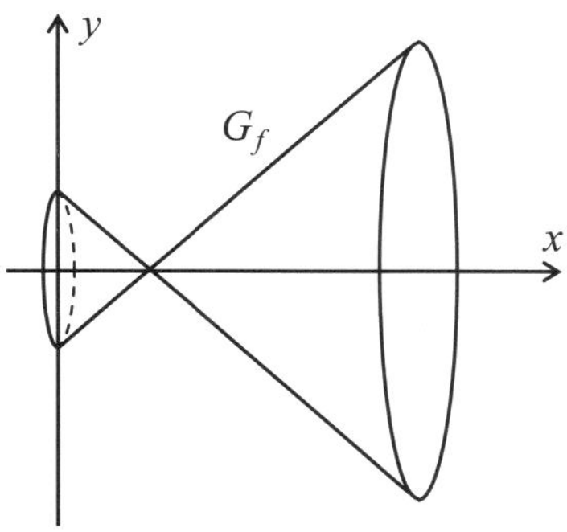

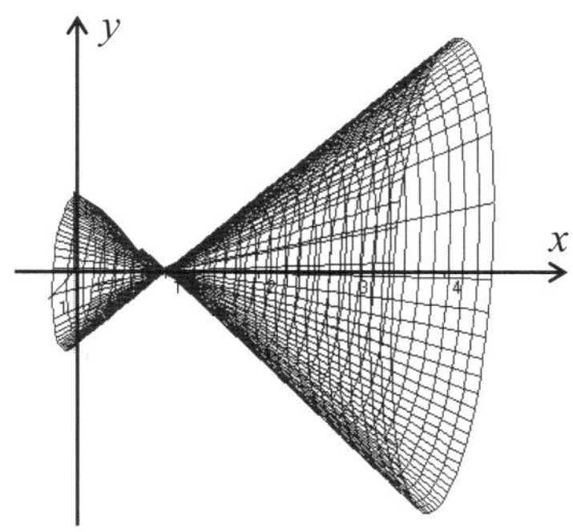

Aufgaben

3. Die Abbildung zeigt den Graphen der Funktion $f:[0\,;+\infty[\to\mathbb{R},\, x\mapsto\sqrt{x}$.

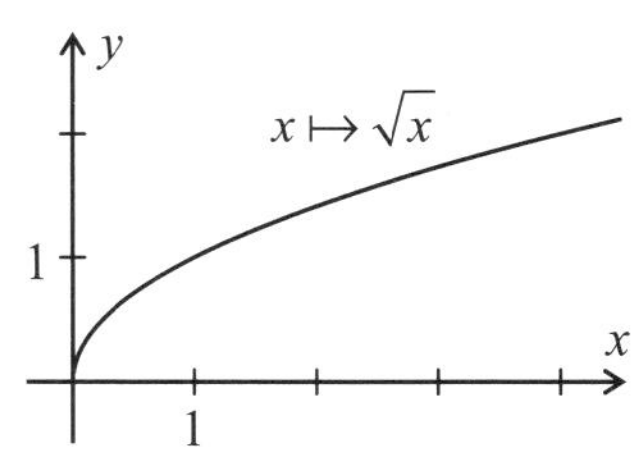

   a) Welche Art von Rotationskörper entstehen, wenn die zu den Intervallen $[0\,;4]$ bzw. $[1\,;4]$ gehörenden Flächenstücke um die x-Achse rotieren?

   b) Berechnen Sie die zugehörigen Volumina.

4. Der Graph der Funktion f rotiert um die x-Achse. Skizzieren Sie den entstehenden Rotationskörper und berechnen Sie sein Volumen.

   a) $f: y=\frac{1}{2}x$ über $[0\,;4]$

   b) $f: y=2x+1$ über $[0\,;2]$

   c) $f: y=\frac{1}{2}x+3$ über $[2\,;5]$

5. Begründen Sie, dass man bei der Berechnung der Volumina von Rotationskörpern im Gegensatz zu den Flächenberechnungen nicht darauf zu achten braucht, ob die zugehörige Randfunktion innerhalb des Integrationsintervalls negativ ist oder sogar das Vorzeichen wechselt.

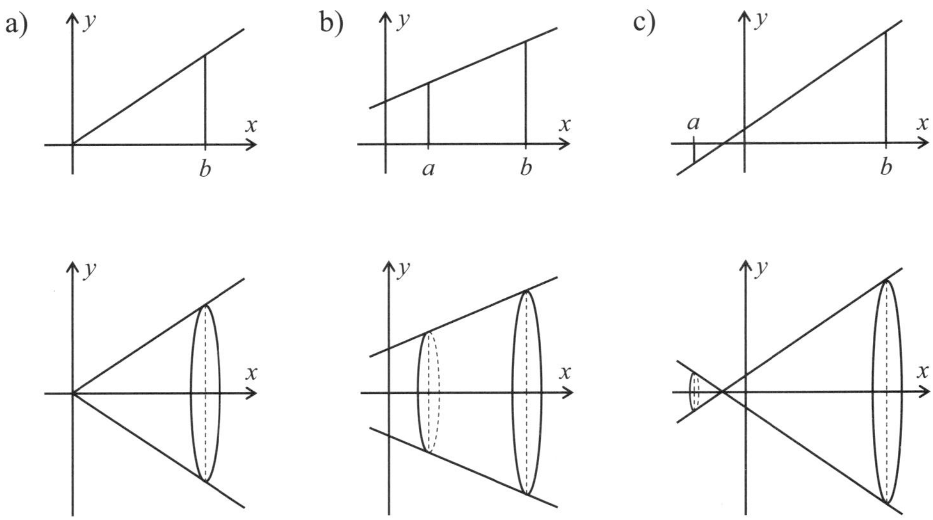

6. Bestimmen Sie die Nullstellen und skizzieren Sie den Graphen der Funktion. Berechnen Sie das Volumen des Rotationskörpers, der entsteht, wenn der zwischen den Nullstellen liegende Teil des Graphen um die x-Achse rotiert.

a) $f(x)=x^2-4$ b) $f(x)=x^2-5x$ c) $f(x)=x^2-3$

7. Begründen Sie den Verlauf der Funktionsgraphen. Berechnen Sie das Volumen des entstehenden Rotationskörpers, wenn das Flächenstück, das zwischen den Nullstellen liegt, um die x-Achse rotiert.

a) $f(x)=\frac{1}{2}x^2-x$ b) $f(x)=-\sqrt{4-x^2}$

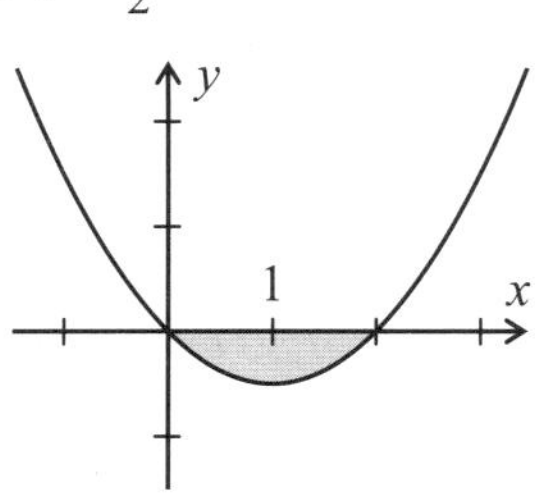

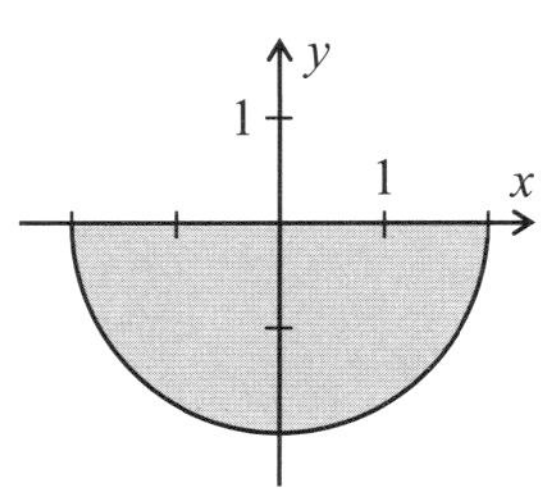

8. Das Flächenstück zwischen dem Graphen der Funktion f und dem Intervall I rotiert um die x-Achse. Skizzieren Sie das Flächenstück und berechnen Sie das Volumen des entstehenden Rotationskörpers.

a) $f(x)=x^2-1$; $I=[-1;1]$ b) $f(x)=-x^2-1$; $I=[-1;1]$

9. a) Begründen Sie, dass ein Kreis mit dem Mittelpunkt $M(a|0)$ und dem Radius r durch folgende Gleichung beschrieben wird:
$$y^2+(x-a)^2=r^2 \quad (a\in\mathbb{R}, r\in\mathbb{R}^+).$$
b) Bei der Rotation einer Halbkreisfläche mit dem Radius r und dem Ursprung als Mittelpunkt entsteht gemäß der Abbildung rechts eine Kugel. Berechnen Sie das Kugelvolumen.

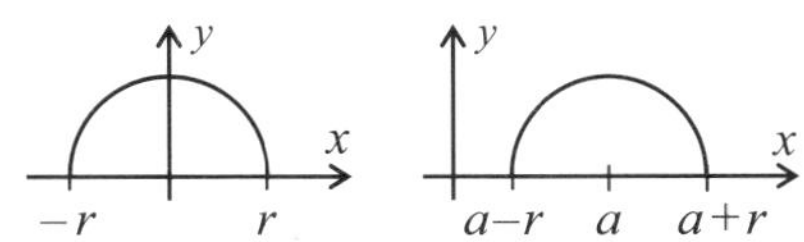

c) Berechnen Sie die Volumina der entstehenden Kugeln, wenn Halbkreisflächen zu folgenden Kreisgleichungen um die x-Achse rotieren:
1) $y^2+(x-3)^2=4$
2) $y^2+(x-2)^2=3$

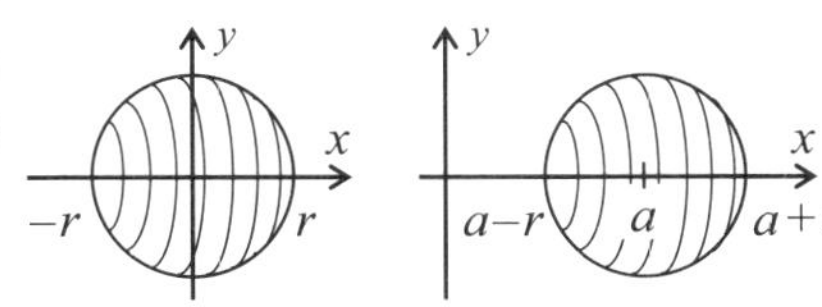

Vermischte Aufgaben

10. Eine ganzrationale Funktion 3. Grades ist symmetrisch zum Ursprung und hat an der Stelle $\sqrt{2}$ ein Minimum.
Bei Rotation der Fläche zwischen G_f und dem Intervall $[0;2]$ um die x-Achse entsteht ein Körper mit dem Volumen $\frac{328}{315}\cdot\pi$.
Wie lautet eine Gleichung der Funktion?

11. Betrachtet wird für die Funktionen
$$f:[1;+\infty[\rightarrow\mathbb{R}, x\mapsto\frac{2}{x^3} \text{ und } g:[1;+\infty[\rightarrow\mathbb{R}, x\mapsto\frac{1}{\sqrt[3]{x}}$$
die ins Unendliche reichende Fläche A zwischen dem jeweiligen Graphen und der x-Achse.
a) Untersuchen Sie für beide Funktionen, ob A ein endliches Maß besitzt.
b) Untersuchen Sie, ob der Rotationskörper bei Rotation von A um die x-Achse jeweils ein endliches Volumen besitzt.

12.* Ein Wok ist eine hohe, durchgehend gewölbte Pfanne, die in der chinesischen sowie der südostasiatischen Küche zu den wichtigsten Geräten gehört.

Bei einem Wok gibt es, anders als bei westlichen Pfannen und Töpfen, keinen Unterschied zwischen Boden und Wand. Das gesamte Gefäß ist als Kugelkappe geformt.
In einem Prospekt sind folgende Angaben zu den Abmessungen zu finden:

Kopfdurchmesser: 32 cm; Höhe: 12 cm; Gewicht: 2 kg.

Welches Fassungsvermögen hat der Wok?

2.12 Untersuchungen bei Integralfunktionen (LK)

Bei Einführung des Integralbegriffs definierten wir zu einer stetigen Randfunktion $f:[a\,;b]\to\mathbb{R}$ die Integralfunktion

$$I_c : x \mapsto \int_c^x f(t)\,dt \text{ mit } c\in[a\,;b].$$

Beachte:
Die Integrationsvariable wurde umbenannt, da die Variable x bereits in der oberen Grenze auftritt.

Hierbei sind die Begriffe Integral- und Integrandenfunktion genau zu unterscheiden:

- $\int_c^x f(t)\,dt$ ist der Funktionsterm der Integralfunktion I_c.
- Der Term $f(t)$ hinter dem Integralzeichen steht für die Integrandenfunktion.

Geometrische Deutung

Die Funktionswerte der Integralfunktion $I_c(x)$ sind die orientierten Flächeninhalte zwischen dem Graphen der Funktion f und der x-Achse über dem Intervall $[c\,;x]$.
Diese Werte $I_c(x)$ können wir mittlerweile in vielen Fällen mithilfe der Integralformel berechnen.

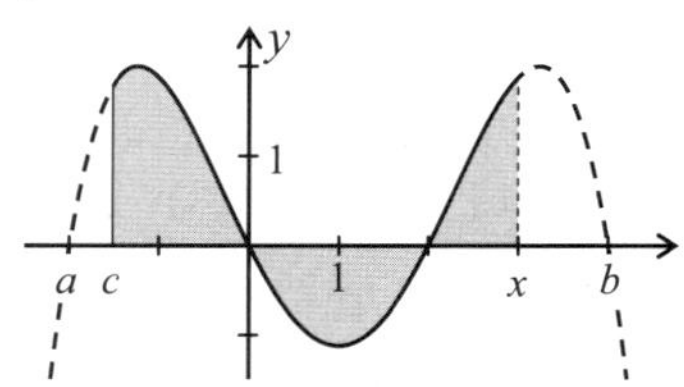

Ableitung von Integralfunktionen

Nach dem Hauptsatz der Differenzial- und Integralrechnung ist durch eine Integralfunktion I_c eine Stammfunktion zur Randfunktion f gegeben. Dies bedeutet, dass I_c differenzierbar ist und dabei gilt:

$$I_c'(x) = \left(\int_c^x f(t)\,dt\right)' = f(x).$$

Beachte:
Die Ableitung von $I_c(x)$ ist $f(x)$.
Beim Ableiten wird die Umbenennung der Integrationsvariablen wieder rückgängig gemacht.

Beispiel (Ableiten der Integralfunktion)

Für $I_1(x) = \int_1^x \sin(t)\,dt$ gilt $I_1'(x) = \left(\int_1^x \sin(t)\,dt\right)' = \sin(x)$.

Für $I_0(x) = \int_0^x \sqrt{1-t^2}\,dt$ gilt $I_0'(x) = \left(\int_0^x \sqrt{1-t^2}\,dt\right)' = \sqrt{1-x^2}$.

Nullstellen bei Integralfunktionen

Auch ohne Berechnung des Integrals kennt man bei einer Integralfunktion I_c stets eine Nullstelle, nämlich die untere Grenze c (Anfangswert):

$$I_c(x) = \int_c^c f(t)\,dt = 0 \quad \text{(Integral mit gleicher unterer und oberer Grenze).}$$

Stammfunktion zur Kehrwertfunktion

Die Kehrwertfunktion $f: x \to \frac{1}{x}$ ist eine Funktion, zu der wir bisher eine Stammfunktion nur in Integralform angeben können:

$$L: \mathbb{R}^+ \to \mathbb{R}, x \mapsto \int_1^x \frac{1}{t}\,dt.$$

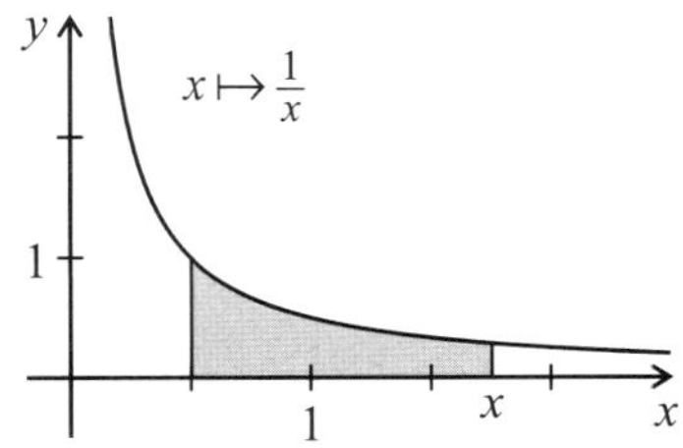

Wünschenswert wäre natürlich eine integralfreie Darstellung dieser Funktion L.
Aber auch schon aus der Integraldarstellung lassen sich wichtige Eigenschaften der Funktion L gewinnen.

Beispiel (Untersuchen der Integralfunktion *L* zur Kehrwertfunktion)

- *Ableitungen von L*
  - Erste Ableitung
    Nach der Ableitungsregel für Integralfunktionen gilt:
    $$L'(x) = \left(\int_1^x \frac{1}{t}\,dt \right)' = \frac{1}{x} > 0 \quad \text{für alle } x \in \mathbb{R}^+.$$
    Dies bedeutet, dass die Funktion L in $\mathbb{R}^+$ streng monoton wachsend ist.
  - Zweite Ableitung
    Nach der Ableitungsregel für Potenzfunktionen ergibt sich:
    $$L''(x) = \left(\frac{1}{x} \right)' = -\frac{1}{x^2} < 0 \quad \text{für alle } x \in \mathbb{R}^+.$$
    Dies bedeutet, dass der Graph von L in $\mathbb{R}^+$ linksgekrümmt ist.
- *Nullstelle von L*

  Die Stelle 1 ist Nullstelle von L, denn es gilt $L(1) = \int_1^1 \frac{1}{t}\,dt = 0$.

  Da L streng monoton wachsend ist, ist 1 die einzige Nullstelle von L.
- *Graph von L*
  Mit diesen Informationen kann man schon eine grobe Skizze des Graphen von L erstellen.

  Nicht klärbar ist hierbei im Moment noch das Grenzwertverhalten für $x \to 0^+$ und $x \to +\infty$.

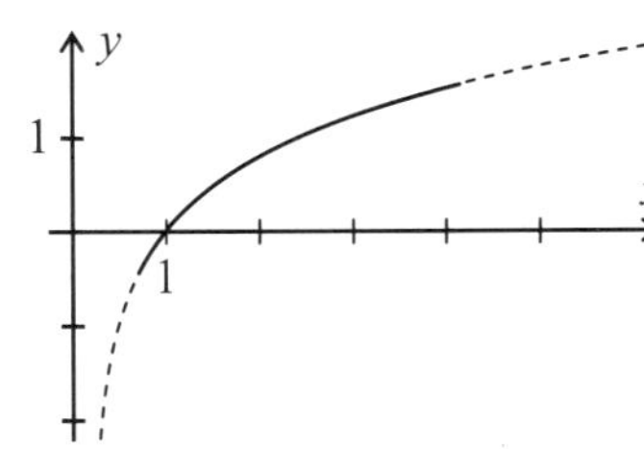

Damit sind bereits wichtige Eigenschaften der Funktion L gegeben. Offen bleibt aber immer noch die Frage, um welche Art von Funktion es sich bei L handelt. Dies wird an späterer Stelle geklärt.

Aufgaben

1. Begründen Sie, dass folgende Integralfunktionen genau eine Nullstelle besitzen. Geben Sie die Nullstelle an.

   a) $G\colon \mathbb{R} \to \mathbb{R},\, x \mapsto \int_1^x (3t^4 + 2t^2 + 1)\,dt$ b) $H\colon \mathbb{R} \to \mathbb{R},\, x \mapsto \int_{-2}^x \frac{-2}{u^2+4}\,du$

2. Gegeben ist die Funktion $F\colon [-3\,;3] \to \mathbb{R},\, x \mapsto \int_{-3}^x \frac{1}{2}(t^2 + t - 2)\,dt$.

   a) Erläutern Sie anhand der Abbildung die Bedeutung der Funktionswerte $F(-2)$, $F(0)$ und $F(2)$.

   b) Berechnen Sie die lokalen Extremstellen von F und entscheiden Sie mithilfe eines Extremstellenkriteriums, um welche Art von Extremstelle es sich handelt.

   c) Begründen Sie die Lage und die Art der Extremstellen auch anschaulich anhand der Abbildung.

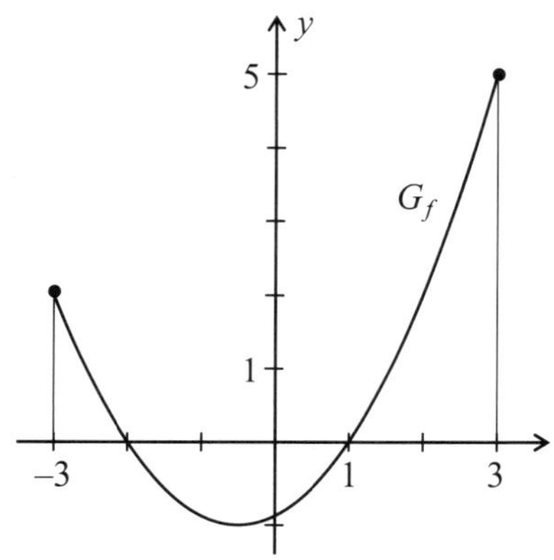

3. Gegeben ist die Funktion $F\colon \mathbb{R} \to \mathbb{R},\, x \mapsto \int_0^x \frac{dt}{1+t^2}$.

   a) Skizzieren Sie den Graphen der Integrandenfunktion und erläutern Sie anhand der Skizze die geometrische Bedeutung von $F(x)$ für $x > 0$.

   b) Begründen Sie, dass F in $\mathbb{R}$ differenzierbar ist, geben Sie die erste Ableitung von F an und untersuchen Sie anschließend F auf Monotonie.

   c) Zeigen Sie, dass F genau eine Nullstelle besitzt.

4. Zeigen Sie ohne Integration, dass die Funktion

   $$I\colon \mathbb{R} \to \mathbb{R},\, x \mapsto \int_1^x \frac{t-1}{t^2+1}\,dt$$

   eine lokale Minimumstelle besitzt. Geben Sie diese und das lokale Minimum an.

Abituraufgabenteile

A1. Die Abbildung zeigt den Graphen der Ableitungsfunktion h' einer Funktion h.
Entscheiden Sie, ob die folgenden Aussagen wahr oder falsch sind, und begründen Sie Ihre Entscheidungen.

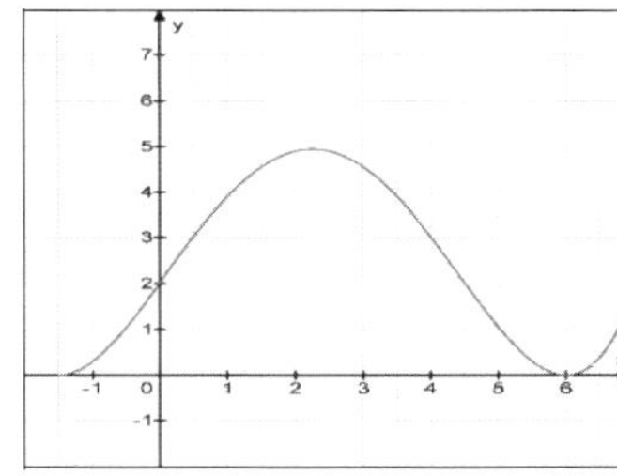

- Die Funktion h besitzt eine Extremstelle bei $x = 6$.
- Die Tangente an den Graphen von h im Schnittpunkt mit der y-Achse ist parallel zur ersten Winkelhalbierenden.
- Der Graph der Stammfunktion von h ist für alle $x \in [-1\,;8]$ linksgekrümmt.

(Baden-Württemberg 2008, Berufliche Schulen, Aufgabe 1, Nr. 2.3)

A2. Die Abbildung zeigt den Graphen G_r der ganzrationalen Funktion r und den Graphen G_s der ganzrationalen Funktion s.
Begründen Sie:
Die Funktion s kann eine Stammfunktion der Funktion r sein.

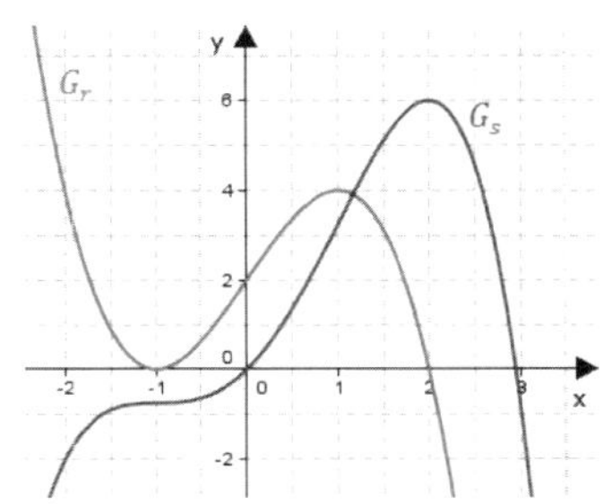

(Bayern 2013, FOS/BOS Nichttechnik, Infinitesimalrechnung A II, Nr. 4)

A3. Die Abbildung zeigt den Graphen einer Funktion f. F ist eine Stammfunktion von f.
Begründen Sie, dass folgende Aussagen wahr sind:

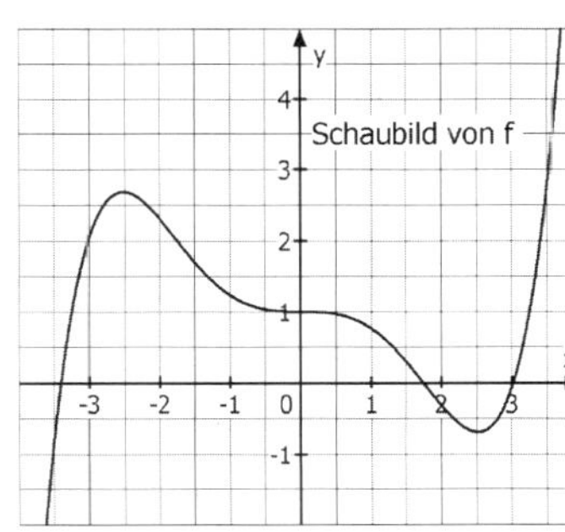

a) F ist im Intervall $[-3\,;1]$ streng monoton wachsend.

b) f' hat im Intervall $[-3{,}5\,;3{,}5]$ drei Nullstellen.

c) $\int_0^3 f'(x)\,dx = -1$

d) $O(0\,|\,0)$ ist Hochpunkt des Graphen von f'.

(Baden-Württemberg Abitur 2011, Pflichtteil Aufgabe 5)

A4. Das Rechteck $ABCD$ mit $A(1\,|\,0)$, $B(4\,|\,0)$, $C(4\,|\,2)$ und $D(1\,|\,2)$ wird durch den Graphen der Funktion f mit $f(x) = \sqrt{x}$ in zwei Teilflächen zerlegt.
Ermitteln Sie das Verhältnis der Inhalte der beiden Teilflächen.

(Musteraufgabe zum landesübergreifenden Abitur 2014, Aufgabenpool 1, Analysis, Aufgabe 1-2)

A5. Bestimmen Sie den Inhalt der abgebildeten grauen Fläche mithilfe der Integralrechnung. Ein Teil des Randes der gesuchten Fläche wird beschrieben durch die Parabel

$$f(x) = 3 - \frac{3}{4}x^2.$$

(1 Längeneinheit entspricht 1 cm, Skizze nicht maßstabsgetreu)

(Saarland Abitur 2010, GK Haupttermin, A 1 Teil 2)

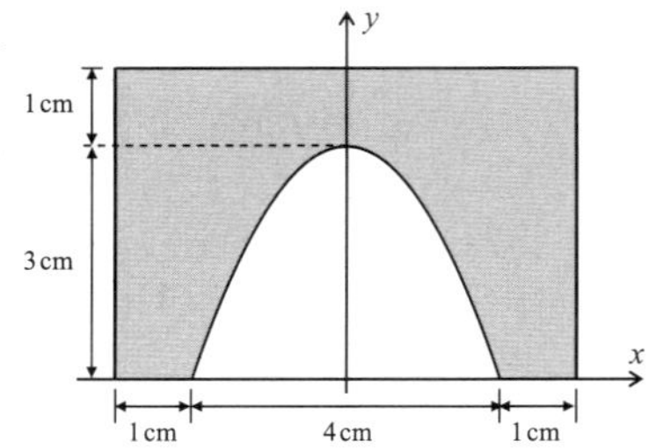

A6. Ein quaderförmiges Speicherbecken für eine Flüssigkeit hat eine Grundfläche von $5\,m^2$ und ist zunächst leer.
Abbildung 1 gibt die Zufluss- bzw. Abflussrate (in m^3/h) der Flüssigkeit über einen Zeitraum von 5 Stunden wieder.

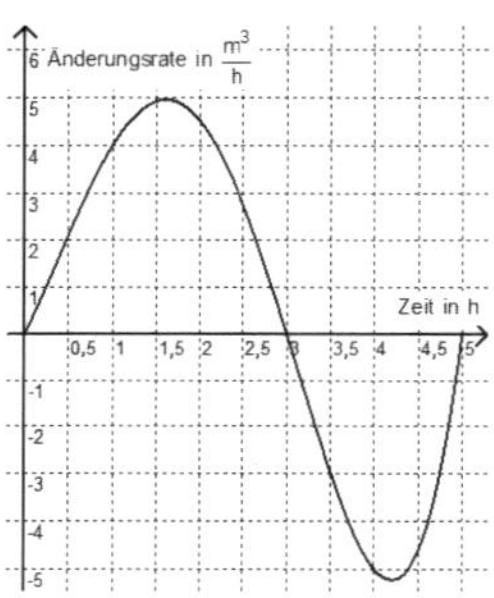

Abbildung 1

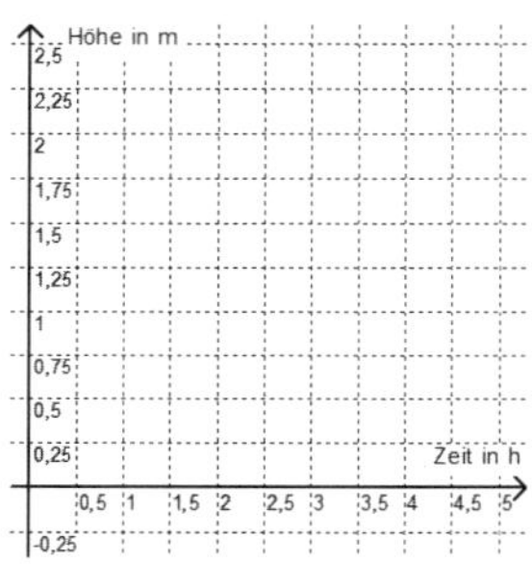

Abbildung 2

Arbeitsblätter 2.12 a

a) Bestimmen Sie näherungsweise das Volumen der in den ersten drei Stunden zufließenden Flüssigkeit.
b) Skizzieren Sie in das Koordinatensystem aus Abbildung 2 in Ihrem Heft einen möglichen Graphen, der die Höhe (in m) des Flüssigkeitsstandes im Speicherbecken in Abhängigkeit von der Zeit (in h) beschreibt.

(Musteraufgabe zum landesübergreifenden Abitur 2014, Aufgabenpool 2 Analysis, Aufgabe 2.1)

A7. Gegeben ist die Funktion f mit $f(x) = 4x - x^2$.

Wie muss $t > 0$ gewählt werden, damit der Mittelwert der Funktionswerte von f auf dem Intervall $[0\,;t]$ möglichst groß ist?

(Baden-Württemberg Aufgabenfundus zum Abitur 2013, Wahlteil Analysis A 2.2)

A8. Gegeben ist die Funktion $F: x \mapsto \int_0^x \frac{t^2-2}{t+2}\,dt$ und $x > -2$.

a) Geben Sie, ohne die Integration auszuführen, die Extremstellen und die Wendestelle des Graphen von F an.
b) Bestimmen Sie, ohne die Integration auszuführen, das Monotonieverhalten von F in $\mathbb{R}^+$ und begründen Sie, warum F in $\mathbb{R}^+$ eine Nullstelle besitzt.

(Saarland Abitur 2001, EK Nachtermin A 1 Teil 3)

A9. Gegeben ist die Funktion

$$f: x \mapsto \frac{2}{x^2} \text{ mit } x \neq 0.$$

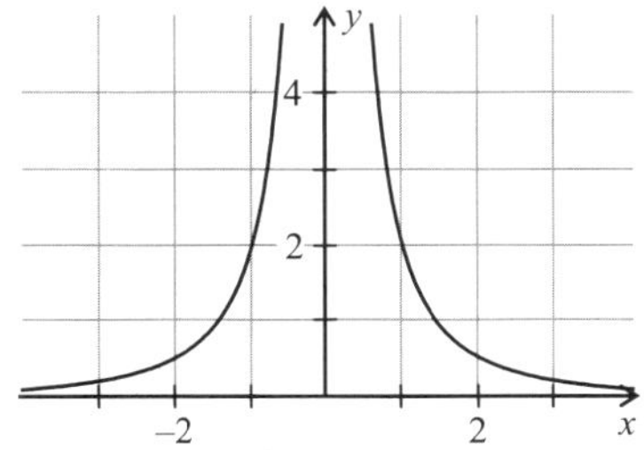

Der Graph von f, die Gerade mit der Gleichung $x = 1$ und die x-Achse bestimmen eine nach rechts offene Fläche. Berechnen Sie ihren Inhalt.

Welche Parallele zur y-Achse halbiert diese Fläche?

(Baden-Württemberg Aufgabenfundus zum Abitur 2013, Wahlteil Analysis, Aufgabe A 3.2)

A10. Die Abbildung zeigt den Graphen G_f der Funktion f mit Definitionsbereich $[-2; 2]$. Der Graph besteht aus zwei Halbkreisen, welche die Mittelpunkte $(-1 \mid 0)$ bzw. $(1 \mid 0)$ sowie jeweils den Radius 1 besitzen.

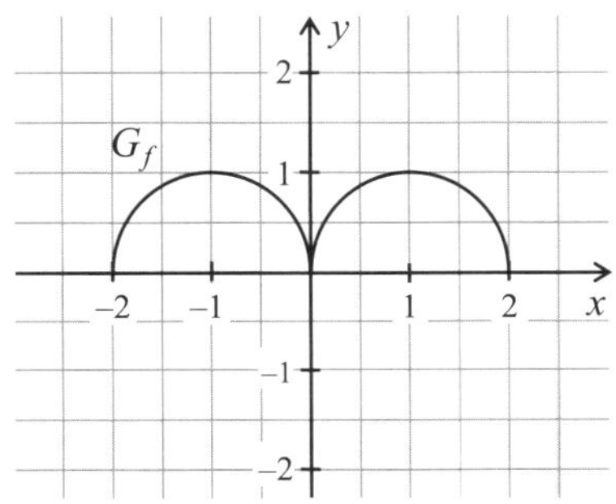

Betrachtet wird die Integralfunktion

$$F: [-2; 2] \to \mathbb{R}; x \mapsto \int_0^x f(t)\,dt.$$

a) Geben Sie $F(0)$, $F(2)$ und $F(-2)$ an.

b) Skizzieren Sie den Graphen von F in die obige Abbildung.

(Bayern Gymnasium 2013, Infinitesimalrechnung II, A 4)

A11. Gegeben ist der Graph einer quadratischen Funktion f im Intervall $J = [0; 4]$.

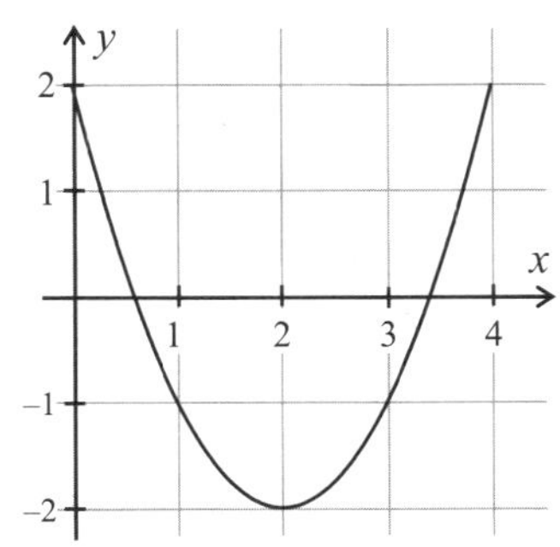

a) Skizzieren Sie im Intervall J den Graphen der Ableitungsfunktion f' und den Graphen der Integralfunktion I_0 mit der Gleichung $I_0(x) = \int_0^x f(t)\,dt$.

b) Begründen oder widerlegen Sie die folgenden Aussagen:

(A1): f' hat im Intervall J genau eine Nullstelle.

(A2): I_0 hat genau eine Nullstelle in J.

(A3): I_0 hat Extremstellen in J.

Arbeitsblätter 2.12b

(Baden-Württemberg 2004, Fundus Pflichtteil Nr. 10)

A12. Die täglichen Heizkosten eines Hauses werden durch $k(t)$ dargestellt. Dabei ist t die Zeit in Tagen seit dem 1. Januar 2013.

Was bedeutet: $\int_0^{90} k(t)\,dt$ bzw. $\frac{1}{90} \cdot \int_0^{90} k(t)\,dt$?

(Baden-Württemberg Aufgabenfundus zum Abitur 2013, Pflichtteil Aufgabe 9.1)

A13. Gegeben ist die Integralfunktion $I: D \to \mathbb{R}: x \mapsto \int_{-1}^{x} \sqrt{1-t^2}\, dt$.

a) Ermitteln Sie die maximale Definitionsmenge D der Funktion I. Begründen Sie Ihre Antwort.

b) Zeichnen Sie den Graphen der Integrandenfunktion $t \mapsto \sqrt{1-t^2}$ und erläutern Sie anhand der Zeichnung die geometrische Bedeutung von $I(x)$ für $x \in D$ mit $x > -1$.

c) Untersuchen Sie das Monotonie- und das Krümmungsverhalten der Funktion I und bestimmen Sie den Wendepunkt.

<u>Hinweis</u>: Bei der Berechnung des Funktionswertes an der Wendestelle beachte man die geometrische Bedeutung von I.

d) Skizzieren Sie den Graphen von I.

(Saarland Abitur 1999, EK Nachtermin, A 1 Teil 2)

A14. Gegeben ist die Funktionenschar $f_a: x \mapsto \frac{1}{12} \cdot (x^3 - 2ax^2 + a^2x)$ mit $a \geq 0$.

a) Bestimmen Sie die Nullstellen von f_a sowie deren Vielfachheit in Abhängigkeit von a.

b) Ermitteln Sie in Abhängigkeit von a Art und Koordinaten der Punkte des Graphen von f_a mit waagerechter Tangente.

Für alle folgenden Teilaufgaben ist $a = 6$.

Betrachtet wird also die Funktion $f: x \mapsto \frac{1}{12} \cdot x^3 - x^2 + 3x$.

c) Bestimmen Sie die maximalen Krümmungsintervalle und berechnen Sie die Koordinaten des Wendepunktes des Graphen G_f.

d) Zeichnen Sie unter Verwendung der bisherigen Ergebnisse den Graphen G_f für $-1 \leq x \leq 8$ in ein Koordinatensystem.

e) Gegeben ist weiter die Ursprungsgerade g, welche den gegebenen Graphen G_f im Hochpunkt $H(2 \mid f(2))$ schneidet. Zeichnen Sie die Gerade in das vorhandene Koordinatensystem und bestimmen Sie ihre Gleichung.

f) Die Gerade g, die x-Achse und der Graph von f schließen im I. Quadranten ein Flächenstück ein. Markieren Sie diese Fläche im vorhandenen Koordinatensystem und berechnen Sie den zugehörigen Flächeninhalt.

g) Betrachtet wird nun die Funktion h mit $h(x) = \begin{cases} \frac{4}{3}x & \text{für } x < 3 \\ f(x) & \text{für } x \geq 3 \end{cases}$

- Markieren Sie G_h im vorhandenen Diagramm mit Farbe.
- Treffen Sie mithilfe des Graphen G_h eine Aussage über Stetigkeit und Differenzierbarkeit von h an der Nahtstelle.
- Belegen Sie anschließend Ihr Ergebnis rechnerisch.

(Bayern 2013, FOS/BOS Nichttechnik 12, Infinitesimalrechnung A I Nr. 1)

Anhang

A1

Verwendung des Summenzeichens (LK)

Zur abkürzenden Schreibweise für Summen benutzt man den großen griechischen Buchstaben **Σ** (Sigma) und nennt dieses Zeichen **Summenzeichen**.
Man schreibt z. B.:

$$\sum_{i=1}^{n} \boldsymbol{a}_i := a_1 + a_2 + a_3 + \ldots + a_n$$ (Lies: Summe über a_i für i gleich 1 bis n).

Der dem Σ beigefügte Zusatz „i gleich 1 bis n" gibt an, dass sich die Summanden der Summe dadurch ergeben, dass man den **Summationsindex** i nacheinander mit allen natürlichen Zahlen von 1 bis n belegt.

Beispiel (Summenzeichen auflösen)

a) $$\sum_{i=1}^{n} \frac{1}{i^2} = \frac{1}{1^2} + \frac{1}{2^2} + \frac{1}{3^2} + \frac{1}{4^2} + \frac{1}{5^2} + \ldots + \frac{1}{n^2}$$

b) $$\sum_{j=3}^{7} (1 + j^2) = (1+3^2) + (1+4^2) + (1+5^2) + (1+6^2) + (1+7^2)$$

In Beispiel a ist i, in Beispiel b ist j eine so genannte **gebundene Variable**; diese kann, da der Wert der Summe nicht von ihr abhängt, durch ein beliebiges anderes Symbol, etwa k (aber nicht durch eine Konstante), ersetzt werden. So ist z. B.:

$$\sum_{i=1}^{n} \frac{1}{i^2} = \sum_{k=1}^{n} \frac{1}{k^2}.$$

Dagegen ist n eine **freie Variable**, für die man beliebige natürliche Zahlen einsetzen kann, wodurch der Term $\sum_{i=1}^{n} \frac{1}{i^2}$ dann eine Zahl liefert.

So erhält man z.B. für $n = 2$: $\sum_{i=1}^{2} \frac{1}{i^2} = \frac{1}{1^2} + \frac{1}{2^2} = 1 + \frac{1}{4} = \frac{5}{4}$.

Umgekehrt lassen sich auch viele Summen mithilfe des Summenzeichens kürzer schreiben.

Beispiel (Kurzschreibweise mithilfe des Summenzeichens)
Wir schreiben Summen mithilfe des Summenzeichens kürzer:

a) $$3^0 + 3^1 + 3^2 + \ldots + 3^n = \sum_{k=0}^{n} 3^k$$

b) $$1 \cdot 3 + 2 \cdot 4 + \ldots + n \cdot (n+2) = \sum_{i=1}^{n} i \cdot (i+2)$$

A2

Nullstellenberechnung

A 2.1 Lineare Funktionen $f(x) = ax + b$

Die Nullstelle dieser Funktion ergibt sich als Lösung der zugehörigen linearen Gleichung $ax + b = 0$.

Beispiel: Betrachtet wird $f(x) = -\frac{1}{2}x + 1$.

- *Nullstelle*: $\frac{1}{2}x + 1 = 0$
  $\frac{1}{2}x = -1$
  $x = 2$

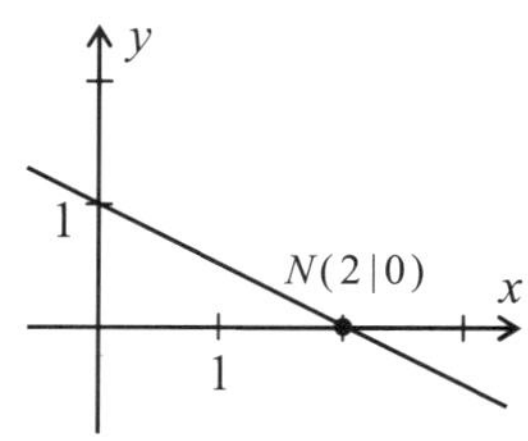

A 2.2 Quadratische Funktionen $f(x) = ax^2 + bx + c$

Man erhält die möglichen Nullstellen durch Lösen der quadratischen Gleichung $ax^2 + bx + c = 0$. Dabei kann es zwei, eine oder aber auch keine Lösung geben.

Faktorisieren des Funktionsterms

Die Nullstellenberechnung gestaltet sich einfach, wenn es gelingt, den Funktionsterm zu faktorisieren. Dies ist in der Regel immer dann möglich, wenn die Nullstellen ganzzahlig sind.

1. Faktor *x* ausklammern

Dies ist für Funktionen möglich, bei denen das absolute Glied null ist ($c = 0$). Dabei ist eine der Nullstellen ist dabei immer $x = 0$.

Beispiel: Betrachtet wird $f(x) = 2x^2 + 4x$.

- *Faktorisierung*: $f(x) = 2x \cdot (x + 2)$
  (durch Ausklammern von $2x$)
- *Nullstellen*: $x = 0 \lor x = -2$
  (beide einfach, mit VzW)

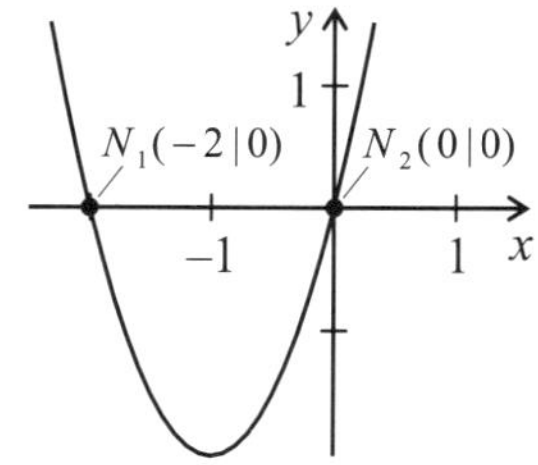

2. Anwendung einer binomischen Formel

Bestimmte quadratische Funktionsterme lassen sich durch Anwendung einer binomischen Formel faktorisieren.

1. und 2. binomische Formel

Es ergibt sich nur eine Nullstelle
(doppelt, Berührstelle des Graphen mit der x-Achse).

Beispiel: Betrachtet wird $f(x) = -x^2 + 2x - 1$.

- *Faktorisierung*: $f(x) = -(x^2 - 2x + 1) = -(x-1)^2$
- *Nullstelle*: $x = 1$
  (doppelt, ohne VzW)

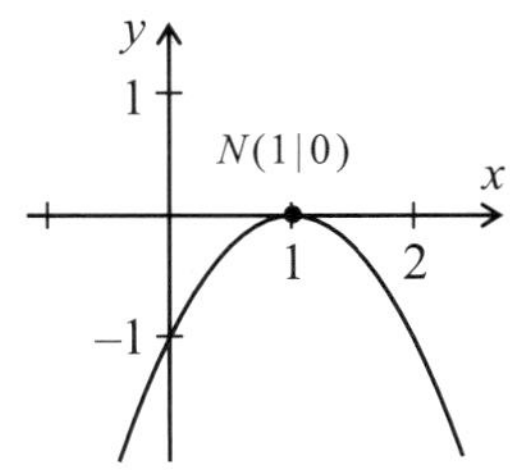

3. binomische Formel

Es ergeben sich 2 Nullstellen, die symmetrisch zum Ursprung liegen
(beide einfach, Schnittstellen mit der x-Achse).

Beispiel: Betrachtet wird $f(x) = -\frac{1}{2}x^2 + 2$.

- *Faktorisierung*: $f(x) = -\frac{1}{2}(x^2 - 4) = -\frac{1}{2} \cdot (x+2) \cdot (x-2)$
- *Nullstellen*: $x = -2 \lor x = 2$
  (beide einfach, mit VzW)

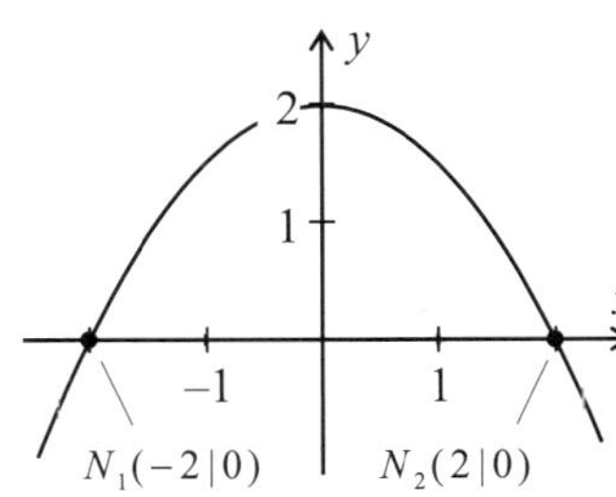

3. Anwendung der Zerlegungsregel

Die dritte Möglichkeit zur Faktorisierung eines quadratischen Funktionsterms ist die Anwendung der Zerlegungsregel.

Beispiel: Betrachtet wird $f(x) = -\frac{1}{2}x^2 + x + \frac{3}{2}$.

- *Faktorisierung*: $f(x) = -\frac{1}{2}(x^2 - 2x - 3) = -\frac{1}{2} \cdot (x+1) \cdot (x-3)$
- *Nullstellen*: $x = -1 \lor x = 3$
  (beide einfach, mit VzW)

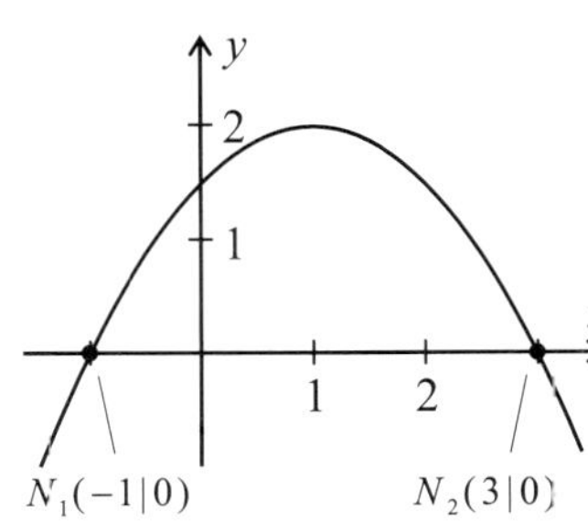

Quadratische Ergänzung

Gelingt es nicht, den Funktionsterm zu faktorisieren, so lässt sich die Nullstellenuntersuchung mithilfe des Verfahrens der quadratischen Ergänzung (oder auch mithilfe der Lösungsformel) durchführen.

Beispiel: Betrachtet wird $f(x) = x^2 - 2x - 1$.

- *Quadratische Ergänzung*:

$$\begin{aligned} x^2 - 2x - 1 &= 0 \\ x^2 - 2x &= 1 \qquad |+\mathbf{1}^2 \\ x^2 - 2x + \mathbf{1}^2 &= 1 + \mathbf{1} \\ (x-1)^2 &= 2 \\ x = 1 - \sqrt{2} &\vee x = 1 + \sqrt{2} \\ x \approx -0{,}41 &\vee x \approx 2{,}41 \end{aligned}$$

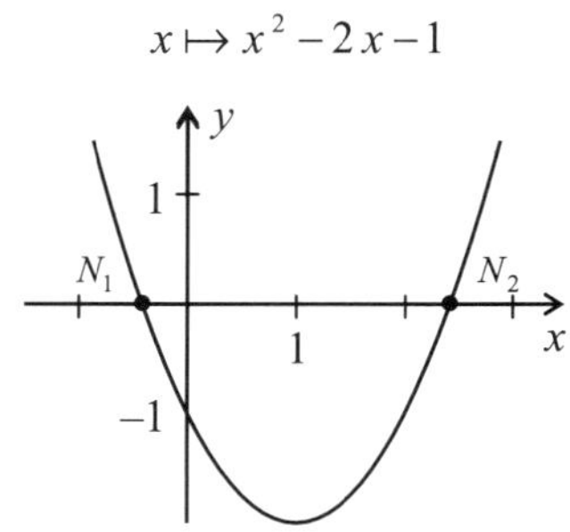

- *Nullstellen*: $x \approx -0{,}41 \vee x \approx 2{,}41$ (beide einfach, mit VzW)

Bei den vorangehenden quadratischen Funktionen gab es zwei oder auch nur eine Nullstelle. Es kann aber auch der Fall auftreten, dass es keine Nullstelle gibt. In diesem Fall besitzt die zugehörige quadratische Gleichung keine Lösung.

Der Nachweis, dass bei einer quadratischen Funktion keine Nullstellen existieren, lässt sich auch mithilfe der quadratischen Ergänzung führen.

Beispiel: Betrachtet wird $f(x) = x^2 - 2x + 2$.

- *Quadratische Ergänzung*:

$$\begin{aligned} x^2 - 2x + 2 &= 0 \qquad |-2 \\ x^2 - 2x &= -2 \qquad |+\mathbf{1}^2 \\ x^2 - 2x + \mathbf{1}^2 &= -2 + \mathbf{1} \\ (x-1)^2 &= -1 \qquad \text{(unerfüllbar)} \end{aligned}$$

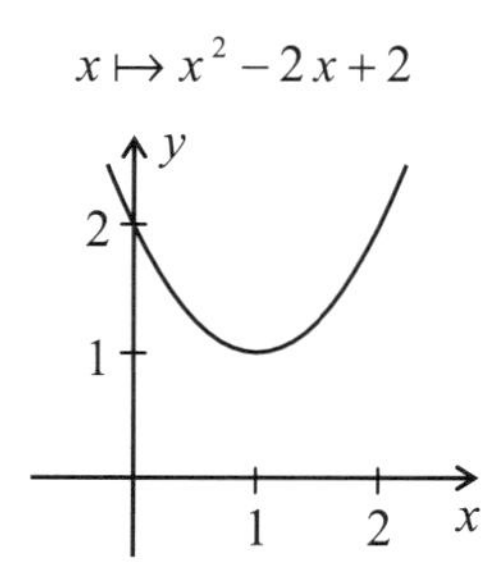

- *Nullstellen*: Es gibt keine Nullstellen.

A 2.3 Ganzrationale Funktionen dritten oder höheren Grades

Faktorisieren des Funktionsterms

Die Nullstellenberechnung bei ganzrationalen Funktionen 3. oder höheren Grades ist unproblematisch im Sonderfall, dass sich ein Faktor x, x^2, … ausklammern lässt und ein quadratischer Restterm bleibt.

Beispiel 1: Betrachtet wird $f(x) = -x^3 + x^2 + 6x$.

- *Faktorisierung*: $f(x) = -x^3 + x^2 + 6x$ (Faktor $-x$ ausklammern)
  $= -x \cdot (x^2 - x - 6)$ (Zerlegungsregel)
  $= -x \cdot (x-3) \cdot (x+2)$
- *Nullstellen*: $x = 0 \vee x = 3 \vee x = -2$ (alle einfach, mit VzW)

Beispiel 2: Betrachtet wird $f(x) = x^4 - 4x^3 + 4x^2$.

- *Faktorisierung*: $f(x) = x^4 - 4x^3 + 4x^2$ (Faktor x^2 ausklammern)
  $= x^2 \cdot (x^2 - 4x + 4)$ (2. binom. Formel)
  $= x^2 \cdot (x-2)^2$
- *Nullstellen*: $x = 0 \vee x = 2$ (beide doppelt, ohne VzW)

Biquadratische Funktionsterme

Es handelt sich um ganzrationale Funktionen 4. Grades, bei denen keine ungeraden Potenzen der Variablen x auftreten. Sie lassen sich vielfach faktorisieren.

Beispiel 1: Betrachtet wird $f(x) = x^4 - 5x^2 + 4$.

- *Faktorisierung*: $f(x) = (x^2) \cdot x^2 - 5x^2 + 4$ (x^2 betrachten, Zerlegungsregel)
  $= (x^2 - 4) \cdot (x^2 - 1)$ (3. binom.Formel)
  $= (x-2) \cdot (x+2) \cdot (x-1) \cdot (x+1)$
- *Nullstellen*: $x = 2 \vee x = -2 \vee x = 1 \vee x = -1$ (alle einfach, mit VzW)

Beispiel 2: Betrachtet wird $f(x) = x^4 - 6x^2 + 9$.

- *Faktorisierung*: $f(x) = (x^2) \cdot x^2 - 6x^2 + 9$ (x^2 betrachten, 2. binom. Formel)
  $= (x^2 - 3)^2$ (3. binom. Formel)
  $= \left[(x - \sqrt{3}) \cdot (x + \sqrt{3})\right]^2$
- *Nullstellen*: $x = \sqrt{3} \vee x = -\sqrt{3}$ (beide doppelt, ohne VzW)

Polynomdivision

Zur Bestimmung der Nullstellen ganzrationaler Funktionen dritten oder höheren Grades werden wir ein Verfahren verwenden, das aus der schriftlichen Division abgeleitet werden kann. Man bezeichnet es als **Polynomdivision**.

Beispiel 1: Betrachtet wird der Bruchterm $\frac{5x^3+7x^2-x-3}{x+1}$.

- *Polynomdivision durch* $(x + 1)$:

$$
\begin{array}{l}
(5x^3+7x^2-x-3) \;:\; (x+1) \;=\; 5x^2+2x-3 \\
\underline{-(5x^3+5x^2)} \\
\quad 2x^2-x \\
\quad \underline{-(2x^2+2x)} \\
\qquad -3x-3 \\
\qquad \underline{-(-3x-3)} \\
\qquad\qquad 0
\end{array}
$$

- *Faktorisierung des Zählerterms*: $5x^3+7x^2-x-3=(5x^2+2x-3)\cdot(x+1)$

Im vorangehenden Beispiel ergab sich bei der Division der Rest 0. Man sagt, dass die Division „aufgeht". Der Grund hierfür ist, dass –1 Nullstelle des Zählerpolynoms ist (zugehöriger Linearfaktor $(x + 1)$).

Das folgende Beispiel zeigt, dass bei einer Polynomdivision auch ein Rest ungleich null auftreten kann.

Beispiel 2: Betrachtet wird der Bruchterm $\frac{x^4+x-1}{x-1}$.

- *Polynomdivision durch* $(x - 1)$:

$$
\begin{array}{l}
(x^4 \quad + \quad x-1) \;:\; (x-1) \;=\; x^3+x^2+x+2+\frac{1}{x-1} \\
\underline{-(x^4-x^3)} \\
\quad x^3+\quad x-1 \\
\quad \underline{-(x^3-x^2)} \\
\qquad x^2+x-1 \\
\qquad \underline{-(x^2-x)} \\
\qquad\quad 2x-1 \\
\qquad\quad \underline{-(2x-2)} \\
\qquad\qquad 1
\end{array}
$$

- *Faktorisierung des Zählerterms*: In diesem Fall nicht möglich.

Eine Nullstelle raten und anschließende Polynomdivision

Zur Bestimmung der Nullstellen ganzrationaler Funktionen 3. oder höheren Grades gibt es (zumindest in der Schulmathematik) kein allgemeines Lösungsschema. Gelingt keine Faktorisierung des Funktionsterms, so bleibt lediglich folgende Vorgehensweise:

- Nullstelle x_0 raten (in der Regel ganzzahlig),
- Abspalten des Linearfaktors $(x - x_0)$ durch Polynomdivision,
- Untersuchung des Restterms auf weitere Nullstellen.

Für das Raten einer ganzzahligen Nullstelle gibt es folgende Ratehilfe:

Hilfe für das Raten ganzzahliger Nullstellen ganzrationaler Funktionen
Es sei $f: \mathbb{R} \to \mathbb{R}, x \mapsto a_n x^n + a_{n-1} x^{n-1} + ... + a_1 x + a_0$ eine ganzrationale Funktion mit ganzzahligen Koeffizienten $a_n, a_{n-1}, ..., a_0 \in \mathbb{Z}$ und $a_0 \neq 0$.
Jede ganzzahlige Nullstelle $x_0 \neq 0$ ist dann Teiler von a_0.

Beispiel 1: Betrachtet wird $f(x) = x^3 + 2x^2 - 5x - 6$.

- *Geratene Nullstelle*:
  $x_0 = -1$, denn: $f(-1) = (-1)^3 + 2\cdot(-1)^2 - 5\cdot(-1) - 6 = 0$
- *Polynomdivision durch* $(x + 1)$:
  $(x^3 + 2x^2 - 5x - 6) : (x+1) = x^2 + x - 6$
  Rechnung:
  $$\begin{array}{l} (x^3 + 2x^2 - 5x - 6) : (x+1) = x^2 + x - 6 \\ \underline{-(x^3 + x^2)} \\ \quad x^2 - 5x \\ \quad \underline{-(x^2 + x)} \\ \qquad -6x - 6 \\ \qquad \underline{-(-6x - 6)} \\ \qquad\qquad 0 \end{array}$$
- *Faktorisierung des Restterms*:
  Der Restterm lässt sich als quadratischer Term nach der Zerlegungsregel weiter faktorisieren: $(x^2 + x - 6) = (x-2)\cdot(x+3)$.
  Insgesamt ergibt sich damit als vollständige Faktorisierung:
  $f(x) = (x+1)\cdot(x-2)\cdot(x+3)$.
- *Nullstellen*: $x = -1 \lor x = 2 \lor x = -3$ (alle einfach, mit VzW)

Beispiel 2: Betrachtet wird $f(x) = x^3 - 3x^2 + 3x - 2$.

- *Geratene Nullstelle*:
  $x_0 = 2$, denn: $f(2) = 2^3 - 3 \cdot 2^2 + 3 \cdot 2 - 2 = 0$
- *Polynomdivision durch* $(x-2)$:
  $(x^3 - 3x^2 + 3x - 2) : (x-2) = x^2 - x + 1$
  Rechnung:

$$\begin{array}{rl}
(x^3 - 3x^2 + 3x - 2) & : (x-2) = x^2 - x + 1 \\
-(x^3 - 2x^2) & \\
\hline
-x^2 + 3x & \\
-(-x^2 + 2x) & \\
\hline
x - 2 & \\
-(x-2) & \\
\hline
0 &
\end{array}$$

- *Untersuchung des Restterms*:
  Der Restterm liefert keine weiteren Nullstellen. Dies lässt sich mithilfe quadratischer Ergänzung nachweisen:

$$\begin{array}{rrcl}
 & x^2 - x + 1 & = & 0 \\
\Leftrightarrow & x^2 - x & = & -1 \\
\Leftrightarrow & x^2 - x + (\frac{1}{2})^2 & = & -1 + \frac{1}{4} \\
\Leftrightarrow & (x - \frac{1}{2})^2 & = & -\frac{3}{4} \quad \text{(unerfüllbar)}
\end{array}$$

- *Nullstelle*: Es liegt nur die Nullstelle $x = 2$ (einfach, mit VzW) vor.

Aufgaben

Quadratische Funktionen

1. Berechnen Sie die Nullstellen der Funktion f.
   a) $f(x) = -3x - 5$ b) $f(x) = 6 - 3x$
   c) $f(x) = 8 + 2x$ d) $f(x) = -\frac{1}{3}x - \frac{3}{4}$
   e) $f(x) = 0{,}25 \cdot (5x - 1)$ f) $f(x) = 7$

2. Berechnen Sie die Nullstellen der Funktion f.
   a) $f(x) = -x^2 - 5$ b) $f(x) = x^2 - 4x + 3$
   c) $f(x) = 2x^2 + 3x - 2$ d) $f(x) = 6x^2 - x - 2$

3. Lesen Sie die Nullstellen ab.
   a) $f(x) = x \cdot (x + 3)$ b) $f(x) = x^2 \cdot (x - 4)$
   c) $f(x) = (x-1) \cdot (x+1) \cdot (x-2)$ d) $f(x) = (x+5) \cdot (x-3)^2$

4. Bestimmen Sie die Nullstellen, indem Sie den Funktionsterm faktorisieren.
   a) $f(x)=5x-x^2$ b) $f(x)=5x^2-x$
   c) $f(x)=x^3+3x^2$ d) $f(x)=x^4+7x^2$

5. Faktorisieren Sie den Funktionsterm und geben Sie die Nullstellen an.
   a) $f(x)=x^2+x-6$ b) $f(x)=x^2+4x+3$
   c) $f(x)=x^2+7x-18$ d) $f(x)=2x^2-20x+42$

6. Bestimmen Sie die Nullstellen.
   a) $f(x)=5x^2-x$ b) $f(x)=4x^3-x$
   c) $f(x)=32x-8x^2$ d) $f(x)=x^2+2x-8$
   e) $f(x)=x^3+6x^2+8x$ f) $f(x)=x^3-9x^2+14x$
   g) $f(x)=x^3+5x^2+4x$ h) $f(x)=21x^2+4x^3-x^4$

Ganzrationale Funktionen 3. oder höheren Grades

7. Führen Sie eine Polynomdivision durch.
   a) $(x^3+3x^2+5x+3):(x+1)$ b) $(x^3-4x^2-3x+12):(x-4)$
   c) $(2x^3-7x^2+9):(x-3)$ d) $(x^4+x-2):(x-1)$

8. Führen Sie eine Polynomdivision durch. Es kann dabei ein Rest bleiben.
   a) $(3x-2):(x+1)$ b) $(4x^2+4x+1):(2x-1)$
   c) $(x^2-x-2):(2x+1)$ d) $(x^4+x^3-2):(x-1)$

9. Zeigen Sie, dass x_0 Nullstelle von f ist.
   Bringen Sie den Funktionsterm auf die Form $f(x)=(x-x_0)\cdot g(x)$.
   a) $f(x)=3x^3-5x^2-x-2;\ x_0=2$ b) $f(x)=2x^3-x+1;\ x_0=-1$

10. Berechnen Sie die Nullstellen von f.
   a) $f(x)=x^3-2x^2-3x+6$ b) $f(x)=6x^3+x^2-4x+1$
   c) $f(x)=12-10x+5x^2-x^3$ d) $f(x)=4x^3+8x^2-3x-9$

11. Lösen Sie die Gleichungen.
   a) $x^4-3x^3+6x-4=0$ b) $x^4-5x-6=0$
   c) $x^4-3x^3-7x+21=0$ d) $x^4+2x^3-5x^2-12x-4=0$
   e) $x^4-4x^3+4x-1=0$ f) $x^5-2x^4-9x+18=0$

A3

Eigenschaften von Funktionen

A 3.1 Differenzierbarkeit und Ableitung

Lokale Differenzierbarkeit

Ein zentrales Thema der Differenzialrechnung ist das Tangentenproblem. Dabei geht es um die Frage, ob in einem Punkt $P(x_0 | f(x_0))$ des Graphen G_f einer Funktion $f: x \mapsto f(x)$ eine Tangente vorhanden ist und wie groß deren Steigung ist.

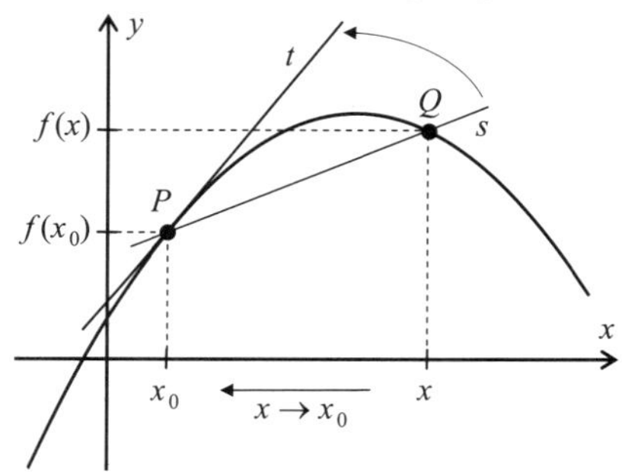

- Man wählt einen Nachbarpunkt $Q(x | f(x))$ auf G_f und bestimmt zunächst die Steigung m_s der zugehörigen Sekanten s:

$$m_s = \frac{f(x) - f(x_0)}{x - x_0} \quad (x \neq x_0).$$

  Man spricht dabei auch vom Differenzenquotienten der Funktion f an der Stelle x_0.
- Die Steigung im Punkt $P(x_0 | f(x_0))$ ergibt sich durch den Grenzübergang $x \to x_0$.
  Sie entspricht der Steigung der Tangente t an G_f im Punkt P.

Differenzierbarkeit einer Funktion an einer Stelle x_0

Hat der Differenzenquotient $\frac{f(x) - f(x_0)}{x - x_0}$ für $x \to x_0$ einen Grenzwert, so bezeichnet man f an der Stelle x_0 als **differenzierbar**. Der Grenzwert

$$f'(x_0) = \lim_{x \to x_0} \frac{f(x) - f(x_0)}{x - x_0} \quad (x \neq x_0)$$

heißt **Ableitung der Funktion f an der Stelle x_0**.

In Sachzusammenhängen wird der Grenzwert des Differenzenquotienten zusammen mit der zugehörigen Einheit auch als **lokale Änderungsrate** bezeichnet.

Der Begriff der Ableitungsfunktion

Für eine Funktion $f: D \to \mathbb{R}$ fasst man alle x-Werte aus der Definitionsmenge D, für die f differenzierbar ist, in der Differenzierbarkeitsmenge D' zusammen:

$$D' := \{x \in D \mid f \text{ ist an der Stelle } x \text{ differenzierbar.}\}.$$

Für alle $x \in D'$ wird durch die Zuordnung $x \mapsto f'(x)$ eine Funktion festgelegt. Man bezeichnet sie als **Ableitungsfunktion** f' zur Funktion f.

Ableitungsfunktion

Sei $f: D \to \mathbb{R}$ eine Funktion und D' ihre Differenzierbarkeitsmenge.
Die Funktion $f': D' \to \mathbb{R}, x \mapsto f'(x)$ heißt **Ableitungsfunktion** oder kurz **Ableitung von *f***.
Der Funktionsterm $f'(x)$ der Ableitungsfunktion heißt **Ableitungsterm**.

Formulierung mithilfe der *h*-Methode

Die Schreibweise des Differenzenquotienten in der Form

$$m_s = \frac{f(x) - f(x_0)}{x - x_0} \quad (x \neq x_0)$$

erweist sich oft als rechnerisch ungünstig. Setzt man aber $x = x_0 + h$, so ist $x - x_0 = h$ und es folgt

$$m_s = \frac{f(x_0 + h) - f(x_0)}{h} \quad h \neq 0.$$

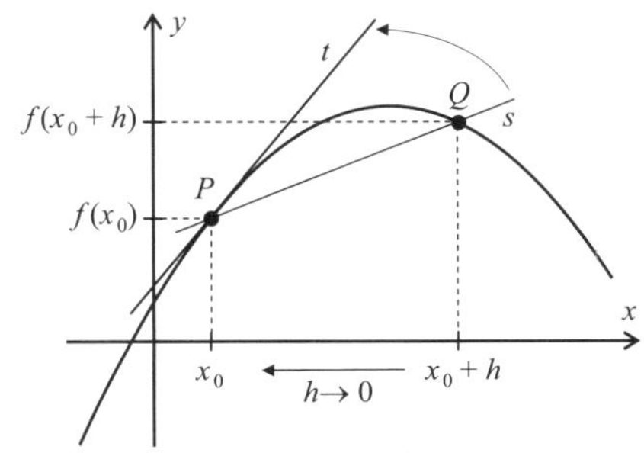

Dem Grenzübergang $x \to x_0$ entspricht dabei der Übergang $h \to 0$.

Mit diesen Bezeichnungen ergibt sich die oft zweckmäßigere „*h*-Form" für die Ableitung einer Funktion f an einer Stelle x_0.

h-Form

$$f'(x_0) = \lim_{x \to x_0} \frac{f(x_0 + h) - f(x_0)}{h}$$

„Nichtdifferenzierbarkeit" an einer Stelle x_0

Die Eigenschaft, dass eine Funktion an einer Stelle x_0 eine eindeutig bestimmte Steigung besitzt, ist nicht immer gegeben.

Beispiel (Nichtdifferenzierbarkeit der Betragsfunktion an der Stelle 0)

Betrachtet wird die **Betragsfunktion** $f: \mathbb{R} \to \mathbb{R}, x \mapsto |x|$.

Betragsfrei geschrieben, gilt:

$$f: \mathbb{R} \to \mathbb{R}, x \mapsto \begin{cases} -x & \text{, wenn } x < 0 \\ x & \text{, wenn } x \geq 0 \end{cases}$$

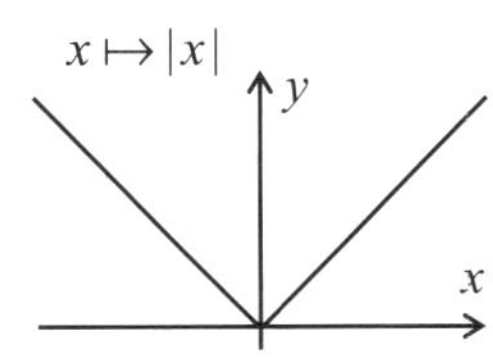

Der Graph besteht aus zwei geradlinigen Teilen mit den Steigungen -1 und 1, die im Nullpunkt zusammenstoßen.

- Dem Graphen lässt sich im Nullpunkt keine eindeutige Steigung zuordnen.
- Der Grenzwert des Differenzenquotienten existiert an der Stelle $x_0 = 0$ nicht.
- Die Betragsfunktion ist an der Stelle $x_0 = 0$ nicht differenzierbar.

Anschauliche Interpretation

Die Nichtdifferenzierbarkeit der Betragsfunktion an der Stelle 0 kann anschaulich dadurch beschrieben werden, dass der Graph *nicht glatt* verläuft, sondern eine *Spitze* hat und damit keine eindeutige Tangente hat.
Die Abbildung rechts zeigt als weiteres Beispiel einen Graphen, der an einer Stelle x_0 einen *Knick* besitzt. Die zugehörige Funktion ist an der Stelle x_0 nicht differenzierbar.

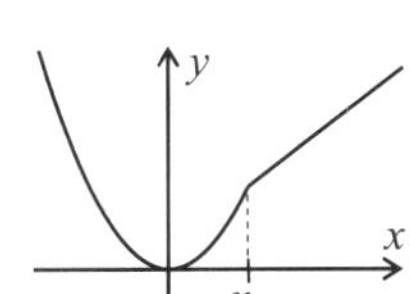

Aufgaben

1. Die Abbildung rechts zeigt den Graphen der Funktion $f:\mathbb{R}\to\mathbb{R},\, x\mapsto |x^2+x-2|$.

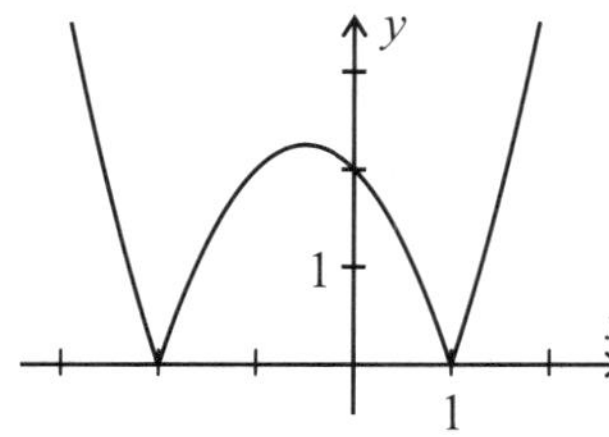

   a) An welchen Stellen ist die Funktion f nicht differenzierbar?

   b) Begründen Sie, wieso in diesem Fall Stellen auftreten, an denen die Funktion f nicht differenzierbar ist.

2. Wir betrachten die Funktion

$$f:\mathbb{R}\to\mathbb{R},\, x\mapsto \begin{cases} 0{,}25x-1 & \text{, wenn } x<0 \\ 0 & \text{, wenn } x=0 \\ 1 & \text{, wenn } x>0 \end{cases}$$

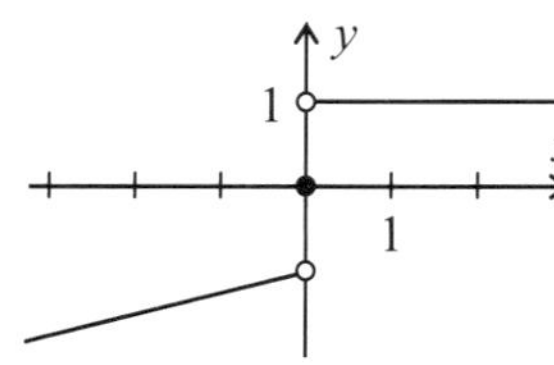

   a) Begründen Sie anhand des Graphen, dass die Funktion f an der Stelle 0 nicht differenzierbar ist.

   b) Geben Sie $f'(x)$ für $x\neq 0$ an. Beachten Sie auch den Verlauf des Graphen.

3. Wir betrachten die **Signumfunktion** (Vorzeichenfunktion)

$$\operatorname{sgn}:\mathbb{R}\to\mathbb{R},\, x\mapsto \begin{cases} -1 & \text{, wenn } x<0 \\ 0 & \text{, wenn } x=0 \\ 1 & \text{, wenn } x>0 \end{cases}$$

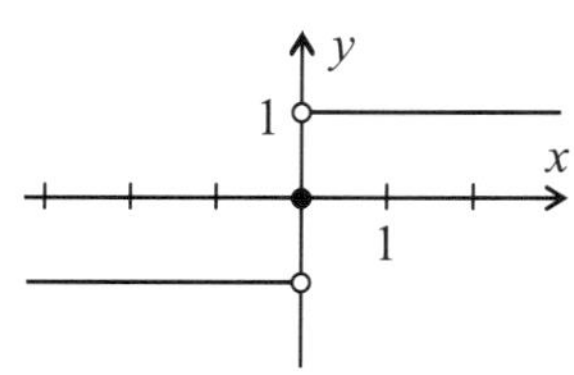

   a) Begründen Sie anschaulich anhand des Graphen, dass sgn an der Stelle 0 nicht differenzierbar ist.

   b) Geben Sie die Ableitung $\operatorname{sgn}'(x)$ für $x\neq 0$ an.

4. An welchen Stellen besitzt der dargestellte Funktionsgraph keine eindeutig bestimmte Tangente? Begründen Sie Ihre Antwort.

a)

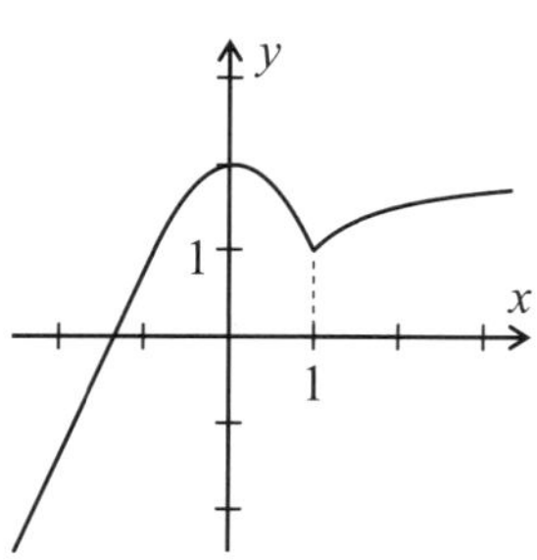

b)

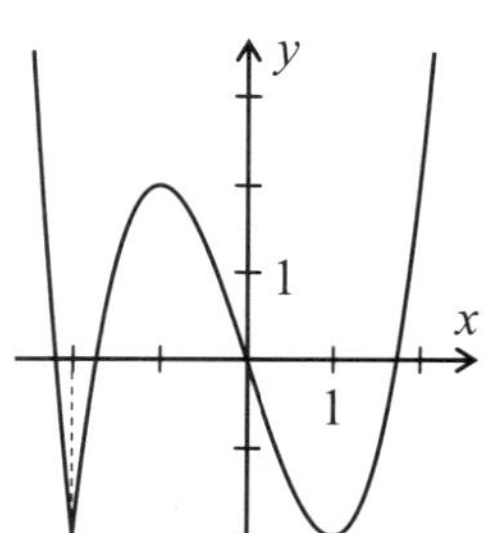

c)

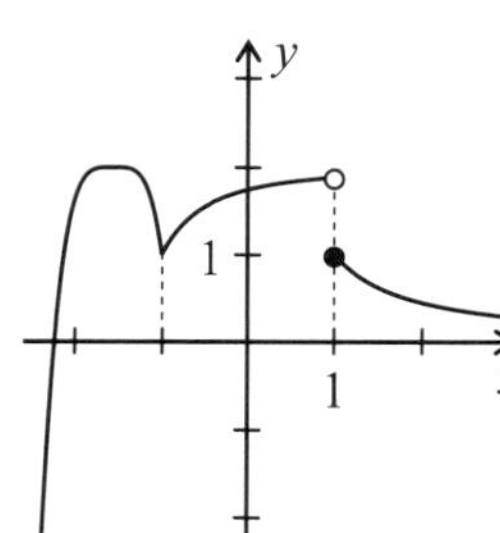

A 3.2 Zusammenhang zwischen Stetigkeit und Differenzierbarkeit

Für Funktionen, die über *einem Intervall* definiert sind, gibt es grobe, aber sehr nützliche Veranschaulichungen der Begriffe stetig und differenzierbar.

Stetigkeit

Eine Funktion ist stetig, wenn man ihren Graphen in einem Zuge, also ohne Absetzen, durchzeichnen kann.
(Es darf keine Sprungstelle auftreten.)

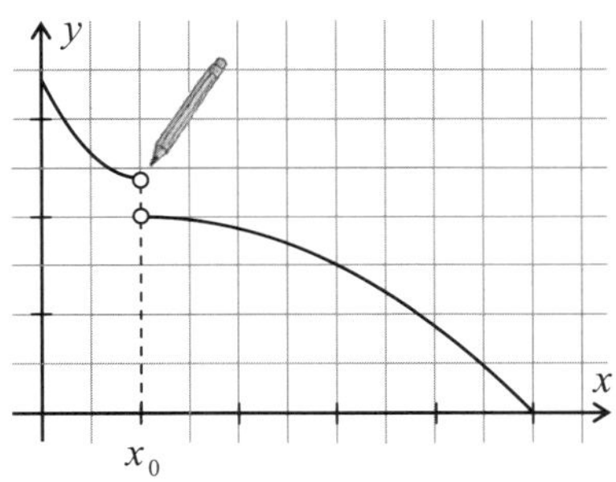

nicht stetig an der Stelle x_0

Differenzierbarkeit

Eine Funktion ist differenzierbar, wenn man ihren Graphen in einem Zuge durchzeichnen kann und dabei kein „Knick", keine „Spitze" und keine vertikale Tangente auftritt.

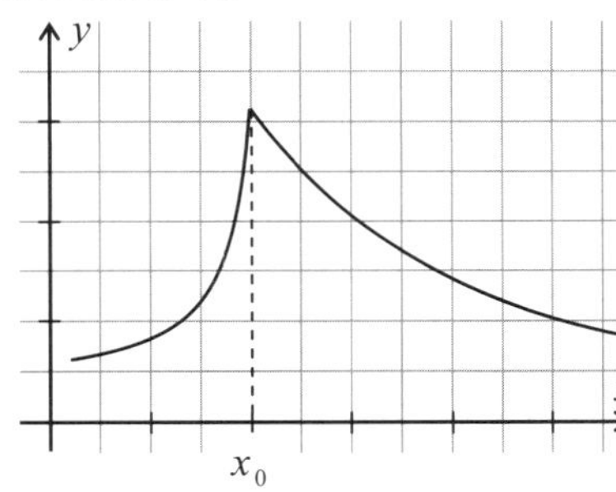

an der Stelle x_0
nicht differenzierbar

Beispiel (Betragsfunktion)

Die Betragsfunktion $f: \mathbb{R} \to \mathbb{R}, x \mapsto |x|$ ist

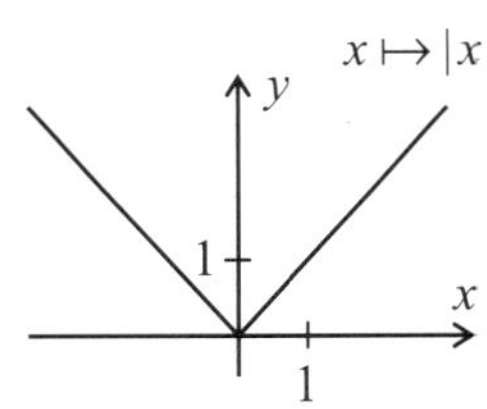

- stetig in ihrer gesamten Definitionsmenge $\mathbb{R}$,
- differenzierbar an allen Stellen $x \neq 0$,
- nicht differenzierbar an der Stelle 0.
  Man erkennt dies anschaulich daran, dass der Graph im Ursprung eine Spitze besitzt.

Beispiel (Wurzelfunktion)

Die Wurzelfunktion $f: \mathbb{R}_0^+ \to \mathbb{R}, x \mapsto \sqrt{x}$ ist

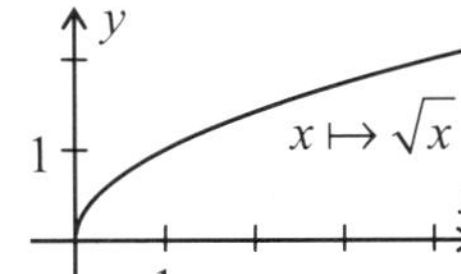

- stetig in ihrer gesamten Definitionsmenge $\mathbb{R}_0^+$,
- differenzierbar an allen Stellen $x \neq 0$,
- nicht differenzierbar an der Stelle 0.

  Man erkennt dies anschaulich daran, dass der Graph im Ursprung eine vertikale Tangente besitzt.

Man kann aber umgekehrt die Frage stellen, ob vielleicht aus der Differenzierbarkeit einer Funktion an einer Stelle x_0 die Stetigkeit an dieser Stelle folgt, ob sich also aus

$$\lim_{h\to 0}\frac{f(x_0+h)-f(x_0)}{h}=f'(x_0) \quad \text{die Bedingung} \quad \lim_{h\to 0} f(x_0+h)=f(x_0)$$

herleiten lässt.

Nachweis der Stetigkeit einer Funktion aus der Differenzierbarkeit

Wir setzen dazu voraus, dass die Funktion f an der Stelle x_0 differenzierbar ist, d.h. dass $\lim\limits_{h\to 0}\frac{f(x_0+h)-f(x_0)}{h}$ existiert und gleich $f'(x_0)$ ist.

Zu zeigen ist die Stetigkeit an der Stelle x_0, d.h. $\lim\limits_{h\to 0} f(x_0+h)=f(x_0)$.

$$\begin{aligned}
\lim_{h\to 0} f(x_0+h) &= \lim_{h\to 0}\left(f(x_0+h)-f(x_0)+f(x_0)\right)\\
&= \lim_{h\to 0}\left(\frac{f(x_0+h)-f(x_0)}{1}+f(x_0)\right)\\
&= \lim_{h\to 0}\left(\frac{f(x_0+h)-f(x_0)}{h}\cdot h+f(x_0)\right)\\
&\underset{\text{GWS}}{=} \lim_{h\to 0}\left(\frac{f(x_0+h)-f(x_0)}{h}\cdot h\right)+\lim_{h\to 0}\left(f(x_0)\right)\\
&\underset{\text{GWS}}{=} \lim_{h\to 0}\left(\frac{f(x_0+h)-f(x_0)}{h}\right)\cdot\lim_{h\to 0}(h)+\lim_{h\to 0}\left(f(x_0)\right)\\
&\underset{\text{Vor.}}{=} f'(x_0) \cdot 0 + f(x_0)\\
&= f(x_0)
\end{aligned}$$

Dabei wurden die Grenzwerte $\lim\limits_{h\to 0} h=0$ und $\lim\limits_{h\to 0} f(x_0)=f(x_0)$ ausgenutzt.

Insgesamt haben wir damit nachgewiesen:

Zusammenhang zwischen Stetigkeit und Differenzierbarkeit

Ist eine Funktion an einer Stelle differenzierbar, dann ist sie dort auch stetig.

In Kurzform lautet der Zusammenhang zwischen Stetigkeit und Differenzierbarkeit einer Funktion:

Differenzierbarkeit bei x_0

$\Downarrow$

Stetigkeit bei x_0

Mit jeder Aussage gilt zugleich auch ihre **Kontraposition**:

Keine Stetigkeit bei x_0

$\Downarrow$

Keine Differenzierbarkeit bei x_0

Die Differenzierbarkeit ist eine „stärkere" Eigenschaft einer Funktion als die Stetigkeit.

Für diesen Sachverhalt verwendet man auch die nebenstehende Sprechweise:

> Die Stetigkeit ist für die Differenzierbarkeit eine notwendige, aber keine hinreichende Bedingung.

Am Graphen einer in einem Intervall definierten Funktion kann man anschaulich die Stellen ablesen, an denen eine Funktion nicht differenzierbar ist.

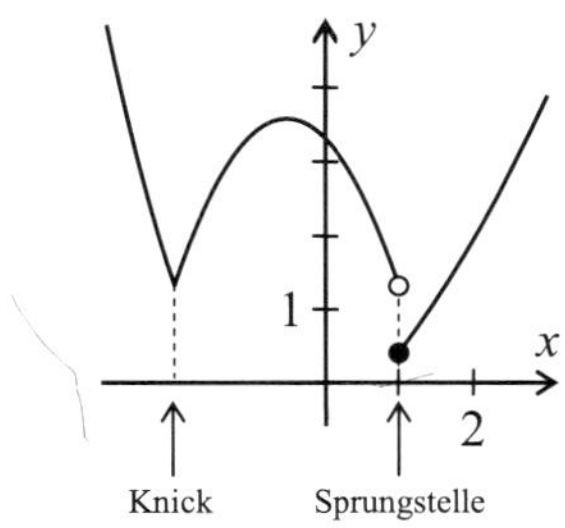

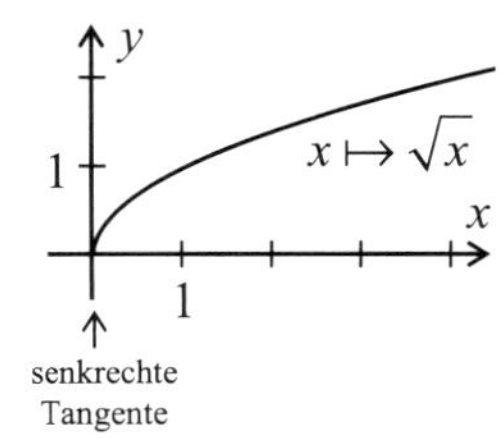

Stellen, an denen eine Funktion nicht differenzierbar ist, sind:

- alle Unstetigkeitsstellen (Sprungstellen),
- alle Stellen, an denen der Graph eine „Ecke" oder einen „Knick" besitzt,
- alle Stellen, an denen der Graph eine senkrechte Tangente hat.

Aufgaben

1. Entscheiden Sie anhand der Graphen, welche der Eigenschaften Stetigkeit und Differenzierbarkeit an den gekennzeichneten Stellen vorliegen.

a)

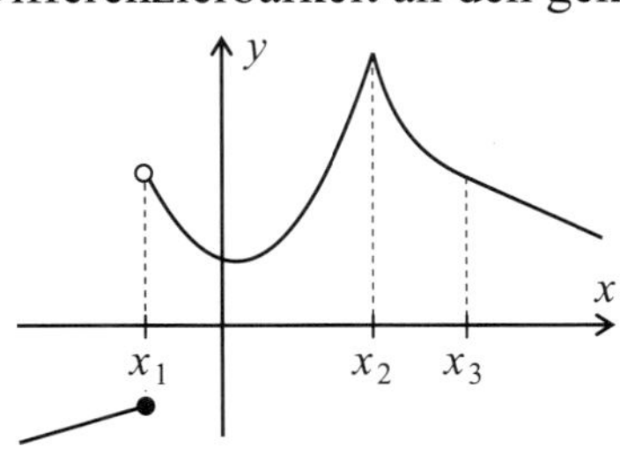

b)

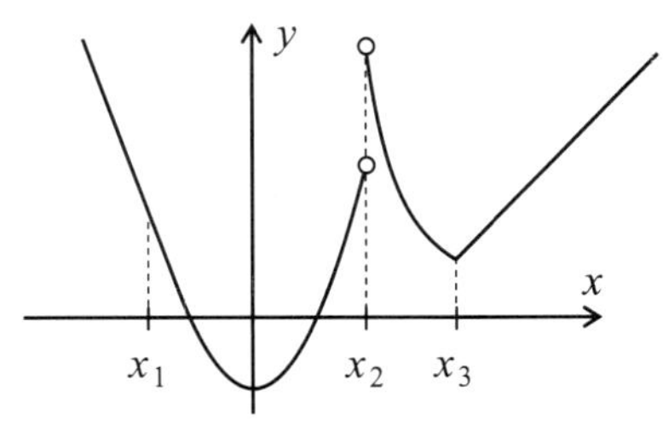

2. Welche der folgenden Aussagen sind wahr, welche falsch? Begründen Sie die Aussage oder widerlegen Sie sie durch Angabe eines Gegenbeispiels.
   a) Eine Funktion, die in x_0 nicht definiert ist, kann dort aber stetig sein.
   b) Eine Funktion, die in x_0 differenzierbar ist, kann dort unstetig sein.
   c) Eine Funktion, die in x_0 unstetig ist, kann dort differenzierbar sein.
   d) Ist eine Funktion in x_0 differenzierbar, so kann ihr Graph an der Stelle x_0 keinen Sprung haben.

A4

Bestimmung von Wertemengen

Die Betrachtung der Wertemenge ist bei der Frage nach der Umkehrbarkeit einer Funktion von Bedeutung. Für streng monotone Funktionen ist die Umkehrbarkeit gesichert.

Für stetige Funktionen, die zudem streng monoton sind, kann die Bestimmung der Wertemenge durch eine Betrachtung der Funktionswerte bzw. Grenzwerte an den Rändern der Definitionsmenge erfolgen.

Beispiel (Rechnerische Begründung der Wertemenge)

Betrachtet wird die Funktion $f: \mathbb{R} \to W\ ;\ x \mapsto \frac{1}{3}x^3 + x + 1$.

- f ist in $\mathbb{R}$ streng monoton wachsend, denn es gilt:
  $f'(x) = x^2 + 1 \geq 0$ für alle $x \in \mathbb{R}$.
- Randbetrachtung: $\lim\limits_{x \to \pm\infty} f(x) = \lim\limits_{x \to \pm\infty} x^3 = \pm\infty$

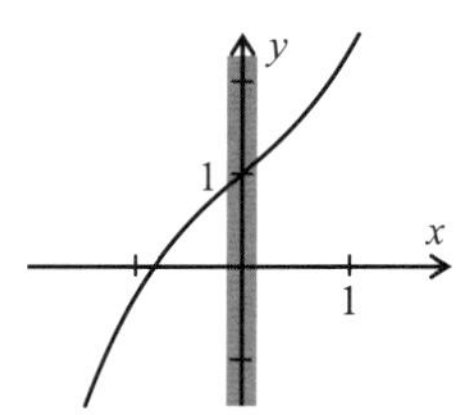

Da f stetig und streng monoton wachsend ist, kommen alle Zahlen als Funktionswerte vor. Es gilt daher $W_f = \mathbb{R}$.

Beispiel (Wertemenge bei nicht streng monotonen Funktionen)

- Ist eine stetige Funktion nicht streng monoton, ihre Definitionsmenge aber ein abgeschlossenes Intervall $I = [a\,;\,b]$, so kann die Bestimmung der Wertemenge durch eine Betrachtung des kleinsten (min) und des größten (max) Funktionswerts erfolgen.
  Diese existieren nach dem Satz vom Maximum und Minimum von Weierstrass (siehe Einführungsphase).

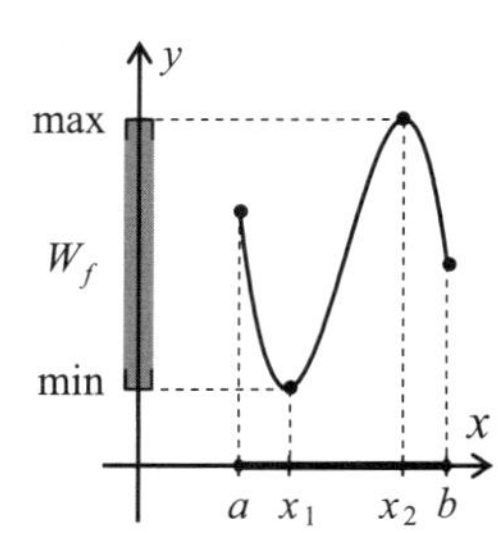

  Alle Zahlen zwischen $f(x_1) = \text{min}$ und $f(x_2) = \text{max}$ und nur diese sind Funktionswerte.
  Dies folgt aus dem Zwischenwertsatz (siehe Einführungsphase).
  Somit gilt: $W_f = [\text{min}\,;\,\text{max}]$.

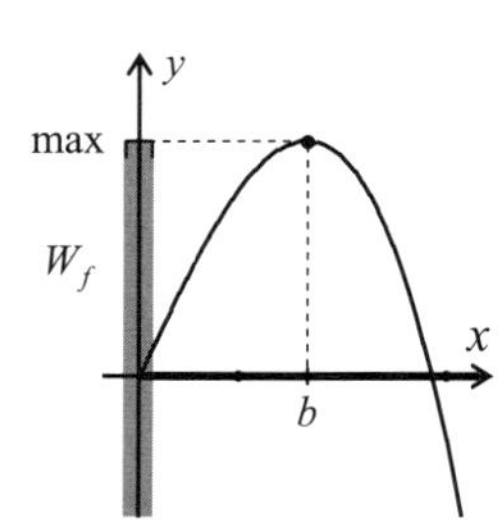

- Ist die Definitionsmenge der stetigen Funktion ein nicht oder nur halbseitig abgeschlossenes Intervall, so müssen bei der Bestimmung der Wertemenge Grenzwertbetrachtungen an den Rändern (dem Rand) der Definitionsmenge durchgeführt werden.
  Hier gilt: $W_f =]-\infty\,;\,\text{max}]$.

A5

Profil des Schlussanstiegs nach Alpe d'Huez

Grafik zu Aufgabe 47, Abschnitt 1.1.9, Seite 26

Alpe d'Huez - 1 850 m
km 110,5 – (13,8 km à 8,1%)

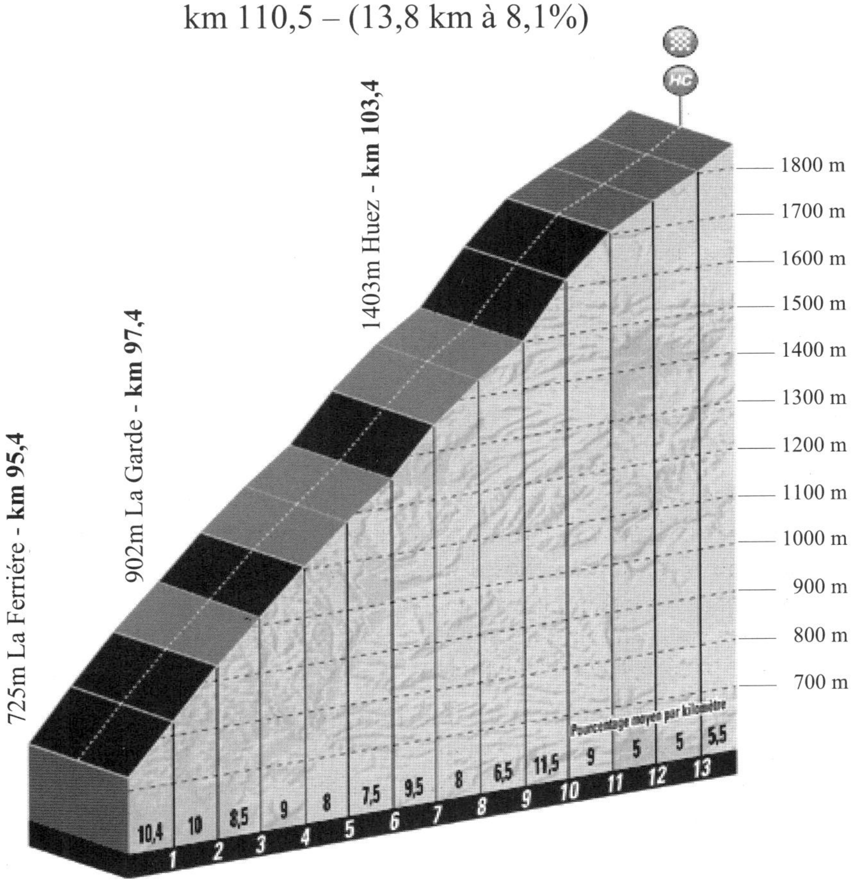

Stichwortverzeichnis

O

P

R

S

T

U

V

W